ELSEVIER'S
LEXICON OF PLANT PESTS
AND DISEASES

ELSEVIER LEXICA

UNDER THE GENERAL EDITORSHIP OF

PROF. JEAN HERBERT

FORMER CHIEF INTERPRETER TO THE UNITED NATIONS

ELSEVIER'S

LEXICON OF PLANT PESTS AND DISEASES

LATIN / ENGLISH / FRENCH / ITALIAN
SPANISH AND GERMAN

COMPILED AND ARRANGED BY

MANUEL MERINO-RODRÍGUEZ
Technical Translator
Rome (Italy)

ELSEVIER PUBLISHING COMPANY
AMSTERDAM / LONDON / NEW YORK
1966

ELSEVIER PUBLISHING COMPANY
335 JAN VAN GALENSTRAAT, P.O. BOX 211, AMSTERDAM

AMERICAN ELSEVIER PUBLISHING COMPANY, INC.
52 VANDERBILT AVENUE, NEW YORK 10017, N.Y.

ELSEVIER PUBLISHING COMPANY LTD.
RIPPLESIDE COMMERCIAL ESTATE
RIPPLE ROAD, BARKING, ESSEX

LIBRARY OF CONGRESS CATALOG CARD NUMBER 65-27544

PRINTED IN THE NETHERLANDS

FOREWORD TO THE ELSEVIER LEXICA

The purpose of the *Elsevier Lexica* is to provide technicians and translators with dictionaries covering very specialized subjects. The level of technicity, the comprehensiveness and the reliability will remain as high as they are in the larger volumes and in the companion series of the *Glossaria Interpretum*, but the very limits of the field dealt with in each case will enable specialists to secure pocket-size books where they wil! find all the terms which belong more or less exclusively to their respective activities.

In each case, the languages selected are those in which substantial literature is available on the subject.

Every volume has been prepared by an expert in the field with the help of other experts from countries where the various languages covered are used.

JEAN HERBERT

PREFACE

The present lexicon is a companion book to my previous "Elsevier's Lexicon of Parasites and Diseases in Livestock" (1964). It is based on identical principles and is developed along the same lines, viz. one part as wide as possible in scope, systematically covering all living forms which are noxious, destructive or otherwise unfavourable to economic crops, trees and plant products and a second part made up of indexes to the six languages. The indexes facilitate retrieval of any desired term in the basic table. The table of contents explains fully the scope of the lexicon. Entries in the lexicon are arranged alphabetically within each section, according to the Latin name of the living form. In the Appendices English is the key language.

I must state from the start that my lexicon is essentially *a list of current usage* in the field of plant pests and diseases. It is only too well known that plants of all kinds and plant products are attacked by an extremely high number of living forms. These natural enemies, as well as the maladies or alterations they cause, receive a common name by which they are referred to in specialized literature, and even in highly technical papers. My purpose has been to compile as many as possible of these vernacular names in five languages. Not more – but also not less.

The names appearing in the following pages are those *actually* found in the different languages. This is the reason why, in a few cases, the crop involved is not the same in all five languages. For instance, in entry 1145 *Pseudomonas savastanoi* var. *nerii* the affected crop is oleander in four languages and alfalfa in the other; in entry 1588 *Corticium rolfsii* we find rice, cotton, beet and sugar cane, and seedlings, according to the language. This is so because each language seemingly emphasizes a different crop – even though the parasites may actually attack all the crops mentioned in all the countries where the parasite or its hosts exist. The accepted names, therefore, are those given. In compiling a glossary like the present one, the task of the compiler is *to record names in current usage*, and *not* to translate them from one or more languages into the others.

In some cases the entries are divided into two parts: the first gives the common name of the *parasite* or *enemy*, and the second shows the common name of the *disease* or *alteration* it causes; whenever the former, the latter or both are in current usage in some or all five languages. See, for instance, entries 32 *Meloidogyne incognita*, 1605 *Fomes igniarius* and 1629 *Merulius lacrymans*.

This is, as far as I know, the first systematic and comprehensive dictionary to be published on the subject of plant pests and diseases. In compiling it, I have tried to make a needed tool available to those engaged in linguistic work. I have endeavoured to make it as complete and useful as possible, and hope that it may prove so to the specialist and to the general reader.

Rome, October 1965

MANUEL MERINO-RODRÍGUEZ

CONTENTS

SYSTEMATIC PART . . . 1
1 Zooparasites of plants . . . 1

PROTOZOANS . . . 3
NEMATODES . . . 3
MOLLUSKS . . . 6
ARTHROPODS: Insects . . . 7
Thysanura . . . 7
Orthoptera . . . 7
Isoptera . . . 9
Corrodentia . . . 9
Dermaptera . . . 10
Thysanoptera . . . 10
Hemiptera . . . 11
Homoptera . . . 12
Ephemeroptera . . . 23
Odonata . . . 23
Neuroptera . . . 23
Lepidoptera . . . 23
Coleoptera . . . 35
Diptera . . . 50
Hymenoptera . . . 55
ARTHROPODS: Myriapods . . . 58
ARTHROPODS: Arachnids . . . 59
ARTHROPODS: Crustaceans . . . 62
VERTEBRATES: Birds . . . 63
VERTEBRATES: Mammals . . . 65

2 Phytoparasites of plants . . . 68

BACTERIA . . . 68
ACTINOMYCETES . . . 74
VIRUSES . . . 75
FUNGI: Phycomycetes . . . 87
FUNGI: Ascomycetes . . . 92
FUNGI: Basidiomycetes . . . 103
FUNGI: Fungi Imperfecti . . . 114
ALGAE . . . 124
LICHENS . . . 125
FLOWERING PLANTS: Parasitic flowering plants . . . 125
FLOWERING PLANTS: Weeds . . . 126

APPENDIX I: Symptoms of disease 143
APPENDIX II: Non-parasitic diseases 150
APPENDIX III: Unclassified virus diseases 153

ALPHABETICAL PART 157
Latin index 159
English index 179
French index 223
Spanish index 255
Italian index 291
German index 323

LANGUAGE INDICATIONS

en	English
fr	French
el	Spanish
it	Italian
de	German

SYSTEMATIC PART

1 Zooparasites of plants

PROTOZOANS

1 Flagellata
en flagellosis
fr flagellose
el flagelosis, fitoflagelosis, protozoosis
it flagellosi, protozoosi
de Flagellatenkrankheit

2 Leptomonas davidi
en milkweed flagellosis
fr flagellose des euphorbes
el fitoflagelosis de las euforbiáceas
it flagellosi delle euforbie
de Flagellatenkrankheit der Wolfsmilchgewächse

3 Leptomonas leptovasarum
en phloem necrosis of coffee
fr nécrose du liber du caféier, leptonécrose du caféier
el necrosis del floema del cafeto
it leptonecrosi del caffè
de Siebröhrenkrankheit des Kaffeebaumes, Phloemnekrose des Kaffeebaumes

NEMATODES

4 Anguillula aceti
en vinegar eel
fr anguillule du vinaigre
el anguílula del vinagre
it anguillula dell'aceto
de Essigälchen, Kleisterälchen

5 Anguillulidae
en eelworms, plant nematodes
(i) nematode gall
fr anguillules, nématodes des plants
(i) nématocécidie
el anguílulas, nematodos de las plantas
(i) nematodocecidio
it anguillule
(i) nematocecidi
de Älchen, Nematoden
(i) Älchengalle

en eelworm disease
fr anguillulose
el anguilulosis
it anguillulosi
de Älchenkrankheit

6 Anguillulina agrostis
see: *Anguina agrostis*

7 Anguillulina dipsaci
see: *Ditylenchus dipsaci*

8 Anguillulina tritici
see: *Anguina tritici*

9 Anguina spp.
en seed-gall nematodes
fr nématodes gallicoles
el nematodos galígenos
it anguillule galligene
de Anguina-Älchen

10 Anguina agrostis
(Tylenchus agrostis)
(Anguillulina agrostis)
en bentgrass nematode, grass seed nematode
fr nématode des agrostides
el nematodo de los agrostis
it anguillula degli agrostidi
de Straussgrasälchen

11 Anguina tritici
(Anguillulina tritici)
(Tylenchus tritici)
(Tylenchus scadens)
en wheat nematode
fr anguillule du blé niellé
el anguílula del trigo
it anguillula del frumento
de Weizenälchen

en nematode disease of wheat, smutted wheat, bunted wheat, hard smut, cockle, purple, false ergot
fr nielle du blé
el anguilulosis del trigo, aneguillado del trigo, falso tizón del trigo
de Radekrankheit des Weizens, Gichtkrankheit der Weizenkörner, Gichtkörner, Kaulbrand

12 Aphelenchoides cocophilus
(Aphelenchus cocophilus)
en coconut-palm nematode
fr aphelenchus du cocoyer
el nematodo del cocotero
it anguillula del cocco
de Kokosnussälchen

en 1 red-ring disease of coconut, rot disease of coconut
2 bud rot of oil palm

el 1 anillo rojo del cocotero, enfermedad cortical roja del cocotero
2 pudrición del cogollo de la palma de aceite

13 *Aphelenchoides fragariae*
(A. olesistus)
(Aphelenchus fragariae)
(Aphelenchus olesistus)
en strawberry nematode, fern nematode
fr aphelenchus du fraisier, anguillule du fraisier et des fougères
el afelencoide de la fresa
it anguillula delle felci
de Erdbeer-Älchen, Farnälchen

en cauliflower disease, red plant, dwarf of strawberry, fern blotch
fr maladie vermiculaire des fougères
de Blumenkohlkrankheit

14 *Aphelenchoides olesistus*
see: *A. fragariae*

15 *Aphelenchoides ritzemabosi*
(Aphelenchus ritzemabosi)
en chrysanthemum foliar nematode
fr anguillule des chrysanthèmes
el afelencoide del crisantemo
it anguillula dei crisantemi
de Chrysanthemenälchen

de Älchenkrankheit der Chrysanthemen

16 *Aphelenchus cocophilus*
see: *Aphelenchoides cocophilus*

17 *Aphelenchus fragariae*
see: *Aphelenchoides fragariae*

18 *Aphelenchus olesistus*
see: *Aphelenchoides fragariae*

19 *Aphelenchus ritzemabosi*
see: *Aphelenchoides ritzemabosi*

20 *Ditylenchus destructor*
en potato rot nematode

en eelworm disease of potato
fr maladie vermiculaire des pommes de terre
el anguilulosis de la patata
it anguillulosi delle patate
de Älchenkrätze der Kartoffel, Nematodenfäule der Kartoffel, Wurmfäule der Kartoffel

21 *Ditylenchus dipsaci*
(Tylenchus dipsaci)
(Anguillulina dipsaci)
(Tylenchus devastator)
en stem nematode
fr anguillule de la tige, anguillule des céréales et des bulbes
el anguílula del tallo
it anguillula delle piante erbacee
de Stengelälchen, Stockälchen

en 1 tulip-root of oats, segging of oats
2 onion bloat, bloat of onion
3 stem disease of clover and alfalfa, clover sickness
4 brown ring disease of hyacynth, ring disease of bulbs
5 stem disease of rye
fr 1 maladie vermiculaire de l'avoine, avoine poireauté
2 maladie vermiculaire de l'oignon
3 maladie vermiculaire de la luzerne
4 maladie circulaire de la jacinthe
5 seigle oignonné
el 1 anguilulosis de la avena, avena acebollada, avena apuerrada
2 anguilulosis de la cebolla
3 anguilulosis de la alfalfa y del trébol
4 enfermedad anular del jacinto
5 acebollado del centeno, cebollino del centeno
de 1 Stockkrankheit des Hafers
2 Wurmkrankheit der Zwiebel
3 Kleemüdigkeit des Klees, Stockkrankheit der Luzerne
4 Ringelkrankheit der Hyazinthen
5 Stockkrankheit des Roggens

22 *Heterodera* spp.
en cyst nematodes
fr nématodes des racines
el heteroderas, nematodos de las raíces
it anguillule delle radici
de Heterodera-Älchen

23 *Heterodera avenae*
see: *H. major*

24 *Heterodera cruciferae*
en cabbage cyst nematode,
brassica root eelworm
fr nématode des crucifères
el heterodera de las crucíferas
it anguillula delle crocifere
de Kreuzblütleräl chen

25 *Heterodera glycines*
en soybean cyst nematode
fr nématode du soya
el heterodera de la soja
it anguillula della soia
de Sojabohneälchen

en yellow dwarf,
soybean cyst nematode disease
el quiste de la soja

26 *Heterodera goettingiana*
en pea cyst nematode,
pea root eelworm
fr nématode du pois
el heterodera del guisante
it anguillula del pisello
de Erbsenälchen

27 *Heterodera major*
(H. avenae)
en oat cyst nematode,
oat root eelworm
fr nématode des racines des
céréales
el heterodera del trigo,
nematodo de la avena
it anguillula dell'orzo
de Haferälchen, Hafernematode

28 *Heterodera marioni*
see: *Meloidogynes incognita*

29 *Heterodera radicicola*
see: *Meloidogyne incognita*

30 *Heterodera rostochiensis*
en golden nematode of potato,
potato root eelworm
fr anguillule des racines de la
pomme de terre,
nématode doré de la pomme de
terre
el nematodo de la patata,
nematodo dorado
it anguillula della patate
de Kartoffelälchen,
Kartoffelnematode

31 *Heterodera schachti*
en sugar beet nematode, beet eelworm
fr anguillule de la betterave,
nématode de la betterave
el nematodo de la remolacha,
heterodera de la remolacha
it anguillula della barbabietola
de Rübenälchen, Rübennematode,
Rübenwurm

en beet sickness, beet weariness
fr fatigue des terres à betterave
de Rübenmüdigkeit,
Kopfkrankheit der Zucker- und
Runkelrüber,
Wurmfäule der Zucker- und
Runkelrüber

32 *Meloidogyne incognita*
(Heterodera radicicola)
(H. marioni)
en root knot nematode,
root knot eelworm
fr anguillule des racines,
nématode des racines
el nematodo de la raíz,
anguílula de las raíces
it anguillula delle radici,
anguillula gallicola delle radici
de Wurzelälchen, Knöllchennematode,
Knöllchenälchen

en root knot, root gall, big root
fr galles des racines
el anguilulosis de las raíces,
hernia radical,
nódulos de las raíces
de Älchengallen

33 *Pratylenchus penetrans*
(Tylenchus penetrans)
en lesion nematode,
meadow nematode
fr anguillule des prairies
el nematodo de los prados
it anguillula dei prati
de Wiesennematode, Wiesenälchen

fr maladie vermiculaire du muguet

34 *Pratylenchus pratensis*
(Tylenchus pratensis)
en lesion nematode,
meadow nematode
fr anguillule des prairies
el nematodo de los prados
it anguillula dei prati
de Wiesennematode, Wiesenälchen

35 *Tylenchulus semipenetrans*
en citrus nematode,
citrus root nematode
fr anguillule des racines des
agrumes
el nematodo de la raíz de los agrios
it Tylenchulus semipenetrans
de Orangen-Wurzelnematode

36 *Tylenchus agrostis*
see: *Anguina agrostis*

37 *Tylenchus devastator*
see: *Ditylenchus dipsaci*

38 *Tylenchus dipsaci*
see: *Ditylenchus dipsaci*

39 *Tylenchus penetrans*
see: *Pratylenchus penetrans*

40 *Tylenchus pratensis*
see: *Pratylenchus pratensis*

41 *Tylenchus scadens*
see: *Anguina tritici*

42 *Tylenchus tritici*
see: *Anguina tritici*

MOLLUSKS

43 *Agriolimax agrestis*
see: *Deroceras agreste*

44 *Agriolimax reticulatus*
see: *Deroceras reticulatum*

45 *Arion empiricorum*
(Arion rufus)
en red slug
fr limaçon rouge
el babosa roja
it Arion empiricorum
de grosse Wegschnecke

46 *Arion hortensis*
en garden slug, black field slug
fr limace des jardins
el babosa de las huertas,
limaco de las huertas
it Arion hortensis
de Gartenwegschnecke

47 *Arion rufus*
see: *A. empiricorum*

48 *Bankia* sp.
en shipworm
fr taret, ver de mer
el taraza, broma
it teredine, bruma
de Bohrmuskel, Bohrwurm

49 *Cepaea hortensis*
(Helix hortensis)
en garden snail
fr escargot des jardins,
petit escargot des jardins
el caracol de las huertas
it Cepaea hortensis
de Hainschnecke

50 *Cepaea nemoralis*
(Helix nemoralis)
en wood snail
fr escargot des bouissons
el caracol del campo
it Cepaea nemoralis
de Hainschnecke

51 *Deroceras agreste*
(Agriolimax agrestis)
en grey field slug
fr limace agreste
el babosa de campo, babosa agreste
it Deroceras agreste
de graue Nacktschnecke,
Ackerschnecke

52 *Deroceras reticulatum*
(Agriolimax reticulatus)
en grey field slug
fr petite limace grise
el pequeña babosa gris
it Deroceras reticulatum
de kleine graue Kellerschnecke,
Ackerschnecke

53 Helicidae
en snails
fr escargots, hélices, colimaçons
el caracoles
it lumache, chiocciole
de Schnecken

54 *Helix aspersa*
en common snail, speckled snail,
large garden snail
fr petit-gris
el caracol de las viñas
it Helix aspersa
de Helix aspersa

55 *Helix hortensis*
see: *Cepaea hortensis*

56 *Helix nemoralis*
see: *Cepaea nemoralis*

57 *Helix pomatia*
en grapevine snail
fr escargot des vignes
el caracol de las viñas
it Helix pomatia
de Weinbergschnecke

58 Limacidae
en slugs
fr limaces
el babosas, limacos
it limacce
de Egelschnecken

59 *Limax flavus*
en large yellow slug
fr grande limace jaune
el gran babosa amarilla
it Limax flavus
de gelbe Kellerschnecke

60 *Limax maximus*
en large grey slug, large garden slug
fr grande limace grise,
limace cendrée
el gran babosa gris
it lumacone maggiore
de grosse Wegschnecke,
grosse Nacktschnecke,
grosse Kellerschnecke

61 *Milax* spp.
en keeled slugs
fr limaces carenées
el babosas de carena
it Milax
de Milax-Schnecken

62 *Teredo navalis*
en shipworm
fr taret, ver de mer
el teredo, taraza, broma
it teredine, bruma
de Bohrmuskel, Bohrwurm,
Schiffsbohrwurm, Pfahlwurm

63 *Testacella* spp.
en snail-slugs
fr testacelles
el testacelas
it testacelle
de Testacelliden

ARTHROPODS: Insects

THYSANURA

64 *Lepisma saccharina*
en silverfish, fish moth
fr petit poisson d'argent,
lépisme du sucre
el pececillo de plata,
lepisma del azúcar
it pesciolino d'argento, lepisma
de Silberfischchen, Zuckergast

65 *Thermobia domestica*
en firebrat
fr marmot du feu,
thermobia des boulangeries
el termobia de las tahonas
it termobia domestica
de Ofenfischen

66 Thysanura
en thysanura, thysanurans
fr thysanoures
el tisanuros
it tisanuri
de Borstenschwänze

ORTHOPTERA

67 *Acheta domestica*
en European house cricket,
European hearth cricket
fr grillon domestique
el grillo doméstico,
grillo del hogar
it grillo domestico
de Hausgrille

68 Acridiidae
see: Locustidae

69 Bacillidae
en stick insects, walking sticks
fr bacilles
el insectos-palo
it insetti-fuscello, "stecchi"
de Stabheuschrecken,
Gespenstheuschrecken

70 *Blatta orientalis*
en common cockroach
fr blatte orientale
el cucaracha negra de las cocinas
it blatta delle case,
blatta delle cucine,
scarafaggio
de Küchenschabe,
orientalische Schabe, Brotschabe

71 *Blattella germanica*
en German cockroach, croton bug
fr blatte germanique
el cucaracha pequeña de las casas, cucaracha germánica
it blatta germanica
de Hausschabe, deutsche Schabe

72 *Calliptamus italicus (Caloptenus italicus)*
en Italian locust
fr criquet italien
el langosta italiana
it grillastro italiano
de italienische Feldheuschrecke

73 *Caloptenus italicus*
see: *Calliptamus italicus*

74 *Decticus verrucivorus*
see: *Tettigonia verrucivora*

75 *Dociostaurus maroccanus*
en Moroccan locust
fr criquet marocain, stauronote
el langosta marroquí
it locusta crociata, cavalletta del Marocco
de marokkanische Wanderheuschrecke

76 *Ephippigera* spp.
en ephippigera
fr éphippigers, bourdragues, porte-selles
el chicharras de alas cortas
it cavallete sellate, cavallete gibbose, efippigere
de Sattelschrecken

77 *Gryllotalpa gryllotalpa (G. vulgaris)*
en mole cricket
fr courtillière, taupe-grillon, avant-taupe
el grillo-topo, alacrán cebollero
it grillotalpa
de Maulwurfsgrille, europäische Werre

78 *Gryllotalpa vulgaris*
see: *G. gryllotalpa*

79 *Gryllus campestris*
en European field cricket
fr grillon champêtre, grillon des champs
el grillo campestre, grillo común
it grillo canterino, saltarello
de Feldgrille

80 *Locusta migratoria migratorioides*
en migratory locust
fr criquet migrateur
el langosta migratoria
it cavalletta migratrice
de Wanderheuschrecke

81 Locustidae (Acridiidae)
en grasshoppers, short-horned grasshoppers, locusts
fr criquets
el langostas, saltamontes
it cavallette
de Feldheuschrecken

82 *Mantis religiosa*
en praying mantis
fr mante religieuse
el mantis religiosa
it mantide religiosa, pregadio, grillo indovino
de europäische Gottesanbeterin

83 *Nomadacris septemfasciata*
en red locust, red winged locust
fr criquet nomade
el langosta roja
it Nomadacris septemfasciata
de Nomadacris-Schrecke

84 *Periplaneta americana*
en American cockroach
fr blatte américaine
el cucaracha americana, cucaracha grande rojiza
it blatta rossa, blatta americana
de amerikanische Schabe, Kakerlak

85 *Phasgonura viridissima*
en green grasshopper, meadow grasshopper
fr grande sauterelle verte
el langosta verde
it locusta verdissima, cavalletta verde dei prati
de Heupferd, grünes Heupferd

86 Phyllidae
en leaf insects, walking leaves
fr phyllies
el insectos-hoja
it filliidi
de wandelnde Blätter

87 *Schistocerca gregaria*
en desert locust
fr criquet pèlerin
el langosta del desierto
it pellegrino
de Wanderheuschrecke, Wüstenheuschrecke

88 *Schistocerca paranensis*
en South American locust
fr criquet sud-américain
el langosta sudamericana, chapulín (C.Am.)
it cavalletta sudamericana
de südamerikanische Wanderheuschrecke

89 *Tettigonia verrucivora*
(Decticus verrucivorus)
en Tettigonia verrucivora
fr dectique
el déctico, cigarrón
it locustone, locusta brizzolata
de Warzenweisser

90 Tettigonidae
en long-horned grasshoppers, green meadow grasshoppers, katydids
fr sauterelles
el langostas de sable, cigarrones
it cavallette dalle antenne lunghe, locustoni
de Laubheuschrecken

ISOPTERA

91 Hodotermitidae
en grass-carrying termites, harvester-termites, marching termites
fr termites fourrageurs, termites marcheurs
el termes cosechadoras
it odotermitidi
de Erntetermiten

92 Isoptera
en termites, "white ants", "wood-ants"
fr termites, "fourmis blanches"
el termes, termitos, termites, "hormigas blancas", comejenes (Am.)
it termiti, "formiche bianche"
de Termiten

93 *Kalotermes flavicollis*
en Kalotermes flavicollis
fr termite à cou jaune
el termes de cuello amarillo
it termite bianca, termite a collo giallo
de Gelbhalstermite

94 *Leucotermes lucifugus*
see: *Reticulitermes lucifugus*

95 *Reticulitermes lucifugus*
(Termes lucifugus)
(Leucotermes lucifugus)
en common European white ant
fr termite lucifuge
el hormiga blanca europea
it termite lucifuga
de Erd-Termite

96 *Termes lucifugus*
see: *Reticulitermes lucifugus*

CORRODENTIA

97 Copeognatha
see: Corrodentia

98 Corrodentia
(Psocoptera)
(Copeognatha)
en corrodentia, psocids
fr psocoptères
el psocópteros
it psocotteri, corrodenti
de Holzläuse, Staubläuse, Rindenläuse, Flechtlinge

99 *Liposcelis divinatorius*
(Troctes divinatoria)
en book louse
fr pou des livres, psoque
el piojo de los libros
it atropo divinatorio, pidocchio dei libri
de Bücherlaus, Staublaus

100 Psocoptera
see: Corrodentia

101 *Troctes divinatoria*
see: *Liposcelis divinatorius*

DERMAPTERA

102 Dermaptera
en earwigs
fr dermaptères, perce-oreilles
el dermápteros, tijeretas
it dermatteri
de Ohrwürmer

103 *Forficula auricularia*
en common earwig, European earwig
fr perce-oreille, forficule commune
el tijereta, forfícula
it forfecchia, forbicina
de gemeine Ohrwurm, Ohrenhöhler

THYSANOPTERA

104 *Bregmatothrips iridis*
en iris thrips
fr thrips de l'iris
el trips de la flor de lis
it tripide del giglio bianco
de Schwertliliethrips

105 *Drepanothrips reuteri*
(D. viticola)
en grape thrips, vine thrips
fr thrips de la vigne
el trips de la vid
it drepanotripide di Reuter,
tripide della vite americana
de Weinblasenfuss

106 *Drepanothrips viticola*
see: *D. reuteri*

107 *Heliothrips haemorrhoidalis*
en greenhouse thrips, coffee thrips
fr thrips des serres
el piojillo de los invernaderos
it eliotripide emorroidale,
tripide delle serre
de rotschwänziger Blasenfuss,
Gewächshausthrips,
schwarze Fliege

it ruggine degli agrumi

108 *Hercothrips fasciatus*
en bean thrips
fr thrips du haricot
el trips del fríjol
it tripide del fagiolo
de Bohnenblasenfuss

109 *Kakothrips robustus*
(Physopus robusta)
en pea thrips, "black fly"
fr thrips du pois,
thrips de la fève et du pois
el trips del guisante
it tripide del pisello
de Erbsenblasenfuss

110 *Limothrips cerealium*
en corn thrips (U.K.), grain thrips
fr thrips des céréales
el trips del trigo
it tripide del grano,
tripide bruno del grano,
limotripide del grano
de Getreideblasenfuss

111 *Liothrips oleae*
(Phloeothrips oleae)
en olive thrips
fr thrips de l'olivier
el arañuelo del olivo
it fleotripide dell'olivo,
pidocchio nero dell'olivo
de Oliventhrips

112 *Phloeothrips oleae*
see: *Liothrips oleae*

113 Physopoda
see: Thysanoptera

114 *Physopus robusta*
see: *Kakothrips robustus*

115 *Scirtothrips citri*
en citrus thrips
fr thrips des agrumes
el trips de los agrios
it tripide degli agrumi
de Zitrusblasenfuss

116 *Selenothrips rubrocinctus*
en cacao thrips
fr thrips du cacaoyer
el trips del cacao
it tripide del cacao
de Kakaothrips

117 *Taeniothrips gladioli*
(T. simplex)
en gladiolus thrips
fr thrips du glaïeul
el trips del gladíolo
it tripide del gladiolo
de Gladiolethrips

118 *Taeniothrips inconsequens*
en pear thrips
fr thrips du poirier
el trips del peral
it tripide del pero
de Birnenthrips

119 *Taeniothrips laricivorus*
en larch thrips
fr thrips du mélèze
el trips del alerce
it tripide del larice
de Lärchenblasenfuss

120 *Taeniothrips simplex*
see: *T. gladioli*

121 *Thrips fuscipennis*
en rose thrips
fr thrips du rosier
el trips del rosal
it tripide della rosa
de Rosenthrips

122 *Thrips linarius*
(T. lini)
en flax thrips
fr thrips du lin
el trips del lino
it tripide del lino
de Flachsfliege

123 *Thrips lini*
see: *T. linarius*

124 *Thrips tabaci*
en onion thrips
fr thrips du tabac,
thrips du tabac et de l'oignon
el piojillo de la cebolla y del tabaco,
trips de la cebolla
it tripide del tabacco
de Tabakblasenfuss, Tabakthrips

125 Thysanoptera
(Physopoda)
en thrips
fr thysanoptères, thrips
el tisanópteros, trips
it tisanotteri
de Blasenfüssler

HEMIPTERA

126 *Calocoris fulvomaculatus*
en needle-nosed hop bug, shy bug
fr punaise des poires pierreuses
el chinche de las peras
it cimicetta delle pere
de Hopfenwanze

it mal della pietra delle pere

127 *Calocoris norvegicus*
en potato bug
fr calocoris de la pomme de terre
el chinche de la patata
it cimicetta verde
de Wiesenwanze, Kartoffelwanze

128 Capsidae
en plant bugs, leaf bugs, capsids,
capsid bugs
fr capsides
el cápsidos, chinches de campo
it capsidi
de Blindwanzen

129 *Dysdercus* spp.
en cotton stainers, red cotton bugs
fr Dysdercus
el chinches tintóreas
it cimici rosse
de Rotwanzen

130 *Eurydema oleraceum*
en Eurydema oleraceum
fr punaise du chou, punaise potagère
el chinche roja de las coles
it pulce degli orti, cimice dei cavoli
de Kohlwanze, Gemüsewanze

131 *Eurygaster integriceps*
en sunn pest
fr souné, sen, sunn
el plaga sunn
it sen, sunn
de asiatische Getreidewanze

132 *Eurygaster maura*
en cereal bug
fr punaise des céréales
el chinche de los cereales
it cimice dei cereali
de Breitbauchwanze

133 Gerridae
en water striders
fr gerridés
el zapateros, sastres
it gerridi
de Wasserläufer

134 *Lopus sulcatus*
en Lopus-bug
fr grisette de la vigne

el chinche gris de la vid
it cimice della vite
de Weinstockwanze

135 Lygaeidae
en chinch bugs
fr lygéides, lygéidés
el ligeidos
it ligeidi
de Langwanzen

136 *Lygus* spp.
en tarnished plant bugs
fr punaises grises, lygées
el chinches manchadoras
it Lygus
de grüne Blattwanzen, Lygus-Wanzen

137 *Lygus pabulinus*
en common green capsid bug
fr capside des cultures fruitières, punaise verte des pousses
el chinche del manzano
it Lygus pabulinis
de Futterwanze

138 *Murgantia histrionica*
en harlequin bug, fire bug, calico back
fr punaise des choux
el chinche de las coles
it cimice dei cavoli
de Kohlwanze

139 Nepidae
en water scorpions
fr népides, scorpions d'eau
el népidos, escorpiones de agua
it nepidi
de Wasserskorpione

140 *Nezara viridula*
en green shield bug, green plant bug, green grass bug
fr Nezara
el chinche hedionda verde
it cimice verdastra
de grüne Reiswanze

141 Notonectidae
en back swimmers
fr notonectidés
el garapitos
it notonette
de Rückenschwimmer

142 Pentatomidae
en stink bugs
fr pentatomidés
el pentatómidos
it pentatomidi
de Schildwanzen

143 *Piesma quadrata*
en beet leaf bug
fr punaise de la betterave
el chinche de la remolacha
it cimicetta della barbabietola
de Rübenwanze, Rübenblattwanze

144 *Plesiocoris rugicollis*
en apple capsid bug
fr capside des bourgeons du pommier
el chinche del manzano
it cimice tossica
de Apfelwanze, grüne Apfelwanze

145 Reduviidae
en assassin bugs
fr réduvidés
el redúvidos
it reduviidi
de Raubwanzen

146 *Stephanitis pyri*
en pear lace bug
fr tigre du poirier
el chinche del peral
it cimice del pero, tingide del pero
de Birnblattwanze, Birnbaum-Netzwanze

147 *Stephanitis rhododendri*
en rhododendron lace bug
fr tigre du rhododendron
el chinche del rododendro
it tingide dei rododendri
de Rhododendronwanze

148 Tingidae
en lace bugs
fr tyngides
el tíngidos, chinchetas
it tingidi
de Gitterwanzen

HOMOPTERA

149 *Acyrthrosiphon onobrychidis (Macrosiphum pisi)*
en pea aphid, green pea louse
fr puceron du pois, puceron vert du pois
el pulgón verde del guisante
it afide del pisello
de grüne Erbsenblattlaus

150 *Adelges larici*
en woolly larch aphid
fr puceron lanigère du mélèze, chermès des conifères
el pulgón lanígero del alerce
it cherme del larice
de rote Fichtengallenlaus

151 *Aleurodes brassicae*
en cabbage whitefly
fr mouche blanche du chou, aleurode du chou
el mosquita blanca del repollo
it aleurode dei cavoli
de Kohl-Mottenschildlaus

152 Aleurodidae
see: Aleyrodidae

153 Aleyrodidae
(Aleurodidae)
en whiteflies
fr aleurodes des serres
el moscas blancas
it aleurodidi
de weisse Fliegen, Mottenläuse, Mottenschildläuse

154 *Anuraphis amygdali*
see: *Brachycaudus persicaecola*

155 *Anuraphis helichrysi*
see: *Brachycaudus helichrysi*

156 *Anuraphis persicae*
see: *Appelia schwartzi*

157 *Anuraphis persicae-niger*
see: *Brachycaudus persicaecola*

158 *Aonidiella aurantii*
(Chrysomphalus aurantii)
(Aspidiotus aurantii)
en California red scale, orange scale
fr cochenille rouge de l'oranger, pou rouge de Californie
el cochinilla roja de los agrios, cochinilla roja australiana, escama roja de los agrios
it cocciniglia rossa degli agrumi, aonidiella dell'arancio
de rote Orangenschildlaus, rote kalifornische Schildlaus

159 Aphididae
en plant lice, aphids, green flies
fr pucerons, aphidiens
el pulgones, áfidos
it afidi, gorgoglioni, pidocchi delle piante
de echte Blattläuse

160 *Aphidula nasturtii*
(Aphis rhammi)
en buckthorn aphid
fr puceron du nerprun
el pulgón de la aladierna
it afide della spina cervina
de Kreuzdornblattlaus

161 *Aphis avenae*
see: *Rhopalosiphon padi*

162 *Aphis brassicae*
see: *Brevicoryne brassicae*

163 *Aphis camelliae*
see: *Toxoptera aurantii*

164 *Aphis fabae*
see: *Doralis fabae*

165 *Aphis gossypii*
see: *Cerosipha gossypii*

166 *Aphis grossulariae*
en gooseberry aphid
fr puceron vert du groseillier
el pulgón del grosellero
it afide del ribes
de kleine Stachelbeertrieblaus, Stachelbeer-Blattlaus

167 *Aphis hederae*
see: *Doralis hederae*

168 *Aphis maidis*
see: *Rhopalosiphon maidis*

169 *Aphis mali*
see: *Doralis pomi*

170 *Aphis malvae*
see: *Aulacorthum pelargonii*

171 *Aphis nasturtii*
en buckthorn aphid
fr puceron du nerprun
el pulgón de la aladierna
it afide della spina cervina
de Kreuzdornblattlaus

172 *Aphis pomi*
see: *Doralis pomi*

173 *Aphis rhammi*
see: *Aphidula nasturtii*

174 *Aphis ribis*
see: *Cryptomyzus ribis*

175 *Aphis rumicis*
see: *Doralis rumicis*

176 *Aphis sambuci*
en elder aphid
fr puceron noir du sureau
el pulgón del saúco
it afide del sambuco
de Holunderblattlaus

177 *Aphrophora spumaria*
see: *Philaenus spumarius*

178 *Appelia schwartzi*
(Anuraphis persicae)
en potato and peach aphid
fr puceron brun du pêcher
el pulgón pardo del melocotonero
it afide del pesco
de Pfirsichblattlaus

179 *Aspidiotus auranti*
see: *Aonidiella aurantii*

180 *Aspidiotus destructor*
en coconut scale, Bourbon scale
fr cochenille du cocotier
el cochinilla del cocotero
it cocciniglia del cocco
de Kokospalmenschildlaus

181 *Aspidiotus ficus*
see: *Chrysomphalus aonidium*

182 *Aspidiotus hederae*
en ivy scale, oleander scale
fr cochenille du lierre
el piojo de la hiedra,
piojo blanco del naranjo
it aspidioto dell'edera,
pidocchio bianco dei limoni
de Oleander-Schildlaus

el caspilla, blanco del algarrobo
it bianca

183 *Aspidiotus ostreaeformis*
see: *Quadraspidiotus ostreaeformis*

184 *Aspidiotus perniciosus*
see: *Quadraspidiotus perniciosus*

185 *Aulacaspis pentagona*
(Diaspis pentagona)
en West Indian peach scale,
papaya scale, mulberry scale
fr cochenille du mûrier
el cochinilla de la morera
it cocciniglia bianca del gelso
de Maulbeerschildlaus,
Mandelschildlaus

186 *Aulacaspis rosae*
(Diaspis rosae)
en rose scale
fr cochenille du rosier,
diaspis du rosier
el caspilla del rosal,
cochinilla blanca del rosal (Arg.),
escama blanca del rosal (C.Am.)
it cocciniglia bianca della rosa
de kleine weisse Rosenschildlaus

187 *Aulacorthum pelargonii*
(Aphis malvae)
en geranium aphid, pelargonium aphid
fr puceron du géranium
el pulgón del geranio
it afide del geranio
de Pelargonienlaus

188 *Brachycaudus cardui*
en thistle aphid
fr puceron de l'artichaut,
puceron du chardon
el pulgón del cardo
it afide del cardo e del carciofo
de grosse Pflaumenblattlaus

189 *Brachycaudus helichrysi*
(Anuraphis helichrysi)
en leaf-curling plum aphid
fr puceron vert du prunier
el pulgón verde del ciruelo
it afide verde dei crisantemi
de kleine Pflaumenlaus

190 *Brachycaudus persicaecola*
(Anuraphis amygdali)
(A. persicae-niger)
en black peach aphid
fr puceron noir du pêcher
el pulgón del almendro y del
melocotonero
it afide del pesco
de schwarze Pfirsichblattlaus

191 *Brevicoryne brassicae*
(Aphis brassicae)
en cabbage aphid,
mealy cabbage aphid
fr puceron cendré du chou,
puceron blanc du chou
el pulgón de la col,
pulgón de las crucíferas

it afide del cavolo
de Kohlblattlaus,
mehlige Kohlblattlaus

192 *Byrsocrypta ulmi*
(Tetraneura ulmifoliae)
en elm leaf aphid
fr puceron sombre de l'orme
el pulgón del olmo
it pidocchio delle galle piriformi dell'olmo
de Rüsternblasenlaus,
glatte Blattgallen-Ulmenblattlaus

193 *Callaphis juglandis*
en dusky-veined walnut aphid
fr gros puceron du noyer
el pulgón grande del nogal
it afide del noce
de gestreifte Walnusszierlaus

194 *Cavaraiella aegopodii*
en carrot aphid,
parsnip and willow aphid
fr puceron des ombellifères
el pulgón de las umbelíferas
it afide delle ombellifere
de Gierschblattlaus

195 Cercopidae
en spittle bugs, froghoppers
fr cercopides, aphrophores
el espumadoras
it sputtachine
de Schaumzikaden

196 *Ceroplastes floridensis*
en Florida wax scale
fr ceroplaste de Floride
el cochinilla perla poliédrica,
guagua de cera de Florida (Cuba)
it ceroplaste di Florida
de Florida-Schildlaus

197 *Ceroplastes rusci*
en fig wax scale
fr ceroplaste du figuier,
cochenille du figuier
el cochinilla de la higuera
it cocciniglia del fico,
ceroplaste del fico
de Feige-Schildlaus

198 *Ceroplastes sinensis*
en Chinese wax scale
fr ceroplaste des agrumes
el caparreta blanca
it ceroplaste cinese degli agrumi
de Zitrus-Schildlaus

199 *Cerosipha forbesi*
en strawberry root aphid
fr puceron rhizophage du fraisier,
puceron vert du fraisier
el pulgón de las raíces del fresal
it afide della fragola
de kleine Erdbeerlaus

200 *Cerosipha gossypii*
(Aphis gossypii)
en melon aphid, cotton aphid
fr puceron du melon et du cotonnier
el pulgón del algodonero
it afide del cotone
de Gurkenblattlaus

201 *Chermes abietis*
see: *Sacchiphantes abietis*

202 Chermidae
(Psyllidae)
en jumping plant lice
fr chermes, chermès
el piojillos de las plantas
it chermi, psillidi
de Blattflöhe, Springläuse

203 *Chionaspis euonymi*
see: *Unaspis euonymi*

204 *Chromaphis juglandicola*
en European walnut aphid
fr petit puceron du noyer
el pulgón pequeño del nogal
it piccolo afide del noce
de kleine Walnusslaus

205 *Chrysomphalus aonidium*
(Ch. ficus)
(Aspidiotus ficus)
en Floride red scale,
circular purple scale
fr pou rouge de Floride
el cochinilla circular negra (Arg.),
escama negra del naranjo (Chile)
it cocciniglia di Florida
de rote Florida-Schildlaus

206 *Chrysomphalus aurantii*
see: *Aonidiella aurantii*

207 *Chrysomphalus dictyospermi*
en palm scale, dictyospermum scale
fr pou rouge des orangers
el piojo rojo del naranjo,
conchuela anaranjada
it pidocchio rosso,
cocciniglia rossa,
biancarossa degli agrumi
de rote Mittelmeerschildlaus

208 *Chrysomphalus ficus*
see: *Ch. aonidium*

209 Cicadellidae
see: Jassidae

210 Cicadidae
en cicadas
fr cigales
el cigarras
it cicale
de Singzikaden

211 Coccidae
en scale insects
fr cochenilles, coccides
el cochinillas
it coccidi, coccinelle, cocciniglie
de Schildläuse

212 *Coccus hesperidium*
en soft brown scale
fr pou des hesperides,
cochenille plate de l'oranger
el cochinilla de los agrios,
cochinilla blanda del naranjo
it lecanio liscio degli agrumi,
cocciniglia degli agrumi
de Zitrus-Schildlaus

213 *Coccus viridis*
(Lecanium viride)
en green coffee scale
fr cochenille verte du caféier
el cochinilla verde del cafeto
it cocciniglia verde del caffè
de grüne Kaffeeschildlaus

214 *Coloradoa rufomaculata*
en green chrysanthemum aphid
fr puceron vert du chrysanthème
el pulgón verde del crisantemo
it afide verde dei crisantemi
de Chrysanthemenlaus

215 *Cryptococcus fagi*
en beech scale
fr cochenille du hêtre
el cochinilla del haya
it cocciniglia del faggio
de Buchen-Wollschildlaus

216 *Cryptomyzus ribis*
(Aphis ribis)
en red currant aphid
fr puceron jaune du groseillier et du
cassis
el pulgón del grosellero
it afide del ribes
de Johannisbeerblasenlaus

217 *Dactylosphaera vitifolii*
see: *Viteus vitifolii*

218 Diaspidinae
en armored scales
fr diaspines
el diaspinos
it dispis, diaspini
de Diaspinen,
schildtragende Schildläuse,
Deckelschildläuse,
Austernschildläuse

219 *Diaspis leperii*
see: *Epidiaspis leperii*

220 *Diaspis pentagona*
see: *Aulacaspis pentagona*

221 *Diaspis rosae*
see: *Aulacaspis rosae*

222 *Diphorodon cannabis*
see: *Phorodon cannabis*

223 *Doralis fabae*
(Aphis fabae)
en bean aphid, black bean aphid
fr puceron noir de la fève,
puceron noir de la betterave,
puceron du haricot
el pulgón negro de las habas y judías,
pulgón de las habas
it pidocchio delle fave,
afide delle fave
de schwarze Bohnenblattlaus,
schwarze Rübenlaus

224 *Doralis hederae*
(Aphis hederae)
en ivy aphid
fr puceron du lierre
el pulgón de la hiedra
it afide dell'edera
de Efeublattlaus

225 *Doralis pomi*
(Aphis pomi)
(A. mali)
en green apple aphid
fr puceron vert du pommier
el pulgón verde del manzano
it afide verde del melo
de grüne Apfelblattlaus

226 *Doralis rumicis*
(Aphis rumicis)
en dock aphid
fr puceron de l'oseille

el pulgón de la acedera
it afide dell'erba acetosa
de Ampferblattlaus

227 *Drepanosiphon platanoidis*
en sycamore maple aphid
fr puceron du sycomore
el pulgón del sicomoro
it afide del sicomoro
de Ahornzierlaus

228 *Dreyfusia piceae*
en woolly balsam aphid
fr chermès du sapin
el pulgón del abeto
it cherme dell'abete
de Weisstannenstammlaus, Stammrindenlaus, Tannenknospenlaus

229 *Elatobium abietinum*
see: *Liosomaphis abietinum*

230 *Epidiaspis betulae*
see: *E. leperii*

231 *Epidiaspis leperii*
(E. betulae)
(Diaspis leperii)
en Italian pear scale
fr diaspis du poirier, cochenille rouge du poirier
el cochinilla gris del peral
it cocciniglia grigia del pero
de rote austernförmige Schildlaus, rote Austernschildlaus

232 *Eriococcus spurius*
(Gossyparia ulmi)
en European elm scale, elm bark louse
fr cochenille de l'orme
el cochinilla del olmo
it gossiparia dell'olmo
de Ulmen-Wollschildlaus

233 *Eriosoma lanigerum*
(Schizoneura lanigera)
en woolly apple aphid
fr puceron lanigère du pommier
el pulgón lanígero del manzano
it pidocchio sanguigno, afide lenigero del melo, pidocchio rosso del melo
de Blutlaus

234 *Eriosoma lanuginosum*
(Schizoneura lanuginosa)
en woolly elm aphid
fr puceron de l'orme et de poirier
el pulgón del olmo
it afide degli olmi
de Birnenblutlaus, Ulmen-Beutelgallenblattlaus

235 *Eucallipterus tiliae*
en brasswood aphid
fr puceron du tilleul
el pulgón del tilo
it afide del tiglio
de Lindenzierlaus

236 *Eulecanium corni*
(Lecanium corni)
en European fruit scale, European peach scale
fr lécanium du cornouillier et de la vigne
el cochinilla de la vid
it cocciniglia del corniolo
de gemeine Napfschildlaus, Zwetschgen-Napfschildlaus

237 *Eulecanium persicae*
(Lecanium persicae)
en European peach scale, oblong scale
fr cochenille du pêcher, lécanium du pêcher
el cochinilla del melocotonero, cochinilla grande del duraznero (Chile)
it lecanio del pesco, cocciniglia del pesco
de Pfirsichschildlaus

238 *Euphyllura olivina*
(Psylla oleae)
(P. olivina)
en olive psyllid
fr psylle de l'olivier
el pulgón del olivo
it psillà dell'olivo, cotonello dell'olivo, bombacella dell'olivo
de Ölbaumblattsauger

fr maladie du coton de l'olivier
el algodón del olivo, tramilla del olivo

239 Fulgoridae
en plant hoppers
fr fulgoridés
el fulgóridos
it fulgoridi
de Lanternenträger

240 *Gossyparia ulmi*
see: *Eriococcus spurius*

241 *Hyalopterus amygdali*
en mealy peach aphid
fr puceron farineux du pêcher, puceron gris-vert du pêcher
el pulgón harinoso del melocotonero
it afide farinoso del pesco
de mehlige Pfirsichblattlaus

242 *Hyalopterus arundinis*
see: *H. pruni*

243 *Hyalopterus pruni*
(H. arundinis)
en mealy plum aphid
fr puceron vert du prunier, puceron farineux du prunier
el pulgón verde harinoso del ciruelo, pulgón del ciruelo
it afide farinoso del susino
de mehlige Pflaumenlaus, mehlige Pflaumenblattlaus

244 *Icerya purchasi*
see: *Pericerya purchasi*

245 *Idiopterus nephrolepidis*
en fern aphid
fr puceron des fougères
el pulgón del helecho
it afide delle felci
de Farnblattlaus

246 Jassidae
(Cicadellidae)
en leafhoppers
fr cicadelles
el cicadelas, cigarras saltadoras
it cicadellidi
de Kleinzirpeen, Zwergzikaden, Kleinzikaden

247 Lecaniinae
en tortoise scales, soft scales
fr lecanines
el lecaninos
it lecaniini, coccini
de Napfläuse

248 *Lecanium coffeae*
see: *Saissetia hemisphaerica*

249 *Lecanium hesperidium*
see: *Coccus hesperidium*

250 *Lecanium persicae*
see: *Eulecanium persicae*

251 *Lecanium viride*
see: *Coccus viridis*

252 *Lepidosaphes beckii*
(L. citricola)
en purple scale, citrus mussel scale
fr cochenille virgule des orangers
el serpeta gruesa, coma de los agrios
it pidocchio a virgola degli agrumi
de Zitrus-Kommalaus

253 *Lepidosaphes citricola*
see: *L. beckii*

254 *Lepidosaphes ulmi*
(Mytilococcus ulmi)
en oyster shell scale
fr cochenille virgule du pommier
el serpeta del olmo
it pidocchio a virgola dei pioppi e degli alberi da frutto
de gemeine Kommaschildlaus

255 *Liosomaphis berberidis*
en barberry aphid
fr puceron de l'épine-vinette
el pulgón del agracejo
it afide dell'uva spina
de gelbe Berberitzenlaus

256 *Macrosiphon rosae*
(Siphonaria rosae)
en rose aphid
fr puceron vert du rosier
el pulgón verde del rosal
it afide delle rose
de grosse Rosenblattlaus

257 *Macrosiphon solani*
(Siphonophora solanifolii)
en potato aphid
fr puceron de la pomme de terre, puceron vert de la rose et de la pomme de terre
el pulgón de la patata
it afide della patata
de gestreifte Kartoffellaus

258 *Macrosiphoniella chrysanthemi*
see: *Pyrethromyzus sanborni*

259 *Macrosiphum granarium*
see: *Sitobium avenae*

260 *Macrosiphum pisi*
see: *Acyrthrosiphon onobrychidis*

261 *Margarodes* spp.
en ground pearls
fr margarodinés
el margarodes, perlas de tierra
it margarodi delle viti
de Margarodes

262 Membracidae
en treehoppers
fr membracides
el membrácidos
it membracidi
de Buckelzirpen, Buckelzikaden

263 *Metopolophium caraganae*
en caragan aphid
fr puceron du caragan
el pulgón de la caragana
it afide della caragana
de Caraganlaus

264 *Mindarus abietinus*
en balsam twig aphid
fr puceron du sapin
el pulgón del abeto
it afide dell'abete bianco
de Weisstannentrieblaus

265 *Mytilococcus ulmi*
see: *Lepidosaphes ulmi*

266 *Myzodes ligustri*
en privet aphid
fr puceron du troène
el pulgón del aligustre
it afide del ligustro
de Ligusterblattlaus

267 *Myzodes persicae*
en green peach aphid, peach and potato aphid
fr puceron gris du pêcher, puceron vert du pêcher
el pulgón del melocotonero
it afide del mandorlo
de grüne Pfirsichlaus, grüne Pfirsichblattlaus

268 *Myzotoxoptera tulipaella*
en tulip aphid
fr puceron de la tulipe
el pulgón del tulipán
it afide del tulipano
de Mietenlaus, Tulpenlaus

269 *Myzus ascalonicus*
see: *Rhopalomyzus ascalonicus*

270 *Myzus cerasi*
en cherry black aphid
fr puceron noir du cerisier
el pulgón del cerezo
it afide del ciliegio
de schwarze Kirschenlaus, Kirschenblattlaus

271 *Myzus fragariae*
see: *Passerinia fragariaefolii*

272 *Myzus lactucae*
see: *Nasonovia ribicola*

273 *Naşonovia ribicola*
see: *N. ribisnigri*

274 *Nasonovia ribisnigri*
(N. ribicola)
(Myzus lactucae)
en lettuce aphid
fr puceron de la laitue
el pulgón de la lechuga
it afide della lattuga
de Salatlaus

275 *Nectarosiphon rubi*
en European raspberry aphid
fr puceron de la ronce et du framboisier
el pulgón del frambueso
it afide del lampone
de grosse Brombeerlaus

276 *Neomyzus circumflexus*
en lily aphid, mottled arum aphid
fr puceron du lis, puceron des serres
el pulgón de la azucena
it afide del giglio
de gefleckte Gewächshauslaus

277 *Paraprociphilus tesselatus*
en woolly alder aphid
fr puceron lanigère de l'aune
el pulgón lanígero del aliso
it afide lanigero dell'ontano
de Lindengallenlaus

278 *Parlatoria blanchardi*
en date palm scale, parlatoria date scale
fr cochenille du dattier
el cochinilla de la datilera
it cocciniglia dei datteri
de Dattelschildlaus

279 *Parlatoria zizyphi*
en black parlatoria, citrus parlatoria
fr cochenille noire de l'oranger
el piojo negro del naranjo
it pidocchio degli agrumi, cocciniglia nera degli agrumi
de Schwarztäfelchen

280 *Passerinia fragariaefolii*
(Myzus fragariae)
en strawberry aphid

fr puceron du fraisier,
puceron jaune du fraisier
el pulgón del fresal
it afide della fragola
de Erdbeerblattlaus

281 *Pemphigus* spp.
en poplar gall aphids
fr pucerons du peuplier
el pulgones galícolas del chopo
it pemphigini
de Pappelblattläuse

282 *Pemphigus bursarius*
(P. lactucarius)
en lettuce root aphid,
poplar gall aphid
fr puceron du peuplier
el pulgón de la raíz de la lechuga
it afide dei pioppi
de Salatwurzellaus

283 *Pemphigus lactucarius*
see: *P. bursarius*

284 *Pentalonia nigronervosa*
en banana aphid
fr puceron du bananier
el pulgón del banano
it afide del banano
de Bananenblattlaus

285 *Pericerya purchasi*
(Icerya purchasi)
en cottony cushion scale, fluted scale
fr cochenille australienne
el cochinilla acanalada,
cochinilla blanca del naranjo
it iceria
de australische Wollschildlaus

286 *Philaenus spumarius*
(Aphrophora spumaria)
en spittle bug, froghopper
fr aphrophore écumeuse
el espumadora
it sputtachina, afrofora spumosa
de Schaumzikade

287 *Phorodon cannabis*
(Diphorodon cannabis)
en hemp aphid, Bhang aphid
fr puceron du chanvre
el pulgón del cáñamo
it afide della canapa
de Hanfblattlaus

288 *Phorodon humuli*
en hop-damson aphid, hop aphid
fr puceron du houblon
el pulgón del lúpulo
it afide del luppolo
de Hopfenblattlaus

289 *Phyllaphis fagi*
en woolly beech aphid
fr puceron du hêtre
el pulgón del haya
it afide del faggio
de Buchenzierlaus,
Buchenblattbaumlaus

290 *Phylloxera vastatrix*
see: *Viteus vitifolii*

291 *Pineus strobi*
en pine bark aphid,
pine bark adelges
fr puceron de l'écorce du pin,
chermès du pin Weymouth
el pulgón de la corteza del pino
it cherme lanigero del pino
de Strobenrindenlaus

292 *Pseudococcus citri*
(P. vitis)
en citrus mealybug, grape mealybug
fr cochenille blanche de l'oranger,
cochenille farineuse de l'oranger
et de la vigne
el chinche harinosa del naranjo,
algodón del naranjo,
chinche harinosa de la vid
it cocciniglia cotonosa degli agrumi,
cocciniglia bianca farinosa della
vite,
cocciniglia cotonosa della vite
de Zitrus-Schmierlaus,
Gewächshausschmierlaus

293 *Pseudococcus sacchari*
en sugarcane mealybug,
pink mealybug
fr cochenille de la canne à sucre
el chinche rosada de la caña de
azúcar,
chinche harinosa de la caña de
azúcar
it cocciniglia della canna da zucchero
de Zuckerrohrschmierlaus

294 *Pseudococcus vitis*
see: *P. citri*

295 *Psylla mali*
en apple psyllid
fr psylle du pommier
el psila del manzano

it psilla del melo
de Frühjahrs-Apfelblattsauger, Apfelsauger

296 *Psylla oleae*
see: *Euphyllura olivina*

297 *Psylla olivina*
see: *Euphyllura olivina*

298 *Psylla pyricola*
en pear psyllid
fr psylle du poirier
el psila del peral
it psilla dei peri
de Birnblattsauger

299 Psyllidae
see: Chermidae

300 *Pulvinaria vitis*
en cottony maple scale
fr cochenille floconneuse de la vigne, cochenille rouge de la vigne, pulvinaire de la vigne
el cochinilla algodonosa de la vid
it cocciniglia della vite
de wollige Rebenschildlaus, wollige Napfschildlaus

301 *Pyrethromyzus sanborni (Macrosiphoniella chrysanthemi)*
en chrysanthemum aphid
fr puceron du chrysanthème
el pulgón del crisantemo
it afide bruno del crisantemo
de dunkle Chrysanthemenlaus

302 *Quadraspidiotus ostreaeformis (Aspidiotus ostreaeformis)*
en ostreiform scale
fr cochenille ostréiforme
el cochinilla ostreiforme
it aspidioto ostriforme, cocciniglia conchigliforme
de gelbe austernförmige Schildlaus, gelbe Austernschildlaus

303 *Quadraspidiotus perniciosus (Aspidiotus perniciosus)*
en San José Scale, pernicious scale, California scale
fr pou de San José
el cochinilla de San José
it aonidiella oerniciosa, pidocchio di San José
de San-José-Schildlaus, kalifornische Schildlaus

304 *Rhopalomyzus ascalonicus (Myzus ascalonicus)*
en shallot aphid
fr puceron de l'échalote
el pulgón del chalote
it afide dello scalogno
de Chalottenlaus, Zwiebellaus

305 *Rhopalosiphon maidis (Aphis amidis)*
en corn leaf aphid
fr puceron du maïs, puceron vert du maïs
el pulgón verde del maïz
it afide del mais
de Maisblattlaus

306 *Rhopalosiphon nymphaeae*
en plum aphid, waterlily aphid
fr puceron du nénuphar
el pulgón del nenúfar
it afide della ninfea
de Sumpfpflanzenlaus

307 *Rhopalosiphon padi (Aphis avenae)*
en bird cherry aphid, apple grain aphid
fr puceron vert de l'avoine
el pulgón verde de la avena
it afide verde scuro dell'avena
de Traubenkirschenlaus, Haferlaus

308 *Rhopalosiphoninus latysiphon*
en bulb and potato aphid
fr puceron des germes de la pomme de terre
el pulgón de los brotes de la patata
it afide dei getti delle patate
de Kellerlaus, breitröhrige Kartoffelknollenlaus

309 *Sacchiphantes abietis (Chermes abietis)*
en Eastern spruce gall aphid
fr puceron à galle conique de l'épinette, chermès du sapin
el pulgón galícola de la picea
it cherme dell'abete rosso
de gelbe Fichtengallenlaus, gelbe Fichten-Grossgallenlaus

310 *Saissetia hemisphaerica (Lecanium coffeae)*
en hemispherical scale
fr cochenille brune du caféier
el cochinilla esférica del naranjo y del cafeto, queresa del naranjo
it saissezia emisferica
de braune Napfschildlaus

311 *Saissetia oleae*
en black scale, olive scale
fr cochenille noire de l'olivier
el cochinilla negra del olivo, caparreta negra, cochinilla de la tizne
it cocciniglia grande nera dell'olivo
de Olivenschildlaus

312 *Sappaphis mala*
(S. piri)
en pear bedstraw aphid
fr puceron cendré du poirier
el pulgón del peral
it afide sanguigno del pero
de mehlige Birnblattlaus

313 *Sappaphis piri*
see: *S. mala*

314 *Schizaphis graminum*
(Toxoptera graminum)
en greenbug, spring wheat aphid
fr petit puceron des céréales, puceron vert des graminées
el pulgón del trigo, pulgón de las gramíneas, pulgón verde de los cereales
it afide delle graminacee
de Getreidelaus

315 *Schizoneura grossulariae*
see: *S. ulmi*

316 *Schizoneura lanigera*
see: *Eriosoma lanigerum*

317 *Schizoneura lanuginosa*
see: *Eriosoma lanuginosum*

318 *Schizoneura ulmi*
(S. grossulariae)
en elm leaf aphid
fr puceron sombre de l'orme, puceron de l'orme et du groseillier
el pulgón del olmo
it pidocchio delle galle piriformi dell'olmo
de Ulmenblattlaus, Ulmenblattrollenblattlaus

319 *Siphonaria rosae*
see: *Macrosiphon rosae*

320 *Siphonophora cerealis*
see: *Sitobium avenae*

321 *Siphonophora solanifolii*
see: *Macrosiphon solani*

322 *Sitobium avenae*
(Macrosiphum granarium)
(Siphonophora cerealis)
en grain aphid, English grain aphid
fr puceron des céréales, grand puceron des céréales, puceron du blé
el pulgón del trigo
it afide grande dell'avena, afide del frumento
de Getreidelaus

323 *Tetraneura ulmifoliae*
see: *Byrsocrypta ulmi*

324 *Toxoptera aurantiae*
see: *T. aurantii*

325 *Toxoptera aurantii*
(T. aurantiae)
(Aphis camelliae)
en black citrus aphid, black orange aphid
fr puceron du caféier
el pulgón del naranjo, pulgón negruzco del naranjo, pulgón del cacao
it afide degli agrumi, gorgoglione degli aranci e limoni
de Zitrus-Laus

326 *Toxoptera graminum*
see: *Schizaphis graminum*

327 *Tuberolachnus salignus*
en large willow aphid
fr gros puceron du saule
el pulgón grande del sauce
it afide del salice
de grosse Weidenrindenlaus

328 *Unaspis euonymi*
(Chionaspis euonymi)
en evonymus scale
fr cochenille du fusain
el cochinilla del evónimo
it coccinoglia bianca dell'evonimo
de Spindelbaumschildlaus

329 *Viteus vitifolii*
(Phylloxera vastatrix)
(Dactylosphaera vitifolii)
en grape phylloxera, grape leaf louse
fr phylloxéra de la vigne
el filoxera de la vid
it filossera della vite
de Reblaus

330 *Yezabura tulipae*
en tulip aphid
fr puceron cendré de la tulipe
el pulgón del tulipán
it afide dei bulbi
de Tulpenzwiebellaus

EPHEMEROPTERA

331 *Ephemera vulgata*
en common May fly
fr éphémère commun, mouche de mai
el efímera común, mosca de mayo
it effimera
de gemeine Eintagsfliege

332 Ephemerida
see: Plecoptera

333 Ephemeroptera
see: Plecoptera

334 Plecoptera
(Ephemerida)
(Ephemeroptera)
en May flies, ephemeral flies, shad flies, lake flies
fr éphémères
el efímeras, moscas de mayo
it effimeridi
de Eintagsfliegen

ODONATA

335 Anisoptera
en dragonflies
fr anisoptères, libellules
el libélulas
it anisotteri, libellule
de ungleichflügeliche Libellen

336 Odonata
en odonata
fr odonates
el odonatos
it odonati
de Libellen, Wasserjungfern

337 Zygoptera
en damselflies
fr zygoptères, demoiselles
el caballitos del diablo
it zigotteri
de gleichflügelige Libellen

NEUROPTERA

338 *Chrysopa perla*
en aphid-lion, golden-eyed fly, stink fly
fr chrysope, perle, lion des pucerons
el crisopa, león de los pulgones
it crisopa, crisopa perla
de grünes Perlenauge

339 *Myrmeleo formicarius*
en ant-lion, doodle bug
fr fourmi-lion commun
el hormiga león
it formicaleone
de Ameisenlöwe

340 Neuroptera
en neuroptera
fr névroptères
el neurópteros
it neurotteri
de Netzflügler

LEPIDOPTERA

341 *Abraxas grossulariata*
en currant worm, magpie moth, currant moth
fr phalène du groseillier, zérène du groseillier
el falena del grosellero
it geometra del ribes, falena dell'uva spina
de Stachelbeerspanner

342 *Acherontia atropos*
en death's head moth
fr sphynx tête-de-mort
el calavera, cabeza de muerto, aqueroncia
it farfalla testa di morto, sfinge testa di morto
de Totenkopf

343 *Acrolepia assectella*
en leek moth
fr teigne du poireau
el tiña del puerro, polilla del puerro
it tignola della cipolla
de Lauchmotte, Zwiebelmotte

344 *Acronicta aceris*
en sycomore moth
fr noctuelle de l'érable

el noctuella del arce
it nottua dell'acero
de Pfeileule

345 *Aegeria tipuliformis*
see: *Synanthedon tipuliformis*

346 Aegeriidae
(Sesiidae)
en clear-winged moths, clearwings
fr aegéridés, sésiidés
el egéridos
it sesiidi
de Glasflügler, Glasschwärmer

347 *Agrotis* spp.
en cutworms, surface caterpillars
fr vers gris
el gusanos grises,
gusanos cortadores,
orugas cortadoras
it vermi grigi
de Ackereulen, Erdeulen, Erdraupen

348 *Agrotis exclamationis*
see: *Feltia exclamationis*

349 *Agrotis pronuba*
see: *Triphaena pronuba*

350 *Agrotis segetum*
en turnip moth, dart moth
fr noctuelle des moissons
el noctua común, rosquilla
it nottuella delle messi,
nottua dei seminati
de Wintersaateule

351 *Agrotis tritici*
(Euxoa tritici)
en white-line dart
fr noctuelle du blé
el noctua del trigo
it nottuella del frumento,
nottua del grano
de Getreideeule

352 *Alabama argillacea*
en cotton leafworm
fr Alabama argillacea
el oruga de la hoja del algodonero,
ysocarú (S.Am.)
it alabama,
verme delle foglie del cotone
de Alabama argillacea

353 *Alsophila aescularia*
see: *Anisopterix aescularia*

354 *Anarsia lineatella*
en peach twig borer
fr petite mineuse du pêcher
el minadora pequeña del melocotonero
it anarsia
de Pfirsichmotte

355 *Anisopterix aescularia*
(Alsophila aescularia)
en March moth
fr phalène du châtaignier
el falena del castaño
it falena del castagno
de Rosskastanienspanner

356 *Archips fumiferana*
en spruce budworm
fr tordeuse des bourgeons de l'épicéa
el tórtrix de las yemas de la picea
it tortrice delle gemme dell'abete
rosso
de Fichtenwickler

357 *Arctia caja*
en Arctia caja
fr écaille martre, écaille martée
el artia gitana
it chelonia, caja
de brauner Bär

358 Arctiidae
en tiger moths
fr arctiidés, écailles,
chenilles bourrues
el ártidos
it arctiidi
de Bärenspinner

359 *Argyresthia conjugella*
en small tineid moth,
apple fruit miner
fr teigne du pommier
el tiña dek manzano
it tignola delle mele
de Apfelmotte, Ebereschenmotte

360 *Argyresthia cornella*
en apple blossom tineid
fr teigne des fleurs du pommier
el polilla del manzano
it tignola dei fiori del melo
de Apfelblütenmotte,
Apfelknospenmotte

361 *Argyresthia ephippella*
en cherry fruit moth
fr teigne du cerisier,
teigne des fleurs du cerisier
el polilla del cerezo

it tignola dei fiori del ciliegio
de Kirschblütenmotte

362 *Argyroploce variegana*
(Olethreutes variegana)
en cone pitch moth
fr tordeuse verte des bourgeons
el tórtrix verde de las yemas
it tortrice delle gemme
de grauer Knospenwickler

363 *Autographa gamma*
(Plusia gamma)
en silver Y moth
fr noctuelle gamma
el noctua gamma
it nottua gamma
de Gammaeule, Ypsiloneule

364 *Barathra brassicae*
see: *Mamestra brassicae*

365 *Blastodacna putripennella*
(Chrysoclista putripennella)
en apple budworm, pitch moth
fr mineuse des bourgeons du pommier
el minadora de las yemas
it minatrice delle gemme
de Apfeltriebmotte, Apfelmarkschabe

366 *Blatesthia turionella*
(Evetria turionana)
en cone pitch moth
fr tordeuse des bourgeons du pin
el tórtrix de las yemas del pino
it tortrice delle gemme del pino
de Kiefernknospenwickler

367 *Bupalus piniarius*
en pine looper moth
fr phalène du pin, arpenteuse du pin
el geómetra del pino, medidora del pino
it geometra dei pini
de gemeiner Kiefernspanner

368 *Carpocapsa pomonella*
see: *Laspeyresia pomonella*

369 *Carpocapsa splendana*
see: *Laspeyresia splendana*

370 *Celerio lineata*
en white-lined sphynx
fr sphinx commun de la vigne
el esfinge de la vid
it sfinge lineata
de Celerio lineata

371 *Cheimatobia brumata*
(Operophthera brumata)
en small winter moth, European winter moth
fr phalène hiémale, cheimatobie, verreau
el falena invernal
it falena autunnale, falena invernale, falena degli alberi da frutto
de kleiner Frostspanner, kleiner Frostnachtspanner, Winterspanner

372 *Chloridea obsoleta*
see: *Heliothis zea*

373 *Chrysoclista putripennella*
see: *Blastodacna putripennella*

374 *Cirphis unipuncta*
en armyworm, American armyworm
fr chenille légionnaire
el oruga negra, cuncunilla de las chacras (Arg.)
it Cirphis unipuncta
de Heerwurm

375 *Clysia ambiguella*
(Conchylis ambiguella)
en grape berry moth
fr cochylis de la vigne, teigne de la grappe, ver coquin
el gusano de la uva, polilla de las uvas y del racimo
it tignola della vite, tignola dell'uva
de Traubenwickler, einbindiger Traubenwickler, Gossewurm, Heuwurm, Sauerwurm

376 *Cnethocampa pityocampa*
see: *Thaumetopoea pityocampa*

377 *Cnethocampa processionea*
see: *Thaumetopoea processionea*

378 *Coleophora* spp.
en casebearers
fr coléophores
el orugas de vaina
it coleofore
de Futteralmotten, Sackträgermotten, Sackmotten

379 *Conchylis ambiguella*
see: *Clysia ambiguella*

380 *Corcyra cephalonica*
en rice moth
fr teigne du riz

el polilla del arroz
it tignola del riso
de Reismotte

381 Cossidae
en carpenter moths
fr cossidés
el cósidos, gusanos de la madera
it cossidi
de Holzbohrer

382 *Cossus cossus*
(C. ligniperda)
en carpenter moth, goat moth
fr cossus gâte-bois,
cossus ronge-bois
el taladro rojo de los troncos
it perdilegno, perdilegno rosso
de Weidenbohrer

383 *Cossus ligniperda*
see: *C. cossus*

384 *Crambus* spp.
en webworms, lawn moths,
sod webworms
fr Crambus
el palomillas
it Crambus
de Grasmotten

385 *Cydia molesta*
see: *Laspeyresia molesta*

386 *Cydia pomonella*
see: *Laspeyresia pomonella*

387 *Dasychira pudibunda*
en Dasychira pudibunda
fr bombyx pudibond
el bómbix pudibundo
it pudibonda, dasichira
de Streckfuss, Rotschwanz

388 *Dendrolimus pini*
(Lasiocampa pini)
en pine lappet, pine moth
fr bombyx du pin, lasiocampe du pin
el lasiocampa del pino
it bombice del pino
de Kiefernspinner

389 *Depressaria nervosa*
en carrot moth
fr teigne de la carotte
el polilla de la zanahoria
it tignola della carota
de Kümmelmotte, Kümmelpfeifer,
Möhrenschabe

390 *Diatraea saccharalis*
en sugarcane moth borer
fr mineuse de la canne à sucre
el isoca de la caña de azúcar (Arg.),
barrenador del tallo de la caña
(Parag.),
gusano barrenador de la caña de
azúcar (Guat.)
it minatrice della canna da zucchero
de Diatraea saccharalis

391 *Dioryctria abietella*
en cone pyralid
fr pyrale des cônes
el piral de las piñas
it piralide dell'abete
de Fichtenzapfenzünsler

392 *Diparopsis castanea*
en Sudan bollworm,
red cotton bollworm
fr ver rouge du cotonnier
el gusano rojo
it verme rosso delle capsule
de Sudankapselwurm

393 *Earias gossypi*
see: *E. insulana*

394 *Earias insulana*
(E. gossypi)
en spiny bollworm,
Egyptian bollworm
fr chenille épineuse du cotonnier
el taladro del algodonero,
gusano de las cápsulas del
algodonero
it earia insulana,
larva spinosa del cotone
de ägyptischer Baumwollkapselwurm,
Stengelspitzenbohrer

395 *Elasmopalpus lignosellus*
en lesser cornstalk borer
fr Elasmopalpus lignosellus
el oruguita taladradora de la caña de
azúcar (Arg.),
barrenador del cuello (Chile)
it Elasmopalpus lignosellus
de Elasmopalpus lignosellus

396 *Ephestia cautella*
en almond moth, fig moth,
dry currant moth
fr teigne de l'amandier
el tiña del almendro
it farfalla dei fichi secchi
de Dattelmotte

397 *Ephestia elutella*
en tobacco moth, flour moth, cacao moth, chocolate moth, currant moth
fr teigne du cacao
el tiña del cacao
it tignola del cacao
de Kakaomotte, Heumotte, Dörrobstzünsler

398 *Ephestia kuehniella*
en flour moth, Mediterranean flour moth
fr papillon gris de la farine, teigne de la farine
el polilla gris de la harina
it farfalla grigia della farina, tignola grigia delle provviste alimentari
de Mehlmotte, amerikanisches Mehlzünsler

399 *Epiblema nigricana*
see: *Epinotia nigricana*

400 *Epiblema tedella*
see: *Epinotia tedella*

401 *Epinotia nigricana*
(Epiblema nigricana)
en cone moth
fr tordeuse des bourgeons du sapin blanc
el tórtrix de las yemas del abeto
it tortrice minatrice della foglie di abete bianco
de Tannenknospenwickler

402 *Epinotia tedella*
(Epiblema tedella)
en cone moth
fr tordeuse des aiguilles de l'épicéa
el tórtrix de las acículas de la picea
it tortrice minatrice delle foglie di abete rosso
de Fichtennestwickler, Hohlnadelwickler

403 *Erannis defoliaria*
see: *Hybernia defoliaria*

404 *Eriogaster lanestris*
en Eriogaster lanestris
fr bombyx laineux
el bómbix del cerezo
it bombice del ciliegio
de Wollafter

405 *Etiella zinckenella*
en Lima bean pod borer
fr pyrale des haricots
el piral del fríjol de Lima
it piralide delle leguminose
de Etiella zinckenella

406 *Euproctis chrysorrhoea*
see: *Nygmia phaeorrhoea*

407 *Euxoa tritici*
see: *Agrotis tritici*

408 *Evetria buoliana*
see: *Rhyacionia buoliana*

409 *Evetria resinella*
see: *Petrova resinella*

410 *Evetria turoniana*
see: *Blatesthia turionella*

411 *Feltia exclamationis*
(Agrotis exclamationis)
en heart and dart moth
fr noctuelle point d'exclamation
el noctua de la adivinación
it agrotide punto d'esclamazione
de Ausrufungszeichen, Ausrufezeichen

412 *Gelechia gossypiella*
see: *Pectinophora gossypiella*

413 Geometridae
en measuring worms, inchworms, spanworms, loopers
fr chenilles arpenteuses, chenilles géomètres
el orugas geómetras, orugas agrimensoras
it geometridi
de Spanner

414 *Gnorimoschena operculella*
(Phthorimoaea operculella)
en potato tuberworm
fr teigne des pommes de terre
el polilla de la patata, palomilla de la patata
it tignola delle patate
de Kartoffelmotte

415 *Gracilaria azaleella*
en azalea leaf miner
fr teigne des azalées
el minadora de la hoja de la azalea
it gracilaria delle azalee
de Azaleenmotte

416 *Gracilaria syringuella*
see: *Xanthospilapteryx syringuella*

417 Gracilariidae
en leaf blotch miners
fr gracilariidés
el graciláridos
it gracilariidi
de Blatt-Tütenmotten

418 *Grapholita dorsana*
see: *Laspeyresia dorsana*

419 *Grapholita funebrana*
see: *Laspeyresia funebrana*

420 *Grapholita molesta*
see: *Laspeyresia molesta*

421 *Grapholita nigricana*
see: *Laspeyresia nigricana*

422 *Hadena basilinea*
see: *Parastichtis basilinea*

423 *Heliothis armigera*
see: *H. zea*

424 *Heliothis obsoleta*
see: *H. zea*

425 *Heliothis zea*
(H. obsoleta)
(H. armigera)
(Chloridea obsoleta)
en corn earworm, cotton bollworm, tomato caterpillar, tomato fruitworm
fr chenille des épis du maïs, ver de la capsule, noctuelle des tomates
el gusano del elote del maíz, gusano de la cápsula, noctua del tomate
it nottua gialla del granturco, elotide del cotone, del pomodoro, del granturco e del tabacco
de Baumwollkapselwurm

426 *Hemerophila nemorana*
see: *Simaethis nemorana*

427 Hepialidae
en swifts, swit moths
fr hépialidés, hépiales
el hepiálidos
it epialidi
de Wurzelbohrer

428 *Hepialus humuli*
en ghost moth, large swift, otter moth
fr hépiale du houblon
el hepiálido del lúpolo
it epiale del luppolo
de Hopfenspinner

429 Hesperiidae
en common skippers
fr hesperiidés
el hespéridos
it esperidi
de Dickkopffalter

430 *Hybernia defoliaria*
(Erannus defoliaria)
en mottled umber moth
fr phalène effeuillante, grande phalène hiémale
el falena deshojadora
it spogliatrice degli alberi da frutto, falena defogliatrice
de grosser Frostspanner

431 *Hyphantria cunea*
en fall webworm
fr chenille blanche, écaille fileuse
el gusano del bolsa
it falena tessitrice
de weisser Bärenspinner, amerikanischer Webebär

432 *Hyponomeuta malinellus*
(H. padellus malinellus)
en ermine moth
fr hyponomeute du pommier, chenille fileuse du pommier
el oruga hilandera, polilla del manzano
it tignola del melo, ragna del melo
de Apfel-Gespinstmotte, Apfelbaumgespinstmotte

433 *Hyponomeuta padellus*
see: *H. padellus variabilis*

434 *Hyponomeuta padellus malinellus*
see: *H. malinellus*

435 *Hyponomeuta padellus variabilis*
(H. padellus)
en ermine moth
fr hyponomeute du prunier
el arañuelo del ciruelo
it ragna del susino
de Pflaumengespinstmotte

436 Hyponomeutidae
en yponomeutid moths

fr hyponomeutes
el hiponomeutas
it iponomeutidi
de Gespinstmotten

437 *Laphygma exempta*
en African armyworm, mystery armyworm
fr chenille défoliante
el gardama africana
it Laphygma exempta
de Heerwurm

438 *Laphygma exigua*
en sugarbeet armyworm, lesser armyworm, asparagus fern caterpillar
fr noctuelle de la betterave
el gardama de la remolacha
it nottua della barbabietola
de Heerwurm

439 *Laphygma frugiperda*
en fall armyworm
fr légionnaire d'automne
el oruga negra, gusano cogollero del maíz
it Laphygma frugiperda
de Heerwurm

440 *Lasiocampa pini*
see: *Dendrolimus pini*

441 *Lasiocampa quercus*
en oak moth
fr bombyx du chêne
el lasiocampa del roble
it bombice della quercia
de Eichenspinner

442 Lasiocampidae
en tent caterpillars
fr lasiocampidés
el lasiocámpidos, gusanos telarañosos
it lasiocampidi
de Glucken

443 *Laspeyresia cupressana*
en cypress cone moth
fr tordeuse des cônes
el tórtrix de los estróbilos del ciprés
it tortrice dei coni
de Zypressenzapfenwickler

444 *Laspeyresia dorsana*
(Grapholita dorsana)
en pea moth
fr tordeuse du pois
el polilla de los guisantes verdes
it piralide dei piselli
de mondfleckiger Erbsenwickler, Wickenwickler

445 *Laspeyresia funebrana*
(Grapholita funebrana)
en prune moth
fr carpocapse des prunes
el gusano de las ciruelas, polilla de las ciruelas
it pirale delle prugne
de Pflaumenwickler, Pflaumenmade

446 *Laspeyresia molesta*
(Grapholita molesta)
(Cydia molesta)
en Oriental fruit moth, Oriental peach moth
fr tordeuse orientale du pêcher
el polilla oriental del melocotonero
it tignola orientale, tortrice del pesco
de Pfirsichwickler, Pfirsichtriebbohrer

447 *Laspeyresia nigricana*
(Grapholita nigricana)
en pea moth
fr tordeuse du pois
el polilla de los guisantes
it tortrice dei piselli
de rehfarbener Erbsenwickler, olivenbrauner Erbsenwickler

448 *Laspeyresia pomonella*
(Carpocapsa pomonella)
(Cydia pomonella)
en codling moth
fr ver des pommes et des poires, carpocapse des pommes
el gusano de las peras y manzanas
it carpocapsa delle mele, verme delle mele, pomaria
de Apfelwickler, Obstmade

449 *Laspeyresia splendana*
(Carpocapsa splendana)
en European codling moth
fr ver des châtaignes, carpocapse des châtaignes
el gusano de las castañas, polilla de las castañas
it pirale delle castagne, verme delle castagne
de Kastanienwickler, Eichelwickler

450 *Laspeyresia strobilella*
en cone moth

fr tordeuse des cônes
el tórtrix de los estróbilos
it tortrice dei coni
de Fichtenzapfenwickler

451 *Leucoptera coffeella*
en coffee leaf miner
fr chenille mineuse des feuilles du caféier
el minador de las hojas del cafeto, tiña del cafeto
it minatrice del caffè
de Kaffeemotte, Fleckenminiermotte

el mancha de hierro del cafeto (Venez.)

452 *Liparis monacha*
see: *Lymantria monacha*

453 *Lobesia botrana*
(Polychrosis botrana)
en vine moth, grapeberry moth, grape fruit moth
fr tordeuse de la grappe, eudémis, insect du midi
el arañuelo, hilandero, polilla de las uvas
it tignoletta dell'uva, tignola a bruco verde della vite, tortrice dei grappoli
de bunter Traubenwickler, bekreuzter Traubenwickler, gelbköpfiger Sauerwurm

454 *Loxostege sticticalis*
en beet webworm, meadow moth
fr pyrale de la betterave
el palomilla de la remolacha
it piralide dell'erba medica
de Wiesenzünsler, Rübenzünsler

455 Lycaenidae
en hair-streaks, gossamer wings
fr lycénidés
el licénidos
it licenidi
de Bläulinge

456 *Lymantria dispar*
see: *Porthetria dispar*

457 *Lymantria monacha*
(Psilura monacha)
(Liparis monacha)
en nun moth, black arches moth
fr nonne, bombyx moine
el mariposa monja
it monaca
de Nonne, Fichtenspinner

458 Lymantriidae
en tussock moths
fr orgyies
el falenas de penacho
it limantriidi
de Wollspinner

459 *Lyonetia clerkella*
en apple leaf miner
fr mineuse des feuilles des arbres fruitiers
el minadora de las hojas de los frutales
it minatrice bianca delle foglie dei meli
de Obstbaum-Miniermotte, Schlangenminiermotte

460 *Malacosoma* spp.
en tent caterpillars
fr malacosomes
el gusanos telarañosos
it malacosoma
de Malacosoma-Eulen

461 *Malacosoma neustria*
en lackey caterpillar
fr bombyx neustrien, bombyx à livrée
el oruga de librea, mariposa de neustria
it bombice gallonato, gallonata
de Ringelspinner

462 *Mamestra brassicae*
(Barathra brassicae)
en cabbage moth
fr noctuelle du chou
el noctua de la col
it mamestra del cavolo, nottua del cavolo
de Kohleule, Herzwurm

463 *Mamestra oleracea*
(Polia oleracea)
en bright-line brown-eye
fr noctuelle potagère
el noctua de las huertas
it nottua degli orti, erbaggivora
de Gemüseeule, Salateule

464 *Mamestra pisi*
(Polia pisi)
en pea moth
fr noctuelle du pois
el noctua del guisante
it nottua del pisello
de Erbseneule

465 *Myelois ceratoniae*
en Myelois ceratoniae
fr teigne des caroubes et des figues, pyrale des caroubes
el piral del algarrobo
it tignola delle carrube
de Johannisbrotmotte

466 Nepticulidae
en nepticulid moths
fr nepticulidés
el nepticúlidos
it nepticulidi
de Zwergmotten

467 Noctuidae
en noctuids, owlet moths, cutworms
fr noctuelles, vers gris
el noctuidos, gusanos grises, orugas cortadoras
it nottuidi, nottuelle
de Eulen

468 Notodontidae
en prominents
fr notodontidés, notodontes
el orugas de giba
it notodontidi
de Zahnspinner

469 *Notolephus antiqua*
(Orgyia antiqua)
en antique tussock moth, European tussock moth, rusty tussock moth
fr orgyie antique, bombyx antique, étoilée
el mariposa viejecita, gusano de penacho
it bombice antico, orgiia antica
de Schlehenspinner, Aprikosenspinner, Sonderling, kleine Bürstenspinner, Lastträger

470 *Nygmia phaeorrhoea*
(Euproctis chrysorrhoea)
en browntail moth
fr bombyx chrysorrhée, cul brun
el mariposa de cola parda
it bombice dal ventre bruno, bruco peloso degli alberi da frutto, farfalla cul ruggine, farfalla cul dorato
de braunschwänziger Goldafter

471 *Nymphalis polychloros*
(Vanessa polychloros)
en Nymphalis polychloros
fr vanesse polychrome
el pavón diurno
it vanessa multicolore, vanessa policlora
de grosser Fuchs

472 *Olethreutes variegana*
see: *Argyroploce variegana*

473 *Operophthera brumata*
see: *Cheimatobia brumata*

474 *Orgyia antiqua*
see: *Notolophus antiqua*

475 Papilionidae
en swallowtails
fr papilionidés
el papiliónidos
it papilionidi
de Ritter

476 *Parastichtis basilinea*
(Hadena basilinea)
en rustic shoulder knot
fr noctuelle du blé
el noctua del trigo
it nottua del frumento
de Queckeneule

477 *Pectinophora gossypiella*
(Platyedra gossypiella)
(Gelechia gossypiella)
en pink bollworm
fr ver rose du cotonnier
el lagarta rosada del algodonero, gusano rosado del algodonero
it larva rossa del cotone, verme rosa del cotone
de roter Kapselwurm, Baumwollmotte

478 *Petrova resinella*
(Evetria resinella)
en resin-gall tortrix moth
fr tordeuse du sapin et du pin
el tórtrix de las agallas resinosas
it tortrice delle galle di resina del pino
de Kiefern-Harzgallenwickler

479 *Phthorimaea ocellatella*
en beet moth
fr teigne de la betterave
el tiña de la remolacha
it tignola della barbabietola
de Rübenmotte

480 *Phthorimaea operculella*
see: *Gnorimoschena operculella*

481 Pieridae
en whites, white butterflies, sulphur butterflies
fr piérides
el piéridos
it pieridi
de Weisslinge

482 *Pieris brassicae*
en cabbage worm, large white butterfly, large cabbage white
fr grand papillon blanc du chou, piéride du chou
el oruga de la col, mariposa de la col, gran mariposa blanca de la col
it cavolaia
de grosse Kohlweissling

483 *Pieris napi*
en green-veined white butterfly
fr papillon blanc veiné de vert, piéride du navet
el mariposa blanca con venas verdes
it navoncella, navonella
de Raspweissling, Grünader, Rübsaatweissling

484 *Pieris rapae*
en imported cabbageworm, small white butterfly, small cabbage white
fr petit papillon blanc du chou, piéride de la rape
el pequeña mariposa blanca de la col
it rapaiola
de Rübenweissling, kleiner Kohlweissling

485 *Platyedra gossypiella*
see: *Pectinophora gossypiella*

486 *Plodia interpunctella*
en Indian meal moth, meal worm moth
fr teigne du blé
el palomilla bandeada del trigo
it plodia fasciata, tignola fasciata del grano
de Dörrobstmotte

487 *Plusia gamma*
see: *Autographa gamma*

488 *Plutella maculipennis*
en diamond back moth
fr teigne des crucifères
el palomilla de la col, oruga verde de las coles
it tignola dei cavoli
de Kohlschabe, Kohlmotte, Schleiermotte

489 *Polia oleracea*
see: *Mamestra oleracea*

490 *Polia pisi*
see: *Mamestra pisi*

491 *Polychrosis botrana*
see: *Lobesia botrana*

492 *Porthesia similis*
en gold-tailed moth
fr bombyx cul-doré
el mariposa de cola dorada, oruga de zurrón
it portesia simile, bombice dal ventre dorato
de Schwan

493 *Porthetria dispar* (*Lymantria dispar*)
en gipsy moth, gypsy moth
fr bombyx disparate, spongieuse
el lagarta peluda de los encinares
it bombice dispari, farfalla dispari, limantria dispari
de Schwammspinner

494 *Prays oleellus*
en olive moth
fr teigne de l'olivier
el polilla del olivo
it tignola dell'olivo
de Olivenmotte

495 *Prodenia litura*
en cotton worm, tobacco caterpillar
fr chenille défoliante
el rosquilla negra, gusano negro, lagarta
it prodenia litura, larva bruna con macchie vellutate
de ägyptische Baumwollraupe

496 *Protoparce sexta*
en tobacco hornworm, tobacco worm
fr Protoparce sexta
el marandová, torito, gusano de cuerno, gusano verde
it Protoparce sexta
de Protoparce sexta

497 *Psilura monacha*
see: *Lymantria monacha*

498 Pyralidae
see: Pyralididae

499 Pyralididae
(Pyralidae)
en pyralim moths, snout moths
fr pyralides
el pirálidos
it piralidi
de Zünsler

500 *Pyralis farinalis*
en meal snout moth
fr pyrale de la farine
el polilla de la harina
it tignola dei farinacei
de Mehlzünsler

501 *Pyraemis cardui*
(Vanessa cardui)
en painted lady, thistle butterfly
fr vanesse de l'artichaut, belle-dame
el vanesa de la alcachofa
it bella dama
de Distelfalter

502 *Pyrausta nubilalis*
en European corn borer
fr pyrale du maïs
el piral del maíz, polilla del maíz
it piralide del mais e della canapa
de Maiszünsler, Hirsezünsler

503 *Rhyacionia buoliana*
(Evetria buoliana)
en European pine shoot moth
fr tordeuse des pousses du pin
el tórtrix de los brotes del pino, mariposa del brote del pino (Arg.)
it tortrice delle gemme apicali del pino
de Kieferntriebwickler, Kiefernknospentriebwickler

504 *Saturnia pavonia*
en giant silkworm moth
fr petit paon de nuit
el pequeño pavón de noche
it saturnia minore, piccolo pavone di notte
de Saturnia pavonia

505 *Saturnia pyri*
en giant silkworm moth
fr grand paon de nuit
el gran pavón de noche
it saturnia del pero, grande pavone di notte
de grosses Wiener Nachtpfauenauge

506 Saturniidae
en giant silkworm moths, giant silkworms
fr saturnidés
el mariposas de la seda, pavones
it saturnidi
de Nachtpfauenauge

507 *Schoenobius bipunctifer*
(S. incertulas)
en paddy stem borer, yellow stem borer
fr pyrale jaune à deux points
el barrenador del tallo del arroz
it piralide del riso
de Reisstengelbohrer, Reishalmbohrer, Reisbohrer

508 *Schoenobius incertulas*
see: *S. bipunctifer*

509 *Sesia apiformis*
see: *Trochilium apiformis*

510 *Sesia crabroniformis*
see: *Trochilium apiformis*

511 *Sesia culiciformis*
see: *Synanthedon culiciformis*

512 *Sesia tipuliformis*
see: *Synanthedon tipuliformis*

513 Sesiidae
see: Aegeriidae

514 *Simaethis nemorana*
(Hemerophila nemorana)
en fig moth
fr teigne du figuier
el polilla de la higuera
it tignola del fico
de Feigenblattmotte

515 *Simaethis pariana*
en apple and thorn skeletonizer
fr teigne des feuilles du pommier et du cerisier
el polilla del manzano
it tignola arrotolatrice delle foglie dei peri
de Apfelblattmotte

516 *Sitotroga cerealella*
en angoumois grain moth, grain moth
fr alucite des céréales
el polilla de los cereales, palomilla del granero, alucita
it vera tignola del grano
de Getreidemotte, französische Kornmotte

517 *Sparganothis pilleriana*
en Sparganothis pilleriana
fr pyrale de la vigne, ver de la vigne
el piral de la vid, sapo de la vid
it piralide della vite, tortrice della vite, lucivaga
de Springwurm, Springwurmwickler, Laubwurm

518 Sphingidae
el hawk moths, sphinx moths
fr sphingides
en orugas de esteva
it sfingidi
de Schwärmer

519 *Stilpnotia salicis*
en satin moth
fr liparis du saule
el mariposa blanca del sauce
it stilpnozia del salice, farfalla bianca del pioppo e del salice
de Kuckuck, Ringelfuss, Weidenspinner, Pappelspinner

520 *Synanthedon culiciformis (Sesia culiciformis)*
en Synanthedon culiciformis
fr sésie culiciforme
el sesia culiciforme
it sesia culiciforme
de Birkenglasschwärmer, kleiner Birkenglasflügler

521 *Synanthedon myopiformis*
en apple borer
fr sésie du pommier
el sesia del manzano
it sesia del pero e del melo
de Apfelbaumglasflügler

522 *Synanthedon tipuliformis (Sesia tipuliformis) (Aegeria tipuliformis)*
en currant borer
fr sésie du groseillier
el sesia del grosellero
it sesia del ribes
de Johannisbeerglasflügler, Schnakenschwärmer

523 *Thaumetopoea pityocampa (Cnethocampa pityocampa)*
en procession moth, pine processionary caterpillar
fr processionnaire du pin
el procesionaria de los pinos
it processionaria del pino
de Pinien-Prozessionsspinner

524 *Thaumetopoea processionea (Cnethocampa processionea)*
en procession moth, oak processionary caterpillar
fr processionnaire du chêne
el procesionaria de la encina
it processionaria della quercia
de Eichen-Prozessionsspinner

525 *Tinea cloacella*
en cork moth
fr teigne du liège, teigne des bouchons
el polilla de los tapones
it tignola dei funghi secchi e del sughero
de Schleusenmotte, Korkmotte

526 *Tinea granella*
en European grain moth
fr teigne des grains
el falsa polilla de los graneros, falsa tiña de los granos
it falsa tignola del grano
de Kornmotte, weisser Kornwurm

527 Tineidae
en clothes moths
fr teignes des vêtements, teignes des pelleteries
el polillas de los vestidos, polillas de las pieles, polillas de los paños
it tineidi
de echte Motten

528 *Tineola biseliella (T. crinella)*
en webbing clothes moth
fr mite des vêtements
el polilla de las crines y de la lana
it tignola dei panni
de Kleidermotte

529 *Tineola crinella*
see: *T. biseliella*

530 *Tineola pellioncella*
en pelt moth
fr mite à fourreau
el polilla de los vestidos y de las pieles
it tignola delle pellicie
de Pelzmotte

531 *Tischeria complanella*
en trumpet leaf miner
fr teigne du chêne et du châtaignier
el minadora del roble y del castaño

it minatrice della quercia
de Eichenminiermotte

532 *Tmetocera ocellana*
(Tortrix ocellana)
en eye spotted bud moth
fr tordeuse rouge des bourgeons
el tórtrix de las yemas
it tortrice dei germogli
de roter Knospenwickler

533 Tortricidae
en leaf rollers
fr tordeuses
el tórtrix, falenas de la corteza
it tortricidi
de Wickler

534 *Tortrix ocellana*
see: *Tmetocera ocellana*

535 *Tortrix pronubana*
en carnation tortrix
fr tordeuse de l'oeillet
el tórtrix del clavel,
piral de los claveles
it tortrice dei garofani
de Nelkenwickler

536 *Tortrix viridana*
en Tortrix viridana
fr tordeuse verte du chêne,
chape verte
el brugo,
lagarta pequeña de la encina
it tortrice verde delle quercie,
verdaiola
de grüner Eichenwickler

537 *Trichophaga tapetzella*
en carpet moth
fr mite des tapis
el polilla de los paños
it tignola dei tapeti
de Tapetenmotte

538 *Triphaena pronuba*
(Agrotis pronuba)
en yellow underwing,
large yellow underwing moth
fr noctuelle fiancée
el noctua novia
it nottua della vite, nottua fidanzata
de Hausmütterchen

539 *Trochilium apiformis*
(Sesia apiformis)
(S. crabroniformis)
en hornet moth
fr sésie du peuplier, sésie apiforme
el sesia abejilla
it sesia apiforme,
grande sesia europea del pioppo
de Hornissenglasschwärmer,
Hornissschwärmer,
Bienenschwärmer

540 *Vanessa antiopa*
en spiny elm caterpillar
fr vanesse antiope
el vanesa antiopa
it vanessa antiopa
de Trauermantel

541 *Vanessa cardui*
see: *Pyraemis cardui*

542 *Vanessa io*
en Vanessa io
fr vanesse io
el ojo de pavo real
it pavone di giorno
de Tagpfauenauge

543 *Vanessa polychloros*
see: *Nymphalis polychloros*

544 *Xanthospilapteryx syringuella*
(Gracilaria syringuella)
en lilac leaf miner
fr teigne des lilas
el minadora de las hojas de la lila
it minatrice delle foglie di lillà
de Fliedermotte

545 *Zeuzera pyrina*
en leopard moth, wood leopard moth
fr zeuzère du poirier, coquette
el taladro amarillo de los troncos
it zeuzera, perdilegno bianco,
perdilegno giallo
de Blausieb, Apfelbohrer,
Rosskastanienbohrer

COLEOPTERA

546 *Acanthoscelides obtectus*
(Mylabris obtectus)
(Bruchus obtectus)
(B. obsoletus)
en common bean weevil
fr bruche du haricot
el gorgojo de las judías,
gorgojo del poroto (Arg.)
it tonchio del fagiolo,
bruco dei fagioli
de Speisebohnenkäfer

547 *Adoxus obscurus*
(Eumolphus obscurus)
en Western grape rootworm, Californian grape-root worm
fr eumolpe, gribouri, écrivain de la vigne
el escribano de la vid
it eumolpo della vite, scrivano della vite
de Weinstock-Fallkäfer

548 *Agelastica alni*
en alder leaf-beetle
fr galéruque de l'aune; chrysomèle de l'aune
el crisomela del aliso
it crisomela dell'ontano
de blauer Erlenblattkäfer

549 *Agrilus* spp.
en twig girdlers
fr agriles
el agrilos
it agrili
de Heckenprachtkäfer, Schmalbauchkäfer

550 *Agrilus angustulus*
en oak borer
fr agrile du chêne
el agrilo de la encina, barrenillo de la encina
it agrilo gracile, agrilo della quercia
de schmaler Eichenprachtkäfer

551 *Agrilus sinuatus*
en sinuate pear borer
fr agrile du poirier, bupreste du poirier
el agrilo del peral
it agrilo del pero
de Birnbaum-Prachtkäfer, gebuchteter Prachtkäfer

552 *Agrilus viridis*
en beech borer
fr agrile du hêtre, bupreste vert
el agrilo verde del haya
it agrilo verde, agrilo del faggio
de grüner Schmalbauchkäfer

553 *Agriotes lineatus*
en striped elaterid beetle
fr taupin rayé
el gusano de alambre, doradilla, elatérido rayado
it elaterio lineato, elaterio dei cereali, gremignola, filo
de Saatschnellkäfer, Feld-Humusschnellkäfer

554 *Agriotes obscurus*
en click beetle, dark elaterid beetle
fr taupin obscur
el elatérido oscuro
it elaterio oscuro
de düsterer Humusschnellkäfer

555 *Anisandrus dispar*
see: *Xyleborus dispar*

556 *Anisoplia segetum*
en cereal chafer
fr anisoplie des céréales
el anisoplia de los cereales
it carruga delle messi, anisoplia dei cereali
de Getreidelaubkäfer

557 Anobiidae
en death watches, death watch beetles, furniture beetles, furniture borers
fr vrillettes
el anóbidos, carcomas
it anobidi, tarli del legno, orologi della morte
de Pochkäfer, Nagekäfer, Bohrkäfer, Werkholzkäfer, Totenwürme, Holzwürme

558 *Anobium domesticum*
see: *A. punctatum*

559 *Anobium pertinax*
en furniture beetle, furniture borer
fr vrillette opiniâtre, vrillette des tables
el carcoma de los muebles, carcoma obstinada
it anobio ostinato
de Trotzkopf, Totenuhr, Klopfkäfer

560 *Anobium punctatum*
(A. striatum)
(A. domesticum)
en death watch, death watch beetle, furniture beetle, furniture borer
fr vrillette commune, vrillette domestique, vrillette striée
el carcoma de los muebles, reloj de la muerte
it orologio della morte
de Totenuhr, Klopfkäfer, gestreifter Werkholzkäfer

561 *Anobium striatum*
see: *A. punctatum*

562 *Anomala vitis*
en Anomala vitis
fr hanneton bronzé de la vigne, hanneton vert de la vigne, anomala de la vigne
el escarabajo bronceado de la vid, abejorro verde de la vid, anómala de la vid
it carruga della vite
de Anomala vitis

563 *Anthonomus cinctus*
see: *A. pyri*

564 *Anthonomus grandis*
en cotton boll weevil
fr anthonome du cotonnier
el picudo del algodonero, grillo de la cápsula del algodonero
it antonomo del cotone
de Kapselkäfer der Baumwolle

565 *Anthonomus pomorum*
en apple weevil, apple blossom weevil
fr anthonome du pommier
el gorgojo del manzano, antónomo del manzano
it antonomo del melo
de Apfelblütenstecher, Brenner

el clavo del manzano, enfermedad del clavo

566 *Anthonomus pyri*
(A. cinctus)
en pear weevil
fr anthonome du poirier
el antónomo del peral
it antonomo del pero
de Birnenknospenstecher

567 *Anthonomus rubi*
en black anthonomus, strawberry blossom weevil
fr anthonome du fraisier et du framboisier
el antónomo del fresal
it antonomo delle fragole e dei lamponi
de Erdbeerblütenstecher, Himbeerblütenstecher

568 *Anthores leuconotus*
en white coffee borer
fr tarière du café
el taladro blanco del cafeto
it Anthores leuconotum
de ostafrikanischer weisser Kaffeebohrer

569 *Anthrenus* spp.
en carpet beetles
fr anthrènes
el antrenos
it antreni
de Teppichkäfer

570 *Apion aestivum*
see: *A. trifolii*

571 *Apion apricans*
en clover seed weevil, clover pear-shaped weevil
fr apion du trèfle
el apión del trébol, gorgojo del trébol
it apione dei capolini del trifoglio
de Kleespitzmäuschen

572 *Apion carduorum*
en artichoke pear-shaped weevil
fr apion de l'artichaut
el apión de la alcachofa, gorgojo de la alcachofa
it apione del carciofo
de Artischokenspitzmäuschen

573 *Apion pisi*
en pea pear-shaped weevil
fr apion du pois
el apión del guisante, gorgojo del guisante
it apione delle leguminose
de Erbsenspitzmäuschen

574 *Apion pomonae*
en pear-shaped weevil
fr apion des arbres fruitiers
el apión del manzano, apión de los frutales
it apione degli alberi da frutta, apione di pomona
de Obstspitzmäuschen

575 *Apion trifolii*
(A. aestivum)
en clover seed weevil
fr apion du trèfle
el apión del trébol
it apione del trifoglio
de Kleespitzmäuschen

576 *Araeocerus fasciculatus*
en coffee-bean weevil

fr bruche des grains de café
el gorgojo de los granos de café (Cuba)
it Araeocerus fasciculatus
de Kaffeebohnenkäfer

577 *Aromia moschata*
en Aromia moschata
fr aromie musquée
el macuba, gusano de olor
it aromia moscata, cerambice dei salici
de Moschusbock, grüner Weïdenbock

578 *Atomaria linearis*
en pigmy mangold beetle
fr atomaire de la betterave
el atomaria
it atomaria
de Mooskopfkäfer

579 *Balaninus* spp.
see: *Curculio* spp.

580 *Balaninus elephas*
see: *Curculio elephas*

581 *Balaninus glandium*
en acorn weevil
fr balanin des glands
el gorgojo de las bellotas
it balanino delle ghiande, punteruolo delle ghiande
de Eichelbohrer, Eichelrüssler

582 *Balaninus nucum*
see: *Curculio nucum*

583 *Blastophagus piniperda* (*Hylesinus piniperda*)
en Blastophagus piniperda
fr hylésine du pin, jardinier des bois
el hilesino destructor de los pinos, jardinero del monte
it mielofilo distruttore dei pini
de gefurchter Waldgärtner

584 *Blitophaga opaca*
see: *Silpha opaca*

585 Bostrychidae
en bostrichids
fr bostryches
el bostricos
it bostrici
de Kapuzinerkäfer, Holzkäfer

586 *Bostrychus chalcographus*
see: *Pityogenes chalcographus*

587 *Bostrychus sexdentatus*
see: *Ips sexdentatus*

588 *Brachinus* spp.
en bombardier beetles
fr brachynes tirailleurs
el escopeteros
it bombardieri
de Bombardierkäfer

589 *Bruchus* spp.
en pea and bean weevils
fr bruches
el gorgojos
it bruchi
de Samenkäfer

590 *Bruchus brachialis*
en vetch weevil
fr bruche de la vesce
el gorgojo de la veza
it tonchio della veccia
de Zottelwickenkäfer

591 *Bruchus lentis*
en lentil weevil
fr bruche des lentilles
el gorgojo de las lentejas
it bruco delle lenticchie
de Linsenkäfer

592 *Bruchus obsoletus*
see: *Acanthoscelides obtectus*

593 *Bruchus obtectus*
see: *Acanthoscelides obtectus*

594 *Bruchus pisorum*
en pea weevil, pea beetle
fr bruche des pois
el gorgojo del guisante
it bruco del pisello
de Erbsenkäfer

595 *Bruchus rufimanus*
en broad bean weevil, bean beetle
fr bruche des fèves
el gorgojo de las habas
it tonchio delle fave, bruco delle fave, pappice delle fave
de Bohnenkäfer, Pferdebohnenkäfer

596 *Bruchus signaticornis*
en lentil weevil
fr bruche des lentilles
el gorgojo de las lentejas
it bruco delle lenticchie
de Linsenkäfer

597 Buprestidae
en flatheaded beetles
fr buprestes
el gusanos cabezudos
it buprestidi
de Prachtkäfer

598 *Byctiscus betulae*
en pear leaf roller
fr cigarrier de la vigne, urbec
el cigarrero de la vid
it sigaraio della vite, sigaraio della betulla
de Rebenstecher, Zigarrenmacher, Zigarrenwickler

599 *Byturus* spp.
en raspberry fruitworms
fr vers du framboisier
el gusanos del frambueso
it vermi del lampone
de Himbeerkäfer

600 *Calamobius filum (C. gracilis)*
en grain borer
fr aiguillonnier, saperde grêle, ver des blés
el tronchaespigas
it calamobio filo, mozzaspighe
de Getreidebohrer

601 *Calamobius gracilis*
see: *C. filum*

602 *Calandra granaria*
see: *Sitophilus granarius*

603 *Calandra oryzae*
see: *Sitophilus oryzae*

604 *Callidium bajulus (Hylotrupes bajulus)*
en house longhorned beetle
fr capricorne domestique, capricorne des maisons, longicorne des charpentes
el capricornio doméstico
it ilotrupe baiulo
de Hausbock, Balkenbock

605 *Callosobruchus chinensis*
en cowpea weevil
fr bruche chinoise
el gorgojo del caupí
it tonchio chinese
de chinesischer Bohnenkäfer, Kundekäfer

606 *Calosoma sycophanta*
en European calosoma beetle
fr calosome sycophante
el calosoma
it calosoma
de Puppenräuber

607 Cantharidae
en soldier beetles
fr cantharides
el cantáridos
it cantaridi
de Weichkäfer, Weichflügler

608 *Capnodis tenebrionis*
en peach capnodis
fr bupreste noir du pêcher, capnode des arbres fruitiers
el bupréstido del melocotonero, gusano cabezudo del melocotonero
it capnode tenebrione
de Capnodis tenebrionis

609 Carabidae
en ground beetles
fr carabes
el cárabos, calosomas
it carabidi
de Laufkäfer

610 *Cassida deflorata*
en tortoise beetle
fr casside de l'artichaut
el cásida de las alcachofas
it cassida dei carciofi
de Artischokenschildkäfer

611 *Cassida nebulosa*
en clouded tortoise beetle
fr casside de la betterave
el chinche de la remolacha, chinche nebulosa, tortuguilla de la remolacha
it cassida nebulosa, cassida della barbabietola
de nebliger Schildkäfer

612 *Cassida viridis*
en tortoise beetle
fr casside verte
el cásida verde
it cassida verde
de grüner Schildkäfer

613 Cassidae
en tortoise beetles, sweet potato beetles, gold bugs
fr cassides
el casidas

it casside
de Schildkäfer

614 Cerambycidae
en longhorned beetles, roundheaded beetles
fr cérambycides
el cerambícidos, longicornios
it cerambicidi, cerambici
de Bockkäfer

615 Cerambyx cerdo
en great capricorn beetle
fr capricorne du chêne
el gran capricornio de las encinas, gusanote de la madera
it grande capricornio, cerambice delle quercie
de grosser Eichenbock

616 Cerambyx scopolii
en capricorn beetle
fr petit capricorne
el capricornio pequeño
it piccolo capricornio
de Buchenbock

617 Cetonia aurata
en flower beetle, sap chafer, green rose chafer
fr cétoine dorée
el cetonia dorada
it cetonia dorata, moscone d'oro
de Goldrosenkäfer, Goldkäfer

618 Ceutorrhynchus assimilis
en turnip seed weevil, cabbage shoot weevil
fr ceutorrhynque des siliques, charançon des siliques
el ceutorrinco del nabo y de la colza
it punteruolo delle silique delle crucifere, ceutorrinco delle rape
de Kohlschotenrüssler, Rapsrüssler, Rapsverborgenrüssler

619 Ceutorrhynchus napi
en turnip ceutorrhynchus
fr ceutorrhynque du navet, gros charançon de la tige du colza
el ceutorrinco del nabo
it ceutorrinco del cavolo
de grosser Kohltriebrüssler, Raspsstengelrüssler

620 Ceutorrhynchus pleurostigma
en cabbage gall weevil
fr ceutorrhynque du chou, charançon gallicole du chou
el ceutorrinco de la col
it punteruolo delle galle dei cavoli
de Kohlgallenrüssler

el agalla de la col, falsa potra de la col

621 Ceutorrhynchus quadridens
en cabbage stem weevil
fr charançon du chou, charançon de la tige du chou
el ceutorrinco de la col
it ceutorrinco del cavolo, punteruolo delle nervature delle foglie delle rape
de kleiner Kohltriebrüssler, gefleckter Kohltriebrüssler

622 Chaetocnema aridula
en cereal flea beetle
fr altise des céréales
el pulguilla de los cereales
it altica dei cereali
de Halmerdfloh

623 Chaetocnema concinna
en brassy flea beetle, tooth-legged flea beetle, mangold flea beetle
fr altise de la betterave
el pulguilla de la remolacha
it altica delle rape
de Rhabarber-Erdfloh

624 Chaetocnema tibialis
en sugar beet flea beetle
fr altise de la betterave
el pulguilla de la remolacha
it altica della barbabietola
de Rübenflohkäfer

625 Chrysomela spp.
(*Melasoma* spp.)
(*Lina* spp.)
en leaf-eating beetles
fr chrysomèles
el crisomelas
it crisomeli
de Blattkäfer

626 Cicindelidae
en tiger beetles
fr cicindèles
el cicindelas
it cicindele
de Sandlaufkäfer

627 Cleonus mendicus
see: *Conorrhynchus mendicus*

628 Cleridae
en checkered beetles
fr clérides
el cléridos
it cleridi
de Buntkäfer

629 *Clytus arcuatus*
en Clytus arcuatus
fr clyte arqué
el clito arqueado
it clito arcuato
de Widderbock

630 Coccinellidae
en lady beetles, lady bugs, lady birds
fr coccinelles
el coccinelas, mariquitas
it coccinelle
de Marienkäfer, Marienkäferchen

631 *Colaspidema atrum*
en luzerne grub
fr négril de la luzerne, babotte noire
el coquillo de la alfalfa,
cuca de la alfalfa,
gusano negro de los alfalfares
it Colaspidema atrum
de Colaspidema atrum

632 Colydiidae
en cylindrical bark beetles
fr colydiidés
el colídidos
it colidiidi
de Borkenkäfer

633 *Conorrhynchus mendicus (Cleonus mendicus)*
en beet weevil
fr cleoné de la betterave,
cleoné mendiant
el cleonus de la remolacha
it cloeno della barbabietola
de Hohlrüssler

634 *Coroebus bifasciatus (C. fasciatus)*
en oak burncow
fr bupreste du chêne,
corèbe bifascié
el corebo de la encina y del
alcornoque
it corebo fasciato,
corebo delle quercie
de zweibindiger Prachtkäfer,
zweibindiger Eichenprachtkäfer

635 *Coroebus fasciatus*
see: *C. bifasciatus*

636 *Coroebus undatus*
en Coroebus undatus
fr bupreste du liège
el culebrina
it bupreste ondulato
de Korkwurm

637 *Cosmopolites sordidus*
en cosmopolitan root borer,
banana corm weevil,
banana borer, banana beetle,
banana weevil
fr charançon du bananier
el gorgojo del tallo del banano
it Cosmopolites sordidus
de Bananenborkenkäfer

638 *Crepidodera ferruginea*
en wheat flea beetle
fr altise des chardons
el pulguilla del trigo
it altica gialla della canapa
de Getreideblattkäfer

639 *Crioceris asparagi*
en asparagus beetle
fr criocère de l'asperge
el criócero del espárrago
it criocera dell'asparago
de Spargelhähnchen

640 *Crioceris dudecimpunctata*
en twelve-spotted asparagus beetle
fr criocère à douze points
el criócero de doce puntos
it criocera a dodici punti
de zwölfpunktiertes Spargelhähnchen,
zwölfgepunkteter Spargelkäfer,
Spargelbeerenkäfer

641 *Crioceris melanopa*
see: *Lema melanopa*

642 *Cryptocephalus pini*
en Cryptocephalus pini
fr chrysomèle jaune du pin
el crisomela amarilla del pino
it criptocefalo del pino
de gelber Kiefernblattkäfer

643 Cucujidae
en flat bark beetles
fr cucujidés
el cucuyos
it cucuidi
de Rindenkäfer

644 *Curculio* spp.
(Balaninus spp.*)*
en nut-weevils

fr balanins
el balaninos
it balanini
de Nussbohrer, Nussrüssler

645 *Curculio elephas*
(Balaninus elephas)
en chestnut weevil
fr charançon des châtaignes, balanin des châtaignes
el gorgojo de las castañas
it balanino delle castagne, punteruolo delle castagne
de Kastanienbohrer

646 *Curculio nucum*
(Balaninus nucum)
en hazel-nut weevil
fr charançon des noisettes, balanin des noisettes, ver des noisettes
el balanino de las avellanas, diablillo de las avellanas, gusano de las avellanas
it balanino delle nocciole, punteruolo delle nocciole
de Haselnussbohrer, Nussrüssler

el podredumbre verde de las avellanas

647 Curculionidae
en weevils
fr curculionides
el gorgojos
it curculionidi, punteruoli
de Rüsselkäfer

648 Dermestidae
en skin beetles
fr dermestes
el derméstidos
it dermestidi
de Speckkäfer

649 Dytiscidae
en predaceous diving beetles
fr dytiscidés
el ditiscos
it ditiscidi, ditischi
de Schwimmkäfer

650 *Eccoptogaster* spp.
(Scolytus spp.*)*
en fir-engraver beetles
fr scolytes
el barrenillos
it scoliti
de Splintkäfer

651 *Eccoptogaster mali*
(Scolytus mali)
en apple bark beetle
fr scolyte du pommier
el barrenillo grande del manzano
it grande scolito degli alberi da frutta
de grosser Obstbaumsplintkäfer; glänzender Obstbaumsplintkäfer

652 *Eccoptogaster multistriatus*
(Scolytus multistriatus)
en European elm bark beetle
fr scolyte de l'orme; petit scolyte de l'orme
el barrenillo del olmo
it piccolo scolito dell'olmo
de kleiner Ulmensplintkäfer

653 *Eccoptogaster rugulosus*
(Scolytus rugulosus)
en fruit bark beetle, shot-hole borer
fr petit scolyte des arbres fruitiers, scolyte rugueux
el barrenillo pequeño de los frutales
it piccolo scolito degli alberi da frutta
de kleiner Obstbaumsplintkäfer, runzeliger Obstbaumsplintkäfer

654 Elateridae
en snapping beetles, click beetles, wireworms
fr élatérides, taupins, vers fil de fer
el elatéridos, gusanos de alambre, doradillas
it eleateridi, vermi gialli, ferretti, fil di ferro
de Feldschnellkäfer, Schnellkäfer, Drahtwürmer

655 *Entomoscelides adonidis*
en red turnip beetle
fr chrysomèle des crucifères, barbeau rouge du navet
el crisomela del nabo
it crisomela dell'adonide
de roter Rapsblattkäfer

656 *Epicometis hirta*
(Tropinota hirta)
en blossom feeder
fr cétoine hérissée
el cetonia velluda
it cetonia irta, piccola cetonia pelosa
de Epicometis hirta

657 *Eumolpes obscurus*
see: *Adoxus obscurus*

658 *Galeruca caprae*
see: *Lochnaea caprae*

659 *Galeruca tanaceti*
en tansy leaf beetle
fr galéruque de la tanaisie
el galeruca del tanaceto
it galeruca nera
de Rainfarnblattkäfer

660 *Galerucella lineola*
en elm tree beetle
fr galéruque de l'oisier
el galeruca del sauce
it galerucella dei salici
de kleiner gelber Blattkäfer

661 *Galerucella luteola*
see: *G. xanthomelaena*

662 *Galerucella nymphaeae*
en pond lily leaf beetle
fr galéruque du nénuphar
el galeruca del nenúfar
it galerucella delle ninfee
de Erdbeerkäfer

663 *Galerucella tenella*
en strawberry leaf beetle
fr galéruque du fraisier
el galeruca del fresal
it galerucella delle fragole
de Erdbeerblattkäfer

664 *Galerucella viburni*
(Pyrrhalta viburni)
en cranberry tree leaf beetle
fr galéruque de la boule de neige
el galeruca de la bola de nieve
it galerucella del viburno
de Schneeballblattkäfer

665 *Galerucella xanthomelaena*
(G. luteola)
(Xanthogaleruca luteola)
en elm leaf beetle
fr galéruque de l'orme
el galeruca del olmo
it galerucella dell'olmo
de Ulmenblattkäfer

666 Gyrinidae
en whirling beetles
fr gyrinidés
el girinos
it girinidi
de Taumelkäfer

667 *Haltica ampelophaga*
en Mediterranean grape leaf beetle
fr altise de la vigne
el altisa de la vid, pulgón de la vid,
coquillo de la vid, corocha
it altica della vite
de Weinerdfloh

668 *Haltica quercetorum*
en Haltica quercetorum
fr altise du chêne
el altisa de la encina
it altica delle quercie
de Eichenerdfloh

669 Halticinae
en flea beetles
fr altises
el halticinos, pulguillas,
pulgas de tierra
it altiche, pulci di terra
de Erdflöhe

670 Histeridae
en steel beetles, hister beetles
fr histéridés, escarbots
el histéridos
it isteridi
de Stutzkäfer

671 Hydrophilidae
en water scavenger beetles
fr hydrophiles
el hidrófilos
it idrofilidi, palpicorni
de Kolbenwasserkäfer

672 *Hylesinus* spp.
en bark beetles
fr hylésines
el roedores, hilesinos
it ilesini
de Bastkäfer

673 *Hylesinus oleiperda*
en fig tree bark beetle
fr hylésine de l'olivier
el barrenillo grande del olivo,
taladrillo del olivo (Arg.)
it ilesino dell'olivo, struggi olivo
de kleiner schwarzer Eschenbastkäfer

674 *Hylesinus piniperda*
see: *Blastophagus piniperda*

675 *Hylobius abietis*
en fir-tree weevil, pine weevil
fr grand charançon du pin,
hylobe du pin

el gorgojo del abeto
it ilobio dell'abete
de grosser brauner Nadelholzrüssler, grosser brauner Rüsselkäfer

676 *Hylotrupes bajulus*
see: *Callidium bajulus*

677 *Hypera nigrirostris*
see: *Phytonomus nigrirostris*

678 *Hypera postica*
see: *Phytonomus variabilis*

679 *Hypoborus ficus*
en Hypoboris ficus
fr scolyte du figuier
el barrenillo de la higuera
it ipoboro del fico
de Feigenborkenkäfer

680 Ipidae
see: Scolytidae

681 *Ips* spp.
(*Tomicus* spp.)
en pine engraver beetles
fr bostryches, rongeurs
el barrenillos
it bostrichi, tarli
de Borkenkäfer

682 *Ips sexdentatus*
(*Bostrychus sexdentatus*)
en Ips sexdentatus
fr bostryche sténographe, grand rongeur du pin
el gran barrenillo del pino
it bostrico dai sei denti
de zwölfzähniger Kiefernborkenkäfer

683 *Ips typographus*
(*Tomicus typographus*)
en engraver beetle
fr grand rongeur de l'épicéa, bostryche typographe
el barrenillo tipógrafo del abeto rojo
it bostrico tipografo
de Fichtenborkenkäfer, Buchdrucker

684 Lampyridae
en glowworms, fireflies, lightning beetles
fr vers luisants
el gusanos de luz, luciérnagas
it lampiridi, lucciole
de Leuchtkäfer

685 *Lasioderma serricorne*
en cigarette beetle, towbug
fr lasioderme du tabac, vrillette du tabac
el cascarudo cigarrero (Arg.)
it lasioderma, xiletino
de Tabakkäfer

686 *Lema melanopa*
(*Crioceris melanopa*)
en oat leaf beetle
fr criocère de l'orge
el crisomela de los cereales
it criocera del frumento
de rothalsiges Getreidehähnchen

687 *Leptinotarsa decemlineata*
en Colorado potato beetle
fr doryphore de la pomme de terre
el escarabajo de la patata, escarabajo del Colorado, dorífora
it dorifora delle patate, scarabeo del Colorado, crisomela della patata
de Kartoffelkäfer

688 *Lilioceris lilii*
en Lilioceris lilii
fr criocère du lis
el criócero de la azucena
it criocera del giglio
de Lilienhähnchen

689 *Lina* spp.
see: *Chrysomela* spp.

690 *Lixus junci*
en beet lixus
fr lixus de la betterave
el lixus de la remolacha
it lixo della barbabietola, punteruolo della barbabietola
de Lixus junci

691 *Lochnaea capreae*
(*Galeruca capreae*)
en willow leaf beetle
fr galéruque du saule
el galeruca del sauce
it crisomela del salice
de gelber Weidenblattkäfer

692 *Longitarsus parvulus*
en small flax flea beetle
fr altise du lin
el pulguilla del lino
it altica del lino
de Flachserdfloh

693 *Lucanus cervus*
en stag beetle
fr cerf-volant
el ciervo volante
it cervo volante
de Hirschkäfer

694 Lyctidae
en true powder-post beetles
fr lyctes
el lictos
it lictidi
de Splintkäfer, Holzmehlkäfer

695 *Lyctus linearis*
en true powder-post beetle
fr vrillette à galeries linéaires
el licto
it licto
de Parkettkäfer, Splintkäfer

696 *Lymexylon navale*
en timber beetle
fr lime-bois, lymexylon naval, dermeste du chêne, dermeste naval
el broma, taraza naval, lima de la madera
it limessilone delle navi
de Schiffswerftkäfer

697 *Lytta vesicatoria*
en Spanish fly, green cantharide
fr cantharide du frêne, mouche espagnole
el cantárida oficinal
it cantaride
de spanische Fliege

698 *Melasoma* spp.
see: *Chrysomela* spp.

699 *Meligethes aeneus*
en pollen beetle, blossom beetle
fr méligèthes des crucifères, méligèthes du colza
el escarabajuelo de los nabos
it meligete della colza
de Rapsglanzkäfer

700 *Meloë* spp.
en oil beetles
fr méloé
el aceiteros, carralejas
it meloe
de Maiwürmer, Ölkäfer

701 Meloidae
en blister beetles
fr méloïdes
el meloidos, vesicantes
it meloidi, vescicatori
de Blasenkäfer, Pflasterkäfer

702 *Melolontha hippocastani*
en chafer
fr hanneton forestier
el melolonta forestal
it melolonta dell'ippocastano
de Waldmaikäfer, Rosskastanienmaikäfer

703 *Melolontha melolontha*
see: *M. vulgaris*

704 *Melolontha vulgaris* (*M. melolontha*)
en cockchafer, European cockchafer, May bug
fr hanneton commun, ver blanc, turc, man
el melolonta, abejorro común, gusano blanco
it melolonta, maggiolino, scarabeo di maggio, verme bianco
de Engerling, Maikäfer, Feldmaikäfer

705 *Mylabris obtectus*
see: *Acanthoscelides obtectus*

706 Nitidulidae
en sap-feeding beetles, sour bugs
fr nitidulidés
el nitidúlidos
it nitidulidi
de Glanzkäfer

707 *Oberea linearis*
en Oberea linearis
fr saperde du noisetier, capricorne du noisetier
el longicornio del avellano
it cerambice del nocciolo
de Haselbock

708 *Orchestes alni*
see: *Rhynchaenus alni*

709 *Orchestes fagi*
see: *Rhynchaenus fagi*

710 *Orchestes populi*
see: *Rhynchaenus populi*

711 *Orchestes quercus*
see: *Rhynchaenus quercus*

712 *Oryzaephilus surinamensis (Silvanus surinamensis)*
en saw-toothed grain beetle
fr silvain
el carcoma dentada de los granos (Arg.), gorgojo dentado (Chile)
it silvano, silvano surinamense
de Getreideschmalkäfer

713 *Otiorrhynchus* spp.
en broad-nosed weevils
fr otiorrhynques
el otiorrincos
it otiorrinchi
de Dickmaulrüssler, schwarzer Rüsselkäfer

714 *Otiorrhynchus ligustici*
en lovage weevil
fr otiorrhynque de la livèche
el gorgojo del ligústico
it otiorrinco del ligustico
de Liebstöcklrüssler, Lappenrüssler

715 *Otiorrhynchus sulcatus*
en vine weevil
fr otiorrhynque sillonné, otiorrhynque de la vigne
el gorgojo de la vid, escarabajito de la vid
it otiorrinco della vite
de gefurchter Dickmaulrüssler

716 *Peritelus griseus (P. sphaeroides)*
en Peritelus griseus
fr péritèle gris
el roebrotes, peritelo gris
it peritelo
de grauer Rüsselkäfer

717 *Peritelus sphaeroides*
see: *P. griseus*

718 *Phaedon cochleariae*
en mustard beetle
fr chrysomèle du cresson
el crisomela del berro
it crisomela del crescione
de Meerrettichblattkäfer

719 *Phloeotribus oleae*
see: *Ph. scarabaeoides*

720 *Phloeotribus scarabaeoides (Ph. oleae)*
en Phloeotribus oleae
fr scolyte de l'olivier, neïroun
el barrenillo del olivo
it fleotribo dell'olivo, punteruolo dell'olivo
de Ölbaumborkenkäfer

721 *Phyllobius oblongus*
en leaf eating weevil, brown leaf weevil
fr phyllobie oblongue
el filobio oblongo
it fillobio allungato
de Schmalbauch, gemeiner Blattrüssler, Obstbäumegrünrüssler

722 *Phyllobius pyri*
en large green weevil, pear leaf eating weevil
fr phyllobie du poirier
el filobio del peral
it fillobio del pero
de Grünrüssler, breiter Birnengrünrüssler

723 *Phyllopertha horticola*
en garden chafer, bracken clock
fr hanneton horticole, anisoplie horticole
el filoperta de las huertas, anómala de las hortalizas
it carruga degli orti
de Gartenlaubkäfer, kleiner Rosenkäfer

724 *Phyllotreta nemorum*
en striped turnip flea beetle, turnip fly
fr altise des crucifères
el pulguilla bandeada de las crucíferas, pulguilla amarilla de la col
it altica dei cavoli
de gestreifte Erdfloh

725 *Phyllotreta vittula*
en barley flea beetle
fr altise des crucifères, altise des céréales d'automne
el pulguilla de la cebada
it altica dell'orzo
de Getreideerdfloh

726 *Phytonomus nigrirostris (Hypera nigrirostris)*
en clover bud weevil, lesser clover leaf weevil
fr phytonome des trèfles
el gorgojo del trébol
it punteruolo del trifoglio, fitonomo del trifoglio
de Kleeblattnager, schwarzrüsseliger Blattnager

727 *Phytonomus variabilis (Hypera postica)*
en alfalfa weevil, lucerne weevil
fr phytonome variable, babotte grise
el gusano verde de la alfalfa, gorgojo de la alfalfa
it punteruolo della medica
de Luzerneblattnager

728 *Pissodes notatus*
en white pine weevil
fr petit charançon du pin, pissodès ponctué
el gorgojo pequeño del pino, pisodes manchado
it pissode notato
de Kiefernjungholzrüssler, Weisspunkt-Rüsselkäfer, kleiner Kiefernrüsselkäfer

729 *Pissodes strobus*
en white pine weevil
fr charançon du pin Weymouth
el gorgojo del pino de Weymouth
it pissode del pino Weymouth
de starkrüsseliger Kiefernrüssler

730 *Pityogenes* spp.
en wood engravers
fr rongeurs
el barrenillos
it bostrichi
de Borkenkäfer

731 *Pityogenes chalcographus (Bostrychus chalcographus)*
en spruce wood engraver
fr bostryche chalcographe, petit rongeur de l'épicéa et du sapin
el barrenillo pequeño de los abetos
it bostrico calcografo
de Kupferstecher

732 *Pityokteines curvidens*
en silver fir bark beetle
fr bostryche curvidenté, rongeur du sapin blanc
el barrenillo del abeto blanco
it bostrico dai denti curvi
de krummzähniger Tannenborkenkäfer

733 *Polyphylla fullo*
en scarred melolontha
fr hanneton des pins, hanneton foulon
el abejorro batanero, gran escarabajo de los pinos
it maggiolino marmoreggiato
de Müller, Walker

734 *Popillia japonica*
en Japanese beetle
fr hanneton japonais
el escarabajo japonés
it scarabeo giapponese
de Japankäfer

735 *Psylliodes affinis*
en potato flea beetle
fr altise de la pomme de terre
el pulguilla de la patata
it altica delle patate
de Kartoffelerdfloh

736 *Psylliodes attenuata*
en hop flea beetle, hop cone flea
fr altise du chanvre et du houblon
el pulguilla del lúpulo
it altica verde della canapa
de Hopfenerdfloh, Hanferdfloh

737 *Psylliodes chrymsocephala*
en cabbage stem flea beetle
fr altise du chanvre et du houblon, altise du colza, altise d'hiver du colza, altise à tête dorée
el pulguilla de la colza y del nabo, altisa de la colza
it altica della colza
de Rapserdfloh

738 *Ptinus fur*
en spider beetle
fr ptine voleur
el ptino
it ptino ladro
de gemeiner Diebskäfer, Kräuterdieb

739 *Pyrrhalta viburni*
see: *Galerucella viburni*

740 *Rhizopertha dominica*
en lesser grain borer
fr capucin des grains, bostriche des grains
el gorgojo de los cereales
it punteruolo dei cereali
de Getreidekapuziner

741 *Rhizotrogus solstitialis*
en European June beetle, European June bug, summer chafer
fr hanneton solsticial, hanneton de la Saint-Jean
el escarabajo de San Juan
it rizotrogo, melolonta di San Giovanni
de Junikäfer, Brachkäfer, Sonnwendkäfer

742 *Rhynchaenus alni*
(Orchestes alni)
en alder flea weevil
fr orcheste de l'aune
el gorgojo del aliso
it orcheste dell'ontano
de Erlenspringrüssler, Erlenkäfer

743 *Rhynchaenus fagi*
(Orchestes fagi)
en beech flea weevil
fr orcheste du hêtre
el gorgojo del haya
it orcheste del faggio
de Buchenspringrüssler

744 *Rhynchaenus populi*
(Orchestes populi)
en poplar flea weevil
fr orcheste du peuplier
el gorgojo del chopo
it orcheste del pioppo
de Pappelspringrüssler,
Weidenspringrüssler

745 *Rhynchaenus quercus*
(Orchestes quercus)
en oak flea weevil
fr orcheste du chêne
el gorgojo de la encina
it orcheste della quercia
de Eichenspringrüssler

746 *Rhynchites bacchus*
en Rhynchites bacchus
fr rhynchite bacchus
el picudo baco
it punteruolo della frutta,
rinchite della frutta
de purpurroter Apfelfruchtstecher

747 *Rhynchites coeruleus*
en bud curculio
fr rhynchite coupe-bourgeon
el picudo cortayemas
it tagliabottoni,
punteruolo delle gemme delle
piante da frutto
de Zweigstecher, Zweigabstecher

748 *Saperda carcharias*
en poplar borer
fr saperde chagrinée,
grande saperde
el saperda melancólica,
saperda de los chopos
it saperda maggiore del pioppo
de grosser Pappelbock

749 *Saperda populnea*
en poplar borer
fr saperde du peuplier, petite saperde
el saperda pequeña del chopo
it saperda minore del pioppo
de kleiner Pappelbock,
gelbstreifiger Pappelbock

750 Scarabeideae
en May beetles, June beetles, grubs
fr scarabéides, lamellicornes,
vers blancs
el escarabajos lamelicornios,
gusanos blancos
it scarabeidi
de Skarabäen, Blatthornkäfer,
Fächerhornkäfer

751 Scolytidae
(Ipidae)
en 1 bark beetles, engraver beetles
2 timber beetles, ambrosia beetles
fr scolytes
el 1 barrenillos de la corteza,
2 barrenillos del leño,
barrenillos de ambrosía
it scolitidi, scoliti, tarli degli alberi
de Borkenkäfer

752 *Scolytus* spp.
see: *Eccoptogaster* spp.

753 *Scolytus intricatus*
en oak bark beetle
fr scolyte du chêne
el barrenillo de la encina
it scolito della quercia
de Eichensplintkäfer

754 *Scolytus mali*
see: *Eccoptogaster mali*

755 *Scolytus multistriatus*
see: *Eccoptogaster multistriatus*

756 *Scolytus ratzebugi*
en birch bark beetle
fr scolyte du bouleau
el barrenillo del abedul
it scolito della betulla
de grosser Birkensplintkäfer

757 *Scolytus rugulosus*
see: *Eccoptogaster rugulosus*

758 *Scolytus scolytus*
en elm bark beetle
fr grand scolyte de l'orme
el barrenillo del olmo

it grande scolito dell'olmo
de grosser Ulmensplintkäfer

759 *Silpha opaca*
(Blitophaga opaca)
en beet carrion beetle
fr silphe de la betterave
el silfa de la remolacha
it silfa opaca
de grauhaariger Askäfer,
brauner Rübenaaskäfer

760 Silphidae
en carrion beetles, burying beetles
fr sulphidés
el necróforos,
escarabajos enterradores
it silfidi
de Aaskäfer

761 *Silvanus surinamensis*
see: *Oryzaephilus surinamensis*

762 *Sinoxylon sexdentatum*
en Sinoxylon sexdentatum
fr apate de la vigne,
grand rongeur de la vigne
el carcoma de la vid
it bostrico dai sei denti,
apate de la vite
de Rebendreher

763 *Sitodrepa panicea*
see: *Stegobium paniceum*

764 *Sitophilus granarius*
(Calandra granaria)
en granary weevil, grain weevil
fr charançon des grains
el gorgojo del trigo,
gorgojo del maíz
it calandra del grano,
punteruolo del grano
de Kornkäfer

765 *Sitophilus oryzae*
(Calandra oryzae)
en rice weevil
fr charançon du riz
el gorgojo del arroz
it calandra del riso,
punteruolo del riso
de Reiskäfer, Reisrüssler

766 Staphylinidae
en rove beetles
fr staphylinides
el estafilinos
it stafilinidi, stafilini
de Kurzflügler, Kurzflügelkäfer

767 *Stegobium paniceum*
(Sitodrepa panicea)
en drug store beetle, bread beetle,
biscuit beetle
fr vrillette du pain,
vrillette boulanger
el carcoma del pan,
carcoma panadera
it anobio del pane
de Brotkäfer

768 *Stephanoderes hampei*
en coffee seed borer,
coffee berry borer
fr scolyte des graines de café
el broca del café,
taladro de las cerezas del cafeto
it Stephanoderes hampei
de Stephanoderes hampei

769 *Subcoccinella vigintquatuorpunctata*
en legume lady bug
fr coccinelle des légumineuses
el mariquita de las leguminosas
it coccinella delle leguminose
de Luzernemarienkäfer

770 *Tenebrio molitor*
en yellow mealworm
fr ténébrion meunier,
ver de la farine
el tenebrio molinero,
gusano de la harina
it tenebrione mugnaio
de Mehlkäfer, Mehlwurm

771 *Tenebrio obscurus*
en dark mealworm
fr ténébrion obscur, ver de la farine
el tenebrio oscuro,
gusano de la harina
it tenebrione oscuro
de Mehlwurm

772 Tenebrionidae
en darkling beetles
fr ténébrionides
el tenebriónidos
it tenebrionidi
de Schwarzkäfer, Schattenkäfer

773 *Tenebrioides mauritanicus*
(Trogosita mauritanica)
en cadelle
fr cadelle
el trogosita morisca,
carcoma grande de los granos
it tenebrioide, struggigrano
de gemeiner Brotkäfer

774 *Tomicus* spp.
see: *Ips* spp.

775 *Tomicus typographus*
see: *Ips typographus*

776 *Tribolium castaneum*
(T. ferrugineum)
en rust-red flour beetle, red flour beetle
fr tribolium, petit ver de la farine
el gorgojo de la harina y del afrecho, tribolio castaño (Arg.)
it tribolio
de Reismehlkäfer, gemeiner Dreispitzkäfer

777 *Tribolium confusus*
en confused flour beetle
fr tribolium
el tribolio confuso (Arg.)
it tribolio
de amerikanischer Reismehlkäfer

778 *Tribolium ferrugineum*
see: *T. castaneum*

779 *Trogoderma granaria*
(T. khapra)
en khapra beetle
fr dermeste des grains
el escarabajo khapra
it dermeste dei cereali
de Khaprakäfer

780 *Trogoderma khapra*
see: *T. granarium*

781 *Trogosita mauritanica*
see: *Tenebrioides mauritanicus*

782 *Tropinota hirta*
see: *Epicometis hirta*

783 *Vesperus xatarti*
en grape vesperus
fr vespère des vignes, menge-mallol
el gusanote, castañeta
it vespero
de Vesperus xatarti

784 *Xanthogaleruca luteola*
see: *Galerucella xanthomelaena*

785 *Xestobium rufovillosum*
(X. tessellatum)
en death watch
fr grande vrillette, vrillette damier, vrillette marquetée, horloge de la mort
el reloj de la muerte, polilla de los muebles, barrena ataraceada
it orologio della morte, veglia
de buntwürfeliger Nagekäfer

786 *Xestobium tessellatum*
see: *X. rufovillosum*

787 *Xyleborus dispar*
(Anisandrus dispar)
en European shot-hole borer
fr xylébore disparate
el xiléboro dispar
it xileboro disuguale
de ungleicher Holzbohrer, ungleicher Holzborkenkäfer

788 *Xyleborus saxeseni*
en lesser shot-hole borer
fr petit xylébore
el xiléboro pequeño
it xileboro delle latifoglie e delle conifere
de kleiner Holzbohrer

789 *Zabrotes subfasciatus*
en Mexican bean weevil
fr bruche brésilienne
el gorgojo del Brasil
it zabrote brasiliano
de Brasilbohnenkäfer

790 *Zabrus gibbus*
see: *Z. tenebrioides*

791 *Zabrus tenebrioides*
(Z. gibbus)
en corn ground beetle
fr zabre des céréales, zabre des moissons
el zabro de los cereales, cárabo giboso
it zabro gobbo, zabro del frumento
de Getreidelaufkäfer, buckliger Getreidelaufkäfer

DIPTERA

792 *Acidia heraclei*
see: *Philophylla heraclei*

793 *Agromyza* spp.
en leaf miners

fr mineuses
el minadores de las hojas
it agromizidi
de Minierfliegen

en pitch flecks, medullary spots

794 *Anastrepha ludens*
en Mexican fruit fly
fr mouche mexicaine des fruits
el mosca mejicana de la fruta
it anastrefa
de mexikanische Fruchtfliege

795 *Asphondylia miki*
en alfalfa-seed midge
fr cécidomyie des gousses de la luzerne
el cecidomia de las vainas de la alfalfa
it cecidomia dei semi della medica
de Luzernesamen-Gallmücke

796 *Bibio hortulans*
en March fly
fr bibion des jardins, bibion horticole
el bibio de las huertas
it bibio ortolano, bibione degli orti
de Gartenhaarmücke

797 *Bibio marci*
en St. Mark's fly
fr bibion Saint-Marc
el mosca de San Marcos, bibio de San Marcos
it bibione di San Marco
de Aprilfliege, Märzenfliege, Markushaarmücke

798 Cecidomyiidae (Itonididae)
en gall gnats
fr cécidomyies
el cecidomias, mosquitos de las agallas
it cecidomie
de Gallmücken

799 *Ceratitis capitata*
en Mediterranean fruit fly
fr mouche méditerranéenne des fruits, mouche des fruits, mouche des oranges
el mosca mediterránea, mosca de las frutas
it mosca delle arance e delle pesche
de Mittelmeerfruchtfliege

800 Chironomidae (Tendipèdidae)
en midges
fr chironomidés
el quirnómidos, mosquillas
it chironomidi
de Zuckmücken

801 *Chironomus cavazzae*
en bloodworm
fr ver de la vase
el mosquito de los planteles de arroz, gusano rojo del arroz
it verme rosso del riso
de rote Zuckmückenlarve, rote Mückenlarve

802 *Chlorops pumulionis* (*Ch. taeniopus*)
en gout fly, ribbon-footed corn fly (G.B.)
fr chlorops du blé et de l'orge, chlorops à pieds articulés
el clorops del trigo y la cebada
it cloropo del grano, cloropsi a piedi articolati
de Halmfliege, gelbe Weizenhalmfliege

803 *Chlorops taeniopus*
see: *Ch. pumilionis*

804 *Chortophila antiqua*
see: *Phorbia antiqua*

805 *Chortophila brassicae*
see: *Phorbia brassicae*

806 *Chortophila cilicrura*
see: *Phorbia platura*

807 *Chortophila floralis*
see: *Phorbia floralis*

808 Conopidae
en thick-headed flies
fr conopidés
el conópidos
it conopidi
de Dickkopffliegen

809 *Contarinia humuli*
en strig maggot
fr cécidomyie du houblon
el cecidomia del lúpulo
it cecidomia del luppolo
de Hopfengallmücke

810 *Contarinia medicaginis*
en alfalfa flower midge

fr cécidomyie des fleurs de la luzerne
el cecidomia de las flores de la alfalfa
it cecidomia dell'erba medica
de Luzerneblüten-Gallmücke

811 *Contarinia nasturtii*
en swede midge
fr cécidomyie du chou-fleur
el cecidomia de la col
it cecidomia del cavolo
de Drehherzmücke, Kräuselgallmücke

812 *Contarinia onobrychidis*
en sainfoin flower midge
fr cécidomyie des fleurs du sainfoin
el cecidomia de las flores de la esparceta
it cecidomia del sanofieno
de Esparsetteblüten-Gallmücke

813 *Contarinia pisi*
en pea midge
fr cécidomyie du pois
el cecidomia del guisante
it cecidomia dei legumi
de Erbsengallmücke

814 *Contarinia pyrivora*
en pear midge
fr cécidomyie des poirettes
el cecidomia de las peras
it cecidomia delle perine
de Birngallmücke

815 *Contarinia ribis*
en raspberry flower midge
fr cécidomyie des fleurs du groseillier
el cecidomia de las flores del grosellero
it cecidomia del ribes
de Stachelbeerblüten-Gallmücke

816 *Contarinia sorghicola*
en sorghum midge
fr cécidomyie du sorgho
el cecidomia del sorgo
it cecidomia del sorgo
de Sorghogallmücke

817 *Contarinia tritici*
en wheat midge, lemon wheat blossom midge
fr cécidomyie jaune du blé
el cecidomia de las espigas del trigo
it cecidomia del grano
de gelbe Weizengallmücke

818 *Contarinia viticola*
en grape midge
fr cécidomyie de la vigne
el cecidomia de la vid
it cecidomia della vite
de Rebenblüten-Gallmücke

819 *Culex pipiens*
en common mosquito
fr cousin commun
el mosquito común
it zanzara comune
de Hausstechmücke

820 *Dacus cucurbitae*
en melon fly
fr mouche du melon
el mosca del melón
it mosca del melone
de tropische Melonfliege

821 *Dacus oleae*
en olive fly
fr mouche des olives
el mosca del olivo, mosca olearia
it mosca delle olive
de Olivenfliege

822 *Dasyneura brassicae*
en brassica pod midge, turnip and cabbage seed midge
fr cécidomyie des siliques des crucifères
el mosquilla de las crucíferas
it cecidomia dei cavoli
de Kohlschoten-Gallmücke, Kohlschotenmücke, Kohlgallmücke

823 *Dasyneura ignorata*
en alfalfa sprout midge
fr cécidomyie des pousses de la luzerne
el cecidomia de los brotes de la alfalfa
it cecidomia dei getti della medica
de Luzernespross-Gallmücke

824 *Dasyneura mali*
en apple midge, apple leaf-curling midge
fr cécidomyie des feuilles du pommier
el mosquilla de las hojas del manzano
it cecidomia delle foglie del melo
de Apfelblatt-Gallmücke

825 *Dasyneura medicaginis*
en alfalfa leaf midge
fr cécidomyie des feuilles de la luzerne

el cecidomia de las hojas de la alfalfa
it cecidomia delle foglie della medica
de Luzerneblatt-Gallmücke

826 *Dasyneura plicatrix*
en bramble leaf midge
fr cécidomyie des feuilles de la ronce
el cecidomia de las hojas de la zarza
it cecidomia del roveto
de Brombeerblatt-Gallmücke

827 *Dasyneura piri*
see: *D. pyri*

828 *Dasyneura pyri*
(D. piri)
en pear midge, pear leaf-curling midge
fr cécidomyie des feuilles du pommier
el cecidomia de las hojas del peral
it cecidomia delle foglie del pero
de Birnblatt-Gallmücke

829 *Dasyneura trifolii*
en clover leaf midge
fr cécidomyie des feuilles du trèfle
el cecidomia de las hojas del trébol
it cecidomia del trifoglio
de Kleeblattgallmücke

830 *Drosophila ampelophila*
see: *D. fasciata*

831 *Drosophila confusa*
see: *D. funebris*

832 *Drosophila erythrophthalma*
see: *D. fasciata*

833 *Drosophila fasciata*
(D. melanogaster)
(D. ampelophila)
(D. erythrophthalma)
(D. uvarum)
en common fruit fly, pomace fly, vinegar fly, wine fly
fr moucheron des caves, moucheron du vinaigre
el mosca del vinagre, mosquilla del vinagre, mosquito del vinagre
it moscerino del mosto, moscerino del vino, moscerino dell'aceto, moscerino delle fermentazioni
de Taufliege, Essigfliege, Obstfliege, Weinfliege

834 *Drosophila fenestrarum*
en vinegar fly
fr moucheron du vinaigre
el mosca del vinagre
it moscerino dell'aceto
de grosse Essigfliege

835 *Drosophila funebris*
(D. confusa)
en vinegar fly
fr moucheron du vinaigre, drosophile funèbre
el mosca del vinagre
it moscerino dell'aceto
de grosse Essigfliege

836 *Drosophila melanogaster*
see: *D. fasciata*

837 *Drosophila uvarum*
see: *D. fasciata*

838 *Eumerus strigatus*
en lesser bulb fly
fr mouche des bulbes
el mosca de los bulbos
it mosca dei bulbi
de kleine Narzissenfliege, Zwiebelmondfliege

839 *Hylemyia antiqua*
see: *Phorbia antiqua*

840 *Hylemyia brassicae*
see: *Phorbia brassicae*

841 *Hylemyia brunnescens*
see: *Phorbia brunnescens*

842 *Hylemyia cilicrura*
see: *Phorbia platura*

843 Itonidae
see: Cecidomyiidae

844 *Lampetia equestris*
en narcissus fly
fr mouche des narcisses
el mosca del narciso
it mosca dei narcisi
de grosse Narzissenfliege

845 *Lasioptera rubi*
en raspberry stem gall midge, blackberry stem gall midge
fr cécidomyie des galles du framboisier

el cecidomia del frambueso
it cecidomia del rovo
de Brombeerenaummücke

846 *Mayetiola destructor*
(Phytophaga destructor)
en Hessian fly
fr mouche de Hesse,
cécidomyie destructive
el mosquito del trigo,
liendre del trigo,
cecidomia destructora
it cecidomia distruttrice
de Hessenfliege, Getreidegallmücke

847 *Monarthropalpus buxi*
en box-tree midge
fr cécidomyie du buis
el cecidomia del boj
it cecidomia del bossolo
de Buchsbaum-Gallmücke

848 *Oscinella frit*
(Oscinis frit)
en frit fly
fr oscinie
el mosquita de la cebada y de la avena
it mosca frit, oscine
de Fritfliege

849 *Oscinis frit*
see: *Oscinella frit*

850 *Pegomyia hyoscyami*
en mangold fly, beet fly,
spinach leaf miner
fr mouche de la betterave
el mosca de la remolacha
it mosca delle barbabietole
de Rübenfliege, Runkelfliege

851 *Philophylla heraclei*
(Acidia heraclei)
en celery fly
fr mouche du céleri
el mosca del apio
it mosca dei sedani
de Selleriefliege,
Sellerieminierfliege

852 *Phorbia antiqua*
(Hylemyia antiqua)
(Chortophila antiqua)
en onion maggot, onion fly
fr mouche de l'oignon
el mosca de la cebolla
it mosca delle cipolle
de Zwiebelfliege

853 *Phorbia brassicae*
(Hylemyia brassicae)
(Chortophila brassicae)
en cabbage maggot, cabbage root fly
fr mouche du chou,
petite mouche du chou, chortophile
el mosca del nabo y de la col
it mosca del cavolo
de kleine Kohlfliege

854 *Phorbia brunnescens*
(Hylemyia brunnescens)
en carnation maggot
fr mouche de l'oeillet
el mosca del clavel
it mosca del garofano
de braune Nelkenfliege

855 *Phorbia floralis*
(Chortophila floralis)
en turnip maggot
fr mouche du navet
el mosca del nabo
it mosca della rapa
de grosse Kohlfliege, Rettichfliege

856 *Phorbia platura*
(Chortophila cilicrura)
(Hylemyia cilicrura)
en seed-corn maggot
fr mouche grise des semis
el mosca del fríjol
it mosca dei fagioli
de Bohnenfliege,
Kammschienen-Wurzelfliege

857 Phoridae
en humpbacked flies, phorid flies
fr phorides
el fóridos
it foridi
de Buckelfliegen, Rennfliegen

858 *Phytophaga destructor*
see: *Mayetiola destructor*

859 *Platyparea poeciloptera*
en asparagus maggot
fr mouche de l'asperge
el mosca del espárrago
it mosca degli asparagi
de Spargelfliege

860 *Psila rosae*
en carrot fly, carrot rust fly
fr mouche des carottes
el mosca de la zanahoria
it mosca della pastinaca
de Möhrenfliege

861 *Rhabdophaga albipennis*
see: *R. saliciperda*

862 *Rhabdophaga saliciperda*
(R. albipennis)
en shot hole borer
fr cécidomyie du saule
el cecidomia del sauce
it cecidomia distruttrice dei salici
de Weidenholz-Gallmücke

863 *Rhagoletis cerasi*
en cherry maggot
fr mouche des cerises
el mosca de las cerezas
it mosca delle ciliegie
de Kirschfruchtfliege, Kirschfliege

864 *Rhagoletis pomonella*
en apple maggot
fr mouche des pommes
el mosca de las manzanas
it mosca delle mele
de Apfelfliege

865 *Sitodiplosis mosellana*
en wheat midge,
orange wheat blossom midge,
red maggot
fr cécidomyie orangée du blé
el mosquilla anaranajada del trigo
it cecidomia del frumento
de rote Weizengallmücke

866 Syrphidae
en hover flies, flower flies
fr syrphes
el sírfidos
it sirfidi, sirfi
de Schwebefliegen, Schwirrfliegen

867 Tendipedidae
see: Chironomidae

868 *Thomasiniana oculiperda*
en red bud borer
fr cécidomyie des greffes
el cecidomia de los injertos
it cecidomia degli innesti
de Okuliermade

869 *Tipula oleracea*
en leatherjacket, common crane fly
fr tipule potagère
el típula de las huertas,
gusano de cuero
it tipula erbaiola,
zanzarone degli orti,
verme giacca di cuoio
de Wiesenschnake, Kohlschnake

870 Tipulidae
en crane flies
fr tipules
el típulas
it tipule
de Schnaken, Riesenschnaken

871 Trypetidae
en fruit flies
fr trypétides
el moscas de las frutas
it tripetidi
de Bohrfliegen, Fruchtfliegen

HYMENOPTERA

872 *Acantholida erythrocephala*
en pine-tree web-spinning sawfly
fr lyde bleue
el lida de los pinos
it mosca dei pini
de stahlblaue Kiefernschonungs-
Gespinstblattwespe

873 *Acantholida nemoralis*
en pine-tree web-spinning sawfly
fr lyde étoilée
el lida de los pinos
it lida dei pini
de grosse Kieferngespinstblattwespe

874 *Aphaenogaster barbarus*
see: *Messor barbarus*

875 *Ardis bipunctata*
see: *A. brunniventris*

876 *Ardis brunniventris*
(A. bipunctata)
en Ardis brunniventris
fr tenthrède de la tige du rosier
el tentredínido del tallo del rosal
it tentredine minatrice dei getti
delle rose
de abwärtssteigender
Rosentriebbohrer

877 *Arge rosae*
(Hylatoma rosae)
en Arge rosae
fr tenthrède du rosier
el tentredínido común del rosal
it ilatoma della rosa
de Rosenbürsthornwespe

878 *Athalia colibri*
see: *A. rosae*

879 *Athalia rosae*
(A. colibri)
en turnip sawfly
fr tenthrède de la rave
el tentredínido del rábano, falsa oruga de los nabos
it tentredine delle rape, atalia delle rape
de Kohlrübenblattwespe, Runkelrübenblattwespe, Rübenblattwespe

880 *Atta cephalotes*
en umbrella ant, leaf-cutting ant
fr fourmi coupeuse des feuilles, fourmi-parasol
el hormiga arriera, hormiga parasol, bachaco (Venez.)
it Atta cephalotes
de Parasolameise

881 *Blennocampa elongatula*
en rose shoot sawfly
fr tenthrède des pousses du rosier
el blenocampa de los brotes del rosal
it tentredine dei getti dei rosai
de aufsteigender Rosentriebbohrer

882 *Blennocampa pusilla*
en rose leaf sawfly
fr tenthrède des feuilles du rosier
el blenocampa chiquita
it tentredine arrotolatrice delle foglie dei rosai
de kleinste Rosenblattwespe

883 *Caliroa limacina*
(Eriocampoides limacina)
en pear slug, cherry slug
fr tenthrède limace
el babosita del peral, babosita de los frutales, gusano limaco
it limaccina del pero, tentredine del ciliegio
de Kirschblattwespe, schwarze Kirschblattwespe

884 *Camponotus ligniperda*
en carpenter ant
fr fourmi charpentière
el hormiga gigante, hormiga carpintera
it formica perdilegno
de grosse Holzameise

885 *Cephaleia abietis*
(Lyda hypotrophica)
en Cephaleia abietis
fr lyde de l'épicéa
el lida de la picea
it lida dell'abete rosso
de gemeine Fichtengespinstblattwespe

886 Cephidae
en stem sawflies
fr cèphes
el cefos
it cefi
de Halmwespen

887 *Cephus pygmaeus*
en European wheat stem sawfly, wheat stem sawfly
fr cèphe du blé, cèphe des chaumes
el cefo de las cañas, cefo pigmeo
it cefo del grano, cefo pigmeo
de Getreidehalmwespe

888 Chalcididae
en chalcid wasps
fr chalcidides
el calcídidos
it calcididi
de Zehrwespen, Erzwespen

889 Cynipidae
en gall wasps
fr cynipides
el cinípidos
it cinipidi
de Gallwespen

890 *Diprion pini*
(Lophyrus pini)
en pine sawfly
fr lophyre du pin
el lofiro del pino, falsa oruga del pino
it lofiro del pino, tentredine del pino
de gemeine Kiefernblattwespe, gemeine Kiefernbuschhornblattwespe

891 *Eriocampoides limacina*
see: *Caliroa limacina*

892 *Formica rufa*
en red ant
fr fourmi rouge
el hormiga rojonegra
it grande formica rossa dei boschi
de rote Waldameise

893 *Hoplocampa brevis*
en pear sawfly
fr hoplocampe du poirier
el hoplocampa del peral

it tentredine delle perine
de Birnensägewespe

894 *Hoplocampa flava*
en plum sawfly
fr hoplocampe commun du prunier
el hoplocampa del ciruelo
it tentredine gialla delle susine
de gelbbraune Pflaumensägewespe

895 *Hoplocampa fulvicornis*
see: *H. minuta*

896 *Hoplocampa minuta*
(H. fulvicornis)
en plum sawfly
fr hoplocampe noir du prunier
el hoplocampa del ciruelo
it piccola tentredine delle susine
de schwarze Pflaumensägewespe

897 *Hoplocampa testudinea*
en apple sawfly
fr hoplocampe du pommier
el hoplocampe del manzano
it tentredine delle meline
de Apfelsägewespe

898 *Hylatoma rosae*
see: *Arge rosae*

899 Ichneumonidae
en ichneumon wasps
fr ichneumonides
el icneumónidos
it icneumonidi
de echte Schlupfwespen, Ichneumonen

900 *Iridomyrmex humilis*
en Argentine ant
fr fourmi d'Argentine
el hormiga argentina,
hormiga invasora (Arg.)
it formica argentina
de argentinische Ameise

901 *Janus compressus*
en Janus compressus
fr cèphe du poirier
el céfido del peral
it cefo compresso, cefo del pero
de Birnentriebwespe

902 *Lasius niger*
en cornfield ant
fr fourmi noire
el hormiga negra
it formica nera
de Wegameise, Gartenameise,
schwarzgraue Wegameise

903 *Lophyrus pini*
see: *Diprion pini*

904 *Lyda hypotrophica*
see: *Cephaleia abietis*

905 *Lyda nemoralis*
see: *Neurotoma nemoralis*

906 *Messor barbarus*
(Aphaenogaster barbarus)
en harvester ant
fr fourmi moissonneuse
el hormiga cosechadora
it formica radunasemi
de Knotenameise, Ernteameise

907 *Monomorium pharaonis*
en Pharaoh's ant
fr fourmi de Pharaon,
fourmi des pharaons
el hormiga de faraón
it Monomorium pharaonis
de Pharaoameise

908 *Mutilla europaea*
en velvet ant
fr mutille
el mutila
it mutilla europea
de Spinnenameise

909 *Nematus abietinus*
see: *Pristiphora abietina*

910 *Neurotoma flaviventris*
en pear web-spinning sawfly
fr lyde du poirier
el lida del peral
it lida del pero
de gesellige Birnblattwespe,
Birnengespinstwespe

911 *Neurotoma nemoralis*
(Lyda nemoralis)
en apple web-spinning sawfly
fr lyde du pêcher
el lida del melocotonero
it neurotoma dei boschi
de gesellige Pfirsichblattwespe,
Steinobstgespinstwespe,
Steinobst-Gespinstblattwespe

912 *Pogonomyrmex barbatus*
en agricultural ant,
Texas harvester ant
fr fourmi moissonneuse du Texas
el hormiga cosechadora de Texas
it formica radunasemi del Texas
de amerikanische Ernteameise

913 *Pristiphora abietina (Nematus abietinus)*
en Pristiphora abietina
fr némate de l'épicéa
el nemato de la picea
it tentredine dell'abete rosso, nemato dell'abete rosso
de kleine Fichtenblattwespe

914 *Pteronidea ribesii*
en imported currantworm
fr tenthrède jaune du groseillier
el tentredínido del grosellero
it tentredine del ribes
de gelbe Stachelbeerblattwespe

915 *Rhodites rosae*
en mossy rose gall wasp
fr cynips du rosier
el cinípido de las agallas del rosal
it gallico delle rose
de Rosengallwespe

916 *Sirex gigas*
see: *Urocerus gigas*

917 *Sirex juvencus*
en polished horntail
fr sirex commun, bouvillon
el sírice azul
it sirice azzurro
de Kiefernholzwespe

918 Siricidae
en horntails
fr sirex, siricidés
el sírices
it siricidi
de Holzwespen

919 Tenthredinidae
en sawflies
fr tenthrèdes
el moscas de sierra
it tentredinidi
de Blattwespen, Sägewespen

920 *Urocerus gigas (Sirex gigas)*
en giant horntail
fr sirex géant
el sírice gigante
it sirice gigante
de Riesenholzwespe

921 *Vespa crabro*
en hornet
fr guêpe frelon
el avispón
it calabrone
de Hornisse

922 *Vespa germanica*
en German wasp
fr guêpe germanique
el avispa alemana
it vespa germanica
de deutsche Wespe

923 *Vespa vulgaris*
en common wasp
fr guêpe commune
el avispa común
it vespa comune
de gemeine Wespe

924 Vespidae
en wasps
fr guêpes
el avispas
it vespi
de Wespen, Faltenwespen, Papierwespen

ARTHROPODS: Myriapods

925 *Blaniulus guttulatus*
en spotted millipede, spotted snake-millipede
fr blaniule moucheté, blaniule tacheté, iule des fraises
el cardador manchado
it blaniulus
de getüpfelter Tausendfuss, getupfter Schnurfüssler

926 Chilopoda
en centipedes, hundred-legged worms
fr chilopodes
el quilópodos, ciempiés
it centopiedi, chilopodi
de Hundertfüssler

927 Diplopoda
en millipedes, thousand-legged worms
fr diplopodes
el diplópodos, cardadores
it millepiedi, diplopodi
de Tausendfüssler, echte Tausendfüssler

928 *Geophilus longicornis*
en geophilus
fr géophile, géophile à longues antennes
el geófilo de antenas largas

it geofilo
de Erdläufer

929 *Lithobius* spp.
en lithobius
fr lithobies
el litobios
it litobi
de Steinläufer

930 *Lithobius forficatus*
en lithobius
fr lithobie
el litobio
it litobio
de brauner Steinkriecher

931 *Polydesmus angustus*
en flat millipede
fr polydesme aplati
el polidesmo aplastado
it polidesmide
de Polydesmus angustus

932 *Scolopendra morsitans*
en scolopendra
fr scolopendre mordante
el escolopendra
it scolopendra
de Scolopendra morsitans

933 *Scutigera* spp.
en house centipedes
fr scutigères
el escutígeras
it scutigere
de Spinnenasseln

ARTHROPODS: Arachnids

934 Acarina
en mites
fr acariens
el ácaros
it acari
de Acarinen, Milben

935 *Aleurobius farinae*
en flour mite
fr aleurobie de la farine
el aleurobio de la harina
it acaro della farina
de Mehlmilbe

936 Araneida
en spiders
fr araignées
el arañas
it ragni
de Spinnen

937 *Araneus diadematus*
(Epeira diademata)
en European garden spider, cross spider
fr épeire diadème, porte-croix
el araña de cruz
it ragno portacroce, ragno crociato
de Kreuzspinne

938 *Argiope lobata*
en orb-weaving spider, orb weaver, geometric spider
fr orbitèle, argiope
el araña argiope
it argiope
de Argiope-Spinne

939 *Argyroneta aquatica*
en water spider
fr argyronète aquatique
el araña de agua, araña acuática
it ragno acquaiuolo
de Wasserspinne

940 *Bryobia praetiosa*
see: *B. rubrioculus*

941 *Bryobia rubrioculus*
(B. praetiosa)
(B. speciosa)
en clover mite, almond mite, gooseberry red spider
fr bryobe des graminées, bryobe précieux
el arañuela parda de los frutales, arañuela roja
it briobia
de rote Stachelbeermilbe, Stachelbeerspinnmilbe

942 *Bryobia speciosa*
see: *B. rubrioculus*

943 *Cecidophyes ribis*
see: *Eriophyes ribis*

944 *Chelifer cancroides*
en book scorpion
fr chélifère cancroïde, scorpion des livres
el escorpión de los libros
it chelifer
de Bücherskorpion

945 *Dolomedes fimbriata*
en long-legged spider, garden spider

fr dolomedes
el dolomedes
it dolomede
de Gartenlachsspinne

946 *Epeira diademata*
see: *Araneus diadematus*

947 *Eriophyes* spp.
(Phytoptus spp.*)*
en blister mites, gall mites
fr phytoptes
el eriofíes
it eriofidi
de Gallmilben, Gallenmilben

en phytoptosis, phytoptose
fr galles
el fitoptosis, agallas, fitoptocecidios
it fitoptosi, fitoptocecidi
de Gallen

948 *Eriophyes avellanae*
en hazelnut gall mite
fr phytopte du noisetier
el eriofíes del avellano
it eriofide del nocciolo
de Haselnussgallmilbe,
Haselnuss-Knospengallmilbe

949 *Eriophyes piri*
en pear leaf blister mite
fr phytopte du poirier
el eriofíes del peral
it eriofide del pero
de Birnenpockenmilbe,
Birnenblattgallmilbe,
Birnenblattpockenmilbe

el sarna de las hojas del peral

950 *Eriophyes ribis*
(Cecidophyes ribis)
en black currant mite,
black currant gall mite
fr phytopte du groseillier
el ácaro del grosellero
it eriofide del ribes
de Johannisbeer-Knospengallmilbe,
Johannisbeergallmilbe

951 *Eriophyes vitis*
en grape bud mite,
grape erineum mite
fr phytopte de la vigne
el eriofíes de la vid
it acaro delle foglie della vite,
eriofide della vite
de Rebenpockenmilbe,
Blattfilzmilbe der Weinrebe,
Rebenblattgallmilbe

en erineum
fr érinose de la vigne
el erinosis de la vid, sarna de la vid
it erinosi della vite
de Pockenkrankheit

952 *Hemitarsonemus latus*
(Tarsonemus translucens)
en broad mite, yellow mite
fr acarien jaune
el ácaro amarillo, ácaro blanco
it acaro giallo
de Breitmilbe, gelbe Teemilbe

953 Lycosidae
en wolf spiders
fr lycosidés, araignées chasseresses
el licósidos, arañas vagabundas
it licosidi
de Wolfspinnen

954 *Metatetranychus ulmi*
(Paratetranychus pilosus)
(Panonychus ulmi)
en European red mite,
fruit tree red spider mite
fr araignée rouge des arbres fruitiers
el arañuela roja pelosa
it ragno rosso delle piante da frutto,
ragnetto rosso del melo,
tetranico del melo
de Obstbaumspinnmilbe

955 *Panonychus ulmi*
see: *Metatetranychus ulmi*

956 *Paratetranychus ulmi*
see: *Metatetranychus ulmi*

957 *Paratetranychus ununguis*
en spruce mite
fr araignée rouge de l'épicéa
el ácaro rojo de las coníferas
it ragnetto rosso delle conifere
de Nadelholzspinnmilbe

958 Phalangida
en harvestermen, daddy longlegs
fr faucheurs
el arañas guadañadoras
it falangidi
de Weberknechte

959 *Phalangium opilio*
en harvesterman, daddy longlegs

fr faucheur, faucheux
el falángido, opilión, araña guadañadora
it falciatore
de Weberknecht

960 *Phyllocoptes oleivorus*
see: *Phyllocoptruta oleivora*

961 *Phyllocoptes vitis*
en rust mite
fr acarien de la vigne
el arador de la vid
it acaro della vite
de Kräuselmilbe der Weinrebe

fr acariose de la vigne
el acarosis de la vid
it acariosi della vite
de Kräuselkrankheit der Rebe, Akarinose der Rebe

962 *Phyllocoptruta oleivora*
(Phyllocoptes oleivorus)
en rust mite, citrus rust mite, silver mite of lemons
fr acarien des agrumes
el ácaro del tostado de la naranja, ácaro del plateado de los limones, arador del moho, ácaro de la roya de los limones
it acaro degli agrumi
de Kräuselmilbe

en buckskin
fr acariose du citronnier
it acariosi dei limoni

963 *Phytoptus* spp.
see: *Eriophyes* spp.

964 *Phytoptus vitis*
see: *Eriophyes vitis*

965 *Rhizoglyphus echinopus*
see: *R. hyacynthi*

966 *Rhizoglyphus hyacynthi*
(R. echinopus)
en bulb mite, tulip mite
fr acarien des bulbes
el ácaro de los bulbos
it acaro dei bulbi
de gemeine Wurzelmilbe

967 Scorpionida
en scorpions
fr scorpions
el escorpiones
it scorpioni
de Skorpione

968 *Segestria sexoculata*
en Segestria sexoculata
fr ségestrie, araignée des caves
el araña de bodega, araña de las cuevas
it segestria
de Kellerspinne

969 *Seneotarsonemus pallidus*
(Tarsonemus pallidus)
(T. fragariae)
en strawberry mite, cyclamen mite
fr tarsonème du fraisier
el ácaro del fresal
it acaro delle fragole
de Erdbeermilbe, Erdbeerspinnmilbe

970 *Tarsonemus fragariae*
see: *Seneotarsonemus pallidus*

971 *Tarsonemus pallidus*
see: *Seneotarsonemus pallidus*

972 *Tarsonemus translucens*
see: *Hemitarsonemus translucens*

973 *Tegenaria domestica*
en house spider
fr araignée domestique, tégénaire
el araña doméstica
it ragno delle cantine, tegenaria
de Winkelspinne

974 Tetranychidae
en red spiders, red spider mites
fr araignées rouges, tiranyques tisserands
el arañuelas rojas
it tetranici
de rote Spinnen, Spinnmilben

975 *Tetranychus althaeae*
see: *T. urticae*

976 *Tetranychus bimaculatus*
see: *T. urticae*

977 *Tetranychus telarius*
see: *T. urticae*

978 *Tetranychus urticae*
(T. althaeae)
(T. telarius)
(T. bimaculatus)
en red spider mite, common red spider, two-spotted spider mite

fr araignée rouge,
araignée rouge des cultures maraîchers et des serres,
tétranyque tisserand,
araignée rouge du cotonnier,
araignée jaune
el ácaro rojo, arañuela roja,
arañuela de la patata,
arañita de las legumbres
it ragno rosso tessitore,
ragno rosso della vite,
ragnetto giallo dei giardini,
ragnetto giallo della vite e del tiglio
de gemeine Spinnmilbe,
Eibischspinnmilbe,
Lindenspinnmilbe,
Blattspinnmilbe,
Bohnenspinnmilbe

fr maladie rouge de la vigne
el enfermedad roja de la vid,
seca de la patata
it rossore delle viti,
grigiume delle foglie delle viti
de Akarose der Kartoffel

979 *Tyroglyphus farinae*
en flour mite, meal mite
fr tyroglyphe de la farine
el tiroglifo de la harina
it acaro della farina
de Mehlmilbe

ARTHROPODS: Crustaceans

980 *Apus cancriformis*
(Triops cancriformis)
en rice apus
fr Apus cancriformis
el tortugueta de los arrozales
it coppetta delle risaie
de Apus cancriformis

981 Armadillidae
en pill bugs, wood lice
fr armadilles
el cochinillas de humedad
it porcellini di terra
de Rollasseln

982 *Armadillidium vulgare*
en pill bug, common wood louse
fr armadille
el cochinilla de humedad
it porcellino di terra
de gemeine Kugelassel,
gemeine Rollassel

983 Isopoda
en isopods
fr isopodes
el isópodos,
cochinillas de humedad
it isopodi
de Asseln

984 *Limnoria lignorum*
(L. terebrans)
en marine borer, gribble
fr limnoria
el limnoria
it limnoria
de Bohrkrebs, Bohrassel

985 *Limnoria terebrans*
see: *L. lignorum*

986 Oniscidae
en wood lice, sow bugs
fr cloportes, oniscidés
el oníscidos
it porcellini di San Antonio
de Kellerasseln, Landasseln

987 *Oniscus asellus*
(O. murarius)
en sow bug
fr cloporte des murs
el cochinilla de humedad
it porcellino di San Antonio
de Mauerassel, gemeine Mauerassel

988 *Oniscus murarius*
see: *O. asellus*

989 *Porcellio laevis*
en greenhouse pill bug,
dooryard sow bug
fr cloporte
el cochinilla de humedad,
porcelión, bicho bolita (Arg.),
tocinito
it porcellino di terra
de Kellerassel

990 *Porcellio scaber*
en scabby sow bug
fr cloporte des caves
el cochinilla de humedad
it porcellino di terra
de Kellerassel, Körnerassel

991 *Triops cancriformis*
see: *Apus cancriformis*

992 *Carduelis cannabina*
en linnet
fr linotte, linot
el pardillo
it fanello
de Hänfling

993 *Carduelis spinus*
en siskin, aberdevine
fr chardonneret
el chamariz, verdecillo
it lucherino
de Erlenzeisig

994 *Chloris chloris*
en greenfinch, green linnet
fr verdier
el verderón
it verdone
de Grünfink

995 *Coccothraustes coccothraustes*
en hawfinch
fr dur-bec, gros-bec, casse-noyau
el cascapiñones, pico de hierro, piñonero
it frosone
de Kernbeisser, Kirschkernbeisser

996 *Columba oeneas*
en stock-dove
fr petit ramier, colombin
el paloma silvestre
it colombella
de Hohltaube

997 *Columba palumbus*
en wood pigeon, ring-dove
fr pigeon ramier, ramier, palombe
el paloma torcaz, torcaza
it colombaccio
de Ringeltaube

998 *Corvus cornix*
en grey-back crow
fr corbeau mantelé, corneille à manteau gris, corneille mantelée
el graja cenicienta, corneja encapotada
it cornacchia bigia
de Nebelkrähe

999 *Corvus coronae*
en carrion crow
fr corbeau corneille, corneille noire, corbine
el cuervo negro europeo
it cornacchia nera
de Rabenkrähe

1000 *Corvus frugilegus*
en rook
fr corbeau freux, corneille chauve, frayonne
el chova
it corvo nero
de Saatkrähe

1001 *Dendrocopus major (Dryobates major)*
en great spotted woodpecker
fr pic épeiche, épeiche
el pico mayor
it picchio rosso maggiore
de grosser Buntspecht

1002 *Dendrocopus medius (Dryobates medius)*
en middle spotted woodpecker
fr pic mar, pic moyen
el pico mediano
it picchio rosso mezzano
de mittlerer Buntspecht

1003 *Dendrocopus minor (Dryobates minor)*
en lesser spotted woodpecker
fr pic épeichette, épeichette
el pico menor
it picchio rosso minore
de kleiner Buntspecht

1004 *Dolichonyx oryzivorus*
en bobolink, rice bird, reedbird, rice bunting
fr bruant oryzivore, bruantin
el chambergo
it Dolichonyx oryzivorus
de Ammer

1005 *Dryobates major*
see: *Dendrocopus major*

1006 *Dryobates medius*
see: *Dendrocopus medius*

1007 *Dryobates minor*
see: *Dendrocopus minor*

1008 *Dryocopus martius*
en black woodpecker
fr pic noir
el pico negro

it picchio nero
de Schwarzspecht

1009 *Fringilla coelebs*
en chaffinch
fr pinson, pinson vulgaire
el pinzón
it fringnello
de Buchfink

1010 *Fringilla montifringillae*
en brambling
fr pinson des Ardennes
el pinzón real, pinzón roncal
it peppola
de Bergfink

1011 *Garrulus glandarius*
en jay, European jay
fr geai ordinaire
el arrendajo
it ghiandaia
de Eichelhäher

1012 *Iynx torquilla*
en wryneck
fr torcol
el torcecuello
it torcicollo
de Wendehals

1013 *Loxia curvirostris*
en crossbill
fr bec croisé, bec-en-croix
el pico cruzado, piquituerto
it crociere, becco in croce
de Fichtenkreuzschnabel

1014 *Lyrurus tetrix*
en black grouse (male: blackcock; female: gray hen, brown hen)
fr tétras lyre, coq de bouleau, petit coq de bruyère
el gallo de monte
it fagiano di monte
de Birkwild

1015 *Nucifraga caryocatactes*
en nutcracker, thick-billed nutcracker
fr casse-noix moucheté
el cascanueces
it nocciolaia
de Tannenhäher, Nusshäher

1016 *Passer domesticus*
en house sparrow
fr moineau franc
el gorrión
it passero domestico
de Haussperling, Spatz

1017 *Passer montanus*
en tree sparrow
fr triquet, moineau des campagnes
el gorrión serrano, gorrión de noguera
it passero mattugio
de Feldsperling

1018 *Pica pica*
en magpie, common European magpie
fr pie, pie bavarde
el urraca
it gazza
de Elstern

1019 *Picus viridis*
en woodpecker, green woodpecker
fr pivert, pic-vert
el picamaderos, pico carpintero, pico verde, pito real
it picchio verde
de Grünspecht

1020 Ploceidae
en weaverbirds, weaver finches
fr tisserins
el tejedores, pájaros tejedores
it tessitori
de Webervögel, echte Weber

1021 *Pyrrhula pyrrhula*
en bullfinch
fr bouvreuil ponceau
el camachuelo
it ciuffolotto
de Gimpel, Dompfall

1022 *Sturnus vulgaris*
en European starling
fr sansonnet, étourneau
el estornino
it storno
de Star

1023 *Tetrao urogallus*
en capercaillie, cock of the wood
fr coq de bruyère, grand tétras
el urogallo, tetrao común, gallo de bosque, gallo silvestre
it urogallo
de Auerhuhn

1024 *Tetrastes bonasia*
en hazel hen, hazel grouse
fr gelinotte
el bonasa

it francolino di monte
el Haselwild

1025 *Turdus merula*
en blackbird
fr merle
el mirlo
it merlo
de Amsel, Schwarzdrossel

1026 *Turdus pilaris*
en fieldfare
fr litorne, tourdelle
el zorzal
it cesena
de Wacholderdrossel

VERTEBRATES: Mammals

1027 *Apodemus agrarius*
en field mouse
fr rat des champs
el ratón de monte
it topo campagnuolo
de Brandmaus

1028 *Apodemus sylvaticus*
en European wood mouse, long-tailed field mouse
fr mulot, mulot des bois, souris des bois
el ratón de monte, ratón montés
it topo campagnuolo, topo selvatico
de Waldmaus, kleine Waldmaus

1029 *Arvicola amphibius* (*A. terrestris*)
en water rat, water vole
fr campagnol amphibie, rat d'eau, rat taupier, campagnol terrestre, souris de terre
el rata de agua
it arvicola d'acqua
de Wasserratte, grosse Wühlmaus, Mollmaus, Wühlratte, Schermaus

1030 *Arvicola terrestris*
see: *A. amphibius*

1031 *Capreolus capreolus*
en roe deer, roebuck
fr chevreuil
el corzo
it capriolo
de Rehwild

1032 *Cervus elephas*
en red deer
fr cerf commun
el ciervo común
it cervo
de Rotwild

1033 *Citellus* spp. (*Spermophylus* spp.)
en ground squirrels, gophers
fr spermophiles
el ardillas terreras
it citelli, spermofili
de Zieseln

1034 *Cricetus cricetus*
en hamster
fr hamster
el criceto, hámster, rata de trigo
it criceto
de Hamster, Grosshamster

1035 *Cynomys leucurus*
en prairie dog
fr chien de prairie
el perro de las praderas
it cane delle praterie
de Präriehund

1036 *Dama dama*
en fallow deer
fr daim
el gamuza
it daino
de Damwild

1037 *Didelphis marsupialis*
en opossum
fr opossum, sarigue
el zarigüeya
it sariga carnivora
de Beutelratte

1038 *Eliomys quercinus*
en dormouse, lerot
fr lérot
el lirón, rata colilla
it topo quercino, ghiro quercino
de Gartenschläfer

1039 *Epimys* spp.
see: *Rattus* spp.

1040 *Epimys norvegicus*
see: *Rattus norvegicus*

1041 *Epimys rattus*
see: *Rattus rattus*

1042 *Erethizon dorsatum*
en porcupine
fr ourson coquau, porc-épic
el puerco-espín
it ursone spinoso, porcospino
de Stachelschwein

1043 *Erinaceus europaeus*
en hedgehog
fr hérisson
el erizo
it riccio
de Igel

1044 *Evotomys glareolus*
en bank vole,
common red-backed mouse
fr campagnol glaréole
el ratón de campo
it arvicola
de Rötelmaus

1045 *Fiber zibethicus*
(Ondatra zibethica)
en muskrat
fr rat musqué, ondatra
el rata almizclera, rata almizclada, ondatra
it topo muschiato, ondatra
de Bisamratte

1046 *Geomys bursarius*
en pocket gopher, pouched rat
fr gauphre à poches
el geomis, taltuza
it goffer
de Taschenratte, Gopher

1047 *Glis glis*
en loir, European dormouse
fr loir
el lirón
it ghiro
de Siebenschläfer, Bilch

1048 *Lepus europaeus*
en brown hare, common hare
fr lièvre commun
el liebre común
it lepre comune
de gemeiner Hase

1049 *Lepus timidus*
en blue hare, mountain hare
fr lièvre des Alpes
el liebre de las nieves
it lepre bianca
de Schneehase, Gebirgshase

1050 *Marmota monax*
en woodchuck, ground hog
fr marmotte
el marmota, rata de montaña
it marmotta
de Murmeltier

1051 *Meles meles*
en badger, brock
fr blaireau
el tejón
it tasso
de Dachs

1052 *Micromys minutus*
en harvest mouse
fr rat des moissons
el ratón de las mieses
it topolino delle risaie
de Zwergmaus

1053 *Microtus* spp.
en voles, meadow mice, field mice
fr campagnols
el ratillas
it arvicole
de Wühlmäuse

1054 *Microtus agrestis*
en European field vole,
common field mouse,
highland grass mouse,
short-tailed field mouse,
meadow mouse, grass mouse,
brown vole
fr campagnol agreste
el ratilla campestre
it arvicola campagnola
de Erdmaus

1055 *Microtus arvalis*
en common vole
fr campagnol des champs
el ratón de campo, ratón campesino
it arvicola
de Feldmaus

1056 *Mus decumanus*
see: *Rattus norvegicus*

1057 *Mus musculus*
en house mouse, common mouse
fr souris domestique
el ratón casero
it topolino delle case
de Hausmaus

1058 *Mus rattus*
see: *Rattus rattus*

1059 *Mustela erminea*
en ermine weasel, stoat
fr hermine d'été
el armiño, paniquesa blanca
it ermellino
de Hermelin, grosses Wiesel

1060 *Mustela nivalis*
en weasel
fr belette
el comadreja
it donnola
de kleines Wiesel

1061 *Ondatra zibethica*
see: *Fiber zibethicus*

1062 *Oryctolagus cuniculus*
en rabbit
fr lapin
el conejo común
it coniglio selvatico
de Kaninchen, Karnickel (Öst.)

1063 *Oryzomys palustris*
en rice rat, rice field-rat, rice field-mouse
fr souris du Nouveau-Monde
el rata de arrozal
it topo delle risaie
de Wasserratte

1064 *Pitymys subterraneus*
en pine mouse
fr campagnol souterrain
el topillo, ratón-topo
it arvicola
de Pitymys

1065 *Rattus* spp.
(Epimys spp.*)*
en rats
fr rats
el ratas
it ratti
de Ratten

1066 *Rattus decumanus*
see: *Rattus norvegicus*

1067 *Rattus norvegicus*
(R. decumanus)
(Epimys norvegicus)
(Mus decumanus)
en brown rat, Norwegian rat, common house rat
fr rat gris, rat d'égout, surmulot, rat surmulot
el rata común, rata parda, rata de alcantarilla
it ratto delle chiaviche, topo di chiavica, surmolotto, topo di fogna
de Wanderratte

1068 *Rattus rattus*
(Epimys rattus)
(Mus rattus)
en black rat, ship rat
fr rat noir, rat des greniers
el rata común, rata negra
it topo comune, ratto
de Hausratte

1069 *Sciurus vulgaris*
en tree squirrel, red squirrel
fr écureuil vulgaire
el ardilla
it scoiattolo
de Eichhörnchen

1070 *Sorex araneus*
en lesser shrew
fr musaraigne
el musaraña de cola cuadrada
it toporagno comune
de Waldspitzmaus

1071 *Spermophylus* spp.
see: *Citellus* spp.

1072 *Sylvilagus* spp.
en cottontail rabbits
fr lapins de garenne
el conejos de vivar
it lepri di bosco
de Waldkaninchen

1073 *Talpa europaea*
en mole
fr taupe commune
el topo
it talpa
de Maulwurf

1074 *Taxidea taxus*
en badger
fr blaireau nordaméricain
el tejón americano, carcajú
it tasso americano
de nordamerikanischer Dachs

2 Phytoparasites of plants

1075 *Acetobacter*
en acescence, acetic fermentation of wine
fr piqûre acétique du vin, acescence, acéto-formation, aigre
el picado del vino, avinagrado, avinagramiento, acescencia, repunta, agrio
it acescenza del vino
de Essigstich der Weine, Sauerwerden der Weine

1076 *Agrobacterium rhizogenes*
see: *Pseudomonas rhizogenes*

1077 *Agrobacterium tumefaciens*
see: *Erwinia tumefaciens*

1078 *Aplanobacter insidiosum*
see: *Corynebacterium insidiosum*

1079 *Aplanobacter maculicola*
see: *Bacterium maculicola*

1080 *Aplanobacter michiganense*
see: *Corynebacterium michiganense*

1081 *Bacillus amaracrylus*
en bitterness of wine
fr maladie de l'amer du vin, maladie de l'amertume
el amargor del vino
it amarore del vino
de Bitterwerden der Weine

1082 *Bacillus aroideae*
see: *Pectobacterium aroideae*

1083 *Bacillus atrosepticus*
see: *Pectobacterium carotovorum*

1084 *Bacillus coli*
en bud rot of coconut
fr bacillose du cocotier
el colibacilosis, pudrición del cogollo del cocotero, fermentación de la lactosa
it bacillosi del cocco
de Herzfäule der Kokospalme, Knospenfäule der Kokospalme

1085 *Bacillus melanogenes*
see: *Pectobacterium carotovorum*

1086 *Bacillus oleracea*
see: *Pectobacterium carotovorum*

1087 *Bacillus phytophthorus*
see: *Pectobacterium carotovorum*

1088 *Bacillus solanisaprus*
see: *Pectobacterium carotovorum*

1089 *Bacillus sorghi*
(Bacterium sorghi)
en sorghum blight
fr brûlure du sorgho
el quema del sorgo
it brucciatura del sorgo
de Hirsebrand

1090 *Bacillus vitivorus*
see: *Erwinia vitivora*

1091 *Bacterium albilineans*
see: *Xanthomonas albilineans*

1092 *Bacterium celebense*
see: *Pseudomonas celebense*

1093 *Bacterium citriputeale*
see: *Pseudomonas syringae*

1094 *Bacterium fici*
en blight of fig
fr taches bactériennes des rameaux du figuier
el bacteriosis de la higuera, mal seco de la higuera
it batteriosi del fico, mal secco dei fichi, tigna del fico
de Bakteriose der Feigenpflanzen

1095 *Bacterium lacrymans*
see: *Pseudomonas lacrymans*

1096 *Bacterium maculicola*
(Aplanobacter maculicola)
en white spot of tobacco
fr taches blanches du tabac
el manchas blancas del tabaco
it tacche bianche sulle foglie del tabacco
de weisser Rost

1097 *Bacterium maculatum*
see: *Pseudomonas marginata*

1098 *Bacterium michiganense*
see: *Corynebacterium michiganense*

1099 *Bacterium phytophthorum*
see: *Pectobacterium carotovorum*

1100 *Bacterium rubisubalbicans*
see: *Xanthomonas rubisubalbicans*

1101 *Bacterium sorghi*
see: *Bacillus sorghi*

1102 *Bacterium stewarti*
see: *Xanthomonas stewarti*

1103 *Bacterium tartarophthorum*
en tourne disease of wine
fr maladie de la tourne du vin, pousse du vin
el enfermedad de la vuelta, torcedura del vino, tornado del vino, rebote, vino vuelto
it girato del vino
de Umschlagen der Weine

1104 *Corynebacterium betae*
en silvering disease of red beet
fr gommose bactérienne de la betterave
el bacteriogomosis de la remolacha azucarera
it bacterio-gommosi della barbabietola
de Bakteriose-Gummosis, Rübenschwarzfäule, Schleimbakteriose der Runkelrüben

1105 *Corynebacterium fascians*
en fasciation, leaf gall and fasciation, cauliflower disease of strawberry
fr fasciations des tiges
el fasciación
it fasciazione
de Verbänderung, Blattgallen

1106 *Corynebacterium flaccumfaciens*
en bacterial blight of bean, bean wilt, wilt disease of dwarf beans
fr flétrissement bactérien du haricot
el marchitamiento bacteriano de la alubia
it avvizzimento batteriaceo del fagiolo
de bakterielle Welkekrankheit der Bohnen

1107 *Corynebacterium insidiosum (Aplanobacter insidiosum)*
en lucerne blight, alfalfa blight, bacterial wilt and root rot of alfalfa
fr flétrissement et jaunissement de la luzerne
el podredumbre de la alfalfa, marchitamiento bacteriano de la alfalfa
it avvizzimento batteriaceo dell'erba medica
de bakterielle Luzernewelke

1108 *Corynebacterium michiganense (Aplanobacter michiganense) (Bacterium michiganense)*
en bacterial canker of tomato, canker, spot and speck of tomatoes
fr bactériose vasculaire de la tomate, chancre bactérien de la tomate
el marchitamiento bacteriano del tomate, gangrena bacteriana del tomate
it avvizzimento batteriaceo del pomodoro
de bakterielle Tomatenwelke, Bakterienwelke der Tomaten

1109 *Corynebacterium rathayi*
en yellow slime disease of cocksfoot, bacteriosis of cocksfoot
fr bactériose du dactyle pelotonné
el bacteriosis del jopillo de monte
it batteriosi del dattilo aggomitolato
de Schleimbakteriose des Knaulgrases, Knaulgrasbakteriose

1110 *Corynebacterium sepedonicum*
en bacterial ring spot of potato, potato ring rot
fr flétrissement bactérien de la pomme de terre
el bacteriosis anular, podredumbre en anillo de la patata
it batteriosi della patata
de Bakterienringfäule der Kartoffel

1111 *Erwinia amylovora*
en fireblight of pear, blossom-blight of pear, twig-blight of apple
fr maladie bactérienne des rosacées, nécrose de l'écorce du poirier, feu bactérien du poirier
el chamusco, chamusquina, socarrina, niebla del peral y del manzano, necrosis de las ramas del peral y del manzano, quemadura de los brotes
it annebbiamento, necrosi del melo e del pero, cancri del melo e del pero, necrosi dei rami dei fruttiferi
de Feuerbrand der Obstgehölze, Blütenbrand, Fruchtbrand

1112 *Erwinia carotovora*
see: *Pectobacterium carotovorum*

1113 *Erwinia rhizogenes*
see: *Pseudomonas rhizogenes*

1114 *Erwinia tracheiphila*
en cucumber wilt,
bacterial wilt of cucurbits
fr bactériose vasculaire des cucurbitacées
el marchitez bacteriana de las cucurbitáceas,
marchitez de la calabaza
it colpo delle cucurbitacee,
avvizzimento delle cucurbitacee
de Gefässbakteriose

1115 *Erwinia tumefaciens*
see: *Pseudomonas tumefaciens*

1116 *Erwinia vitivora*
(Bacillus vitivorus)
en bacterial blight of vines
fr gommose bacillaire de la vigne,
gélivure de la vigne,
maladie d'Oléron
el mal negro de la vid,
gomosis bacilar de la vid,
agrietadura de la vid
it mal nero, spaccatura,
mal dello spacco,
gommosi bacillare
de Bakteriose des Weinstockes,
Gummifluss des Weinstockes

1117 *Pectobacterium carotovorum*
(Erwinia carotovora)
(Bacterium phytophthorum)
(Bacillus phytophthorus)
(Bacillus oleracea)
(Bacillus solanisaprus)
(Bacillus atrosepticus)
(Bacillus melanogenes)
(Bacillus aroideae)
en soft rot, bacterial soft rot
1 soft rot of arum and calla lily
2 iris rhizome rot
3 potato black leg, basal stem rot, tuber rot, black stem rot, black rot of potato
4 cacao red stripe
fr pourriture bactérienne,
3 maladie de la jambe noire de la pomme de terre
el podredumbre blanda bacteriana de las crucíferas,
podredumbre húmeda,
gangrena húmeda
3 pie negro de la patata,
gangrena del tallo
4 enfermedad de las estrías del cacao
it marciumi molli, cancrena umida
1 batteriosi delle aroidee
2 marciume dei rizomi
3 nerume pedale delle patate,
mal del piè delle patate,
gambo nero della patata
de 1 Bakteriose der Aroideen
2 Bakteriose der Schwertlilien
3 Schwarzbeinigkeit und Knollennassfäule der Kartoffel

1118 *Pseudomonas aeruginosa*
(Ps. pyocyanea)
(Ps. polycolor)
en leaf spot of tobacco,
Philippine bacterial leaf spot of tobacco
fr chancre bactérien du tabac
el chancro bacteriano del tabaco,
negro del tabaco
it cancro batterico del tabacco,
maculatura fogliare delle Filippine
de Philippinenblattfleckenkrankheit

1119 *Pseudomonas angulata*
en angular leaf spot of tobacco,
blackfire of tobacco
fr bactériose du tabac,
taches anguleuses du tabac
el manchas angulosas del tabaco,
mancha angular de la hoja del tabaco, fuego negro del tabaco
it macchie angolari del tabacco,
maculatura angolare del tabacco
de Blattfleckenkrankheit

1120 *Pseudomonas aptata*
see: *Ps. syringae*

1121 *Pseudomonas campestris*
see: *Xanthomonas campestris*

1122 *Pseudomonas caryophilli*
en bacterial wilt of carnation
fr flétrissement bactérien de l'oeillet
el marchitamiento bacteriano del clavel
it avvizzimento batteriaceo del garofano
de bakterielle Welkekrankheit der Nelken

1123 *Pseudomonas celebense*
(Bacterium celebense)
en blood disease of banana
fr maladie du sang du bananier
el mal de la sangre de los bananos
it "blood disease" del banano
de "blood disease" der Bananen

1124 *Pseudomonas citri*
see: *Xanthomonas citri*

1125 *Pseudomonas citriputeale*
see: *Ps. syringae*

1126 *Pseudomonas lacrymans*
(Bacterium lacrymans)
en angular leaf-spot of cucumber
fr taches anguleuses des feuilles du concombre
el bacteriosis de los pepinos
it batteriosi dei cetrioli
de eckiger Blattflecken der Gurken, Bakterien-Blattfleckenkrankheit der Gurke

1127 *Pseudomonas maculicola*
en cauliflower leaf spot
fr taches des feuilles des choux
el manchas foliares bacterianas de la col y la coliflor
it maculatura del cavolfiore
de Blattfleckenkrankheit

1128 *Pseudomonas malvacearum*
see: *Xanthomonas malvacearum*

1129 *Pseudomonas marginalis*
en marginal blight of lettuce, marginal leaf-spot of lettuce, leaf spot of endive and chicory
fr bactériose de la laitue
el bacteriosis de las hojas de la lechuga
it marciume molle della lattuga e dell'endivia
de Salatbakteriose

1130 *Pseudomonas marginata*
(Bacterium maculatum)
en gladiolus scab, scab and neck rot of gladiolus
fr maladie bactérienne du glaïeul et de l'iris
el podredumbre del cuello del gladiolo
it batteriosi del gladiolo
de Lackschorf der Gladiolen

1131 *Pseudomonas medicaginis* var. *phaseolicola*
(Ps. phaseolicola)
en halo blight of beans
fr maladie de la graisse du haricot
el grasa de las judías, bacteriosis de las judías, hielo amarillo del poroto (Arg.)
it batteriosi del fagiolo, grassume del fagiolo
de Fettfleckenkrankheit der Bohne

1132 *Pseudomonas mellea*
en Wisconsin leaf spot of tobacco, rust of tobacco
fr rouille brune du tabac, maladie du Wisconsin du tabac
el enfermedad de Wisconsin del tabaco, enfermedad bacteriana de Wisconsin, roya parda del tabaco
it ruggine bruna, malattia di Wisconsin, maculatura fogliare di Wisconsin
de Wisconsin-Blattfleckenkrankheit

1133 *Pseudomonas mori*
en mulberry blight
fr maladie bactérienne du mûrier, gommose bacillaire du mûrier
el necrosis bacteriana de la morera
it batteriosi del gelso, necrosi del gelso, batteriosi fogliare
de Bakteriose des Maulbeerbaumes

1134 *Pseudomonas morsprunorum*
en canker, die-back and shot-hole of stone fruits
fr chancre bactérien du cerisier
el bacteriosis del cerezo y del ciruelo
it batteriosi del ciliegio
de Rindenbrand und Vergilbungs-bakteriose der Blätter von Steinobst

1135 *Pseudomonas phaseoli*
see: *Xanthomonas phaseoli*

1136 *Pseudomonas phaseolicola*
see: *Ps. medicaginis* var. *phaseolicola*

1137 *Pseudomonas pini*
en tuberculosis of Alepo pine, galls of Alepo pine
fr tumeurs bactériens du pin d'Alep
el tumores del pino de Alepo
it tumori del pino d'Aleppo
de Bakterienknoten der Aleppokiefer, Zweigtuberkulose

1138 *Pseudomonas pisi*
en bacterial blight of peas
fr bactériose du pois
el bacteriosis del guisante
it avvizzimento dei piselli
de Stengelbrand der Erbsen

1139 *Pseudomonas polycolor*
see: *Ps. aeruginosa*

1140 *Pseudomonas pruni*
see: *Xanthomonas pruni*

1141 *Pseudomonas pyacyonea*
see: *Ps. aeruginosa*

1142 *Pseudomonas rhizogenes*
(Erwinia rhizogenes)
(Agrobacterium rhizogenes)
en hairy root of apple, woolly root, woolly knot
fr racines chevelues, racines laineuses, noeud chevelu
el raíces en cabellera, excrecencias gemíferas de los manzanos y membrilleros, tumor en cabellera
it tumori batterici
de Haarwurzel-Krankheit der Obstgehölze

1143 *Pseudomonas rubrilineans*
en red stripe and top rot of sugar cane
fr rayure rouge de la canne à sucre
el polvillo de la caña de azúcar, podredumbre del brote-guía de la caña de azúcar, estría roja de la caña, rayas rojas de la caña
it batteriosi della canna da zucchero
de "red stripe" des Zuckerrohrs

1144 *Pseudomonas savastanoi*
en olive knot, olive tubercle
fr tumeurs bactériens de l'olivier, tuberculose de l'olivier
el tuberculosis del olivo, roña del olivo, verrugas del olivo
it rogna dell'olivo, tubercolosi dell'olivo
de Tuberkelkrankheit des Ölbaumes

1145 *Pseudomonas savastanoi* var. *nerii (Ps. tonelliana)*
en oleander bacteriosis
fr galles du laurier-rose
el bacteriosis de la alfalfa, chancro de la alfalfa
it rogna dell'oleandro, cancro dell'oleandro, batteriosi dell'oleandro, tubercolosi dell'oleandro
de Krebse an Oleander

1146 *Pseudomonas solanacearum*
en 1 brown rot of solanaceae, slime disease, Southern blight
2 moko disease of banana
fr 1 bactériose vasculaire des solanacées, flétrissement bactérien, pourriture brune de la pomme de terre
el 1 podredumbre parda de la patata, marchitamiento bacteriano de las solanáceas, podredumbre negra de la patata
2 marchitez bacteriológica del banano, enfermedad "moko" del banano
it 1 marciume nero delle solanacee, marciume bruno della patata, marciume anulare, avvizzimento batterico
de 1 Schleimkrankheit der Kartoffel, bakterielle Braunfäule der Kartoffel

1147 *Pseudomonas stewarti*
see: *Xanthomonas stewarti*

1148 *Pseudomonas syringae*
(Ps. xanthochlora)
(Ps. aptata)
(Ps. citriputeale)
(Bacterium citriputeale)
en 1 lilac blight
2 bacterial rot of lettuce
3 citrus blast and black pit of lemon
4 leaf blotch of dwarf beans
5 bacterial rot of avocado pear
6 bacterial canker of stone fruits
fr 1 maladie bactérienne du lilas
3 blast des citrus
5 taches noires de l'avocatier
el 1 bacteriosis de las lilas
3 marchitez bacteriana de los agrios, bacteriosis de las ramas y frutos de los agrios, podredumbre bacteriana de los agrios
4 bacteriosis del tabaco
it 1 tumori dei lillà
3 tumori dei frutti del limone, "colpo di grandine", batteriosi dei rami e frutti degli agrumi
de 1 Fliederseuche

1149 *Pseudomonas tabaci*
en tobacco wildfire
fr bactériose du tabac, maladie du feu sauvage
el quemazón del tabaco, fuego salvaje del tabaco
it fuoco selvatico del tabacco, brucciatura del tabacco
de Wildfeuer von Tabak

1150 *Pseudomonas tolaasi*
en brown blotch of mushrooms
fr bactériose des champignons
el bacteriosis de las setas
it batteriosi dei funghi
de Tropfenkrankheit,
Braunfleckigkeit der Champignon

1151 *Pseudomonas tonelliana*
see: *Ps. savastanoi* var. *nerii*

1152 *Pseudomonas tumefaciens*
(Agrobacterium tumefaciens)
(Erwinia tumefaciens)
en 1 bacterial gall, crown gall,
crown rot, root knot,
root tumor, cane gall,
plant cancer
2 black knot of grape
fr 1 cancer végétal, galles du collet
2 broussins de la vigne,
maladie des tubercules
el 1 agalla del cuello de las plantas,
cáncer vegetal,
tumor bacteriano,
agalla de corona,
tumores del cuello
2 tuberculosis de la vid,
roña de la vid
it 1 tumori batterici
2 tubercolosi della vite,
rogna della vite
de 1 Krongallen,
Wurzelkropf der Obstbäume
2 Mauke der Rebe, Grind der Rebe

1153 *Pseudomonas vasculorum*
see: *Xanthomonas vasculorum*

1154 *Pseudomonas xanthochlora*
see: *Ps. syringae*

1155 *Streptococcus mucilaginus*
en graisse, graisse disease of wines
fr graisse du vin
el grasa del vino,
enfermedad de la grasa,
ahilado del vino,
ahilamiento del vino
it filante, grassume del vino
el Zähwerden der Weine,
Lindwerden der Weine,
Öligwerden der Weine

1156 *Xanthomonas albilineans*
(Bacterium albilineans)
en leaf scald, wilt of sugar cane,
Java gumming disease of sugar
cane
fr brûlure de la deuille de la canne
à sucre
el gomosis de la caña de azúcar,
escaldadura de las hojas de la
caña de azúcar
it batteriosi della canna da zucchero
de Zuckerrohrsbakteriose

1157 *Xanthomonas campestris*
(Pseudomonas campestris)
en black rot of crucifers
fr nerviation noire du choux,
pourriture noire des crucifères
el podredumbre negra de las
crucíferas,
ennegrecimiento de la col,
nervadura negra de la col
it batteriosi delle crocifere,
marciume nero delle crocifere
de Adernschwarze des Kohls,
Schwarzaderigkeit,
Schwarztrockenfäule

1158 *Xanthomonas citri*
(Pseudomonas citri)
en citrus canker,
bacterial canker of citrus
fr chancre des agrumes,
chancre bactérien des citrus
el cáncer cítrico,
cáncer de los agrios
it cancro degli agrumi
de Bakterienkrebs der Zitrus

1159 *Xanthomonas hyacynthi*
en hyacinth yellows,
yellow rot of Dutch hyacinth,
yellow disease of hyacinths
fr bactériose de la jacinthe,
maladie jaune de la jacinthe
el mal amarillo de los jacintos,
enfermedad amarilla de los jacintos
it morbo giallo dei giacinti,
marciume giallo dei giacinti
de Hyazinthen-Gelbfäule,
gelber Hyazinthenrotz

1160 *Xanthomonas juglandis*
en walnut blight
fr maladie bactérienne du noyer
el bacteriosis del nogal,
mal seco del nogal,
tizón bacteriano del nogal
it mal secco del noce
de Bakterienbrand der Walnuss,
bakterielle Walnussbrand

1161 *Xanthomonas malvacearum*
en angular leaf spot of cotton,
blackarm,
boll rot and bacterial blight of cotton
fr bactériose du cotonnier,
taches anguleuses des feuilles du cotonnier,
taches noires des rameaux,
pourriture des capsules
el mancha angular de la hoja del algodonero,
podredumbre bacteriana de las cápsulas del algodonero
it batteriosi del cotone
de Baumwollbakteriose

1162 *Xanthomonas phaseoli*
(Pseudomonas phaseoli)
en bean blight,
bacterial blight of beans
fr bactériose du haricot
el quema bacteriana de las judías
it batteriosi del fagiolo,
nebbia batterica del fagiolo
de Bohnenbakteriose

1163 *Xanthomonas pruni*
(Pseudomonas pruni)
en bacterial spot of plum and peach,
bacterial spot of stone fruits,
black spot
fr bactériose du prunier
el bacteriosis del ciruelo y del melocotonero
it batteriosi del susino
de Steinobstbakteriose

1164 *Xanthomonas rubisubalbicans*
(Bacterium rubisubalbicans)
en mottled stripe of sugar cane
fr maladie des rayures marbrées de la canne à sucre
el franjas abrigarradas de la caña de azúcar
it striscia variegata della canna da zucchero
de "mottled stripe" des Zuckerrohrs

1165 *Xanthomonas stewarti*
(Bacterium stewarti)
(Pseudomonas stewarti)
en bacterial blight of maize,
Stewart's sweetcorn disease,
Stewart's wilt disease of sweet corn
fr maladie bactérienne du maïs,
flétrissure bactérienne du maïs
el bacteriosis del maíz,
marchitez americana del maíz,
podredumbre bacteriana del maíz
it batteriosi del mais
de Maisbakteriose

1166 *Xanthomonas translucens*
en bacterial blight of barley,
bacterial stripe of barley, wheat and rye, black chaff of wheat
fr maladie bactérienne de l'orge
el bacteriosis de la espiga
it batteriosi dell'orzo
de Bakterienbrand der Gerste

1167 *Xanthomonas vasculorum*
(Pseudomonas vasculorum)
en gumming disease of sugar cane,
Cobb's disease of sugar cane
fr gommose bactérienne de la canne à sucre
el gomosis de la caña de azúcar
it gommosi della canna da zucchero
de Spitzenfäule

ACTINOMYCETES

1168 *Actinomyces scabies*
see: *Streptomyces scabies*

1169 *Streptomyces scabies**
(Actinomyces scabies)
en common scab of potato,
corky scab of potato,
actinomycosis of potato
Types: superficial scab,
ordinary scab, pitted scab,
stud scab, tumulus scab,
pimple scab
fr galle commune de la pomme de terre,
galle ordinaire de la pomme de terre
Forme des lésions:
galle superficielle, lésions planes,
lésions creuses, lésions en bosse,
lésions en saillie
el sarna ordinaria de la patata,
roña ordinaria de la patata,
sarna común de la patata,
sarna suberosa de la patata,
actinomicosis, viruela

* the different types of scab listed for each language do not correspond to each other in the order shown

Formas: sarna superficial, sarna lisa, sarna pustulosa
it scabbia comune delle patate, rogna dei tuberi
Forme: superficiale, piatta, rilevata, sporgente, ricavata, profonda
de Kartoffelschorf, gewöhnliche Kartoffelschorf, Schorf der Kartoffel, Räude, Grind, Krätze
Typen: Flachschorf, Buckelschorf, Tiefschorf, Buckeltiefschorf

VIRUSES

1170 *Abutilon virus 1*
see: *Marmor abutilon*

1171 *Acrogenus ribis (Ribes virus 1)*
en currant reversion, black currant reversion disease
fr reversion du cassis, feuilles étroites du cassis
el reversión virótica del grosellero
it atavismo viroso del ribes
de viröser Atavismus der schwarzen Johannisbeere, Brennesselblatt der Johannisbeere

1172 *Acrogenus rosettae (Pyrus virus 6)*
en apple rosette
fr rosette du pommier
el roseta del manzano
it rosetta del melo
de Rosettenkrankheit

1173 *Acrogenus solani* var. *vulgaris (Solanum virus 12)*
en spindle tuber, potato spindle tuber
fr tubercle en fuseau, filosité des tubercles
el tubérculos fusiformes
it tubero fusiforme, filosità della patata
de Spindelknollenkrankheit

1174 *Aegrescit medendo*
en plum white spot
fr taches blanches du prunier
el mancha blanca del ciruelo
it maculatura bianca del susino
de Weissfleckigkeit der Pflaume

1175 *Allium virus 1*
see: *Marmor cepae*

1176 *Ananas virus 1*
see: *Lethum australiense*

1177 *Anemone virus 1*
see: *Galla anemones*

1178 *Annulus bergerac (Nicotiana virus 14)*
en bergerac ringspot of tobacco
fr taches annulaires du tabac
el manchas en anillo del tabaco
it macchie anulari del tabaco
de Bergerac-Ringfleckigkeit des Tabaks

1179 *Annulus cerasae*
see: *Prunivir circummaculatum*

1180 *Annulus tabaci (Nicotiana virus 12)*
en tobacco ringspot
fr taches annulaires du tabac, taches en anneau du tabac
el manchas en anillo del tabaco, mosaico anular del tabaco
it macchie anulari del tabacco
de Bucketkrankheit, Tabakringflecken, Tabak-Ringfleckenmosaik

1181 *Aphidophilus phaseoli (Phaseolus virus 2)*
en yellow mosaic of bean, bean dwarf mosaic
fr mosaïque jaune du haricot
el mosaico amarillo de la judía
it mosaico giallo del fagiolo
de Gelbmosaik der Buschbohne, Sprenkelmosaik

1182 *Apium virus 1*
see: *Marmor umbelliferarum*

1183 *Arachis virus 1*
see: *Marmor arachidis*

1184 *Arcaena caelestia*
en 1 peach calico
2 almond calico
fr 1 calicot du pêcher
2 calicot de l'amandier
el 1 calico del melocotonero
2 calico del almendro
it 1 calico del pesco
2 calico del mandorlo
de 1 Pfirsich-Kaliko
2 Kaliko des Mandelbaumes

1185 *Avena virus 1*
see: *Fractilinea avenae*

1186 *Beta virus 1*
see: *Chlorogenus eutetticola*

1187 *Beta virus 2*
see: *Marmor betae*

1188 *Beta virus 3*
see: *Savoia betae*

1189 *Beta virus 4*
see: *Corium betae*

1190 *Brassica virus 1*
en wallflower mosaic, cabbage ringspot, cabbage black ringspot
fr maladie des taches annulaires du chou, taches noires du chou
el manchas negras en anillo de la col, mosaico de la naba, anillo negro de la col
it anello nero del cavolo
de Schwarzringfleckigkeit des Kohls, Kohlringflecken

1191 *Brassica virus 2*
see: *Marmor brassicae*

1192 *Brassica virus 3*
see: *Marmor cruciferarum*

1193 *Chlorogenus australiensis*
(Galla australiensis)
(Lycopersicum virus 5)
en tomato big bud, tomato rosette, tomato blue top, stolbur
fr stolbur, gros bourgeon de la tomate
el stolbur
it stolbur
de Stolburkrankheit, Stolbur-Krankheit der Tomate, Fruchtverholzung

1194 *Chlorogenus callistephi* var. *vulgaris*
en aster yellows
fr jaunissement des asters
el amarilleo de los áster
it giallume dell'astro
de infektiöse Vergilbung der Aster, Gelbsucht der Sommerastern

1195 *Chlorogenus cerasae*
en sour cherry yellows, cherry yellow leaf, virus leaf drop
fr jaunisse du cerisier aigre
el amarilleo del guindo
it giallume dell'amarena
de virðse Vergilbung der Sauerkirsche

1196 *Chlorogenus eutetticola*
(Beta virus 1)
en sugar-beet curly top, beet curly-top
fr frisolée de la betterave
el encrespadura de la remolacha
it punta riccia della bietola, arricciamento delle punte
de Kräuselschopf der Beta-Rüben

1197 *Chlorogenus humuli*
(Humulus virus 2)
en hop nettlehead, infectious sterility of the hop, silly-hill disease
fr tête d'ortie du houblon, feuille d'ortie du houblon
el hojas de ortiga del lúpulo
it foglie ad ortica del luppolo
de Nesselkrankheit des Hopfens

1198 *Chlorogenus medicaginis*
(Medicago virus 4)
en alfalfa witches' broom, lucerne witches' broom, alfalfa spindle shoot
fr balai de sorcière de la luzerne
el escoba de bruja de la alfalfa
it scopazzi dell'erba medica
de Hexenbesenkrankheit der Luzerne

1199 *Chlorogenus persicae*
(Prunus virus 1)
en peach yellows
fr jaunissement du pêcher
el amarilleo del melocotonero
it giallume del pesco
de Vergilbungskrankheit des Pfirsichs

1200 *Chlorogenus persicae* var. *micropersicae*
(Prunus virus 1A)
en little peach
fr petite pêche
el melocotón enano, durazno pequeño (Arg.)
it virosi della pesca piccola, pesca nana
de Kleinfruchtigkeit des Pfirsichs

1201 *Chlorogenus persicae* var. *vulgaris*
(Prunus virus 4)
en red suture disease of peach

fr "red suture" du pêcher
el sutura roja del melocotón
it sutura rossa del pesco
de Rotfleckigkeit des Pfirsichs

1202 *Chlorogenus robiniae*
(Robinia virus 1)
en locust witches' broom,
locust brooming disease
fr balai de sorcière du faux acacia
el escoba de bruja de la falsa acacia
it scopazzi della robinia
de Hexenbesenkrankheit der Robinie

1203 *Chlorogenus santali*
en sandal spike rosette,
sandal spike disease,
sandal pendulous spike
fr spike du santal
el enfermedad apical del sándalo
it mal della spiga del sandalo
de Spitzenkrankheit des
Sandelholzes

1204 *Chlorogenus solani*
(Solanum virus 15)
en potato witches' broom
fr balai de sorcière de la pomme de
terre
el escoba de bruja de la patata
it scopazzi della patata
de Hexenbesenkrankheit der Kartoffel

1205 *Citrivir psorosis*
en citrus psorosis, scaly bark
fr psorosis des agrumes,
écorce écailleuse
el psoríasis del naranjo,
corteza escamosa del naranjo
it psoriasi dell'arancio
de Psorosis-Krankheit,
viröse Rindenschuppigkeit

1206 *Corium betae*
(Beta virus 4)
en beet yellows
fr jaunisse de la betterave
el amarilleo de la remolacha
it giallume della barbabietola
de Vergilbungskrankheit der
Beta-Rüben

1207 *Corium ruborum*
(Minuor ruborum)
en raspberry decline
fr dégénérescence du framboisier
el degeneración del frambueso
it degenerazione del ribes
de Himbeerabbau

1208 *Corium solani*
(Solanum virus 14)
en potato leaf-roll, potato leaf curl,
potato phloem necrosis
fr enroulement des feuilles de la
pomme de terre
el enrollado de las hojas de la
patata,
arrollamiento de las hojas de la
patata, necrosis del floema
it arricciamento fogliare della patata,
necrosi del floema, leptonecrosi
de Blattrollkrankheit der Kartoffel

1209 *Cucumis virus 1*
see: *Marmor cucumeris* var.
vulgare

1210 *Dahlia virus 1*
see: *Marmor dahliae*

1211 *Dahlia virus 2*
en dahlia ringspot
fr maladie des taches annulaires du
dahlia
el mancha anular de la dalia
it macchie anulari delle dalie
de Ringfleckigkeit der Dahlie

1212 *Festina lente*
en cherry rugose mosaic
fr mosaïque rugueuse du cerisier
el mosaico rugoso del cerezo
it mosaico rugoso del ciliegio
de Runzelblattrigkeit

1213 *Ficivir caricae*
(Ficus virus 1)
en fig mosaic
fr mosaïque du figuier
el mosaico de la higuera
it mosaico del fico
de Mosaik der Feige

1214 *Ficus virus 1*
see: *Ficivir caricae*

1215 *Fractilinea avenae*
(Avena virus 1)
en pupation disease, mosaic of oats,
oats pseudorosette
fr pseudo-rosette de l'avoine
el seudoroseta de la avena
it pseudo-rosetta dell'avena
de Pseudorosettenkrankheit des
Hafers

1216 *Fractilinea maidis*
(Marmor maidis var. *typicum)*
(Zea virus 2)
en maize streak
fr striure du maïs
el enfermedad de las rayas del maíz, mal de la estría del maíz
it malattia della striscia del mais
de Strichelkrankheit des Maises

1217 *Fractilinea maidis* var. *mitis*
(Marmor maidis var. *mite)*
(Zea virus 3)
en maize mottle, maize mottling disease
fr marbrure du maïs
el matizado del maíz
it mosaicatura del mais
de Fleckenkrankheit des Maises

1218 *Fractilinea maidis* var. *sacchari*
(Marmor maidis var. *sacchari)*
en sugar-cane streak disease
fr striure de la canne à sucre
el enfermedad de las rayas de la caña de azúcar, mal de la estría de la caña de azúcar
it mal della striscia della canna da zucchero
de Strichelkrankheit des Zuckerrohrs

1219 *Fractilinea oryzae*
(Marmor oryzae)
(Oryza virus 1)
en rice dwarf-disease, rice mosaic, rice stunt
fr nanisme du riz
el nanismo del arroz
it nanismo del riso
de Zwergkrankheit des Reises

1220 *Fractilinea quarta*
(Marmor quartum)
(Saccharum virus 4)
en sugar-cane chlorotic streak, pseudo-scald
fr striure chlorotique de la canne à sucre
el rayas cloróticas de la caña de azúcar
it striscie clorotiche della canna da zucchero
de chlorotische Streifenkrankheit des Zuckerrohrs

1221 *Fractilinea tritici*
(Triticum virus 8)
en winter wheat mosaic, Russian wheat mosaic
fr mosaïque du blé d'hiver russe
el mosaico del trigo de invierno
it mosaico del frumento
de russisches Winterweizenmosaik, Rosettenkrankheit des Weizens, Rosettenmosaik

1222 *Fragaria virus 1*
see: *Marmor marginans*

1223 *Fragaria virus 2*
see: *Marmor fragariae*

1224 *Fragaria virus 4*
see: *Nanus fragariae*

1225 *Galla anemones*
(Anemone virus 1)
en anemone alloiophylly
fr alloiophyllie de l'anémone
el aloiofilia de la anémona
it alloiofillia dell'anemone
de Alloiophyllie der Anemone

1226 *Galla australiensis*
see: *Chlorogenus australiensis*

1227 *Galla fijiensis*
(Saccharum virus 2)
en Fiji disease of sugar cane
fr maladie de Fiji de la canne à sucre
el enfermedad de Fiji de la caña de azúcar
it malattia delle Figi della canna da zucchero
de Fidschi-Krankheit des Zuckerrohrs

1228 *Galla queenslandiensis*
(Saccharum virus 5)
en sugar-cane dwarf disease
fr nanisme de la canne à sucre
el nanismo de la caña de azúcar
it nanismo della canna da zucchero
de viröse Verzwergung des Zuckerrohrs

1229 *Galla verrucae*
see: *Prunivir verruca*

1230 *Gossypium virus 1*
see: *Ruga gossypi*

1231 *Humulus virus 1*
en hop mosaic, hop false nettlehead
fr mosaïque du houblon

el mosaico del lúpulo
it mosaico del luppolo
de Hopfenmosaik

1232 *Humulus virus 2*
see: *Chlorogenus humuli*

1233 *Humulus virus 3*
en hop chlorotic disease
fr maladie chlorotique du houblon
el enfermedad clorótica del lúpulo
it malattia clorotica del luppolo
de chlorotische Krankheit des Hopfens

1234 *Inops consilii*
en peach yellow bud mosaic
fr bourgeons jaunes
el mosaico amarillo de las yemas del melocotonero
it picchiettatura piumosa gialla delle foglie
de Gelbknospenmosaik des Pfirsichs

1235 *Iris virus 1*
see: *Marmor iridis*

1236 *Lactuca virus 1*
see: *Marmor lactucae*

1237 *Lethum australiense*
(Lycopersicum virus 3)
(Ananas virus 1)
en 1 tomato spotted wilt, Kat River disease
2 pineapple yellow spot, pineapple side rot
fr 1 maladie des taches de bronze de la tomate, taches bronzées de la tomate
2 tache jaune des feuilles de l'ananas
el 1 enfermedad bronceada del tomate, peste negra del tomate
2 manchas amarillas de las hojas de la piña
it 1 avvizzimento maculare del pomodoro
2 macchie gialle dell'ananas
de 1 Bronzenfleckenkrankheit
2 Seitenfäule der Ananas

1238 *Lilium virus 1*
en lily yellow-flat, lily rosette
fr rosette du lis
el roseta del lirio
it rosetta del giglio
de Rosettenmosaik der Lilie, Rosettenkrankheit der Lilie

1239 *Lycopersicum virus 3*
see: *Lethum australiense*

1240 *Lycopersicum virus 4*
see: *Marmor dodecahedron*

1241 *Lycopersicum virus 5*
see: *Chlorogenus australiensis*

1242 *Lycopersicum virus 6*
en tomato bunchy top
fr bunchy top de la tomate
el cogollo racimoso del tomate
it punta a pennacchio del pomodoro
de Bunchy-top, Bunchytop-Virose

1243 *Manihot virus 1*
see: *Ruga bemisiae*

1244 *Marmor abaca*
(Musa virus 2)
en abaca bunchy-top
fr bunchy top de l'abaca, sommet touffu de l'abaca
el cogollo enmarañado del abacá, cogollo racimoso del abacá
it punta a pennacchio delle musacee
de Büschelgipfelkrankheit des Manilahanfes, Büscheltriebkrankheit

1245 *Marmor abutilon*
(Abutilon virus 1)
en abutilon mosaic, abutilon infectious chlorosis
fr panachure infectieuse de l'abutilon
el mosaico del abutilón, variegado infeccioso del abutilón
it mosaico dell'abutilon
de infektiöse Buntblättrigkeit

1246 *Marmor angliae*
(Solanum virus 7)
en potato paracrinkle
fr paracrinkle de la pomme de terre
el "paracrinkle" de la patata
it "paracrinkle" della patata
de Paracrinkle-Mosaic der Kartoffel

1247 *Marmor arachidis*
(Arachis virus 1)
en peanut rosette, groundnut rosette
fr rosette de l'arachide
el roseta del maní
it rosetta dell'arachide
de Kräuselkrankheit der Erdnuss

1248 *Marmor astri*
en peach asteroid spot

fr taches étoilées du pêcher,
taches astéroïdes du pêcher
el mancha asteroide del melocotón
it macchie asteroidi del pesco
de Sternfleckenkrankheit des Pfirsichs

1249 *Marmor aucuba*
(Solanum virus 8)
(Solanum virus 9)
en potato aucuba mosaic,
pseudo-netnecrosis,
non-infectious chlorosis
fr mosaïque aucuba de la pomme de terre
el mosaico aucuba de la patata,
mosaico abigarrado de la patata,
seudonecrosis reticular,
clorosis no infecciosa
it mosaico tipo aucuba della patata,
necrosi pseudoreticolata
de Aukubamosaik der Kartoffel,
Aukubagelbflecken der Kartoffel

1250 *Marmor betae*
(Beta virus 2)
en sugar beet mosaic,
beet jaunisse, beet yellows
fr mosaïque de la betterave
el mosaico de la remolacha
it mosaico della barbabietola
de Mosaikkrankheit der Beta-Rüben,
Zuckerrübenmosaik

1251 *Marmor brassicae*
(Brassica virus 2)
en turnip mosaic, mustard mosaic,
horse-radish mosaic
fr mosaïque du navet
el mosaico del nabo
it mosaico della rapa
de Wasserrübenmosaik,
Mosaik der Wasserrübe und Kohlrübe

1252 *Marmor cepae*
(Allium virus 1)
en onion yellow dwarf
fr bigarrure jaune de l'oignon
el raquitismo amarillo de la cebolla,
mosaico de la cebolla
it mosaico della cipolla
de Gelbstreifigkeit der Zwiebel,
Zwiebelrotz

1253 *Marmor cerasae*
(Prunus virus 7)
en cherry mottle leaf
fr mottle leaf du cerisier
el veteado de las hojas del cerezo
it picchiettatura clorotica del ciliegio
de Blattschekung der Süsskirche

1254 *Marmor cruciferarum*
en cauliflower mosaic
fr mosaïque du chou-fleur
el mosaico de la coliflor
it mosaico del cavolfiore
de Blumenkohlmosaik

1255 *Marmor cucumeris* var. *upsilon*
(Solanum virus 2)
en 1 leaf drop streak,
potato severe mosaic,
vein-banding, acropetal necrosis
2 tobacco brown-rib disease,
tobacco brown-vein disease
fr 1 nécrose acropétale de la pomme de terre,
bigarrure de la pomme de terre
2 maladie des côtes brunes du tabac, nécrose des nervures du tabac
el 1 necrosis en estrías,
estrías y caída de las hojas,
necrosis acrópeta
2 pardeado de las nerviaciones del tabaco
it 1 necrosi della cima, acronecrosi
de 1 Y-Mosaik der Kartoffel,
Strichelkrankheit der Kartoffel
2 Rippenbräune

1256 *Marmor cucumeris* var. *vulgare*
(Cucumis virus 1)
en 1 cucumber mosaic,
cucumber white pickle mosaic,
cucumber wart-disease
2 spinach blight
3 tobacco puff
4 fern leaf of tomato
fr 1 mosaïque des cucurbitacées,
mosaïque du concombre
4 feuilles étroites de la tomate,
feuille de fougère
el 1 mosaico de las cucurbitáceas,
mosaico común del pepino,
mosaico amarillo del pepino,
moteado amarillo del pepino
2 marchitez de la espinaca
3 hinchazón del tabaco
4 hoja de helecho del tomate
it 1 mosaico delle cucurbitacee
2 nebbia dello spinacio
4 foglie felciformi del pomodoro
de 1 Gurkelmosaik
2 Gelbfleckigkeit des Spinats
3 tobacco puff
4 einfache Farnblättrigkeit der Tomate

1257 *Marmor dahliae*
(Dahlia virus 1)
en dahlia mosaic, dahlia stunt, dahlia leaf-curl and rosette
fr mosaïque du dahlia
el mosaico de la dalia
it mosaico delle dalie
de Dahlienmosaik, Mosaikkrankheit der Dahlie

1258 *Marmor dodecahedron*
(Lycopersicum virus 4)
en tomato bushy stunt
fr rabougrissement bouissonneux de la tomate
el achaparrado del tomate
it nanismo del pomodoro
de viröse Stauche der Tomate

1259 *Marmor dubium* var. *annulus*
(Solanum virus 1)
en potato mottle, potato mild mosaic, potato latent mosaic, potato interveinal mosaic
fr mosaïque de la pomme de terre, mosaïque légère de la pomme de terre
el mosaico común de la patata, mosaico simple, mosaico benigno
it mosaico comune della patata, mosaico leggero della patata
de X-Mosaik der Kartoffel, leichtes Mosaik der Kartoffel

1260 *Marmor efficiens*
(Trifolium virus 1)
en pea mottle, white clover mosaic
fr marbrure du pois
el mosaico del trébol blanco
it mosaico del trifoglio bianco
de Weisskleemosaik

1261 *Marmor erodens*
en tobacco etch
fr gravure du tabac
el grabado del tabaco
it "etching" del tabacco
de Ätzmosaik des Tabaks, Tabakätzstrichel

1262 *Marmor flaccumfaciens*
(Rosa virus 3)
en rose wilt, rose dieback
fr flétrissure du rosier
el marchitamiento del rosal
it avvizzimento della rosa
de Rosenwelke

1263 *Marmor fragariae*
(Fragaria virus 2)
en strawberry crinkle
fr frisée du fraisier
el rizadura del fresal
it arricciamento delle fragole
de Kräuselkrankheit der Erdbeere

1264 *Marmor graminis*
en brome-grass mosaic
fr mosaïque du brome
el mosaico amarillo del bromo
it mosaico del bromo ungherese
de Gelbmosaik der Trespe

1265 *Marmor iridis*
en iris mosaic, iris stripe
fr mosaïque de l'iris
el mosaico de la flor de lis
it mosaico del giglio
de Iris-Mosaik

1266 *Marmor lacerans*
en peach X disease, peach yellow-red virosis
fr maladie X du pêcher
el enfermedad X del melocotonero
it malattia X del pesco
de X-Krankheit des Pfirsichs

1267 *Marmor lactucae*
(Lactuca virus 1)
en lettuce mosaic
fr mosaïque de la laitue
el mosaico de la lechuga
it mosaico della lattuga
de Salatmosaik

1268 *Marmor leguminosarum*
(Pisum virus 2)
en pea mosaic
fr mosaïque du pois
el mosaico del guisante
it mosaico del pisello
de Mosaikkrankheit der Ackerbohne, Erbsenmosaik

1269 *Marmor lethale*
(Nicotiana virus 11)
en tobacco necrosis
fr nécrose du tabac
el necrosis del tabaco
it necrosi del tabacco
de Nekrosis-Krankheit des Tabaks

1270 *Marmor lineopictum*
(M. pallidolimbatus)
en 1 cherry banded chlorosis
2 peach line pattern
3 plum line pattern

fr 1 marbrure zonale du cerisier
2 chlorose linéaire,
mosaïque du pêcher,
marbrure zonale du pêcher
3 chlorose linéaire,
mosaïque du prunier,
marbrure zonale du prunier
el 1 clorosis zonal del cerezo
2 clorosis lineal del melocotonero
3 clorosis lineal del ciruelo
it 1 maculatura lineare del ciliegio
2 maculatura lineare del pesco
3 maculatura lineare del susino
de 1 Bandmosaik
2 Ring- und Bandmosaik,
Bandchlorose
3 Ring- und Bandmosaik,
Bandchlorose, Pflaumenmosaik

1271 *Marmor maidis* var. *mite*
see: *Fractilinea maidis* var. *mitis*

1272 *Marmor maidis* var. *sacchari*
see: *Fractilinea maidis* var. *sacchari*

1273 *Marmor maidis* var. *typicum*
see: *Fractilinea maidis*

1274 *Marmor mali*
(Pyrus virus 2)
en apple mosaic,
infectious variegation of apple
fr mosaïque du pommier
el mosaico del manzano
it mosaico del melo
de Apfelmosaik

1275 *Marmor marginans*
(Fragaria virus 1)
en strawberry yellow edge,
strawberry yellows,
strawberry xanthosis
fr chlorose marginale du fraisier,
jaunisse des bords des feuilles,
maladie du bord jaune
el amarilleo marginal de las hojas del fresal
it ingiallimento marginale delle foglie della fragola
de Blattrandvergilbung der Erdbeere,
Erdbeergelbrand

1276 *Marmor matthiolae*
en stock mosaic, stock breaking
fr mosaïque de la giroflée
el mosaico del alhelí
it mosaico della violaciocca
de Levkojenmosaik

1277 *Marmor medicaginis*
(Medicago virus 2)
en alfalfa mosaic, lucerne mosaic
fr mosaïque de la luzerne
el mosaico de la alfalfa
it mosaico dell'erba medica
de Luzernemosaik

1278 *Marmor medicaginis* var. *solani*
(Solanum virus 10)
en potato calico
fr calicot de la pomme de terre
el calico de la patata
it calico della patata
de Kaliko-Krankheit der Kartoffel

1279 *Marmor oryzae*
see: *Fractilinea oryzae*

1280 *Marmor pallidolimbatus*
see: *M. lineopictum*

1281 *Marmor passiflorae*
(Passiflora virus 1)
en passion-fruit woodiness,
passion-fruit bullet disease
fr durcissement des fruits de passiflore,
lignification de la barbadine
el lignificación de la granadilla
it lignificazione della passiflora
de Verholzung der Passionsfrucht,
Verholzungskrankheit der Passionsfrucht

1282 *Marmor pelargonii*
(Pelargonium virus 1)
en pelargonium leaf curl,
geranium crinkle
fr chlorose et nécrose foliare des géraniacées
el rizadura del geranio
it arricciamento dei gerani
de Gelbfleckenkrankheit der Pelargonie,
Kräuselkrankheit der Pelargonie

1283 *Marmor persicae*
(Prunus virus 5)
en peach mosaic
fr mosaïque du pêcher
el mosaico del melocotonero
it mosaico del pesco
de Pfirsichmosaik

1284 *Marmor phaseoli*
(Phaseolus virus 1)
en bean mosaic
fr mosaïque commune du haricot

el mosaico común de las judías
it mosaico del fagiolo
de Mosaikkrankheit der Trockenspeisebohne, Bohnenmosaik

1285 *Marmor pintofolium*
en cherry pinto leaf
fr "pinto leaf" du cerisier
el punteado amarillo foliar del cerezo
it puntulatura decolorata delle foglie
de Gelbfleckigkeit der Süsskirche

1286 *Marmor pisi*
(Pisum virus 1)
en pea enation mosaic
fr mosaïque énation du pois
el mosaico con enaciones del guisante
it mosaico del pisello
de Enationenmosaik der Erbse

1287 *Marmor pyri*
en pear stony pit
fr gravelle du poirier, poire pierreuse
el hoyitos pétreos del peral
it pietrosità virosica del pero
de Steinfrüchtigkeit der Birne

1288 *Marmor quartum*
see: *Fractilinea quarta*

1289 *Marmor rosae*
(Rosa virus 1)
en rose mosaic
fr mosaïque de la rose
el mosaico del rosal
it mosaico della rosa
de Rosenmosaik

1290 *Marmor rubigosum*
en cherry rusty mottle
fr mosaïque rouge, mosaïque rouille
el mosaico arroyado del cerezo
it picchiettatura rugginosa
de Rostfleckenkrankheit, Rotschekung der Süsskirche

1291 *Marmor sacchari*
(Saccharum virus 1)
en sugar-cane mosaic, grass mosaic, sugar-cane mottling disease
fr mosaïque de la canne à sucre
el mosaico de la caña de azúcar
it mosaico della canna da zucchero
de Zuckerrohrmosaik

1292 *Marmor solani*
(Solanum virus 3)
en supermild mosaic of potato
fr mosaïque de la pomme de terre
el mosaico superbenigno de la patata
it mosaico superleggero della patata
de A-Mosaik der Kartoffel, Rauhmosaik

1293 *Marmor tabaci*
(Nicotiana virus 1)
en tobacco mosaic, tobacco calico, tobacco ordinary mosaic, tobacco true mosaic
fr mosaïque ordinaire du tabac, nielle du tabac
el mosaico común del tabaco, arrepollado del tabaco
it mosaico comune del tabacco
de Tabakmosaik, Mosaikkrankheit des Tabaks

1294 *Marmor tabaci* var. *aucuba*
(Nicotiana virus 1C)
en tobacco aucuba mosaic
fr mosaïque aucuba du tabac
el mosaico amarillo del tabaco
it mosaico giallo del tabacco
de Aukubagelbflecken des Tabaks

1295 *Marmor theobromae*
(Theobroma virus 1)
en cocoa swollen shoot
fr renflement des branches du cacaoyer, swollen shoot du cacaoyer
el rama turgente del cacaotero, retoño hinchado del cacaotero
it rigonfiamento dei germogli del cacao
de afrikanische Sprossschwellung des Kakaobaumes

1296 *Marmor tritici*
(Triticum virus 1)
en wheat mosaic, wheat rosette
fr mosaïque du blé
el mosaico del trigo
it rosetta del frumento
de amerikanisches Weizenmosaik

1297 *Marmor tulipae*
(Tulipa virus 1)
en tulip breaking, tulip break
fr panachure de la tulipe
el variegación infecciosa del tulipán
it variegatura infettiva del tulipano
de Mosaikkrankheit der Tulpe, Buntstreifigkeit der Tulpe

1298 *Marmor umbelliferarum*
(Apium virus 1)
en celery mosaic
fr mosaïque du céleri
el mosaico del apio
it mosaico del sedano
de Sellerienmosaik

1299 *Marmor viticola*
(Vitis virus 1)
en infectious degeneration of vine, vine mosaic, grape fanleaf, vine roncet
fr dégénérescense infectieuse de la vigne, roncet, cout-noué
el degeneración infecciosa de la vid, raquitismo de la vid
it arricciamento infettivo delle viti, rachitismo della vite
de infektiöse Degeneration der Weinrebe, Weinrebenmosaik, Reisigkrankheit

1300 *Marmor zeae*
(Zea virus 1)
en maize mosaic, yellow-stripe disease, corn stripe disease, corn leaf-stripe
fr mosaïque du maïs
el mosaico del maíz, roya amarilla del maíz
it malattia della striscia del mais
de Streifenmosaik des Maises

1301 *Medicago virus 2*
see: *Marmor medicaginis*

1302 *Medicago virus 3*
see: *Morsus suffodiens*

1303 *Medicago virus 4*
see: *Chlorogenus medicaginis*

1304 *Minuor ruborum*
see: *Corium ruborum*

1305 *Morsus suffodiens*
(Medicago virus 3)
en Pierce's disease of grapevine, vine plague
fr maladie de Pierce de la vigne
el enfermedad de Pierce de la vid, arrugamiento viroso de la vid
it malattia di Pierce delle viti
de Piercesche Krankheit der Weinrebe

1306 *Morsus ulmi*
en phloem necrose of elm
fr nécrose du liber de l'orme
el necrosis del floema del olmo
it necrosi del floema dell'olmo
de Phloem-Nekrose der Ulme

1307 *Musa virus 1*
en banana bunchy-top
fr sommet touffu du bananier, bunchy-top du bananier
el cogollo racimoso del banano
it punta a pennacchio del banano
de Büschelgipfelkrankheit der Banane, Büscheltriebkrankheit

1308 *Musa virus 2*
see: *Marmor abaca*

1309 *Musa virus 3*
en banana mosaic, banana heart-rot, banana infectious chlorosis
fr chlorose infectieuse du bananier
el podredumbre del corazón del tallo, clorosis infecciosa del banano
it clorosi infettiva del banano
de Bananenmosaik und Herzfäule der Banane

1310 *Nanus fragariae*
(Fragaria virus 3)
en strawberry witches' broom
fr balai de sorcière du fraisier
el escoba de bruja del fresal
it scopazzi della fragola
de Hexenbesenkrankheit der Erdbeere

1311 *Nanus mirabilis*
(Prunus virus 3)
en phony peach, peach phony, phony disease
fr nanisme du pêcher
el enanismo del melocotonero
it malattia del pennacchio
de progressive Zwergwüchsigkeit des Pfirsichs, Täuschungvirose

1312 *Nanus pruni*
(Prunus virus 6)
en prune dwarf
fr dégénérescence du prunier
el nanismo del ciruelo
it nanismo del susino
de Zwergkrankheit der Pflaume, Schmalblättrigkeit

1313 *Nanus rosettae*
(Prunus virus 2)
en peach rosette
fr rosette du pêcher
el roseta del melocotonero

it rosetta del pesco
de Rosettenkrankheit des Pfirsichs

1314 *Nanus sacchari*
(Saccharum virus 3)
en sugar-cane sereh disease
fr maladie du "sereh" de la canne à sucre
el sereh de la caña de azúcar
it "sereh" della canna da zucchero
de Sereh-Krankheit des Zuckerrohrs

1315 *Nicotiana virus 1*
see: *Marmor tabaci*

1316 *Nicotiana virus 1C*
see: *Marmor tabaci* var. *aucuba*

1317 *Nicotiana virus 5*
en tobacco rattle disease, "mauke" of tobacco, tobacco stripe, tobacco curl, tobacco stripe and curl disease, potato stem mottle
fr maladie du rattle, frisolée du tabac
el rayado y encrespamiento del tabaco
it "rattle" del tabacco
de Streifen- und Kräuselkrankheit, Stengelbuntmosaik, Stengelbuntkrankheit der Kartoffel

1318 *Nicotiana virus 10*
see: *Ruga tabaci*

1319 *Nicotiana virus 11*
see: *Marmor lethale*

1320 *Nicotiana virus 12*
see: *Annulus tabaci*

1321 *Nicotiana virus 14*
see: *Annulus bergerac*

1322 *Oryza virus 1*
see: *Fractilinea oryzae*

1323 *Oryza virus 2*
en rice stripe disease
fr maladie des stries du riz
el mal de la raya del arroz
it malattia della striscia del riso
de Streifenkrankheit des Reises

1324 *Passiflora virus 1*
see: *Marmor passiflorae*

1325 *Pelargonium virus 1*
see: *Marmor pelargonii*

1326 *Phaseolus virus 1*
see: *Marmor phaseoli*

1327 *Phaseolus virus 2*
see: *Aphidophilus phaseoli*

1328 *Pisum virus 1*
see: *Marmor pisi*

1329 *Pisum virus 2*
see: *Marmor leguminosarum*

1330 *Prunivir circummaculatum*
(Annulus cerasae)
en 1 cherry necrotic leaf spot
2 cherry tatter leaf
3 sour cherry necrotic ring spot
4 peach ring spot
fr 1 et 2 taches annulaires nécrotiques du cerisier
3 anneaux nécrotiques
4 taches annulaires du pêcher
el 1 mancha anular necrótica del cerezo
2 desgarramiento foliar del cerezo
3 mancha anular necrótica del cerezo agrio
4 mancha anular del melocotonero
it 1 maculatura anulare del ciliegio
2 foglia smerlettata del ciliegio
3 maculatura ad anello necrotica
4 maculatura anulare del pesco
de 1 und 2 Lochkrankheit, viröse Blattdurchlöcherung, nekrotische Ringfleckenkrankheit
3 nekrotische Ringfleckigkeit der Sauerkirsche
4 Ringfleckigkeit des Pfirsichs

1331 *Prunivir verrucae*
(Galla verrucae)
en peach wart disease, peach blister
fr excroissances du pêcher
el verrucosis del melocotonero
it pesca verrucosa
de Warzenkrankheit des Pfirsichs

1332 *Prunus virus 1*
see: *Chlorogenus persicae*

1333 *Prunus virus 1A*
see: *Chlorogenus persicae* var. *micropersicae*

1334 *Prunus virus 2*
see: *Nanus rosettae*

1335 *Prunus virus 3*
see: *Nanus mirabilis*

1336 *Prunus virus 4*
see: *Chlorogenus persicae* var. *vulgaris*

1337 *Prunus virus 5*
see: *Marmor persicae*

1338 *Prunus virus 6*
see: *Nanus pruni*

1339 *Prunus virus 7*
see: *Marmor cerasae*

1340 *Prunus virus 9*
see: *Rimocortius kwanzani*

1341 *Pyrus virus 2*
see: *Marmor mali*

1342 *Pyrus virus 6*
see: *Acrogenus rosettae*

1343 *Pyrus virus 8*
en apple rough skin
fr rugosité de la peau des pommes
el piel rugosa de las manzanas
it rugginosità ulcerosa delle mele
de Rauhschaligkeit, viröse Berostung

1344 *Ribes virus 1*
see: *Acrogenus ribis*

1345 *Rimocortius kwanzani*
(Prunus virus 9)
en flowering cherry rough bark
fr écorce rugueuse
el corteza áspera del cerezo florido
it corteccia ruvida
de Rindenerkrankung

1346 *Robinia virus 1*
see: *Chlorogenus robiniae*

1347 *Rosa virus 1*
see: *Marmor rosae*

1348 *Rosa virus 2*
en rose yellow mosaic
fr mosaïque jaune de la rose
el mosaico amarillo del rosal
it mosaico giallo della rosa
de Gelbmosaik der Rose

1349 *Rosa virus 3*
see: *Marmor flaccumfaciens*

1350 *Ruga bemisiae*
(Manihot virus 1)
en cassava mosaic,
cassava curly-leaf
fr mosaïque du manioc
el mosaico de la mandioca
it mosaico della manioca
de Kräuselkrankheit des Manioks

1351 *Ruga gossypii*
(Gossypium virus 1)
en cotton leaf-curl,
cotton leaf-crinkle
fr frisolée du cotonnier
el hojas rizadas del algodonero
it arricciamento fogliare del cotone
de afrikanische Blattkräuselkrankheit der Baumwolle

1352 *Ruga tabaci*
(Nicotiana virus 10)
en tobacco leaf-curl, tobacco crinkle,
tobacco crinkly dwarf
fr frisolée du tabac
el rizadura de la hoja del tabaco
it arricciamento fogliare del tabacco
de Kräuselkrankheit des Tabaks

1353 *Saccharum virus 1*
see: *Marmor sacchari*

1354 *Saccharum virus 2*
see: *Galla fijiensis*

1355 *Saccharum virus 3*
see: *Nanus sacchari*

1356 *Saccharum virus 4*
see: *Fractilinea quarta*

1357 *Saccharum virus 5*
see: *Galla queenslandiensis*

1358 *Santalum virus 1*
see: *Chlorogenus santali*

1359 *Savoia betae*
(Beta virus 3)
en beet leaf-curl,
sugar-beet leaf-crinkle
fr frisolée de la betterave
el rizadura de la hoja de la remolacha
it arricciamento fogliare della barbabietola
de Kräuselkrankheit der Beta-Rüben

1360 *Savoia napi*
en rape savoy
fr frisolée du colza
el rizadura de la colza
it arricciamento della colza
de Kräuselmosaikkrankheit der Kohlrübe, Rapskräuselkrankheit

1361 *Soja virus 1*
en soybean mosaic
fr mosaïque du soya
el mosaico de la soja
it mosaico della soia
de Mosaikkrankheit der Sojabohne, Sojabohnenmosaik

1362 *Solanum virus 1*
see: *Marmor dubium* var. *annulus*

1363 *Solanum virus 2*
see: *Marmor cucumeris* var. *upsilon*

1364 *Solanum virus 3*
see: *Marmor solani*

1365 *Solanum virus 7*
see: *Marmor angliae*

1366 *Solanum virus 8*
see: *Marmor aucuba*

1367 *Solanum virus 9*
see: *Marmor aucuba*

1368 *Solanum virus 10*
see: *Marmor medicaginis* var. *solani*

1369 *Solanum virus 11*
en potato leaf-rolling mosaic
fr feuilles en cuillère de la pomme de terre
el mosaico rizado de la patata
it incespamento delle foglie della patata
de Rollmosaik der Kartoffel

1370 *Solanum virus 12*
see: *Acrogenus solani* var. *vulgaris*

1371 *Solanum virus 14*
see: *Corium solani*

1372 *Solanum virus 15*
see: *Chlorogenus solani*

1373 *Solanumvirus deformans*
en potato bouquet disease
fr bouquet de la pomme de terre
el "bouquet" de la patata
it "bouquet" della patata
de Bucketkrankheit der Kartoffel

1374 *Theobroma virus 1*
see: *Marmor theobromae*

1375 *Trifolium virus 1*
see: *Marmor efficiens*

1376 *Triticum virus 1*
see: *Marmor tritici*

1377 *Triticum virus 8*
see: *Fractilinea tritici*

1378 *Tulipa virus 1*
see: *Marmor tulipae*

1379 *Vitis virus 1*
see: *Marmor viticola*

1380 *Zea virus 1*
see: *Marmor zeae*

1381 *Zea virus 2*
see: *Fractilinea maidis*

1382 *Zea virus 3*
see: *Fractilinea maidis* var. *mitis*

FUNGI: Phycomycetes

1383 *Albugo candida* (*Cystopus candidus*)
en white rust of crucifers, white blister of cabbage
fr rouille blanche des crucifères
el roya blanca de las crucíferas, blanco de la col, mal de la cal (S.Am.)
it ruggine bianca delle crocifere, pustole bianche delle crocifere
de weisser Rost der Kreuzblüter, weisser Rost des Meerrettichs

1384 *Albugo tragopogonis* (*Cystopus tragopogonis*)
en white rust of compositae
fr rouille blanche des composées
el roya blanca de las compuestas
it ruggine bianca delle composite
de weisser Rost der Schwarzwurzel

1385 *Aphanomyces euteiches*
en root rot of peas
fr pourriture des racines et de la base de la tige du pois
el podredumbre de las raíces del guisante
it marciume radicale del pisello
de Wurzelfäule der Erbse

1386 *Aphanomyces raphani*
en black rot of radish
fr pourriture noire des racines de radis
el podredumbre negra del rábano
it marciume nero del ravanello
de Rettichschwärze

1387 *Asterocystis radicis*
(Olpidium radicicola)
(Olpidiaster radicis)
en blight of flax
fr brûlure du lin,
maladie de la brûlure du lin
el quema del lino,
chamusco del lino,
socarrina del lino
it brusone del lino
de Wurzelbrand des Flachses,
Flachsbrand

1388 *Bremia lactucae*
en downy mildew of lettuce
fr mildiou des composées,
meunier des composées
el mildiú de la lechuga
it peronospora delle composite,
marciume dell'insalata
de falsche Mehltau des Salates

1389 *Chrysophlyctis endobiotica*
see: *Synchytrium endobioticum*

1390 *Cystopus candidus*
see: *Albugo candida*

1391 *Cystopus tragopogonis*
see: *Albugo tragopogonis*

1392 *Ligniera vascularum*
(Plasmodiophora vascularum)
en dry top rot of sugar cane
fr pourriture sèche de la pointe de la canne à sucre
el podredumbre seca del cogollo de la caña de azúcar
it marciume secco
de Ligniera-Fäule

1393 *Olpidiaster radicis*
see: *Asterocystis radicis*

1394 *Olpidium brassicae*
en seedling disease
fr maladie des plantules
el podredumbre de las plantitas de col
it marciume delle piantine di cavolo
de Wurzelbrand des Kohls

1395 *Olpidium radicicola*
see: *Asterocystis radicis*

1396 *Peronoplasmopara cannabina*
see: *Pseudoperonospora cannabina*

1397 *Peronospora arborescens*
en downy mildew of poppy
fr mildiou de l'oeillette,
mildiou du pavot
el mildiú de la adormidera
it peronospora dei papaveri,
mal secco dei papaveri
de falscher Mehltau des Mohns,
Mehltauschimmel des Mohns

1398 *Peronospora parasitica*
en downy mildew of crucifers
fr mildiou des crucifères
el mildiú de las crucíferas
it peronospora delle crocifere,
mal secco delle crocifere
de falscher Mehltau der Kreuzblüter

1399 *Peronospora schachtii*
en downy mildew of beet
fr mildiou de la betterave
el mildiú de la remolacha
it peronospora della barbabietola,
mal secco della barbabietola
de falscher Mehltau des Mangoldes,
falscher Mehltau der Zucker- und Runkelrüben

1400 *Peronospora schleideni*
en blight of onions, mold of onions,
downy mildew of onion
fr mildiou de l'oignon
el mildiú de la cebolla,
moho de las cebollas
it peronospora delle cipolle,
muffa delle cipolle
de falscher Mehltau der Zwiebel

1401 *Peronospora spinaciae*
en leaf mold of spinach
fr mildiou de l'épinard
el mildiú de la espinaca
it peronospora degli spinaci
de falscher Mehltau des Spinates,
Spinatschimmel

1402 *Peronospora tabacina*
en blue mold of tobacco,
downy mildew of tobacco
fr peronospora du tabac,
blue mold du tabac
el moho azul del tabaco,
mildiú del tabaco

it peronospora del tabacco
de falscher Mehltau des Tabaks

1403 *Peronospora trifoliorum*
en downy mildew of alfalfa and clover
fr maladie du trèfle,
mildiou des trèfles
el mildiú de las leguminosas
pratenses, moho de la alfalfa
it peronospora del trifoglio e
dell'erba medica,
muffa del trifoglio
de falscher Mehltau der Luzerne

1404 *Peronospora viciae*
en downy mildew of peas
fr mildiou des pois
el mildiú del guisante
it peronospora delle lenticchie e dei
piselli, muffa della veccia
de falscher Mehltau der Erbse

1405 Phycomycetes
en alga-like fungi, algal fungi
fr phycomycètes
el ficomicetos, hongos algas
it ficomiceti
de Algenpilze

1406 *Phytophthora cactorum*
(Ph. omnivora)
(Ph. fagi)
en 1 Phytophthora canker of
hardwoods
2 Phytophthora rot of apple and
pear,
leathery rot of strawberry
fr 1 maladie des semis de hêtre
2 pourriture des fruits,
pourriture des fraises
el 1 mal de los cotiledones del haya
2 podredumbre del tronco del
manzano y el peral
it 1 mal dei cotiledoni del faggio,
peronospora del faggio
2 marciume delle fragole
de 1 Buchenkeimlingskrankheit,
Keimlingsfäule,
Umfallkrankheit
2 Kragenfäule der Äpfel,
Phytophthora-Fruchtfäule der
Erdbeere

1407 *Phytophthora cambivora*
en ink disease of chestnut
fr maladie de l'encre du châtaignier
el mal de la tinta del castaño
it mal dell'inchiostro del castagno
de Tintenkrankheit der Esskastanie

1408 *Phytophthora capsici*
en root rot of peppers,
blight of peppers,
fruit decay of winter squash
fr mildiou du piment
el mildiú del pimiento,
tizón del pimiento,
gangrena basal,
podredumbre blanca de la
calabaza confitera
it cancrena pedale del peperone e
della melanzana
de Wurzelbrand der spanischen
Pfeffer

1409 *Phytophthora cinnamoni*
en heart rot of pineapple
fr pourriture du coeur de l'ananas
el podredumbre de los frutos de la
piña
it seccume della frutescenza
dell'ananas
de Herzfäule der Ananas

1410 *Phytophthora citrophthora*
en brown rot and gummosis of citrus,
crown and trunk canker
fr gommose des citrus
el gomosis de los agrios,
tizón gomoso de las ramas del
limonero,
podredumbre morena de los frutos
cítricos
it marciume radicale degli agrumi,
gommosi dei limoni,
marciume nero dei frutti degli
agrumi
de Gummifluss der Zitrus

1411 *Phytophthora erythroseptica*
en pink rot of potato
fr pourriture humide de la pomme
de terre
el mildiú rojo de la patata
it marciume delle patate
de Rotfäule der Kartoffel

1412 *Phytophthora faberi*
see: *Ph. palmivora*

1413 *Phytophthora fagi*
see: *Ph. cactorum*

1414 *Phytophthora fragariae*
en red core of strawberry, red stele
fr maladie du coeur rouge du fraisier
el corazón rojo de la fresa
it marciume radicale
de rote Wurzelfäule der Erdbeere

1415 *Phytophthora infestans*
en potato blight, late blight of potato, browny mildew
fr mildiou de la pomme de terre
el mildiú de la patata y del tomate, tizón de la papa (Arg.), peste, añublo, gota
it peronospora della patata e del pomodoro, mal del secco della patata, mal del nero del pomodoro
de Braunfäule der Kartoffel, Kraut- und Knollenfäule der Kartoffel, Braunfäule der Tomate

1416 *Phytophthora nicotianae*
en black shank of tobacco
fr jambe noire du tabac
el mildiú del tabaco, pataprieta del tabaco (Pto. Rico)
it peronospora del tabacco
de Setzlingkrankheit des Tabaks

1417 *Phytophthora omnivora*
see: *Ph. cactorum*

1418 *Phytophthora palmivora*
(Ph. faberi)
en 1 bud rot of coconut
2 pod rot and canker of cocoa
fr 1 pourriture du bourgeon du palmier, pourriture du cocotier
2 maladie des cabosses du cocoyer, pourriture noire des fruits du cacaoyer, pourriture des cabosses du cacaoyer
el 1 podredumbre del corazón de las palmas, podredumbre del cogollo del cocotero
2 piña negra del cacao, podredumbre negra de las bellotas del cacao
it 1 marciume del cuore delle palme
de 2 Braunfäule, Kakaokrebs

1419 *Phytophthora parasitica*
(Ph. terrestris)
en 1 foot-rot and damping-off of tomato, buck-eye rot of tomato
2 foot-rot of citrus
fr 1 buckeye-rot de la tomate
2 gommose des citrus
el 1 podredumbre zonal de los frutos del tomate
2 podredumbre del pie del naranjo, podredumbre morena de los frutos cítricos, gomosis de los agrios
it 1 marciume zonale dei frutti del pomodoro
2 gommosi degli agrumi, mal di gomma
de 2 Gummifluss der Zitrus

1420 *Phytophthora phaseoli*
en downy mildew of Lima bean
fr mildiou du haricot de Lima
el mildiú de las judías de Lima
it peronospora dei fagioli di Lima
de Bohnenfäule

1421 *Phytophthora syringae*
en 1 Phytophthora disease of lilac
2 Australian brown rot of citrus
fr 1 mildiou du lilas
2 pourriture brune des fruits des agrumes
el 1 mildiú de las lilas
2 aguado de los limones y naranjas, podredumbre parda de los agrios
it 1 peronospora dei lillà
de 1 Zweig- und Knospenkrankheit des Flieders

1422 *Phytophthora terrestris*
see: *Ph. parasitica*

1423 *Plasmodiophora brassicae*
en club root of cabbage, finger-and-toe disease
fr hernie du chou, gros pied, maladie digitoire
el hernia de la col, potra de la col
it ernia dei cavoli, tubercolosi dei cavoli, mal del gozzo dei cavoli
de Kohlhernie, Kropfkrankheit der Kohlgewächse

1424 *Plasmodiophora vascularum*
see: *Ligniera vascularum*

1425 *Plasmopara nivea*
en downy mildew of umbelliferae
fr mildiou du persil et du cerfeuil
el mildiú de las umbelíferas
it peronospora delle ombrellifere
de Krankheit der Petersilie, Kerbel und Möhren

1426 *Plasmopara viticola*
en downy mildew of grape
fr mildiou de la vigne

el mildiú de la vid,
peronospora de la vid,
podredumbre gris de los racimos,
podredumbre parda de los racimos
it peronospora della vite
de falscher Mehltau des Weinstockes,
Peronospora-Krankheit der Rebe, Blattfallkrankheit

1427 *Pseudoperonospora cannabina (Peronoplasmopara cannabina)*
en downy mildew of hemp
fr mildiou de la chanvre
el mildiú del cáñamo,
peronospora del cáñamo
it peronospora della canapa
de falscher Mehltau des Hanfes

1428 *Pseudoperonospora cubensis*
en downy mildew of cucurbits
fr mildiou des cucurbitacées
el mildiú de las cucurbitáceas
it peronospora delle cucurbitacee
de falscher Mehltau der Gurken

1429 *Pseudoperonospora humulis*
en downy mildew of hop
fr mildiou du houblon
el mildiú del lúpulo
it peronospora del luppolo
de falscher Mehltau des Hopfens

1430 *Pythium debaryanum*
en damping-off and stem rot
fr fonte des semis et des boutures
el enfermedad de los almácigos,
peste de los semilleros,
podredumbre de las plantitas de los semilleros
it marciume delle pinatine dei semenzai
de Umfallen der Keimpflanzen,
Wurzelbrand der Keimpflanzen

1431 *Pythium ultimum*
en watery wound rot of potato,
soft rot of potatoes
fr pourriture molle des pommes de terre
el enfermedad de los almácigos
it marciume anulare delle patate dolci
de Pythium-Wurzelfäule

1432 *Sclerospora graminicola*
en green-ear disease of grasses
fr mildiou des céréales
el mildiú de los cereales,
mildiú del panizo
it peronospora del panico
de Getreidemehltau

1433 *Sclerospora macrospora*
en downy mildew
fr mildiou des céréales
el mildiú de los cereales,
mildiú del trigo,
aborto de las flores del arroz
it peronospora del frumento e del granturco
de Getreidemehltau

1434 *Spongospora subterranea*
en powdery scab of potato
fr gale poudreuse de la pomme de terre,
gale profonde de la pomme de terre
el sarna pulverulenta de la patata,
sarna profunda de la patata
it crosta della patata,
rogna della patata,
scabbia polverulenta della patata
de Pulverschorf der Kartoffel,
Schwammschorf der Kartoffel

1435 *Synchytrium endobioticum*
en wart disease of potato, potato wart
fr maladie verruqueuse de la pomme de terre, gale noire,
gale verruqueuse
el sarna verrugosa de la patata,
sarna negra de la patata
it rogna nera,
rogna verrucolosa dei tuberi di patata
de Kartoffelkrebs

1436 *Urophlyctis alfalfae*
en crown wart of alfalfa,
marble gall of lucerne
fr maladie des tumeurs marbrées de la luzerne
el agalla del cuello de'la alfalfa
it mal del gozzo dell'erba medica
de Luzernegalle

1437 *Urophlyctis leproides*
en beet-rot tumor
fr maladie des tumeurs marbrées de la betterave
el lepra de la remolacha,
tumores de la remolacha
it lebbra della barbabietola
de Rübegalle

1438 *Acanthostigma parasiticum*
en white-felt blight of conifers, white spruce leaf spot
fr maladie des aiguilles du sapin et de l'épicéa
el enfermedad de las hojas del abeto, hojas secas del abeto blanco
it seccume delle foglie dell'abete bianco
de Blattfleckenkrankheit

1439 *Antennaria elaeophila*
(Capnodium elaeophilum)
en sooty mould of olive tree
fr noir de l'olivier
el negrilla del olivo, tizne del olivo
it fumaggine dell'olivo, nero dell'olivo
de Russtau

1440 Ascomycetes
en sac fungi
fr ascomycètes
el ascomicetos
it ascomiceti
de Schlauchpilze

1441 *Botryosphaeria ribis*
en Botryosphaeria cankers, currant cane blight
fr black-rot du groseillier
el seca de los ramos del grosellero
it seccume dei rami del ribes
de Botryosphaeria-Krebs

1442 *Calonectria graminicola*
(Imp. st. *Fusarium nivale)*
en seedling blight of cereals, snow mould of cereals
fr moisissure nivale des céréales
el moho de la nieve
it muffa della neve
de Schneeschimmel des Roggens, Schneeschimmel des Getreides

1443 *Capnodium elaeophilum*
see: *Antennaria elaeophila*

1444 *Capnodium salicinum*
(Imp. st. *Fumago vagans)*
en sooty mould
fr fumagine
el fumagina, negrilla, negreta
it fumaggine
de Russtau

1445 *Ceratocystis ulmi*
(Ceratostomella ulmi)
(Ophiostoma ulmi)
(Imp. st. *Graphium ulmi)*
en Dutch elm disease
fr maladie de l'orme, dépérissement de l'orme, thyllose parasitaire de l'orme
el enfermedad holandesa del olmo, grafiosis del olmo
it moria degli olmi, grafiosi dell'olmo
de Ulmensterben, Ulmenkrankheit

1446 *Ceratostomella fimbriata*
en black rot of sweet potatoes, canker of coffee, stem rot of sunn hemp
fr black-rot de la patate douce, pourriture des saignées de l'hévéa
el cáncer del cafeto, llaga macana (Venez.)
it marciume nero
de Schwarzfäule

1447 *Ceratostomella pilifera*
(Ophiostoma piliferum)
en bluing of Western yellow pine, blue stain of logs and lumber
fr maladie du bois bleu
el madera cárdena, madera azul de las resinosas, azulado de las maderas resinosas
it azzurrimento del legno delle conifere
de Blaufäule

1448 *Ceratostomella ulmi*
see: *Ceratocystis ulmi*

1449 *Claviceps purpurea*
(Imp. st. *Sphacelia segetum)*
en ergot of rye
fr ergot du seigle, ergot des graminées
el cornezuelo del centeno
it chiodo segalino, segala cornuta, sclerozio cornuto dei cereali
de Mutterkorn

1450 *Cochliobolus miyabeanus*
(Imp. st. *Helminthosporium oryzae)*
en brown spot disease of rice
fr helminthosporiose du riz
el helmintosporiosis del arroz
it elmintosporiosi del riso, mal del collo del riso
de Fleckenkrankheit

1451 *Cryptosporella viticola*
en dead-arm disease of grapes
fr nécrose de la vigne
el necrosis de la vid
it necrosi delle viti
de Nekrose der Weinrebe

1452 *Cucurbitaria laburni*
en laburnum canker
fr chancre du cityse
el chancro de las ramas del cifiso
it cancro dei rami del maggiociondolo
de Goldregenkrebs

1453 *Cymadothea trifolii*
(Dothidella trifolii)
(Phyllachora trifolii)
en black blotch of clover, sooty blotch disease
fr taches noires du trèfle
el viruela negra de los tréboles
it vaiolatura nera dei trifolii
de Schwarzwerden des Klees

1454 *Dasyscypha willkommi*
en larch canker
fr maladie chancreuse du mélèze, chancre du mélèze et du pin silvestre
el chancro del alerce
it cancro del larice
de Lärchenkrebs, Lärchenkrankheit

1455 *Diaporthe parasitica*
see: *Endothia parasitica*

1456 *Didymella lycopersici*
en stem rot of tomato
fr chancre de la tomate
el podredumbre del tallo del tomate
it marciume del fusto del pomodoro
de Tomatenstengelfäule, Tomatenkrebskrankheit

1457 *Didymellina dianthi*
(Imp. st. *Heterosporium echinulatum)*
en carnation ring spot, leaf mould of carnation, fairy ring of carnation
fr hétérosporiose de l'oeillet
el mancha ocular del clavel, heterosporiosis del clavel
it carbone del garofano, nero del garofano
de Schwärze der Gartennelken

1458 *Diplocarpon rosae*
(Imp. st. *Actinonema rosae)*
en black spot of roses, black blotch of roses
fr taches noires des feuilles du rosier
el abigarrado de las hojas del rosal
it ticchiolatura delle foglie di rosa, asteromicosi della rosa
de Rosen-Asteroma

1459 *Dothidella trifolii*
see: *Cymadotheca trifolii*

1460 *Elsinoe ampelina*
(Imp. st. *Gloeosporium ampelophagum)*
en anthracnose of grapevine, bird's-eye disease
fr anthracnose de la vigne
el antracnosis de la vid
it antracnosi della vite, vaiolo della vite, picchiola, morbiglione, petecchia
de schwarzer Brenner

1461 *Elsinoe fawcetti*
(Imp. st. *Gloeosporium fawcetti)*
en citrus scab
fr gale des agrumes, maladie des verrues
el costra de los agrios, roña de los agrios
it scabbia del limone e dell'arancio
de Zitrusschorf

1462 *Elsinoe veneta*
en cane spot of strawberry, anthracnose of strawberry
fr anthracnose du framboisier et des ronces
el antracnosis del frambueso, antracnosis de la zarza
it antracnosi
de Anthracnose

1463 *Endostigme inaequalis*
(Venturia inaequalis)
(Imp. st. *Fusicladium dendriticum = Spilocaea pomi)*
en apple scab
fr tavelure du pommier
el roña del manzano, moteado del manzano, sarna del manzano
it ticchiolatura del melo, brusone del melo
de Apfelschorf, Lagerschorf

1464 *Endothia parasitica*
(Diaporthe parasitica)
en chestnut blight,
Endothia canker of chestnut
fr maladie chancreuse du châtaignier,
chancre du châtaignier
el ramos secos del castaño,
chancro americano del castaño,
mal de la corteza del castaño
it seccume del castagno,
cancro americano del castagno,
mal della corteccia del castagno
de Kastanien-Rindenkrebs

1465 *Epichloe typhina*
(Imp. st. *Sphacelia typhina)*
en cat-tail fungus of grasses,
choke disease of grasses
fr quenouille des graminacées des prairies
el moho de las gramináceas pratenses
it mal della clava delle graminacee pratensi
de Erstickungsschimmel,
Kolbenpilz der Gräser

1466 *Erysiphe cichoriacearum*
en powdery mildew of crucifers
fr blanc des cucurbitacées
el mal blanco o blanqueta de las compuestas, crucíferas y cucurbitáceas
it nebbia o mal bianco delle composite, delle crocifere e delle cucurbitacee
de Gurkelmehltau

1467 *Erysiphe graminis*
(Imp. st. *Oidium monilioides)*
en powdery mildew of grasses and cereals
fr blanc des graminées
el oídio de las gramíneas,
niebla de las gramíneas,
mal blanco de las gramíneas
it mal bianco, albugine dei cereali,
oidio del frumento
de Grasmehltau, Getreide-Schimmel,
Getreide-Mehltau

1468 *Erysiphe polygoni*
(Imp. st. *Oidium erysiphioides)*
en powdery mildew of peas and clover
fr oïdium des pois
el oídio del guisante,
niebla del guisante,
mal blanco del guisante
it nebbia del pisello,
mal bianco del pisello, del trifoglio e della medica
de Erbsenmehltau

1469 *Gibberella fujikuroi*
(G. moniliformis)
(Imp. st. *Fusarium moniliformis)*
en 1 top rot of sugar cane,
twisted top of sugar cane,
pokkah-boeng
3 bakanae disease and root rot of rice
fr 1 pourriture de la pointe,
sommet tordu de la canne à sucre, pokkah-boeng
3 maladie du gigantisme du riz
el 1 podredumbre apical de la caña de azúcar,
mal de la escalera de la caña de azúcar,
cogollo torcido de la caña de azúcar, "pokkah boeng"
2 fusariosis del maíz
3 mal del pie del arroz
it 1 marciume dell'infiorescenza della canna da zucchero
2 marciume del granturco
3 muffa bianca del riso
de 1 Stengelspitzenfäule des Zuckerrohrs, pokkahboeng
3 Bakanae-Krankheit der Reispflanze

1470 *Gibberella moniliformis*
see: *G. fujikuroi*

1471 *Gibberella moricola*
(Imp. st. *Fusarium lateritium)*
en canker and dieback of mulberry
fr maladie du rouge du mûrier
el marchitez de los brotes de la morera,
peste de los plantones de morera
it avvizzimento dei germogli del gelso,
moria dei piantoni del gelso
de Maulbeerbaumbrand

1472 *Gibberella saubinetii*
see: *G. zeae*

1473 *Gibberella zeae*
(G. saubinetii)
(Imp. st. *Fusarium graminearum)*

en seedling blight,
foot disease and scab of small grains, scab of wheat, headblight
fr flétrissement des plantules des céréales
el añublo blanco del trigo, golpe blanco del trigo
it golpe bianca del frumento
de Weizenschorf

1474 *Gibbellina cerealis*
en foot rot of wheat and oats, white disease of wheat stems
fr faux meunier des chaumes de blé
el mal blanco de los tallos de trigo
it mal bianco degli steli di grano
de Fusskrankheit

1475 *Glomerella cingulata*
(G. fructigena)
(Imp. st. *Gloeosporium fructigenum*)
en bitter rot of apples, ripe rot
fr pourriture amère des fruits du pommier
el podredumbre amarga de las manzanas
it marciume amaro delle mele
de Bitterfäule der Äpfel

1476 *Glomerella fructigena*
see: *G. cingulata*

1477 *Glomerella gossypii*
en cotton anthracnose
fr anthracnose du cotonnier
el antracnosis del algodonero
it antracnosi del cotone
de Anthracnose

1478 *Gnomonia erythrostoma*
en cherry leaf scorch
fr maladie des taches rouges du cerisier
el niebla de las hojas del cerezo
it nebbia del ciliegio
de Blattbräune der Kirschbäume

1479 *Gnomonia iliau*
(Melanconium sacchari)
en rind disease of sugar cane, leaf-sheath and cane spot, iliau
fr rind-disease de la canne à sucre
el mal de la corteza de la caña de azúcar, iliau
it mal della corteccia della canna da zucchero
de Iliau

1480 *Gnomonia juglandis*
en leaf blotch of walnut
fr anthracnose du noyer
el niebla del nogal, antracnosis del nogal, manchas de las hojas del nogal
it nebbia del noce, antracnosi del noce, vaiolo del noce
de Blattbräune der Walnuss

1481 *Gnomonia veneta*
(Imp. st. *Gloeosporium nervisequum*)
en anthracnose of sycamore, leaf and twig blight of sycamores and oaks
fr anthracnose du platane, maladie des feuilles du platane
el hojas secas del plátano de sombra
it seccume delle foglie del platano
de Anthracnose der amerikanischen Platane

1482 *Guignardia bidwellii*
en black rot of grapes
fr black-rot de la vigne
el podredumbre negra de la vid, podredumbre negra de los granos de uva
it marciume nero degli acini, black-rot delle viti
de Schwarzfäule der Trauben

1483 *Herpotricha nigra*
en brown-felt blight of conifers
fr maladie des aiguilles du pin et de l'épicéa
el mal de la tela de las ramas de las coníferas
it mal della tela dei rami delle conifere
de schwarzer Scheeschimmel, schwarze Fichtennadelpilz

1484 *Hypomyces perniciosus*
en yellow and white mould of champignons
fr maladie de la mole
el deformidad de las setas comestibles
it deformità dei funghi mangerecci, mostruosità dei funghi mangerecci
de Champignonfäule

1485 *Leptosphaeria herpotrichoides*
en foot-rot and take-all of wheat
fr piétin-verse des céréales
el enfermedad del pie del centeno, rotura de los tallos del centeno
it spezzamento dei culmi dei cereali, mal del piede dei cereali, aborto della segale

de Fusskrankheit des Getreides,
Roggenhalmbrecher,
Weissährigkeit bei Roggen

1486 *Leptosphaeria sacchari*
en ring spot disease of sugar cane
fr maladie des taches rondes de la canne à sucre
el mancha circular de las hojas de la caña de azúcar
it macchie anulari della canna da zucchero
de Ringfleckenkrankheit

1487 *Leptosphaeria salvini*
(Imp. st. *Helminthosporium sigmoideum*)
en stem rot of rice,
sclerotial disease of rice,
culm rot of rice
fr maladie à sclérotes du riz
el mal del esclerocio del arroz
it mal dello sclerozio del riso,
gentiluomo del riso
de Stengelfäule des Reises

1488 *Leptosphaeria tritici*
(Imp. st. *Septoria graminum*)
en speckled leaf blotch of wheat
fr septoriose du blé,
nuile des céréales
el seca de las hojas del trigo,
socarrina de las hojas del trigo,
pardeado de las hojas de las gramíneas
it seccume delle foglie del grano,
inbrunimento delle foglie delle graminee
de Schwarzfleckigkeit der Weizenblätter

1489 *Limacinia penzigi*
(*Meliola penzigi*)
en sooty mould of orange
fr noir de l'oranger et du citronnier
el negrilla del naranjo y del limonero,
negreta de los agrios, fumagina
it morfea, fumaggine degli agrumi,
nero degli agrumi
de Morfea-Krankheit

1490 *Lophodermium macrosporum*
en leaf scorch,
scorch of spruce needles
fr maladie du brun de l'épicéa,
brun des aiguilles de l'épicéa
el ennegrecimiento y caída de las hojas del abeto
it imbrunimento e caduta delle foglie di abete
de Fichtenritzenschorf,
Fichtennadelbräune und Schütte

1491 *Lophodermium nervisequum*
en needle cast of fir
fr maladie du brun du sapin
el ennegrecimiento de las hojas del abeto
it inbrunimento delle foglie di abete
de Weisstannenritzenschorf

1492 *Lophodermium pinastri*
en needle cast of Scots pine,
leaf cast of pine and fir
fr maladie du rouge du pin,
roussi et chute des aiguilles du pin sylvestre
el enrojecimiento y caída de las hojas del pino,
enfermedad roja del pino
it arrossamento e caduta delle foglie di pino
de Kiefernritzenschorf, Nadelschütte

1493 *Melanconium sacchari*
see: *Gnomonia iliau*

1494 *Meliola citri*
en sooty mould of orange
fr noir de l'oranger et du citronnier
el negrilla de los agrios,
negreta de los agrios, ceniza,
cendreta
it mal di cenere degli agrumi
de Russtau

1495 *Meliola penzigi*
see: *Limacinia penzigi*

1496 *Microsphaera alni*
see: *M. alni* var. *extensa*

1497 *Microsphaera alni* var. *extensa*
(*M. quercina*)
(*M. alni*)
(*M. alphitoides*)
en powdery mildew of honeysuckle,
oak mildew
fr blanc de l'aune, oïdium du chêne
el mal blanco del aliso,
mal blanco de la encina
it mal bianco dell'ontano,
oidio delle quercie
de Eichenmehltau

1498 *Microsphaera alphitoides*
see: *M. alni* var. *extensa*

1499 *Microsphaera grossulariae*
en European gooseberry mildew

fr blanc du groseillier
el mal blanco del grosellero
it mal bianco del ribes e dell'uva spina
de Stachelbeermehltau

1500 *Microsphaera quercina*
see: *M. alni* var. *extensa*

1501 *Mycosphaerella brassicicola*
en ring spot of cabbage, ring spot of cauliflower
fr taches annulaires du chou
el niebla de la col
it tacche fogliari del cavolfiore
de Blattfäule des Kohls

1502 *Mycosphaerella cerasella*
(Imp. st. *Cercospora cerasella*)
en cherry leaf spot
fr taches des feuilles du cerisier
el manchas de las hojas del cerezo
it macchie delle foglie del ciliegio
de Blattfleckenkrankheit

1503 *Mycosphaerella fragariae*
(Imp. st. *Ramularia tulasnei* = *Septoria fragariae*)
en strawberry leaf spot
fr maladie des taches rouges du fraisier
el viruela de las hojas de la fresa, mancha de las hojas del fresal
it vaiolatura rossa delle fragole
de Blattfleckenkrankheit der Erdbeere, Weissfleckenkrankheit der Erdbeerblätter

1504 *Mycosphaerella maculiformis*
(Imp. st. *Phleospora castanicola* = *Phyllosticta maculiformis*)
en chestnut leaf spot
fr maladie des feuilles du châtaignier
el socarrina de las hojas del castaño
it seccume del castagno, miliare del castagno, lampo del castagno
de Blattfleckenkrankheit der Edelkastanienbäume

1505 *Mycosphaerella mori*
(Imp. st. *Phleospora mori*)
en blackberry leaf spot
fr rouille des feuilles du mûrier
el socarrina de la morera, quema de la morera, mancha de las hojas de la morera
it fersa del gelso, bruciatura del gelso, seccume del gelso, macchia del gelso
de Fleckenkrankheit der Maulbeerblätter

1506 *Mycosphaerella musicola*
(Imp. st. *Cercospora musae*)
en Sigatoka disease, banana leaf spot
fr cercosporiose du bananier, "sigatoka disease" du bananier
el mal sigatoka, mancha de las hojas de la platanera
it cercosporiosi del banano, malattia di Sigatoka
de Bananenfleckenkrankheit, Sigatoka

1507 *Mycosphaerella pinodes*
en leaf, stem and pod rot of peas
fr anthracnose du pois
el antracnosis del guisante, rabia del guisante
it antracnosi del pisello, seccume del pisello, nebbia del pisello
de Brennfleckenkrankheit der Erbse

1508 *Mycosphaerella rabiei*
(Imp. st. *Phyllosticta rabiei*)
en blight of chickpea, gram blight
fr anthracnose du pois chiche
el rabia del garbanzo, antracnosis del garbanzo, picado, aguasol, acentellado
it rabbia del cece, antracnosi del cece
de Anthracnose der Kichererbse

1509 *Mycosphaerella sentina*
(Imp. st. *Septoria piricola*)
en pear leaf spot
fr septoriose du poirier
el manchas blancas de las hojas del peral, septoriosis de las hojas del peral
it macchie bianche delle foglie del pero
de Weissfleckenkrankheit der Birne

1510 *Mycosphaerella tulasnei*
(Imp. st. *Cladosporium herbarum* = *C. graminum*)
en black mould of wheat
fr noir des céréales
el negreo de los cereales
it nero dei cereali
de Schwärze des Getreides

1511 *Nectria cinnabrina*
en Nectria dieback of hardwoods, coral spot of woody species
fr nécrose du bois
el necrosis de la madera de las frondosas, necrosis del leño, madera coloreada de verde
it necrosi del legno degli alberi
de Rostpustelkrankheit der Äpfel

1512 *Nectria cucurbitula*
en stem canker of Norway spruce
fr chancre des conifères
el chancro de las ramas del abeto, cáncer de la corteza de las coníferas
it cancro dei rami di abete
de Fichtenrindenpilz

1513 *Nectria ditissima*
see: *N. galligena*

1514 *Nectria galligena*
(N. ditissima)
(Imp. st. *Fusarium willkommi)*
en cankers of apple and pear, Nectria canker
fr chancre des arbres fruitiers à pepins, chancre du pommier
el chancro del manzano y del peral, necrosis cancerosa de la madera, cáncer de la corteza de las frondosas
it cancro del pero e del melo
de Buchenkrebs, Obstbaumkrebs, Nectria-Krebs

1515 *Ophiobolus graminis*
en take-all of wheat, whiteheads of wheat
fr piétin des céréales, piétin-échaudage des céréales
el mal del pie del trigo
it mal del piede del grano, diradamento del grano
de Fusskrankheit des Getreides, Weizenhalmtöter, Weissährigkeit

1516 *Ophiobolus sativus*
(Imp. st. *Helminthosporium sativum)*
en foot rot of barley, late blight of barley, spot blotch of barley
fr helminthosporiose
el mancha borrosa de la hoja de la cebada, tizón del nudo, manchas en escudete del trigo
it elmintosporiosi dei cereali, nerume dei nodi, marciume radicale del grano
de Blattfleckenkrankheit

1517 *Ophiostoma piliferum*
see: *Ceratostomella pilifera*

1518 *Ophiostoma ulmi*
see: *Ceratocystis ulmi*

1519 *Phyllachora graminis*
en black spot of grasses
fr croûtes noires des graminées
el viruela negra de las gramíneas pratenses
it vaiolatura nera delle graminacee
de Blattschorf der Gräser

1520 *Phyllachora trifolii*
see: *Cymadothea trifolii*

1521 *Phyllactinia corylea*
see: *Ph. suffulata*

1522 *Phyllactinia suffulata*
(Ph. corylea)
en hazel mildew
fr oïdium du noisetier et du frêne
el mal blanco del avellano, oídio del avellano
it nebbia del nocciolo, mal bianco del nocciolo
de Laubhölzenmehltau

1523 *Physalospora cydoniae*
see: *Ph. obtusa*

1524 *Physalospora malorum*
see: *Ph. obtusa*

1525 *Physalospora obtusa*
(Ph. malorum)
(Ph. cydoniae)
(Imp. st. *Sphaeropsis malorum)*
en black rot, canker and leaf spot
fr black-rot du pommier
el podredumbre negra del manzano, cáncer del manzano, black-rot del manzano
it ticchiolatura delle foglie, cancro dei rami del melo, imbrunimento delle mele
de Froschaugenkrankheit der Apfelblätter

1526 *Physalospora tucumanensis*
(Imp. st. *Colletotricum falcatum)*
en red smut of sugar cane

fr maladie de la morve rouge de la canne à sucre
el podredumbre roja de la caña de azúcar
it marciume rosso della canna da zucchero
de Stemmrotfäule, Rot-Rotz

1527 *Pleospora herbarum*
en lettuce leaf spot
fr maladie des taches
el negrón de las plantas de huerta
it annerimento delle piante ortensi
de Blattfleckenkrankheit

1528 *Plowrightia morbosa*
en black knot, plum wart
fr chancre des branches des pruniers
el tumores y roña del ciruelo y del cerezo
it rogna del susino e del ciliegio
de schwarzer Krebs

1529 *Podospharea leucotricha*
(Imp. st. *Oidium farinosum*)
en powdery mildew of apple
fr oïdium ou blanc du pommier, du poirier et du cognassier
el mal blanco del manzano, oídio del manzano
it mal bianco del melo, nebbia del melo
de Apfelmehltau

1530 *Podosphaera oxycanthae*
en cherry mildew
fr oïdium de l'aubépine
el niebla del espino blanco
it nebbia del biancospino
de Weissdornmehltau

1531 *Polystigma rubrum*
en leaf blotch of plum
fr taches rouges des feuilles du prunier
el manchas rojas de las hojas del ciruelo
it croste delle foglie, macchie rosse delle foglie del pruno
de Rotfleckenkrankheit der Pflaumenblätter, Fleischfleckenkrankheit der Zwetschenblätter

1532 *Pseudopeziza medicaginis*
en alfalfa leaf spot
fr taches des feuilles de la luzerne
el viruela de las hojas de la alfalfa
it vaiolatura del trifoglio e dell'erba medica
de Blattfleckenkrankheit des Klees

1533 *Pseudopeziza ribis*
(Imp. st. *Gloeosporium ribis*)
en anthracnose of currants
fr anthracnose du groseillier, gloéosporiose du groseillier
el seca de las hojas del grosellero, socarrina de las hojas del grosellero
it seccume delle foglie del ribes
de Blattfleckenkrankheit des Beerenobstes, Blattfleckenkrankheit der Johannisbeere

1534 *Pseudopeziza tracheiphila*
en roter brenner of grape
fr rot-brenner
el enrojecimiento de las hojas de la vid
it rossore delle foglie di vite
de roter Brenner des Weinstockes, Rauschbrand

1535 *Pyrenophora avenae*
(Imp. st. *Helminthosporium avenae*)
en leaf stripe and seedling blight of oats
fr helminthosporiose de l'avoine
el helmintosporiosis de la avena
it seccume delle foglie di avena, elmintosporiosi dell'avena
de Braunfleckigkeit des Hafers

1536 *Pyrenophora graminea*
(Imp. st. *Helminthosporium gramineum*)
en leaf stripe of barley, stripe disease of barley
fr maladie des stries de l'orge
el manchas listadas de la cebada, estriación parda de las hojas de la cebada
it striatura bruna delle foglie dell'orzo
de Streifenkrankheit der Gerste

1537 *Pyrenophora teres*
(Imp. st. *Helminthosporium teres*)
en net blotch of barley
fr helminthosporiose de l'orge
el helmintosporiosis de la cebada, mancha reticular de la cebada
it macchie reticolate dell'orzo, elmintosporiosi dell'orzo
de Braunfleckigkeit der Gerste

1538 *Rhabdocline pseudotsugae*
en needle cast of Douglas fir
fr maladie des aiguilles du sapin de Douglas
el defoliación del abeto Douglas
it defogliazione delle douglasie
de rostige Douglasienschütte

1539 *Rhizina inflata*
(*R. undulata*)
en root rot of conifers, Rhizina root rot
fr maladie ronde du pin maritime
el mal del rodal del pino marítimo
it mal del rotondo del pino maritimo
de Ringseuche

1540 *Rhizina undulata*
see: *R. inflata*

1541 *Rhytisma acerinum*
en tar spot of maple, leaf blotch of sycamore
fr maladie des croûtes noires de l'érable, taches noires des feuilles d'érable
el costras negras de las hojas del arce
it croste nere delle foglie dell'acero
de Pechfleckenkrankheit des Ahorns, Schwarzfleckenkrankheit des Ahorns, Ahornrunzelschorf

1542 *Rhytisma salicinum*
en black spot of willows, tar spot of willow
fr maladie des croûtes noires du saule
el costras negras de las hojas del sauce
it croste nere delle foglie del salice
de Runzelschorf

1543 *Rosellinia aquila*
en root rot of mulberry
fr pourridié du mûrier
el podredumbre de las raíces de la morera
it marciume radicale dei gelsi
de Wurzelkrankheit der Maulbeerbäume

1544 *Rosellinia necatrix*
(Imp. st. *Graphium necator*)
en root rot, white root rot of apple
fr pourridié de la vigne et des arbres fruitiers
el podredumbre de las raíces de los frutales
it mal bianco della vite, marciume radicale della vite
de Wurzelschimmel, Weinstockfäule

1545 *Rosellinia quercina*
en root rot of oaks
fr pourridié du chêne
el podredumbre de las raíces de la encina
it marciume radicale delle quercie
de Eichenwurzeltöter

1546 *Sclerotinia bulborum*
en black slime of hyacinths
fr maladie de la morve de la jacinthe
el mal negro de los jacintos, gangrena de las cebollas
it morbo nero, cancrena dei bulbi
de schwarzer Rotz der Hyazinthenzwiebel

1547 *Sclerotinia cinerea*
(Imp. st. *Monilia cinerea*)
en brown rot
fr rot-brun des fruits, moniliose du cerisier, du prunier et du pêcher
el podredumbre de los frutos de hueso
it muffa dei fiori e frutti
de Moniliafruchtfäule

1548 *Sclerotinia fructigena*
(Imp. st. *Monilia fructigena*)
en brown rot and spur canker of apple
fr rot-brun des arbres fruitiers, moniliose du pommier et du poirier
el podredumbre parda de la fruta, moho de la fruta
it muffa della frutta, marciume nero della frutta
de Polsterschimmel, Monilia-Blütenfäule der Äpfel, Schwarzfäule der Äpfel

1549 *Sclerotinia laxa*
(Imp. st. *Monilia laxa*)
en Prunus blossom blight
fr rot-brun des arbres fruitiers
el moho de los albaricoques
it muffa delle albicocche
de Monilia-Spitzendürre des Kernobstes

1550 *Sclerotinia libertiana*
see: *S. sclerotiorum*

1551 *Sclerotinia linhartiana*
(Imp. st. *Monilia linhartiana*)
en brown rot of quince
fr maladie du dessèchement des jeunes coings, momification des coings

el momificación de los frutos del membrillero
it mummificazione dei giovani frutti del cotogno
de Sclerotienkrankheit der Quitte, Quittenmonilia

1552 *Sclerotinia sclerotiorum*
(S. libertiana)
(Imp. st. *Botrytis vulgaris)*
en stalk break, root rot, drop of lettuce, cotony rot of lemons
fr maladie des sclérotes, chancre du chanvre
el mal del esclerocio de las plantas cultivadas, esclerotinosis del lino, gomosis esclerotinosa del limón
it mal dello sclerozio, cancro della canapa, marciume delle piante erbacee, seccume dei rami di fico, marciume dei rametti degli agrumi
de Sclerotiniakrankheit, Stengelfäule der Gurke, Sclerotiniafäule der Gurke

1553 *Sclerotinia trifoliorum*
en stem rot of clover, wilt rot of clover and alfalfa
fr maladie des sclérotes des légumineuses
el mal del esclerocio del trébol
it mal dello sclerozio del trifoglio
de Kleekrebs

1554 *Sphaerotheca humuli*
en powdery mildew of roses and strawberries, powdery mildew of hops
fr oïdium du houblon
el oídio del lúpulo, mal blanco de lúpulo y del fresal
it oidio del luppolo, mal bianco della fragola, nebbia del luppolo e delle fragole
de Hopfenmehltau, Erdbeermehltau

1555 *Sphaerotheca mors-uvae*
en American gooseberry mildew, American powdery mildew of gooseberry
fr oïdium brun du groseillier à maquereau
el niebla del grosellero, añublo del grosellero, mancha parda del grosellero
it nebbia del ribes, oidio bruno dell'uva spina
de amerikanischer Stachelbeermehltau

1556 *Sphaerotheca pannosa*
(Imp. st. *Oidium leucoconicum)*
en powdery mildew of peach and rose, rose mildew
fr oïdium ou blanc du rosier et du pêcher
el oídio, blanqueta o mal blanco del rosal y del melocotonero
it nebbia, oidio o mal bianco della rosa e del pesco, mal dello spacco delle pesche
de Rosenschimmel, Rosenmehltau, Rosenweiss

1557 *Taphrina alni-incanae*
see: *T. amentorum*

1558 *Taphrina alnitorqua*
see: *T. amentorum*

1559 *Taphrina amentorum*
(T. alni-incanae)
(T. alnitorqua)
en alder catkin disease, deformation of female catkins
fr cloque des chatons de l'aune
el deformación de los amentos del aliso, escamas de las piñitas del aliso
it bozzacchioni degli amenti dell'ontano
de Fruchtzapfendeformation

1560 *Taphrina aurea*
en poplar yellow-leaf blister
fr cloque du peuplier
el ampollas de las hojas del chopo
it bolla delle foglie del pioppo
de Pappelblasenkrankheit

1561 *Taphrina bullata*
en pear leaf blister
fr cloque des feuilles du poirier
el ampollas negras de las hojas del peral
it bolla nera delle foglie del pero
de Birneblasenkrankheit

1562 *Taphrina cerasi*
en cherry witches' broom
fr balai de sorcière du cerisier
el escobas de bruja del cerezo
it scopazzi del ciliegio
de Kirschenhexenbesen, Hexenbesen der Kirschbäume

1563 *Taphrina coerulescens*
en leaf blister of oaks,
leaf curl of oaks
fr cloque foliaire du chêne
el ampollas de las hojas del roble
it bolla delle foglie delle quercie
de Eicheblasenkrankheit

1564 *Taphrina deformans*
en peach leaf curl
fr cloque du pêcher et de l'amandier
el abolladura de las hojas del melocotonero, lepra de las hojas
it bolla delle foglie, accartocciamento delle foglie
de Kräuselkrankheit des Pfirsichs

1565 *Taphrina epiphylla*
en alder witches' broom
fr balai de sorcière de l'aune
el escoba de bruja del aliso
it scopazzi dell'ontano
de Erlehexenbesen

1566 *Taphrina johansonii*
en poplar-catkin disease, deformation of female catkins
fr cloque des chatons du peuplier
el deformación de los amentos del chopo
it bozzacchioni degli amenti del pioppo
de Fruchtzapfendeformation

1567 *Taphrina pruni*
en plum pockets, bladder plums
fr maladie des pochettes du prunier
el lepra del ciruelo,
endrinas del ciruelo,
ciruelas del diablo,
bolsita del ciruelo
it bozzacchioni del susino,
prugne del diavolo,
lebbra del susino
de Narrenkrankheit der Zwetschge,
Taschenkrankheit der Zwetschge

1568 *Taphrina sadebeckii*
en alder leaf blister
fr cloque foliaire de l'aune glutineux
el ampolla de las hojas del aliso
it galle fogliari dell'ontano
de Erleblasenkrankheit

1569 *Taphrina tosquinetti*
en alder leaf blister
fr cloque foliaire de l'aune
el deformación de los amentos del aliso
it bozzacchioni degli amenti dell'ontano
de Erleblasenkrankheit

1570 *Taphrina turgida*
en birch witches' broom
fr balai de sorcière du bouleau
el escoba de bruja del abedul
it scopazzi della betulla
de Birkehexenbesen

1571 *Thielavia basicola*
(Imp. st. *Thielaviopsis basicola*)
en root rot of tobacco, beans and peas
fr pourriture noire des racines
el peste de los emilleros,
podredumbre de la raíz del tabaco
it moria delle piantine dei semenzai,
marciume radicale del tabacco,
peste dei ciclamini
de Wurzelbräune der Lupinen

1572 *Uncinula necator*
(Imp. st. *Oidium tuckeri*)
en grape mildew,
powdery mildew of grapevine
fr oïdium de la vigne
el oídio de la vid, ceniza de la vid, cenicilla
it oidio della vite,
crittogama della vite
de echter Mehltau der Reber,
Rebenmehltau

1573 *Uncinula salicis*
en willow mildew
fr blanc du peuplier
el oídio o mal blanco de los sauces y chopos
it nebbia o mal bianco dei salici e pioppi
de Weidenmehltau

1574 *Venturia cerasi*
(Imp. st. *Fusicladium cerasi*)
en cherry scab
fr tavelure du cerisier
el moteado del cerezo
it ticchiolatura delle ciliegie
de Kirschenschorf

1575 *Venturia inaequalis*
see: *Endostigme inaequalis*

1576 *Venturia pirina*
(Imp. st. *Fusicladium virescens* = *F. pirinum*)
en pear scab

fr tavelure du poirier
el sarna del peral, roña del peral, moteado del peral
it ticchiolatura del pero, brusone del pero
de Birnenschorf

1577 *Venturia tremulae*
(Imp. st. *Pollaccia radiosa)*
en scab and dieback of poplar
fr tavelure du tremble, maladie du peuplier pyramidal
el desecación de las ramas del chopo piramidal
it disseccamento apicale dei germogli dei pioppi, defogliazione primaverile del pioppo
de Absterben der Pyramidpappeln

FUNGI: Basidiomycetes

1578 *Agaricus melleus*
see: *Armillaria mellea*

1579 *Armillaria mellea*
(Agaricus melleus)
en honey agaric, honey fungus, oak fungus, shoestring fungus
fr armillaire de miel
el agárico
it chiodini, famigliola
de Hallimasch

en mushroom root rot, resin flow, root rot of larch, collar crack
fr pourridié-agaric, blanc de racines, maladie des fentes du caféier
el podredumbre blanca de la raíz, blanco de la raíz, mal blanco de la raíz, moho de las raíces
it marciume bianco radicale, muffa delle radici, moria, seccarola
de Harzsticken, Erdkrebs

1580 *Caeoma pinitorquum*
see: *Melampsora pinitorqua*

1581 *Calyptospora goeppertiana*
see: *Pucciniastrum goeppertianum*

1582 *Cerotelium fici*
(Kuehneola fici)
(Physopella fici)
en fig rust
fr rouille du figuier
el roya de la higuera
it ruggine del fico
de Feigenrost

1583 *Chrysomyxa abietis*
en leaf rust of spruce
fr rouille des aiguilles de l'épicéa
el roya del abeto rojo
it ruggine dell'abete rosso
de Fichtennadelrost

1584 *Chrysomyxa rhododendri*
en spruce needle rust
fr rouille vésiculaire des aiguilles de l'épicéa
el roya del bujo, roya vesicular de las hojas del abeto
it ruggine del rododendro, ruggine vesicolosa delle foglie dell'abete
de Fichtenblasenrost

1585 *Coleosporium* spp.
en pine needle rust
fr rouille des aiguilles du pin
el roya de las hojas del pino
it ruggine delle foglie del pino
de Kiefernnadelblasenrost

1586 *Corticium javanicum*
see: *C. salmonicolor*

1587 *Corticium koleroga*
(Pellicularia koleroga)
en black rot of coffee, leaf rot of coffee, thread blight of cocoa
fr koléroga du caféier, maladie de la toile du caféier
el moho de hilachas, piel plateada, arañera, telilla de las hojas, mal de la tela
it marciume nero del caffè
de Silberdrahtkrankheit

1588 *Corticium rolfsii*
(Ster. st. *Sclerotium rolfsii)*
en seedling blight of rice
fr pourriture des capsules du cotonnier
el mal del esclerocio de los remolachares, podredumbre roja de la vaina de la caña de azúcar
it marciume del piede
de Sämlings-Mehltau

1589 *Corticium salmonicolor*
(C. javanicum)
(C. zimmermanni)
(Pellicularia salmonicolor)
en pink disease of coffee, rubellosis
fr maladie rose du caféier et du cacaoyer
el enfermedad roja del cafeto, mal rosado del tallo, mal rosado del cafeto y del cacao, rubicundez
it "pink disease"
de "pink disease"

1590 *Corticium solani*
(C. vagum)
(Hypochnus solani)
(Ster. st. *Rhizoctonia solani)*
en black scurf of potato, Rhizoctonia disease of potato, black speck, black scab, russet scab
fr rhizoctone noir, maladie des collerettes, maladie des manchettes, variole des tubercles, chancre du pied
el viruela de la patata, sarna costrosa de la patata, rizoctoniosis de la patata
it scabbia delle patate, ipocnosi
de Wurzeltöterkrankheit, Triebfäule und Fussvermorschung, Weisshosigkeit der Kartoffel

1591 *Corticium vagum*
see: *C. solani*

1592 *Corticium zimmermanni*
see: *C. salmonicolor*

1593 *Cronartium asclepiadeum*
see: *C. flaccidum*

1594 *Cronartium flaccidum*
(C. asclepiadeum)
en blister rust
fr rouille vésiculeuse des écorces du pin, rouille de la pivoine
el roya vesiculosa de la corteza del pino, roña del ritidoma del pino, roya de la peonia
it ruggine vescicolosa della scorza del pino, ruggine delle peonie
de Kienzopfes, Kiefernrindenblasenrost, Blasenrostkrankheit der Strobe

1595 *Cronartium ribicola*
(Peridermium strobi)
en blister rust of five-needle pine, blister rust of white pine
fr rouille du pin Weymouth, rouille des pins à cinq feuilles
el roya del pino de Weymouth
it ruggine vescicolosa del pino di Weymouth
de Weymouthskiefernblasenrost

1596 *Endophyllum semperviri*
en houseleek rust
fr rouille des joubarbes
el roya de las siemprevivas
it ruggine dei semprevivi
de Sempervivum-Rost

1597 *Entyloma dahliae*
en white smut of dahlia, smut disease of dahlia
fr charbon des feuilles de dahlia, entyloma du dahlia
el carbón de la dalia
it carbone della dalia
de Blattbrand der Dahlie

1598 *Exobasidium japonicum*
en azalea gall
fr fausse cloque de l'azalée, galles foliaires de l'azalée
el agalla foliar de la azalea
it galle fogliari dell'azalea
de Löffelkrankheit, Ohrläppchenkrankheit, Klumpenblätterkrankheit der Azaleen

1599 *Exobasidium vexans*
en blister blight of tea
fr cloque du théier, maladie vésiculeuse du théier
el abolladura de las hojas de té, agallas de las hojas del té
it bolla del tè
de Blasenkrankheit des Tees

1600 *Fistulina hepatica*
en beef steak fungus
fr langue de boeuf
el lengua de buey, hígado de buey
it lingua di bue
de Leberpilz, Leberschwamm

en brown oak, red oak, foxiness
el pudrición negra de la madera

1601 *Fomes annosus*
(Trametes radiciperda)
en spongy sap rot,
heart rot of conifers,
conifer root and heart rot
fr maladie du rond des pins
el caries de la madera,
podredumbre roja de la madera
it mal del rotondo
de Rotfäule der Nadelbäume,
Stockfäule der Nadelbäume

1602 *Fomes applanatum*
see: *Ganoderma applanatum*

1603 *Fomes fomentarius*
(Polyporus fomentarius)
en tinder fungus
fr amadouvier
el hongo yesquero,
agárico de encina, escarzo
it fungo dell'esca
de Zunderschwamm, Feuerschwamm

en white mottled rot
el podredumbre blanca de la madera
de Weissfäule

1604 *Fomes laricis*
see: *F. pomaceus*

1605 *Fomes igniarius*
(Polyporus igniarius)
en false tinder fungus
fr faux amadouvier
el falso hongo yesquero
it fungo del salice
de falscher Zunderschwamm

en white trunk rot, white heart rot
el podredumbre blanca de la madera
it marciume bianco del legno di quercia
de Weissfäule

1606 *Fomes laricis*
see: *F. officinalis*

1607 *Fomes lignosus*
(Leptoporus lignosus)
en white root rot
fr pourriture blanche des racines
el mal blanco de la raíz,
podredumbre del cuello del cafeto,
podredumbre blanca de las raíces del cafeto y del cacao
it marciume bianco
de Weissfäule

1608 *Fomes officinalis*
(F. laricis)
en quinine fungus
el agárico de las boticas,
agárico blanco
de Lärchenschwamm

en brown trunk rot
fr pourriture brune du bois de coeur des conifères
el podredumbre parda del tronco
it marciume bruno

1609 *Fomes pini*
see: *Trametes pini*

1610 *Fomes pomaceus*
(F. fulvus)
en Fomes disease of plums,
heart rot of plums
fr pourriture blanche
el caries del tronco,
podredumbre blanca de la madera
it carie del tronco
de Weissfäule

1611 *Ganoderma applanatum*
(Fomes applanatum)
en shelf fungus, artist's conk
de flacher Schichtporling

en white mottled rot, white butt rot
fr pourridié blanc marbré des racines et base des troncs
el podredumbre blanca del raigal
it marciume bianco

1612 *Graphiola phoenicis*
en date palm leaf spot,
date palm false smut
fr maladie des feuilles des palmiers
el enfermedad foliar de la datilera
it malattia della palma dei datteri
de Blattbrand der Dattelpalme

1613 *Gymnosporangium juniperinum*
see: *G. tremelloides*

1614 *Gymnosporangium sabinae*
en pear rust
fr rouille grillagée du poirier
el roya del peral
it ruggine del pero
de Birnengitterrost,
Gitterrost des Birnbaumes

1615 *Gymnosporangium tremelloides*
(G. juniperinum)
en stem gall of mountain juniper

fr rouille grillagée du pommier
el roya del manzano
it ruggine delle foglie del melo
de Apfelrost

1616 *Helicobasidium purpureum (Hypochnus violaceus)* (Ster. st. *Rhizoctonia crocorum = Rh. violacea = Rh. medicaginis)*
en violet root rot
fr rhizoctone de la luzerne, maladie de la mort du safron
el mal vinoso; rizoctoniosis
it mal vinato
de violetter Wurzeltöter

1617 *Hemileia vastatrix*
en rust of coffee, leaf disease of coffee
fr rouille vraie du caféier
el roya del cafeto
it ruggine del caffè
de Kaffeerost, Kaffeeblattkrankheit

1618 *Hypochnus solani*
see: *Corticium solani*

1619 *Hypochnus violaceus*
see: *Helicobasidium purpureum*

1620 *Kuehneola fici*
see: *Cerotelium fici*

1621 *Lenzites sepiaria*
en slash conk
de Zaunblättling

en Lenzites dry rot of coniferous timber, brown pocket rot
fr pourriture sèche de l'aubier des conifères
el podredumbre seca de la albura
it marciume secco

1622 *Leptoporus lignosus*
see: *Fomes lignosus*

1623 *Marasmius oreades*
en fairy rings
fr cercles de sorcière, ronds de sorcière
el corros de brujas
it cerchi magici, circoli magici
de Hexenringe

1624 *Marasmius perniciosus*
en Surinam witches' broom disease of cocoa
fr balai de sorcière du cacaoyer
el escoba de bruja del cacao
it scopazzi del cacao
de Hexenbesenkrankheit des Kakaostrauches, Krülloten

1625 *Melampsora lini*
en flax rust
fr rouille du lin
el roya del lino
it ruggine del lino
de Leinrost, Flachsrost

1626 *Melampsora pinitorqua (Caeoma pinitorquum)*
en poplar rust
fr rouille tordeuse, rouille coubeuse des rameaux de pins
el roya encorvadora de las ramas del pino, roya del álamo temblón
it ruggine curvatrice dei rami del pino, ruggine del pioppo tremolo
de Kieferndrehrost, Kieferndreher

1627 *Melampsorella caryophyllacearum (M. elatina)*
en yellow witches' broom of balsam fir
fr rouille vésiculaire des aiguilles, balai de sorcière des rameaux de sapin
el gangrena del abeto, escoba de bruja del abeto
it cancrena dell'abete bianco, scopazzi dell'abete
de Hexenbesenkrankheit der Weisstanne

1628 *Melampsorella elatina*
see: *M. caryophyllacearum*

1629 *Merulius lacrymans*
en tear fungus, dry rot fungus, house fungus
fr champignon des charpentes, champignon des maisons
el esponja doméstica, hongo de las casas, hongo de las cuevas, hongo de los maderos, hongo llorón
it fungo del legname, fungo delle travature
de echter Hausschwamm

en dry rot
fr pourriture rouge
el podredumbre roja de la madera

it marciume rosso del legno
de Rotstreifigkeit

1630 *Mycena citricolor*
see: *Omphalia flavida*

1631 *Neovossia horrida*
see: *Tilletia horrida*

1632 *Omphalia flavida*
(Mycena citricolor)
en viruela, iron spot,
American leaf disease
fr stilbose du caféier,
mancha du caféier
el mancha americana de la hoja,
ojo de gallo,
gotera del cafeto (Col.)
it vaiolatura del caffè
de Schwarzblättrigkeit,
amerikanische Blattkrankheit

1633 *Pellicularia koleroga*
see: *Corticium koleroga*

1634 *Pellicularia salmonicolor*
see: *Corticium salmonicolor*

1635 *Peridermium strobi*
see: *Cronartium ribicola*

1636 *Pholiota adiposa*
en yellow cap fungus
de schleimiger Schnüppling

en brown mottled rot
fr pourriture colorée marbrée
el podredumbre amarilla del leño
it marciume giallo del legno

1637 *Phragmidium imitans*
see: *Ph. rubi-idaei*

1638 *Phragmidium mucronatum*
(Ph. subcorticium)
en rose smut, rose rust
fr rouille du rosier
el polvillo del rosal, roya del rosal
it ruggine delle rose
de Rosenrost

1639 *Phragmidium rubi-idaei*
(Ph. imitans)
en raspberry rust
fr rouille du framboisier
el roya de la frambuesa
it ruggine del lampone
de Himbeerenrost

1640 *Phragmidium subcorticium*
see: *Ph. mucronatum*

1641 *Phragmidium violaceum*
en blackberry rust
fr rouille de la ronce
el roya de la zarzamora
it ruggine del rovo
de Brombeerenrost

1642 *Physopella fici*
see: *Cerotelium fici*

1643 *Pleurotus ostreatus*
en oyster mushroom, oyster cap
de Austernpilz

en white-streaked sapwood rot,
white flaky rot
fr pourriture marbrée du bois de coeur
el podredumbre blanca
it marciume bianco del legno

1644 *Polyporus abietinus*
(Polystictus abietinus)
en purple conk
de violetter Porling

en pitted sap rot, hollow pocket rot
fr pourriture blanche
el podredumbre blanca
it marciume bianco
de Weissfäule

1645 *Polyporus adustus*
en scorched conk
de rauchgrauer Porling

en white mottled rot
fr pourriture blanche marbrée
el podredumbre blanca
it marciume bianco
de Weissfäule

1646 *Polyporus balsameus*
en balsam conk

en balsam butt rot, brown butt rot
fr pourriture brune
el podredumbre parda del raigal
it marciume bruno
de Braunfäule im Stammfuss

1647 *Polyporus borealis*
en white mottled rot
fr pourriture blanche
el podredumbre blanca del abeto
it marciume bianco
de Weissfäule

1648 *Polyporus dryadeus*
en weeping conk
de Wurzelpilz der Eiche

en white root rot
fr pourriture blanche
el podredumbre blanca de los árboles vivos
it marciume bianco

1649 *Polyporus fomentarius*
see: *Fomes fomentarius*

1650 *Polyporus hispidus*
en spongy white rot
fr pourriture gommeuse du bois
el lengua de la morera
it lingua del gelso
de Weissfäule

1651 *Polyporus igniarius*
see: *Fomes igniarius*

1652 *Polyporus squamosus*
en scaly fungus, saddle back fungus
de schuppiger Porling

en white mottled rot
fr pourriture blanche marbrée des angiospermes
el podredumbre blanca de las frondosas
it marciume bianco
de Weissfäule

1653 *Polyporus sulphureus*
en sulphur fungus
fr polypore des arbres fruitiers
de Schwefelporling

en brown cubical rot, brown checked wood rot
fr pourriture rouge du chêne
el podredumbre roja del leño
it marciume rosso del legno
de Stammfäule

1654 *Polystictus abietinus*
see: *Polyporus abietinus*

1655 *Poria incrassata*
en building poria

en dry rot, building rot
fr pourriture sèche des bois
el podredumbre seca, caries de la madera
it marciume secco
de Braunfäule des Holzes

1656 *Puccinia allii*
en garlic rust
fr rouille de l'ail
el roya de la cebolla y del ajo
it ruggine dell'aglio, nebbia dell'aglio
de Zwiebelrost

1657 *Puccinia anomala*
see: *P. hordei*

1658 *Puccinia anthirrhini*
en snapdragon rust
fr rouille du muflier des jardins
el roya del antirrino
it ruggine della bocca di leone
de Löwenmaulrost

1659 *Puccinia apii*
en celery rust
fr rouille du céleri
el roya del apio
it ruggine del sedano
de Sellerierost

1660 *Puccinia asparagi*
en asparagus rust
fr rouille de l'asperge
el roya del espárrago
it ruggine dell'asparago
de Spargelrost

1661 *Puccinia buxi*
en box rust
fr rouille du buis
el roya del boj
it ruggine del bossolo
de Buchsbaumblätterrost

1662 *Puccinia cerasi*
en cherry rust
fr rouille du cerisier et du pêcher
el roya del cerezo
it ruggine del ciliegio
de Kirschenrost

1663 *Puccinia chrysanthemi*
en chrysanthemum black rust
fr rouille du chrysanthème
el roya de los crisantemos
it ruggine dei crisantemi
de Chrysanthemum-Rost

1664 *Puccinia coronata*
(P. coronifera)
en crown rust of oats
fr rouille couronnée de l'avoine
el roya coronada de la avena
it ruggine coronata dell'avena
de Kronenrost

1665 *Puccinia coronifera*
see: *P. coronata*

1666 *Puccinia dispersa*
en brown leaf rust of rye
fr rouille brune du seigle
el roya parda del centeno, roya estriada del centeno, roya morena
it ruggine striata della segala
de Braunrost des Roggens

1667 *Puccinia glumarum*
see: *P. striiformis*

1668 *Puccinia graminis*
en stem rust of grain, black rust of cereals
fr rouille noire des céréales, rouille linéaire des céréales
el roya negra de los cereales, roya lineal, roya del tallo
it ruggine comune del grano, ruggine lineare
de Schwarzrost des Getreides, Streifenrost

1669 *Puccinia helianthi*
en sunflower rust
fr rouille du tournesol
el roya del girasol y de la pataca
it ruggine del girasole
de Sonnenblumenrost

1670 *Puccinia hordei*
(P. anomala)
(P. simplex)
en brown rust of barley, dwarf leaf rust of barley
fr rouille naine de l'orge
el roya de las hojas de la cebada, roya parda de la cebada, roya enana de la cebada
it ruggine bruna dell'orzo
de Zwergrost der Gerste, Braunrost der Gerste, Gerstenzwergrost

1671 *Puccinia kuehnii*
(Uromyces kuehnii)
en sugar cane rust
fr rouille de la canne à sucre
el roya de la caña de azúcar
it ruggine della canna da zucchero
de Zuckerrohrrost

1672 *Puccinia malvacearum*
en hollyhock rust
fr rouille des malvacées, rouille des mauves
el roya de las malváceas, roya de las malvas
it ruggine delle malve
de Rost der Malvaceen, Malvenrost

1673 *Puccinia maydis*
see: *P. sorghi*

1674 *Puccinia menthae*
en mint rust
fr rouille des menthes
el roya de la menta
it ruggine della menta
de Pfefferminzrost

1675 *Puccinia nitida*
(P. petroselini)
en dill rust
fr rouille du persil
el roya del perejil
it ruggine del prezzemolo
de Petersilierost

1676 *Puccinia petroselini*
see: *P. nitida*

1677 *Puccinia porri*
en leek rust
fr rouille du poireau
el roya del puerro, roya de las cebollas
it ruggine del porro
de Lauchrost, Zwiebelrost

1678 *Puccinia pruni-spinosae*
see: *Tranzschelia pruni-spinosae*

1679 *Puccinia ribis*
en true currant rust
fr rouille du groseillier
el roya del grosellero
it ruggine del ribes
de Johannisbeerrost

1680 *Puccinia simplex*
see: *P. hordei*

1681 *Puccinia sorghi*
(P. maydis)
en corn rust, maize rust
fr rouille du maïs
el roya del maíz
it ruggine del granturco
de Maisrost

1682 *Puccinia striiformis*
(P. glumarum)
en yellow rust of wheat, stripe rust of wheat

fr rouille jaune des céréales
el roya amarilla de los cereales,
roya de las glumas,
roya estriada, roya lineal
it ruggine striata del grano
de Gelbrost des Weizens

1683 *Puccinia triticina*
en brown rust of wheat,
orange leaf rust of wheat
fr rouille brune du blé
el roya parda del trigo,
roya anaranjada, roya de las hojas
it ruggine bruna del grano
de Weizenbraunrost

1684 *Puccinia violae*
en violet rust, pansy rust
fr rouille de la violette
el roya de las violetas
it ruggine della viola
de Rost der Violaceen, Veilchenrost

1685 *Pucciniastrum goeppertianum*
(Calyptospora goeppertiana)
en leaf and cone blister rust
fr rouille vésiculaire des feuilles de sapin
el roya del arándano rojo
it ruggine vescicolosa delle foglie di abete bianco
de Weisstannensäulenrost

1686 *Pucciniastrum padi*
en leaf and cone blister rust
fr rouille du sapin
el roya de las piñas del abeto
it ruggine degli strobi di abete
de Fichtenzapfenrost

1687 *Schizophyllum alneum*
see: *S. commune*

1688 *Schizophyllum commune*
(S. alneum)
de Spaltblättling

en Schizophyllum rot
fr mycose corticale
el micosis cortical
it micosi corticale

1689 *Sorosporium filiferum*
see: *Tolyposporium ehrenbergii*

1690 *Sorosporium panici-miliacei*
see: *Sphacelotheca destruens*

1691 *Sorosporium relinianum*
see: *Sphacelotheca reiliana*

1692 *Sphacelotheca cruenta*
(Ustilago cruenta)
en loose kernel smut of sorghum
fr charbon nu du sorgho
el tizón del sorgo
it carbone polveroso del sorgo,
carbone della rachide del sorgo
de Staubbrand der Mohrenhirse

1693 *Sphacelotheca destruens*
(Sorosporium panici-miliacei)
en millet smut
fr charbon du millet
el tizón del mijo
it carbone del miglio
de Rispenhirsebrand, Hirsebrand

1694 *Sphacelotheca reiliana*
(Ustilago reiliana)
(Sorosporium reilianum)
en head smut of sorghum and corn
fr charbon des inflorescences du maïs
el carbón de la panoja del maíz,
tizón de la panoja
it carbone della pannocchia
de Kopfbrand der Mohrenhirse und des Maises

1695 *Sphacelotheca sorghi*
en kernel smut of sorghum
fr charbon couvert du sorgho
el carbón cubierto del sorgo,
carbón duro del sorgo
it carbone coperto del sorgo,
carbone della saggina
de gedeckter Hirsebrand, Kernbrand

1696 *Stereum frustulosum*
(Thelephora frustulata)
en partridge wood
fr pourriture en bois de perdrix,
pourriture alvéolaire
el leño de perdiz, madera de perdiz,
griseta del roble
it occhi di pernice del legno di quercia
de Rebhuhnholz

1697 *Stereum hirsutum*
(S. necator)
en 1 soft white rot
2 esca disease of grapevine
fr 1 pourriture blanche alvéolaire
2 maladie de l'esca de la vigne
el 1 podredumbre blanca de la madera de encina,
caries del tronco del olivo
2 yesca de la vid,
apoplejía parasitaria de la vid

it 1 marciume bianco del legno di quercia
2 esca delle viti, mal dell'esca
de 1 weisspfeifiges Eichenholz
2 Esca-Krankheit, Apoplexie

1698 *Stereum necator*
see: *S. hirsutum*

1699 *Stereum purpureum*
en silver leaf of fruit trees
fr plomb des arbres fruitiers, maladie du plomb des arbres fruitiers et d'ornement
el mal del plomo de los frutales, plomo de los frutales
it mal del piombo del pesco
de Milchglanz, Bleiglanz, Silberglanz

1700 *Stereum sanguinolentum*
en bleeding stereum

en red heart rot, mottle bark disease
fr pourriture lamellée brune du bois de coeur
el podredumbre roja del duramen
it marciume rosso
de Rotfäule

1701 *Thelephora frustulata*
see: *Stereum frustulosum*

1702 *Tilletia brevifaciens*
see: *T. controversa*

1703 *Tilletia caries*
(T. tritici)
en wheat bunt, stinking smut of wheat
fr carie du blé, carie du froment
el caries del trigo, tizón del trigo, carbón hediondo del trigo
it carie del frumento, carbone puzzolente del grano
de Weizensteinbrand, Stinkbrand, Steinbrand, Schmierbrand

1704 *Tilletia controversa*
(T. brevifaciens)
en dwarf bunt
fr carie naine du blé
el caries enana del trigo
it carie nana
de Zwergsteinbrand, Zwergbrand des Weizens

1705 *Tilletia foetida*
(T. laevis)
en wheat smut, stinking smut of wheat
fr carie du blé
el caries del trigo, tizón del trigo, carbón hediondo del trigo
it carie del frumento, carbone puzzolente del grano
de Weizensteinbrand, Stinkbrand, Steinbrand, Schmierbrand

1706 *Tilletia horrida*
(Neovossia horrida)
en black smut of rice, rice bunt
fr carie du riz
el carbón del arroz
it carbone del riso
de Schwarzbrand des Reises

1707 *Tilletia laevis*
see: *T. foetida*

1708 *Tilletia secalis*
en rye bunt
fr carie du seigle
el caries del centeno
it carie della segala, golpe della segala
de Roggensteinbrand

1709 *Tilletia tritici*
see: *T. caries*

1710 *Tolyposporium ehrenbergii*
(Sorosporium filiferum)
en long smut of sorghum
fr charbon des sorghos
el carbón del sorgo
it carbone del sorgo
de Langbrand der Mohrenhirse

1711 *Tolyposporium penicillariae*
en long smut of millet, Bajri smut
fr charbon du mil à chandelle
el carbón del mijo
it carbone del miglio
de Langbrand der Negerhirse

1712 *Trametes pini*
(Fomes pini)
en ring scale fungus
de Kiefernbaumschwamm

en red ring rot, ring scale, red heart, pecky rot
fr pourriture rouge du pin, pourriture rouge du coeur du pin sylvestre
el podredumbre roja del pino, podredumbre anular de la madera de pino, pino chamoso, pino con setas

it marciume anulare del legno di pino
de Ringschäle der Kiefer, Kernschäle der Kiefer

1713 *Trametes radiciperda*
see: *Fomes annosus*

1714 *Tranzschelia pruni-spinosae* *(Puccinia pruni-spinosae)*
en rust of stone fruits, plum rust
fr rouille du prunier
el roya de los frutales de hueso, roya del ciruelo
it ruggine del susino
de Zwetschenrost, Pflaumenrost

1715 *Urocystis agropyri* *(U. tritici)*
en stripe smut of wheat, flag smut of wheat
fr charbon des feuilles du blé
el carbón de la hoja
it carbone del culmo e delle foglie del grano, golpe nera del grano
de Streifenbrand des Weizens

1716 *Urocystis anemones*
en anemone smut
fr charbon de l'anémone
el carbón de las ranunculáceas
it carbone dell'anemone
de Anemonenbrand

1717 *Urocystis cepulae*
en onion smut
fr charbon des feuilles d'oignon
el carbón de la cebolla
it carbone della cipolla
de Zwiebelbrand

1718 *Urocystis occulta*
en stalk smut of rye, flag smut of rye
fr charbon de la tige du seigle
el carbón de la paja del centeno
it tarlo del gambo della segala, carbone del culmo della segala
de Roggenstengelbrand

1719 *Urocystis tritici*
see: *U. agropyri*

1720 *Urocystis violae*
en pansy seed smut
fr charbon de la pensée
el carbón del pensamiento
it carbone delle viole
de Veilchenschwielenbrand

1721 *Uromyces appendiculatus* *(U. phaseoli)*
en bean rust
fr rouille du haricot
el roya de la judía, polvilla del poroto (Arg.)
it ruggine del fagiolo
de Bohnenrost

1722 *Uromyces betae*
en beet rust
fr rouille de la betterave
el roya de la remolacha, añublo de la remolacha
it ruggine della barbabietola
de Rost der Runkel- und Zuckerrüben, Rübenrost

1723 *Uromyces caryophillinus*
see: *U. dianthi*

1724 *Uromyces dianthi* *(U. caryophillinus)*
en carnation rust
fr rouille de l'oeillet
el roya del clavel
it ruggine del garofano
de Nelkenrost

1725 *Uromyces fabae*
see: *U. viciae-fabae*

1726 *Uromyces kuehnii*
see: *Puccinia kuehnii*

1727 *Uromyces phaseoli*
see: *U. appendiculatus*

1728 *Uromyces pisi*
en pea rust
fr rouille du pois
el roya del guisante
it ruggine del pisello
de Erbsenrost

1729 *Uromyces striatus*
en alfalfa rust
fr rouille de la luzerne
el roya de la alfalfa
it ruggine dell'erba medica
de Luzernerost, Schneckenkleerost

1730 *Uromyces trifolii*
en clover rust
fr rouille des trèfles
el roya del trébol
it ruggine del trifoglio
de Kleerost

1731 *Uromyces viciae-fabae*
(U. fabae)
en broad bean rust
fr rouille de la fève
el roya de las habas
it ruggine della fava
de Ackerbohnenrost

1732 *Ustilago avenae*
en loose smut of oats
fr charbon de l'avoine,
charbon nu de l'avoine
el carbón de la avena,
carbón desnudo de la avena,
tizón de la avena
it carbone dell'avena
de Haferflugbrand

1733 *Ustilago bromivora*
see: *U. bullata*

1734 *Ustilago bullata*
(U. bromivora)
en head smut of grasses,
ear smut of bromus
fr charbon des bromes
el carbón de la cebadilla
it carbone del bromo ungherese
de Staubbrand der Gräser,
Trespenbrand

1735 *Ustilago crameri*
en millet kernel smut
fr charbon du millet
el tizón del panizo mayor
it carbone del panico
de Kolbenhirsebrand,
Staubbrand der Kolbenhirse

1736 *Ustilago cruenta*
see: *Sphacelotheca cruenta*

1737 *Ustilago hordei*
en covered smut of barley
fr charbon couvert de l'orge
el carbón cubierto de la cebada,
carbón vestido de la cebada,
tizón de la cebada
it carbone coperto dell'orzo
de Gerstenhartbrand,
gedeckter Gerstenbrand

1738 *Ustilago hypodytes*
en stem smut of grasses
fr charbon de la tige
el carbón del tallo
it carbone delle graminacee
de Stengelbrand der Gräser

1739 *Ustilago kolleri*
(U. levis)
en covered smut of oats,
kernel smut of oats
fr charbon couvert de l'avoine
el carbón de la avena,
carbón cubierto de la avena,
tizón de la avena
it carbone dell'avena
de gedeckter Haferbrand,
gedeckter Haferflugbrand

1740 *Ustilago levis*
see: *U. kolleri*

1741 *Ustilago longissima*
en brown stripe smut
fr charbon
el carbón de las gramináceas de agua
dulce
it carbone delle graminacee acquatiche
de Streifenbrand des Wasserschwadens

1742 *Ustilago maydis*
(U. zeae)
en common smut of corn, blister smut,
boil smut
fr charbon du maïs
el carbón del maíz, tizón del maíz,
bolsa del maíz (Arg.)
it carbone del granturco
de Maisbrand, Maisbeulenbrand

1743 *Ustilago nigra*
en black smut, false smut,
semiloose smut
fr charbon noir de l'orge
el carbón negro de la cebada
it carbone dell'orzo
de Gerstenschwarzbrand

1744 *Ustilago nuda*
en loose smut of barley,
brown loose smut
fr charbon nu de l'orge
el carbón desnudo de la cebada,
carbón volador de la cebada,
tizón de la cebada
it carbone nudo dell'orzo
de Gerstenflugbrand, Weizenflugbrand

1745 *Ustilago reiliana*
see: *Sphacelotheca reiliana*

1746 *Ustilago scitaminea*
en sugar cane rust
fr charbon de la canne à sucre
el carbón de la caña de azúcar
it carbone della canna da zucchero
de Zuckerrohrbrand

1747 *Ustilago striaeformis*
see: *U. striiformis*

1748 *Ustilago striiformis*
(U. striaeformis)
en stripe smut, loose smut of timothy
fr charbon du fléole des prés
el carbón del fleo
it carbone del fleolo
de Streifenbrand der Gräser

1749 *Ustilago tritici*
en loose smut of wheat
fr charbon du blé
el carbón del trigo,
carbón desnudo del trigo,
carbón volador del trigo,
tizón del trigo
it carbone del frumento
de Weizenflugbrand

1750 *Ustilago violaceae*
en anther smut
fr charbon des cariophyllacées
el carbón de las cariofiláceas
it carbone delle cariofillacee
de Antherenbrand

1751 *Ustilago zeae*
see: *U. maydis*

FUNGI: Fungi Imperfecti

1752 *Actinonema rosae*
see: *Diplocarpon rosae**

1753 *Alternaria brassicae*
en dark leaf spot of cabbage,
brown rot of cauliflower
fr alternaria des crucifères
el negrón de las crucíferas,
alternariosis de las crucíferas,
mancha negra del repollo
it alternariosi delle crocifere,
macchie flogliari del cavolo,
marciume nero del cavolfiore
de Schwarzepilz des Kohls

1754 *Alternaria dauci*
en alternaria blight of carrot,
carrot blight
fr alternaria des solanacées
el alternariosis de la zanahoria,
mancha foliar de la remolacha
it alternariosi delle solanacee
de Möhrenbrand

* See in Ascomycetes

1755 *Alternaria porri* f. sp. *solani*
(A. solani)
en early blight of potato,
target spot of potato
fr maladie des taches brunes de la
pomme de terre et de la tomate
el negrón de la patata,
alternariosis de la patata,
tizón temprano de la papa (Arg.)
it nebbia delle patate,
seccume primaverile delle patate,
necrosi del colletto del pomodoro
de Dürrfleckenkrankheit der Kartoffel,
Hartfäule der Kartoffel,
Alternaria-Blattfleckenkrankheit
der Tomate

1756 *Alternaria solani*
see: *A. porri* f. sp. *solani*

1757 *Ascochyta pinodella*
en leaf, stem and pod rot of peas
fr anthracnose du pois
el antracnosis del guisante
it antracnosi del pisello
de Brennfleckenkrankheit der Erbse

1758 *Ascochyta pisi*
en leaf, stem and pod rot of peas,
Ascochyta-blight of peas
fr anthracnose du pois
el antracnosis del guisante,
rabia del guisante
it antracnosi del pisello,
seccume del pisello,
nebbia del pisello
de Brennfleckenkrankheit der Erbse,
Ascochyta-Fusskrankheit der Erbse

1759 *Botryodiplodia theobromae*
see: *Lasiodiplodia theobromae*

1760 *Botrytis allii*
en neck rot and leaf rot of onion,
grey-mould neck rot
fr pourriture des oignons
el podredumbre de los bulbos de
cebolla
it marciume delle cipolle,
muffa delle cipolle
de Grauschimmelfäule der Zwiebel

1761 *Botrytis byssoidea*
en neck rot and leaf rot of onion,
mycelial neck rot
fr pourriture des oignons
el podredumbre de los bulbos de
cebolla

it marciume delle cipolle,
muffa delle cipolle
de Zwiebelfäule

1762 *Botrytis cinerea*
en common grey mould,
fruit rot of apples
fr pourriture grise, pourriture noble,
maladie de la toile
el podredumbre gris de las uvas,
moho gris de las uvas,
enmohecido de la uva,
mal del esclerocio de los
sarmientos, podredumbre noble
it muffa grigia dell'uva,
marciume grigio dell'uva,
ammuffimento degli acini,
muffa grigia delle foglie,
mal dello sclerozio dei tralci
de Graufäule, Stielfäule,
Grauschimmel der Weinrebe

1763 *Botrytis fabae*
en chocolate spot disease of broad
beans
fr maladie des taches
el geña de las habas,
atabacado de las habas,
mancha de chocolate
it macculatura delle fave
de Fleckenkrankheit

1764 *Botrytis squamosa*
en neck rot and leaf rot of onion,
small sclerotial neck rot
fr pourriture des oignons
el podredumbre blanca de la cebolla
it marciume delle cipolle,
muffa delle cipolle
de Zwiebelfäule

1765 *Botrytis vulgaris*
see: *Sclerotia sclerotiorum**

1766 *Candida mycoderma*
(Mycoderma vini)
en flowers of wine
fr fleur du vin
el flor del vino, flores del vino
it fiore del vino, fioretta del vino
de Kahmigwerden der Weine

1767 *Cephalosporium acremonium*
en black bundle disease of corn
fr maladie des faisceaux noirs du
maïs
el mancha negra de los haces
fibrovasculares del maíz

* See in Ascomycetes

it annerimento dei fasci vascolari
del granturco
de Gefässbündel-Krankheit

1768 *Cephalosporium sacchari*
en wilt disease of sugar cane
fr flétrissement de la canne à sucre
el marchitez de la caña de azúcar
it avvizzimento della canna da
zucchero
de Zuckerrohrwelke

1769 *Cephalothecium roseum*
see: *Tricothecium roseum*

1770 *Cercospora beticola*
en leaf spot of beet
fr cercosporiose de la betterave
el viruela de la acelga y de la
remolacha,
cercosporiosis de la remolacha,
agrisado
it nebbia della bietola,
vaiolatura delle foglie della bietola
de Blattfleckenkrankheit der
Zucker- und Runkelrübe,
Blattfleckenkrankheit der
Beta-Rüben

1771 *Cercospora cerasella*
see: *Mycosphaerella cerasella**

1772 *Cercospora coffeicola*
en brown eye disease of coffee
fr maladie des yeux bruns du caféier
el mancha ojival parda del cafeto
(Pto. Rico),
mancha del hierro (Cuba),
mancha ocular
it cercosporiosi del caffè
de Braunaugenkrankheit,
Augenfleckenkrankheit

1773 *Cercospora longipes*
en brown leaf spot of sugar cane
fr taches brunes des feuilles de la
canne à sucre
el mancha parda de la hoja de la
caña de azúcar
it macchie brune della canna da
zucchero
de Braunfleckenkrankheit

1774 *Cercospora melonis*
en blotch disease of cucumber and
melon
fr cercosporiose du melon

* See in Ascomycetes

el cercosporiosis del melón
it cercosporiosi del melone
de Blattfleckenkrankheit

1775 *Cercospora musae*
see: *Mycosphaerella musicola**

1776 *Cercospora nicotianae*
en frog-eye leaf spot of tobacco
fr cercosporiose du tabac
el mancha foliar del tabaco
it cercosporiosi del tabacco
de Blattfleckenkrankheit

1777 *Cercospora oryzae*
en narrow brown leaf spot of rice
fr macules foliaires du riz
el cercosporiosis del arroz
it cercosporiosi del riso
de Blattfleckenkrankheit

1778 *Cercosporella herpotrichoides*
en eyespot of wheat and barley, stem break
fr piétin-verse des céréales, cercosporellose
el enfermedad del pie de los cereales
it mal del piede dei cereali
de Halmbruchkrankheit des Getreides

1779 *Cladosporium carpophillum*
see: *Megacladosporium carpophyllum*

1780 *Cladosporium cucumerinum*
en scab of cucurbits
fr nuile du melon et du concombre, cladosporiose des cucurbitacées
el cladosporiosis del pepino
it cladosporiosi del cetriolo
de Krätze der Gurke, Gummifluss der Gurke

1781 *Cladosporium fulvum*
en tomato leaf mould
fr moisissure olivâtre des feuilles et des fruits de la tomate
el abigarrado del tomate
it ticchiolatura del pomodoro, macchie nere del pomodoro
de Braunfleckigkeit der Tomate, Samtfleckenkrankheit der Tomate

1782 *Cladosporium graminum*
see: *Mycosphaerella tulasnei**

* See in Ascomycetes

1783 *Cladosporium herbarum*
see: *Mycosphaerella tulasnei**

1784 *Clasterosporium carpophilum (Coryneum beijerinckii)*
en shot-hole disease, blight of stone fruits, gum spot disease
fr criblure des amygdalées, corynéum des arbres à noyau, maladie criblée du cerisier
el cribado de las hojas del melocotonero, perforación, perdigonada, mal de la goma, gomosis
it arrossamento del pesco, mal della gomma dei rametti del pesco, vaiolo
de Schrotschusskrankheit, Gummosis der Kirschbaume

1785 *Colletotrichum atramentarium (Vermicularia varians)*
en dartrose, black speck, black dot of potato
fr dartrose de la pomme de terre
el dartrosis de la patata, antracnosis de la papa (Arg.)
it dartrosi della patata, puntulatura nera delle patate
de Knollenwelke der Kartoffel, Colletotrichum-Welke

1786 *Colletotrichum circinans*
en onion smudge
fr anthracnose des liliacées
el antracnosis de la cebolla
it marciume dei bulbi di cipolla
de Schalenflecken der Zwiebel

1787 *Colletotrichum coffeanum*
en dieback of coffee, top dieback of coffee
fr dessèchement des extrémités du caféier, anthracnose du caféier
el antracnosis del cafeto, marchitez parduzca del cafeto, enfermedad negra de las cerezas, puntas negras, paloteo
it antracnosi del caffè
de Blattfallkrankheit

1788 *Colletotrichum falcatum*
see: *Physalospora tucumanensis**

* See in Ascomycetes

1789 *Colletotrichum gloeosporioides*
en wither tip of citrus plants
fr anthracnose des citrus
el antracnosis de los agrios, antracnosis de las yemas y hojas del limonero
it antracnosi dei limoni
de Anthracnose

1790 *Colletotrichum lagenarium*
en anthracnose of cucurbits, anthracnose of cucumber
fr anthracnose des cucurbitacées, nuile rouge des cucurbitacées
el antracnosis de las cucurbitáceas, niebla del melón
it nebbia del melone, antracnosi del melone, del cetriolo e della zucca
de Brennfleckenkrankheit der Gurke

1791 *Colletotrichum lindemuthianum*
en bean anthracnose, bean spot disease, bean speck, bean pod canker
fr anthracnose du haricot
el antracnosis de la judía
it antracnosi dei fagioli
de Brennfleckenkrankheit der Bohne

1792 *Colletotrichum linicolum*
en flax canker
fr anthracnose du lin
el antracnosis del lino
it antracnosi del lino, cancro del lino
de Flachsstengelbrenner

1793 *Coniothyrium diplodiella*
en white rot of grapevine, hail disease of grapes
fr coitre, rot-blanc de la vigne, rot-livide de la vigne
el podredumbre blanca de las uvas, caries blanca de las uvas
it carie bianca, marciume bianco degli acini
de Weissfäule der Weintrauben

1794 *Coryneum beijerinckii*
see: *Clasterosporium carpophilum*

1795 *Cycloconium oleagineum*
en olive blotch, olive leaf spot
fr maladie en oeil de pavon des feuilles de l'olivier
el repilo del olivo, vivillo
it vaiolo dell'olivo, occhio di pavone
de Pfauenaugenkrankheit

1796 *Deuterophoma tracheiphila*
en "mal secco" of citrus
fr dessèchement des agrumes
el mal seco del limonero
it mal secco, tracheomicosi, adromicosi degli agrumi
de "mal secco"

1797 *Dilophospora alopecuri* (*D. graminis*)
en twist of grain plants and grasses, twist of wheat
fr maladie des épis du blé
el micosis de las espigas, moho de las espigas del trigo y del centeno
it micosi delle spighe del grano e della segala
de Federbuschsporenkrankheit

1798 *Dilophospora graminis*
see: *D. alopecuri*

1799 *Diplodia cacaoicola*
see: *Lasiodiplodia theobromae*

1800 *Diplodia parasitica* (*Septoria parasitica*)
en bud blight of picea
fr maladie des jeunes pousses de l'épicéa
el seca de los brotes del abeto
it seccume dei germogli dell'abete
de Knospenbrand

1801 *Diplodia zeae*
en maize dry rot, Diplodia disease of corn, dry rot of corn, ear rot of corn, moldy corn
fr maladie du "dry-rot" du maïs, pourriture sèche des épis
el podredumbre seca de la espiga del maíz, espiga fermentada, espiga calcinada, espiga mohosa
it antracnosi fogliare del mais
de Trockenfäule des Maises

1802 *Dothichiza populea*
en Dothichiza canker of poplar, poplar canker
fr chancre du peuplier
el manchas ocráceas, cáncer del chopo del Canadá
it macchie ocracee, cancro del pioppo canadese
de Rindentod

1803 *Entomosporium maculatum*
en leaf blight of pear and quince

fr entomosporiose
el mancha en ojo del membrillero, entomosporiosis
it imbrunimento delle foglie del pero, del totogno e del nespolo
de Blattbräune

1804 *Fumago vagans*
see: *Capnodium salicinum**

1805 *Fusarium avenaceum*
en brown foot rot and ear blight of wheat
fr fusariose du blé
el fusariosis del trigo
it fusariosi del frumento
de Fusskrankheit des Weizens, Ährenschimmel des Mohrenhirses, Lagerhaferschäden

1806 *Fusarium coeruleum*
en dry rot of potato
fr pourriture sèche des tubercles de pomme de terre
el podredumbre seca de la patata, podredumbre de almacén
it marciume secco dei tuberi di patata
de Trockenfäule der Kartoffel, Weissfäule

1807 *Fusarium culmorum*
en brown root rot and ear blight of wheat
fr fusariose
el enfermedad del trigo de Cerdeña
it malattia del grano di Sardegna
de Fusskrankheit des Weizens, Wurzelstockfäule, Lagerhaferschäden

1808 *Fusarium dianthi*
en wilt disease of carnations
fr fusariose de l'oeillet, flétrissure de l'oeillet
el fusariosis del clavel
it fusariosi del garofano, malattia della rama dei garofani, cancro pedale dei garofani
de echte Welke der Nelken, Nelkenschwindsucht

1809 *Fusarium graminearum*
see: *Gibberella zeae**

* See in Ascomycetes

1810 *Fusarium lateriticum*
see: *Gibberella moricola**

1811 *Fusarium lini*
en wilt of flax
fr fusariose du lin
el marchitamiento del lino, fusariosis del lino
it avvizzimento delle piante di lino
de Flachswelke, Flachsmüdigkeit

1812 *Fusarium martii* var. *phaseoli*
en root rot of bean
fr fusariose du haricot
el fusariosis de la judía, coquera, quecua
it marciume delle radici dei fagioli
de Wurzeltrockenfäule der Bohne

1813 *Fusarium martii* var. *pisi*
en foot rot of peas
fr fusariose du pois
el fusariosis del guisante
it marciume delle radici del pisello
de Stengel- und Wurzelfäule der Erbse

1814 *Fusarium moniliforme*
see: *Gibberella fujikuroi**

1815 *Fusarium nivale*
see: *Calonectria graminicola**

1816 *Fusarium oxysporum*
en Fusarium blight of potato, Fusarium wilt of potato
fr fusariose de la pomme de terre, flétrissement fusarien de la pomme de terre
el marchitez de la patata, fusariosis de la patata
it fusariosi della patata
de Welkekrankheit der Kartoffel

1817 *Fusarium oxysporum* var. *cubense*
en Panama disease, banana wilt
fr maladie de Panama
el mal de Panamá, enfermedad de Panamá
it malattia di Panama, mal di Panama
de Panamakrankheit, Bananenwelke

1818 *Fusarium solani*
en dry rot of potato

* See in Ascomycetes

fr pourriture sèche des tubercles de pomme de terre
el podredumbre seca de la patata, podredumbre de almacén
it marciume dei tuberi di patata
de Trockenfäule der Kartoffel

1819 *Fusarium vasinfectum*
en wilt of cotton
fr flétrissement du cotonnier
el marchitez del algodonero
it avvizzimento del cotone
de Baumwollwelkekrankheit

1820 *Fusarium willkommii*
see: *Nectria galligena**

1821 *Fusarium cerasi*
see: *Venturia cerasi**

1822 *Fusarium dendriticum*
see: *Endostigme inaequalis**

1823 *Fusicladium pirinum*
see: *Venturia pirina**

1824 *Fusicladium virescens*
see: *Venturia pirina**

1825 *Gloeodes pomigena*
en apple and citrus sooty blotch
fr blotch fumeux des pommes, maladie de la suie
el fumagina de la manzana
it macchie nere delle mele
de Russfleckenkrankheit des Apfels

1826 *Gloeosporium ampelophagum*
see: *Elsinoe ampelina**

1827 *Gloeosporium fawcetti*
see: *Elsinoe fawcetti**

* See in Ascomycetes

1828 *Gloeosporium fructigenum*
see: *Glomerella cingulata**

1829 *Gloeosporium musarum*
en black rot of banana, ripe fruit rot, banana anthracnose
fr anthracnose de la banane
el antracnosis del banano, podredumbre de las frutas del banano (Pto. Rico)
it antracnosi delle banane, marciume apicale delle banane
de Gloeosporiumfäule

1830 *Gloeosporium nervisequum*
see: *Gnomonia veneta**

1831 *Gloeosporium olivarum*
en anthracnose of olives
fr maladie de la lèpre des olives
el lepra del olivo, aceitunas jabonosas
it lebbra delle olive, maculatura delle olive
de Gloeosporiumfäule

1832 *Gloeosporium ribis*
see: *Pseudopeziza ribis**

1833 *Graphium necator*
see: *Rosellinia necatrix**

1834 *Graphium ulmi*
see: *Ceratocystis ulmi**

1835 *Helminthosporium avenae*
see: *Pyrenophora avenae**

1836 *Helminthosporium gramineum*
see: *Pyrenophora graminea**

1837 *Helminthosporium oryzae*
see: *Cochliobolus miyabeanus**

* See in Ascomycetes

1838 *Helminthosporium sacchari*
en eye-spot of sugar cane
fr eye-spot de la canne à sucre
el mancha ojival de la caña de azúcar
it macchie ocellate della canna da zucchero
de Augenfleckenkrankheit des Zuckerrohrs

1839 *Helminthosporium sativum*
see: *Ophiobolus sativus**

1840 *Helminthosporium sigmoideum*
see: *Leptosphaeria salvini**

1841 *Helminthosporium stenospilum*
en brown stripe of sugar cane
fr rayures brunes de la canne à sucre
el raya parda de la caña de azúcar
it striscie brune della canna da zucchero
de Braunstrichelkrankheit

1842 *Helminthosporium teres*
see: *Pyrenophora teres**

1843 *Helminthosporium turcicum*
en black tip of banana
fr maladie de la pointe noire du bananier
el puntas negras del banano
it punta nera delle banane
de "black tip" der Bananen

1844 *Helminthosporium turcicum*
en black ear rot of corn,
maize leaf blight
fr brûlure des feuilles du maïs,
flétrissure des feuilles du sorgho
el niebla del maíz
it nebbia del granturco
de Maisbrand

1845 *Heterosporium echinulatum*
see: *Didymellina dianthi**

1846 *Kabatiella caulivora*
en clover scorch
fr anthracnose des légumineuses
el antracnosis del trébol
it antracnosi del trifoglio
de Stengelbrenner des Klees

1847 *Lasiodiplodia theobromae*
(Botryodiplodia theobromae)
(Diplodia cacaoicola)
en Diplodia pod-rot of cocoa
fr pourriture noire des cabosses du cacaoyer
el piña parda del cacao,
podredumbre parda del cacao
it marciume bruno
de Diplodiafäule

1848 *Macrophoma musae*
(Phoma musae)
en banana fruit freckle,
black spot disease of banana
fr moucheture noire,
taches noires des fruits,
taches de rousseur
el pecas del banano
it maculatura del banano
de Fleckenkrankheit

1849 *Marssonina juglandis*
en leaf blotch of walnut
fr anthracnose du noyer
el antracnosis del nogal,
manchas de las hojas del nogal
it nebbia del noce,
antracnosi del noce, vaiolo del noce
de Marssonina-Krankheit der Walnuss,
Marssonina-Blattfleckenkrankheit

1850 *Marssonina panattoniana*
en lettuce ring spot,
anthracnose of lettuce
fr pourriture de la laitue
el podredumbre de las hojas de la lechuga
it marciume della lattuga
de Blattfleckenkrankheit des Salates und Endivie

1851 *Megacladosporium carpophilum*
(Cladosporium carpophilum)
en peach freckle, peach scab
fr tavelure du pêcher, de l'amandier, de l'abricotier et du prunier
el viruela holandesa,
viruela del duraznero (Arg.)
it vaiolo del pesco
de Pfirsichschorf

1852 *Melanconium fuligineum*
en bitter rot of grapes
fr rot amer, pourriture brune

* See in Ascomycetes

el podredumbre amarga de las uvas
it marciume amaro degli acini
de Bitterfäule

1853 *Meria laricis*
en Meria needle cast of larch
fr maladie des feuilles de mélèze
el seca de las hojas del alerce
it seccume delle foglie del larice
de Meria-Nadelschütte

1854 *Monilia cinerea*
see: *Sclerotinia cinerea**

1855 *Monilia fructigena*
see: *Sclerotinia fructigena**

1856 *Monilia laxa*
see: *Sclerotinia laxa**

1857 *Monilia linhartiana*
see: *Sclerotinia linhartiana**

1858 *Mycoderma vini*
see: *Candida mycoderma*

1859 *Oidium erysiphoides*
see: *Erysiphe polygoni**

1860 *Oidium farinosum*
see: *Podosphaera leucotricha**

1861 *Oidium leucoconicum*
see: *Sphaerotheca pannosa**

1862 *Oidium monilioides*
see: *Erysiphe graminis**

1863 *Oidium tuckeri*
see: *Uncinula necator**

* See in Ascomycetes

1864 *Oospora citri-aurantii*
en sour rot of citrus
fr pourriture amère des fruits, pourriture acide
el podredumbre amarga de los agrios
it marciume acido degli agrumi, marciume amaro degli agrumi
de Sauerfäule

1865 *Penicillium digitatum*
en green mould of citrus fruits
fr moisissure verte des agrumes, pourriture des agrumes
el moho verde de los frutos cítricos
it muffa verde degli agrumi
de Grünfäule

1866 *Penicillium expansum*
en blue mould of apple
fr pourriture des pommes
el moho azul del manzano
it muffa azzurra delle mele
de Blaufäule

1867 *Penicillium italicum*
en blue-mould rot of citrus fruits, blue and green moulds of citrus fruits
fr moisissure bleue des agrumes
el moho azul de los frutos cítricos
it muffa azzurra degli agrumi
de Blaufäule

1868 *Pestalotia hartigii*
en strangling disease of conifers
fr maladie du collet des plantes d'épicéa et de sapin
el mal del cuello de las plantas forestales
it mal del colletto delle piantine forestali
de Einschnürkrankheit, Einschnürungskrankheit

1869 *Phleospora castanicola*
see: *Mycosphaerella maculiformis**

1870 *Phleospora mori*
see: *Mycosphaerella mori**

1871 *Phoma betae*
en black leg of sugar beet
fr maladie du coeur de la betterave, pied noir de la betterave

* See in Ascomycetes

el mal del corazón, peste de la remolacha, mal del pie de la remolacha
it mal del cuore della barbabietola, moria della bietola, mal del piede
de Wurzelbrand der Beta-Rüben, Herzfäule der Zuckerrüben

1872 *Phoma brassicae*
see: *Ph. lingam*

1873 *Phoma destructiva*
en tomato fruit rot, tomato black rot
fr pourriture de la tomate
el podredumbre del tomate
it marciume del pomodoro, carie del pomodoro
de Schwarzfäule der Tomate

1874 *Phoma lingam*
(Ph. oleracea)
(Ph. brassicae)
(Ph. napobrassicae)
en dry rot and canker of swede and turnip, black leg of crucifers
fr pourriture des pieds de chou
el pie negro de la col, podredumbre seca del colinabo
it cancro delle brassicacee, annerimento del gambo del cavolo, marciume secco del navone
de Umfallkrankheit, Krebskrankheit des Kohls

1875 *Phoma musae*
see: *Macrophoma musae*

1876 *Phoma napobrassicae*
see: *Ph. lingam*

1877 *Phoma oleracea*
see: *Ph. lingam*

1878 *Phomopsis abietina*
en Phomopsis canker of silver fir
fr maladie des branches du sapin
el seca circular de la corteza del abeto blanco
it seccume circolare della scorza dell'abete bianco
de Einschnürungskrankheit der Tannenzweige

1879 *Phomopsis citri*
en melanose of citrus, stem-end rot of citrus fruits
fr mélanose des citrus
el melanosis del fruto de los agrios
it melanosi degli agrumi
de Stielendfäule der Zitrus

1880 *Phyllosticta maculiformis*
see: *Mycosphaerella maculiformis**

1881 *Phyllosticta rabiei*
see: *Mycosphaerella rabiei**

1882 *Phyllosticta rosarum*
(Sphaceloma rosarum)
en rose leaf spot, rose anthracnose
fr anthracnose du rosier
el antracnosis del rosal
it maculatura delle foglie di rosa
de Anthracnose

1883 *Phymatotrichum omnivorum*
en Texas root rot of cotton
fr maladie du Texas du cotonnier
el podredumbre radical del algodonero
it marciume delle radici del cotone
de Wurzelfäule

1884 *Piricularia oryzae*
en blast of rice, rotten neck of rice
fr brunissure du riz, piriculariose du riz, nieille du riz
el añublo del arroz, quemado del arroz
it brusone del riso, bruseggio
de Brusone-Krankheit

1885 *Pollacia radiosa*
see: *Venturia tremulae**

1886 *Ramularia tulasnei*
see: *Mycosphaerella fragariae**

1887 *Rhizoctonia crocorum*
see: *Helicobasidium purpureum***

1888 *Rhizoctonia medicaginis*
see: *Helicobasidium purpureum***

1889 *Rhizoctonia solanï*
see: *Corticium solani***

* See in Ascomycetes
** See in Basidiomycetes

1890 *Rhizoctonia violacea*
see: *Helicobasidium purpureum***

1891 *Sclerotium cepivorum*
en white rot of onion
fr pourriture blanche de l'oignon
el podredumbre blanca de la cebolla
it marciume bianco della cipolla
de Mehlkrankheit der Zwiebel

1892 *Sclerotium rolfsii*
see: *Corticium rolfsii***

1893 *Septogloeum hartigianum*
en maple leaf spot
fr maladie des jeunes pousses de l'érable
el seca de los ramos del arce
it seccume dei rametti di acero
de Zweigdürre des Feldhorns

1894 *Septoria ampelina*
en melanose of grapevine
fr mélanose de la vigne
el melanosis de la vid americana
it melanosi delle viti americane
de Melanose des Weins

1895 *Septoria apii-graveolentis*
en celery leaf spot
fr septoriose du céleri, rouille du céleri
el viruela del apio, abigarrado de las hojas del apio
it ticchiolatura del sedano, septoriosi delle foglie del sedano
de Sellerieblattfleckenkrankheit, Septoria-Blattfleckenkrankheit des Selleries

1896 *Septoria cannabis*
en leaf-spot disease of hemp
fr septoriose du chanvre
el niebla de las hojas del cáñamo
it nebbia delle foglie della canapa
de Blattfleckenkrankheit

1897 *Septoria fragariae*
see: *Mycosphaerella fragariae**

1898 *Septoria glumarum*
see: *S. nodorum*

* See in Ascomycetes
** See in Basidiomycetes

1899 *Septoria graminum*
see: *Leptosphaeria tritici**

1900 *Septoria linicola*
en pasmo disease
fr pasmo du lin à huile
el pasmo del lino
it pasmo
de Flachspest, Pasmokrankheit

1901 *Septoria lycopersici*
en tomato leaf spot
fr septoriose de la tomate
el viruela del tomate, mancha de las hojas del tomate
it macchie delle foglie del pomodoro, nebbia del pomodoro, seccume del pomodoro
de Septoria-Blattfleckenkrankheit der Tomate

1902 *Septoria nodorum*
(S. glumarum)
en glume blotch
fr septoriose du blé
el septoriosis del trigo, mancha de la gluma y del nudo, pardeado de las espigas
it imbrunimento delle spighe
de Braunfleckigkeit des Weizens

1903 *Septoria parasitica*
see: *Diplodina parasitica*

1904 *Septoria piricola*
see: *Mycosphaerella sentina**

1905 *Septoria tritici*
en speckled leaf blotch of wheat
fr nuile des céréales
el seca de las hojas del trigo, septoriosis del trigo
it seccume delle foglie del grano
de Blattfleckenkrankheit

1906 *Sphacelia segetum*
see: *Claviceps purpurea**

1907 *Sphacelia typhina*
see: *Epichloe typhina**

* See in Ascomycetes

1908 *Sphaceloma perseae*
en scab of avocado
fr gale de l'avocatier
el sarna del aguacate
it rogna dell'avocado
de Avocatoschorf

1909 *Sphaceloma rosarum*
see: *Phyllosticta rosarum*

1910 *Sphaeropsis malorum*
see: *Physalospora obtusa**

1911 *Spilocaea pomi*
see: *Endostigme inaequalis**

1912 *Spondylocladium atrovirens*
en silver scurf of potato
fr gale argentée de la pomme de terre
el manchas o costras plateadas de la patata, tiña plateada de la patata
it tigna argentata della patata
de Silberfleckenkrankheit, Silbergrind

1913 *Stachylidium theobromae*
en cigar-end rot of banana, cigar-end disease of banana, dry tip rot of fruit
fr maladie du bout de cigare de la banane
el punta de cigarro de los bananos
it punta di sigaro delle banane
de "cigar end" der Bananen

1914 *Thielaviopsis basicola*
see: *Thielavia basicola**

1915 *Thielaviopsis paradoxa*
en 1 pineapple disease, blackheart of pineapple, rot of pineapple
2 stem bleeding of coconut palm
fr 1 pourriture molle du fruit et maladie des boutures de l'ananas
el 1 enfermedad de la piña, enfermedad del ananás, podredumbre negra de la piña
2 mal hemorrágico del cocotero
it 1 mal dell'ananas
2 marciume della gemma del cocco
de 1 Ananaskrankheit, Schwarzfäule des Zuckerrohrs

* See in Ascomycetes

1916 *Tricothecium roseum*
(Cephalothecium roseum)
en pink rot of apple
fr pink-rot des fruits
el mal del corazón de la manzana, podredumbre amarga, podredumbre rosa
it marciume del cuore delle mele e delle pere
de Rosaschimmel, Bitterfäule der Äpfel

1917 *Ustilaginoidea oryzae*
see: *U. virens*

1918 *Ustilaginoidea virens*
(U. oryzae)
en false smut of rice and maize, green smut of rice
fr faux charbon, charbon vert du riz
el carbón falso, carbón verde del arroz
it carbone verde del riso
de Grünbrand des Reises

1919 *Vermicularia varians*
see: *Colletotrichum atramentarium*

1920 *Verticillium albo-atrum*
en Verticillium blight of tomato, potato wilt, Verticillium hadromycosis
fr verticillose de la pomme de terre, trachéomycose de la pomme de terre
el marchitez de la patata, traqueoverticilosis de la patata
it tracheo-verticillosi della patata
de Pilzringfäule der Kartoffel

1921 *Verticillium dahliae*
en Verticillium wilt of tomato, Verticillium wilt of raspberry, blue stripe wilt of raspberry
fr verticillose
el marchitez del algodonero, traqueverticilosis del algodonero
it tracheo-verticillosi
de Blaustreifen-Welke

ALGAE

1922 *Cephaleuros mycoidea*
see: *C. virescens*

1923 *Cephaleuros parasiticus*
see: *C. virescens*

1924 *Cephaleuros virescens*
(C. parasiticus)
(C. mycoidea)
en algal spot of coffee and cocoa, red rust, orange rust, green scurf of vanilla
fr lèpre du caféier
el lepra del cafeto, roya roja del cacao
it ruggine rossa del caffè
de "red rust" des Kaffees

LICHENS

1925 *Evernia furfuracea*
(Parmelia furfuracea)
en evernia, cattle lichen, oak moss
fr évernie
el musgo arbóreo
it evernia
de Bandflechte, Astflechte

1926 *Lecanora esculenta*
en manna lichen
fr manne
el maná, maná celeste, maná del desierto
it manna
de echte Mannaflechte

1927 *Parmelia furfuracea*
see: *Evernia furfuracea*

1928 *Tillandsia usneoides*
en Spanish moss, long moss, long beard
fr tillandsie, mousse d'Espagne, barbe de vieillard
el guajaquilla, barba española
it tillandsia
de Tillandsie

1929 *Usnea barbata*
en beard lichen, beard moss, tree hair
fr usnée barbue, lichen barbu, lichen fleuri
el barba de árbol, barba de capuchino
it lichene fiorito
de gemeine Bartflechte, Baumbart

FLOWERING PLANTS:
Parasitic flowering plants

1930 *Arceuthobium* spp.
(Razoumofskya spp.)
en dwarf mistletoes, scaly mistletoes
fr gui épineux, gui écailleux, gui nain
el muérdago enano, muérdago escamoso
it arceuthobium
de Arceuthobium-Mistel

1931 *Cuscuta* spp.
en dodder, love vine, strangle weed, gold thread, hair weed, devil's hair
fr cuscute
el cúscuta
it cuscuta
de Seide, Teufelszwirn, Teufelshaar, Hexenzwirn, Flechtgras

1932 *Cuscuta arvensis*
see: *C. pentagona*

1933 *Cuscuta densiflora*
see: *C. epilinum*

1934 *Cuscuta epilinum*
(C. densiflora)
en flax dodder, twin dodder
fr cuscute du lin
el podagra, cúscuta del lino
it strozzalino, cuscuta del lino
de Leinseide, Flachsseide

1935 *Cuscuta epithymum*
(C. minor)
en clover dodder, small dodder, lesser dodder
fr cuscute du trèfle
el barbas de capuchino, cúscuta del trébol
it piccola cuscuta, fiamma
de Kleeseide, Feinseide, Quendelseide, Quendelfilzkraut

1936 *Cuscuta europaea*
see: *C. major*

1937 *Cuscuta indecora*
(C. racemosa)
(C. racemosa var. *chileana)*
en large-seeded alfalfa dodder, Chilean dodder
fr grosse cuscute, cuscute d'Amérique
el cúscuta de América, cabellos de ángel, fideo fino (Arg.)
it cuscuta d'America
de Traubenseide

1938 *Cuscuta major*
(C. europaea)
en greater dodder, larger dodder
fr cuscute d'Europe, grande cuscute
el cabellos de Venus, cúscuta europea
it grongo, carpaterra, pittima, granchierella
de grosse Flachsseide, Hopfenseide, europäisches Filzkraut, Hanfeseide

1939 *Cuscuta minor*
see: *C. epithymum*

1940 *Cuscuta pentagona*
en field dodder, large-seeded dodder
fr grosse cuscute, cuscute d'Amérique
el cúscuta grande de América
it grande cuscuta americana
de amerikanische Seide

1941 *Cuscuta racemosa*
see: *C. indecora*

1942 *Cuscuta racemosa* var. *chileana*
see: *C. indecora*

1943 *Lathraea squamaria*
en toothwort, common toothwort
fr lathrée écailleuse, herbe cachée
el latrea
it latrea, fuoco dei boschi
de Schuppenwurz, echte Schuppenwurz

1944 *Loranthus europaeus*
en giant mistletoe
fr gui de chêne
el visco cuercino
it vischio quercino
de Eichenmistel

1945 *Orobanche* spp.
en broomrape
fr orobanche
el orobanca, jopo, hopo
it orbanche, succiamiele, sparagione
de Sommerwurz, Würger

1946 *Orobanche crenata*
(O. speciosa)
en broomrape
fr orobanche spécieuse
el jopo de las habas
it orobanca, lupa delle fave
de Sommerwurz

1947 *Orobanche minor*
en lesser broomrape, clover broomrape
fr orobanche du trèfle
el orobanca menor
it orobanca del trifoglio
de Kleewürger, kleine Sommerwurz

1948 *Orobanche ramosa*
see: *Philipea ramosa*

1949 *Orobanche speciosa*
see: *O. crenata*

1950 *Philipea ramosa*
(Orobanche ramosa)
en hemp broomrape, tobacco broomrape branched broomrape
fr orobanche rameuse
el jopo del tabaco, orobanca ramosa, hierba tora
it orobanca della canapa, del tabacco e del pomodoro, scalogna, fiorone
de Hanftod, Tabakwürger, Hanfwürger, ästige Sommerwurz

1951 *Razoumofskya* spp.
see: *Arceuthobium* spp.

1952 *Viscum album*
en European mistletoe
fr gui commun
el muérdago, visco, arfueyo
it vischio
de Mistel

1953 *Viscum cruciatum*
en red-berried mistletoe
fr gui d'Espagne
el marojo
it vischio
de Mistel

FLOWERING PLANTS: Weeds

For convenience, some ferns and fern allies are also included in this section.

1954 *Achillea millefolium*
en milfoil, common yarrow, bloodwort
fr achillée millefeuille
el milenrama, milefolio, flor de pluma, aquilea
it millefoglio, erba da falegnami
de gemeine Schafgarbe

1955 *Achillea ptarmica*
en sneezewort

fr herbe à éternuer, bouton d'argent
el aquilea
it achillea starnutatoria,
erba da starnuti, bottone d'argento
de Bertram-Schafgarbe, Sumpfgarbe

1956 *Adonis aestivalis*
en Summer adonis,
Summer pheasant's eye
fr adonis d'été, oeil de perdrix
el adonis, saltaojos, gota de sangre,
ojo de perdiz
it adonide d'estate,
occhio del diavolo
de Sommer-Teufelsauge

1957 *Adonis vernalis*
en false hellebore
fr hellébore bâtard, adnis d'été
el adonis, saltaojos, gota de sangre,
ojo de perdiz
it ellebore bastardo
de Frühlings-Teufelsauge,
Frühlings-Adonisröschen

1958 *Aegopodium podagraria*
en goutweed, goatweed
fr herbe aux goutteux, pied de chèvre
el hierba de San Gerardo
it podagraria, erba gerarda
de gemeine Geissfuss, Giersch,
gemeiner Giersch

1959 *Aethusa cynapium*
en fool's parsley
fr faux persil, petite ciguë
el cicuta menor, perejil de perro
it erba aglina, prezzemolo selvatico,
cicuta minore
de gemeine Hunspersilie,
gemeine Gleisse

1960 *Agropyrum repens*
(Triticum repens)
en quack-grass, wheat-grass,
couch-grass, witch-grass
fr chiendent commun,
chiendent ordinaire,
froment rampant
el grama del norte
it gramigna, gramaccia,
grano delle formiche, paleo
de gemeine Quecke,
kriechende Quecke, Päde

1961 *Agrostemma githago*
(Lychnis githago)
en comcockle, purple cockle,
corn rose, corn champion
fr nieille des champs,
lychnide des moissons
el neguillón, yetón (Arg.)
it gettone, gittaione
de Kornrade

1962 *Agrostis alba*
see: *A. stolonifera*

1963 *Agrostis stolonifera*
(A. alba)
(A. vulgaris)
en fiorin, bent grass
fr agrostide blanche, fiorin
el pelitos de Santa María
it agrostide bianca
de weisses Straussgras, Fioringras

1964 *Agrostis vulgaris*
see: *A. stolonifera*

1965 *Aira caespitosa*
(Deschampsia caespitosa)
en tufted grass, tussock grass
fr canche gazonnante
el aira, heno
it migliarino, panico capellino
de Rasen-Schmiele

1966 *Aira caryophyllea*
(Aspris caryophyllea)
en silver hair-grass
fr canche caryophyllée
el aira
it ghingola, ghingola nebbia
de Nelkenhafer, Nelkengras

1967 *Alchemilla vulgaris*
en common lady's mantle,
lady's mantle
fr alchémille, pied de lion,
mantelet de dame
el pata de león, pie de león
it alchemilla comune, pie di leone,
ventaglina
de gemeiner Frauenmantel,
gemeiner Sinau

1968 *Alectorolophus major*
see: *Rhinanthus major*

1969 *Alectorolophus minor*
see: *Rhinanthus christa galli*

1970 *Allium olearaceum*
en field garlic
fr ail des champs cultivés,
ail potager
el ajo salvaje

it aglio selvatico, aglio di campo, aglio campagnuolo, aglietto
de Gemüselauch, Ackerlauch, Kohllauch

1971 *Allium ursinum*
en broadleaved garlic
fr ail des ours, ail des bois
el ajo de oso
it aglio a foglie peduncolate
de Bärenlauch

1972 *Allium vineale*
en field garlic, wild garlic, wild onion
fr ail sauvage, ail des vignes
el ajo de los viñedos
it aglio pippolino
de Weinbergslauch, Hundslauch

1973 *Alopecurus agrestis*
en slender foxtail
fr vulpin des champs
el cola de zorra
it codolina, erba codina
de Ackerfuchsschwanz

1974 *Alopecurus pratensis*
en meadow foxtail-grass
fr vulpin des prés
el alopécuro, cola de zorra
it coda di volpe, codolino dei prati
de Wiesenfuchsschwanz

1975 *Alsine media*
see: *Stellaria media*

1976 *Alyssum incanum*
see: *Berteroa incana*

1977 *Amaranthus retroflexus*
en amaranth pigweed, green amaranth, red-root
fr amaranthe réfléchi
el amaranto retroflexo
it blito-spazzola
de Bogenamarant

1978 *Anagallis arvensis*
en scarlet pimpernel, red chickweed, poison chickweed
fr mouron des champs, mouron rouge, mouron mâle
el murajes, anagalis
it anagallide, bellichina, erba bellica
de Ackergauchheil, Feldgauchheil, roter Gauchheil

1979 *Anchusa officinalis*
en common alkanet
fr buglosse
el buglosa
it buglossa, ancusa
de gebräuchliche Ochsenzunge, gemeine Ochsenzunge, Liebäugel, Blutwurz

1980 *Anthemis arvensis* var. *agrestis*
en corn camomile, field camomile
fr anthémis des champs, fausse camomille, oeil de vache
el manzanilla silvestre, manzanille de los campos
it camomilla dei campi
de Ackerhundskamille, Feldkamille

1981 *Anthemis cotula*
en stinking daisy, mayweed, dogs camomile, dog fennel, stink weed
fr camomille puante, maroute
el manzanilla hedionda, manzanilla fétida, magarzuela
it camomilla fetida, camomilla mezzana
de stinkende Hundskamille

1982 *Anthemis nobilis*
en sweet camomile, large camomile
fr camomille romaine, camomille odorante
el manzanilla romana, manzanilla oficinal, camomila
it camomilla odorosa, camomilla romana
de römische Kamille

1983 *Anthemis tinctoria*
en yellow camomile
fr camomille des teinturiers
el manzanilla de tinte
it camomilla dei tintori
de Färbekamille, Färber-Hundskamille

1984 *Anthriscus silvestris*
en cow parsley
fr cerfeuil silvestre, cerfeuil des prés
el perifollo silvestre
it cerfoglio silvestre
de Wiesenkerbel

1985 *Apargia autumnale*
see: *Leontodon autumnalis*

1986 *Arctium lappa*
(Lappa officinalis)
(L. major)
en great burdock, beggars-button, cockle-button

fr bardane, gouteron, gratteron
el lampazo, bardana, hierba de los tiñosos
it bardana cotonacea, lappa bardana
de gemeine Klette, grosse Klette

1987 *Arctium tomentosum*
en burdock
fr bardane, bardane tomenteuse
el bardana
it bardana, bardana maggiore
de Klette, Filzklette

1988 *Argemone mexicana*
en Mexican poppy, prickly poppy
fr argémone du Mexique, pavot argémone
el argémone, amapola espinosa
it papavero selvatico
de Sandmohn

1989 *Aristolochia clematis*
en birth-wort
fr aristoloche
el aristoloquia
it aristolochia
de Osterluzei

1990 *Artemisia vulgaris*
en mugwort, wormwood
fr armoise, herbe de Saint-Jean
el artemisa, artemisia, hierba de San Juan
it amarella, assenzio selvatico
de gemeiner Beifuss

1991 *Arundo phragmites*
see: *Phragmites communis*

1992 *Aspris caryophyllea*
see: *Aira caryophyllea*

1993 *Atriplex patula*
en saltbush, fat hen
fr arroche
el armuelle silvestre
it spinacio selvatico
de gemeine Melde

1994 *Avena fatua*
en wild oats, oat-grass, wheat oats
fr folle-avoine
el avena loca, avena silvestre, ballueca
it avena matta, avena selvatica, avena nera, avena folle
de Flughafer, Windhafer

1995 *Barbarea vulgaris*
en winter cress, yellow rocket, bitter cress, rocket cress
fr herbe de Sainte-Barbe, barbarée précoce
el hierba de Santa Bárbara, hierba de los carpinteros
it erba barbara, erba di Santa Barbara
de gemeine Winterkresse, echter Barbenkraut

1996 *Bellis perennis*
en common daisy, English daisy, lawn daisy
fr pâquerette vivace, petite marguerite
el margarita, vellorita, chirivita
it cicorione
de Gänseblümchen, Massliebchen

1997 *Berteroa incana*
(Alyssum incanum)
en hoary alyssum
fr alysse blanche
el aliso
it alisso delle montagne
de graues Steinkraut

1998 *Brassica alba*
see: *B. hirta*

1999 *Brassica arvensis*
see: *B. kaber* var. *pinnatifida*

2000 *Brassica campestris*
see: *B. rapa*

2001 *Brassica hirta*
(B. alba)
(Sinapis alba)
en white mustard, charlock, senvre, kedlock
fr moutarde blanche
el mostaza blanca
it senape bianca
de weisser Senf

2002 *Brassica kaber* var. *pinnatifida*
(B. arvensis)
(Sinapis arvensis)
en wild mustard, field mustard, charlock, kedlock
fr moutarde des champs, sanvre
el mostaza de los campos, mostaza silvestre
it senapino, senape selvatica
de Ackersenf, wilder Senf

2003 *Brassica rapa*
(B. campestris)
en swede, rutabaga, field cabbage

fr chou champêtre
el nabo sueco, rutabaga
it cavolo campestre
de Acker-Kohl

2004 *Bromus secalinus*
en chess, wheat thief, cheat
fr brome des seigles, séglin
el bromo del centeno, bromo criollo
it forasacco segalino, bromo segalino
de Roggentrespe

2005 *Bromus tectorum*
en downy brome-grass, slender chess, early chess
fr brome des murs, brome des toits
el bromo de los tejados
it forasacchi dei tetti, fieno tettaiolo
de Dachtrespe, Mauertrespe

2006 *Brunella vulgaris*
see: *Prunella vulgaris*

2007 *Bunias orientalis*
en corn-rocket
fr roquette turque
el bunias
it bunia orientale
de orientalische Zackenschote

2008 *Calendula arvensis*
en field marigold
fr souci des champs
el hierba del podador
it calta selvatica
de wilde Ringelblume

2009 *Caltha palustris*
en marsh marigold, water buttercup
fr caltha des marais, populage, souci d'eau
el calta, hierba centella
it calta palustre, farferuggine
de Sumpfdotterblume

2010 *Campanula rapunculoides*
en bellflower, creeping bellflower
fr campanule
el campanilla, rapónchigo
it campanula
de kriechende Glockenblume, Acker-Glockenblume

2011 *Capriola dactylon*
see: *Cydodon dactylon*

2012 *Capsella bursa-pastoris*
en shepherds-purse, shepherds-bag, case weed
fr capselle-bourse à pasteur
el bolsa de pastor
it borsacchina, borsapastore
de Hirtentäschel Kraut, gemeines Hirtentäschel

2013 *Cardamine pratensis*
en lady's smock, cuckoo flower, meadow bittercress
fr cardamine des prés, cresson des prés
el cardamina de los prados, mastuerzo de prado
it crescione dei prati, cardamina
de Wiesen-Schaumkraut

2014 *Cardaria draba* *(Lepidium draba)*
en hoary pepperwort, hoary cress, white weed
fr passerage drave, passerage lépidier
el lepidio
it cocola
de Pfeilkresse, Herzkresse, türkische Kresse, stengelumfassende Kresse, stengelumfassendes Pfefferkraut

2015 *Carduus arvensis*
see: *Cirsium arvense*

2016 *Carum carvi*
en caraway
fr carvi, cumin des prés
el alcaravea, comino de prado
it comino tedesco, comino dei prati
de Wiesen-Kümmel, gemeiner Kümmel

2017 *Celastrus scandens*
en climbing bitter-sweet
fr célastre, grimpant
el celastro
it celastro, boia degli alberi
de echter Baumwürzger

2018 *Centaurea cyanus*
en bachelors-button, cornflower, bluebottle
fr bleuet, bluet, centaurée bleue
el azulejo, clavel de San Juan, aciano, botoncillo, baleo cabezudo
it ciano minore, fiordaliso, farinello
de Kornblume

2019 *Centaurea jacea*
en star-thistle, brown knapweed, rayed knapweed
fr jacée des prés, centaurée jacée

el cártamo silvestre, jácea
it stoppiorni
de gemeine Flockenblume, Wiesenflockenblume

2020 *Cerastium arvense*
en field chickweed, meadow chickweed
fr céraiste, oreille de souris
el cerastio, cerastio de los campos
it cerastio, orecchio di topo
de Acker-Hornkraut

2021 *Chaerophyllum silvestre*
en cow parsley, beaked parsley, wild chevril
fr cerfeuil sauvage
el perifollo silvestre
it cerfoglio selvatico
de Waldkerbel, Wiesenkerbel

2022 *Chelidonium majus*
en celandine, great celandine, swallow-wort, wartweed
fr chélidoine, herbe aux hirondelles
el celidonia, celidonia mayor, hierba de la golondrina
it celidonia, celidonia maggiore, cenerognola
de gemeines Schöllkraut

2023 *Chenopodium album*
en fat-hen, white goosefoot, lambs-quarters, mealweed, bacon weed
fr chénopode blanc, ansérine blanche
el quenopodio blanco, armuelle silvestre
it chenopodio bianco
de gemeiner Gänsefuss, weisser Gänsefuss

2024 *Chenopodium bonus-henricus*
en good King Henry, allgood, perennial goosefoot
fr bon Henri, épinard sauvage
el ansserina, pie de ánade, buen Enrique, buen armuelle
it spinacio selvatico, buono Enrico, mercorella lunga
de guter Heinrich

2025 *Chrysanthemum leucanthemun* var. *pinnatifidum*
en ox-eye daisy, white daisy, white weed, field daisy
fr grande marguerite, marguerite des prés
el margarota mayor, margaritón, margarita de los prados
it crisantemo dei prati, margherita grande, margaritone di prato
de gemeine Wucherblume, Wiesenwucherblume, Margaretenblume

2026 *Chrysanthemum segetum*
en corn marigold, yellow ox-eye
fr chrysanthème des moissons, marguerite des blés
el margarita del trigo, margarita de los sembrados
it margherita gialla, fior di grano
de Saatwucherblume

2027 *Chrysanthemum vulgare* (*Tanacetum vulgare*)
en common tansy
fr tanaisie, herbe amère
el tanaceto
it tanasia, tanaceto comune
de gemeiner Rainfarn

2028 *Cichorium intybus*
en chicory, succory, blue sailors, blue daisy
fr chicorée, chicorée amère, chicorée sauvage
el achicoria, achicoria amarga, achicoria silvestre
it cicoria, cicoria amara
de Wegewarte, wilde Zichorie

2029 *Cicuta virosa*
en cowbane, water hemlock
fr cicutaire aquatique, ciguë des marais
el cicuta acuática, cicuta de los pantanos
it cicuta vera
de giftiger Wasserschierling

2030 *Cirsium arvense* (*Carduus arvensis*)
en creeping thistle, Canada thistle, perennial thistle, green thistle
fr cirse des champs, chardon des champs
el cardo cundidor
it stoppione, scardaccione
de Ackerkratzdistel, Feldkratzdistel, Ackerdistel

2031 *Cirsium lanceolatum*
see: *C. vulgare*

2032 *Cirsium oleraceum*
en meadow distaff, water thistle

fr cirse maraîcher
el cirsio
it cirsio
de Kohlkratzdistel, Wiesenkohl

2033 *Cirsium palustre*
en marsh thistle
fr cirse des marais
el cirsio palustre
it pedicolare
de Sumpfdistel, Sumpfkratzdistel

2034 *Cirsium vulgare*
(C. lanceolatum)
en spear thistle, bull thistle
fr cirse lancéolé
el cardo negro
it cardo asinino
de gemeine Kratzdistel, Wegdistel

2035 *Colchicum autumnale*
en meadow saffron, autumn crocus
fr colchique d'automne
el cólquico de otoño, quitameriendas, villorita
it colchico, fior del freddo, zafferano bastardo
de Herbstzeitlose

2036 *Conium maculatum*
en poison hemlock, snake-weed, poison parsley
fr ciguë, grande ciguë
el cicuta mayor
it cicuta
de gefleckter Schierling, Flecken-Schierling

2037 *Convolvulus arvensis*
en bindweed, European bindweed, wild morning-glory
fr liseron des champs, petit liseron
el correhuela manor
it vilucchio minore
de Ackerwinde

2038 *Convolvulus sepium*
en great bindweed, hedge bindweed, devils-vine, wild morning-glory
fr grand liseron
el correhuela mayor
it campanelle, vilucchione
de Zaun-Winde, Ufer-Winde, grosse Winde

2039 *Crepis biennis*
en rough hawk's beard
fr crépide biannuelle
el crepis de los prados
it crepide dei prati
de Wiesenpippau

2040 *Cynodon dactylon*
(Capriola dactylon)
en Bermuda grass, scutch grass, wire-grass
fr herbe des Bermudes
el grama común
it gramigna, gramigna maggiore, dente canino
de echter Hundszahn, Bermudagras

2041 *Datura stramonium*
en Jimson-weed, thorn-apple. mad-apple, stinkwort
fr stramoine, pomme épineuse
el estramonio, hierba hedionda, higuera loca, manzana espinosa
it stramonio, mela spina
de gemeiner Stechapfel

2042 *Daucus carota*
en wild carrot
fr carotte sauvage
el dauco, zanahoria silvestre
it carota selvatica
de wilde Möhre

2043 *Delphinium consolida*
en field larkspur, branching larkspur
fr dauphinelle consoude, pied d'alouette
el consuelda, consuelda real, espuela de caballero
it consolida regale, erba del cardinale
de Feldrittersporn, Acker-Rittersporn, Brachdistel

2044 *Deschampsia caespitosa*
see: *Aira caespitosa*

2045 *Echinochloa crusgalli*
(Panicum crusgalli)
en cocksfoot panicum, cockspur-grass, barn-grass, panic-grass
fr panic pied de coq
el equinocloa
it panicastrella, panico di risaia, piè di gallo
de Hühnerhirsche

2046 *Echium vulgare*
en vipers bugloss, blue thistle, blue weed
fr herbe aux vipères, vipérine
el viborera morada

it erba delle vipere, echio, viperina
de gemeiner Natterkopf,
blaue Ochsenzunge

2047 *Eicchornia crassipes*
en water hyacinth, beda weed,
Nile lily
fr eichornie
el violeta acuática,
jacinto de agua (Méx.),
lechuga de concha
it giglio del Nilo
de Wasserhyazinthe, Eicchornie

2048 *Epilobium angustifolium*
en willow-herb
fr épilobe, laurier de St. Antoine
el epilobio
it epilobio a spighe, lauro roseo
de Wald-Weidenröschen,
schmalblättriges Weidenröschen

2049 *Equisetum arvense*
en field horsetail, horsetail fern,
scouring-rush
fr prêle des champs
el cola de rata, equiseto menor
it rasparella, equiseto dei boschi
de Ackerschachtelhalm

2050 *Equisetum hyemale*
en scouring-rush, tall scouring-rush
fr prêle d'hiver
el cola de caballo, rabo de lagarto,
hierba estañera, equiseto mayor
it equiseto invernale,
rasparella d'inverno
de Winterschachtelhalm

2051 *Equisetum palustre*
en marsh-horsetail, shade-horsetail
fr prêle des marais, queue de cheval
el cola de caballo, equiseto
it equiseto palustre
de Sumpfschachtelhalm, Zinnkraut

2052 *Erigerum canadensis*
(Leptilon canadense)
en fleabane, horse-weed, bitterweed
fr érigéron du Canada
el erigerón del Canadá
it saeppola
de kanadisches Berufskraut,
Dürrwurz

2053 *Eorodium cicutarium*
en storksbill, heronsbill, pin-weed,
pin-grass
fr érodion cicutier, bec de cicogne,
aiguille
el aguja de pastor, alfileres
it cicutaria, erba cicutaria
de gemeiner Reiherschnabel

2054 *Erysimum cheiranthoides*
en treacle mustard, wormseed mustard
fr giroflée sauvage, carafée sauvage
el erísimo
it erisimo, crescione di terra
de lackartiger Schottendotter,
Ackerschötterich,
Ackerschottendotter

2055 *Erysimum officinale*
see: *Sisymbrium officinale*

2056 *Euphorbia cyparissias*
(Tithymalus cyparissias)
en cypress spurge, salvers-grass,
graveyard-weed
fr lait de couleuvre,
euphorbe petit cyprès
el lechetrezna
it cipressina, erba cipressina,
rogna di muro, titimalo ciparissio
de Zypressen-Wolfsmilch

2057 *Euphorbia helioscopia*
en sun spurge, wart spurge,
wart-weed
fr euphorbe hélioscope
el lechetrezna, lecheruela
it erba calenzola, elioscopia
de Sonnenwende-Wolfsmilch

2058 *Euphorbia peplus*
en petty spurge
fr euphorbe des vignes
el lechetrezna
it peglio, peplide
de Garten-Wolfsmilch

2059 *Fagopyrum tataricum*
en buckwheat, India wheat
fr blé de Tartarie, sarrasin de Sibérie
el alforfón, trigo negro,
trigo sarraceno, trigo morisco
it saraceno di Siberia
de tatarischer Knöterich,
tatarischer Buchweizen

2060 *Ficaria ranunculoides*
see: *Ranunculus ficaria*

2061 *Ficaria verna*
see: *Ranunculus ficaria*

2062 *Filago germanica*
en endweed

fr herbe à coton
el filago
it filago, erba da cotone
de deutsches Schimmelkraut, deutsches Fadenkraut, deutsches Ruhrkraut

2063 *Filipendula ulmaria*
see: *Ulmaria pentapetala*

2064 *Fumaria officinalis*
en common fumitory
fr fume-terre
el fumaria
it fumara, fumasterno
de gemeiner Erdrauch

2065 *Galeopsis ladanum*
en red hemp-nettle
fr ortie rouge
el galeopsis
it gallinaccia
de Ackerhohlzahn, Ackerdaun

2066 *Galinsoga parviflora (Viborgia aemella)*
en galinsoga, field scabious
fr scabieuse des champs, galinsoga
el galinsoga
it galinsoga
de kleinblütiges Franzosenkraut, Gängelkraut

2067 *Galium aparine*
en cleavers, goose-grass, scratch-grass
fr gaillet gratteron
el amor de hortelano
it aparine
de Klebkraut, Klettenlabkraut, kletterndes Labkraut

2068 *Galium cruciata*
en crosswort
fr gaillet croisette
el cruzada
it pittimbrosa
de Kreuzlabkraut

2069 *Genista pilosa*
en hairy greenweed
fr genêt poilu
el hiniesta vellosa
it ginestra pelosa
de Sandginster

2070 *Genista tinctoria*
en dyers broom, dyers greenweed, dyeweed
fr genêt des teinturiers, genestrolle
el retama de tintes
it ginestrella, guada selvatico, erba dei tintori
de Farbenginster

2071 *Ginania lanata*
see: *Holcus lanatus*

2072 *Glechoma hederacea (Nepeta hederacea)*
en ground ivy, gill-over-the-ground, cats-foot
fr lierre de terre
el hiedra terrestre
it edera terrestre
de efeublättriger Gundermann, Gundelrebe

2073 *Heracleum sphondylium*
en common cow-parsnip, hogweed, bears-breech, brank-ursine
fr acanthe, berce spondyle
el branca ursina falsa
it spondilio, sedano dei prati
de Wiesen-Bärenklau, gemeine Bärenklau

2074 *Herniaria glabra*
en common rupture-wort
fr herniaire, herbe au cancre
el hierba de la piedra, hierba turca, milengrana, milgranos, herniaria
it erniaria, erba turchetta
de kahles Bruchkraut, Tausendkorn

2075 *Hieracium pilosella*
en mouse-ear hawkweed, mouse bloodwort
fr épervière piloselle, oreille de souris
el pelosilla, vellosita, oreja de ratón
it pelosella, orecchio di topo
de Habichskraut

2076 *Holcus lanatus (Notholcus lanatus) (Ginania lanata)*
en velvet grass, mesquite grass
fr houque laineuse
el holco blanco, holco lanoso
it olco lanoso, olco vellutato
de wolliges Honiggras

2077 *Holosteum umbellatum*
en holosteum
fr holoste ombellé
el holósteo
it morgellina ombrellata
de Schachtkohl, Dolden-Spurre

2078 *Hordeum murinum*
en wall barley, waybent, barley grass
fr orge des murs,
orge queue de souris
el cebadilla de campo
it orzo dei muri, orzo dei ratti
de Mäusegerste

2079 *Hyoscyamus niger*
en henbane
fr jusquiame noire
el beleño negro
it giusquiamo nero
de gemeines Bilsenkraut,
schwarzes Bilsenkraut

2080 *Juncus conglomeratus*
see: *J. leersii*

2081 *Juncus effusus*
en rush, soft rush, bog rush
fr jonc épars, jonc commun,
jonc à lier
el junco de esteras
it giunco
de Flatter-Binse

2082 *Juncus filiformis*
en thread rush, slender rush
fr jonc filiforme
el junco filiforme
it giunco
de Faden-Binse

2083 *Juncus leersii*
(J. conglomeratus)
en common rush
fr jonc aggloméré
el junco de flores aglomeradas
it giunco
de Knäuel-Binse

2084 *Knautia arvensis*
(Scabiosa arvensis)
en field scabious
fr oreille d'âne,
scabieuse des champs
el escabiosa
it orecchio d'asino
de Ackerskabiose,
Acker-Witwenblume

2085 *Lamium album*
en white dead nettle
fr ortie blanche, ortie morte,
lamier blanc
el ortiga muerta blanca
it lamio bianco, ortica bianca
de weisse Taubnessel, Bienensaug

2086 *Lamium purpureum*
en red dead nettle
fr lamier pourpre
el ortiga muerta purpúrea
it lamio purpureo, ortica fetida
de purpurrote Taubnessel,
Ackertaubnessel

2087 *Lampsana communis*
en nipplewort
fr lampsane commune
el lámpsana, lapsana
it lampsano, erba da mamelle
de gemeiner Rainkohl

2088 *Lappa major*
see: *Arctium lappa*

2089 *Lappa officinalis*
see: *Arctium lappa*

2090 *Lathyrum pratensis*
en yellow vetchling, meadow pea
fr gesse sauvage, gesse des prés,
vesceron
el almorta de los prados
it erba galletta
de Wiesenplatterbse

2091 *Leontodon autumnalis*
(Aspargia autumnale)
en autumnal hawkbit, fall dandelion,
lions-tooth
fr dent-de-lion d'automne,
pissenlit d'automne
el diente de león de otoño
it dente di leone
de Herbstlöwenzahn

2092 *Leontodon taraxacum*
see: *Taraxacum officinale*

2093 *Lepidium campestre*
en field pepper-grass, field cress,
downy pepper-grass
fr cresson des champs,
moutarde sauvage
el lepidio
it erba storna, lepidio selvatico
de Feldkresse

2094 *Lepidium draba*
see: *Cardaria draba*

2095 *Leptilon canadense*
see: *Erigerum canadensis*

2096 *Linaria vulgaris*
en flaxweed, yellow toadflax,
wild snapdragon

fr linaire commune, linaire vulgaire
el pajarita
it linaria, lino selvatico, abrotano selvatico
de gemeines Leinkraut, gemeiner Frauenflachs

2097 *Lithospermum arvense*
en pearl plant, gray smile, gromwell
fr grémil des champs, herbe aux perles
el borraja silvestre
it migialsole
de Feldsteinsame, Ackersteinsame

2098 *Lolium remotum*
en hardy ryegrass
fr ivraie du lin, zizanie du lin
el cizaña del lino
it zizzania, loglio
de Leinloch

2099 *Lolium temulentum*
en darnel, poison ryegrass
fr ivraie enivrante
el cizaña, joyo, rabillo, borrachuela, cominillo
it zizzania, loglio
de Taumelloch

2100 *Lychnis githago*
see: *Agrostemma githago*

2101 *Malva neglecta*
(M. rotundifolia)
en round-leaved mallow, low mallow
fr petite mauve, fromagère
el malva, malva de hoja redonda
it piccola malva, erba di San Simone
de Käsepappel, kleine Malve

2102 *Malva rotundifolia*
see: *M. neglecta*

2103 *Matricaria chamomilla*
en wild camomile
fr matricaire camomille, petite camomille
el manzanilla común, manzanilla de Alemania
it camomilla comune
de echte Kamille

2104 *Mentha arvensis*
en wild mint, corn mint, field mint
fr baume des champs
el menta silvestre
it menta campestre
de Feldminze, Kornminze, Ackerminze

2105 *Mercurialis annua*
en annual mercury, French mercury, dog's mercury
fr mercuriale annuelle
el mercurial
it mercuriella, mercorella, erba strega
de Bingelkraut, einjähriges Bingelkraut

2106 *Myosotis arvensis*
(M. intermedia)
en field forget-me-not
fr myosotis des champs
el nomeolvides, miosotis de los campos
it miosotide, non ti scordar di me
de Ackervergissmeinnicht

2107 *Myosotis intermedia*
see: *M. arvensis*

2108 *Nardus stricta*
en mat-weed
fr nard bâtard, nard des prés
el cervino
it cervino, nardo sottile, fieno dei monti
de gemeines Borstengras

2109 *Nasturtium silvestre*
(Sisymbrium silvestre)
(Roripa silvestris)
en creeping watercress
fr roquette sauvage, cresson sauvage
el berro silvestre
it crescione di fiume
de Wald-Brunnenkresse, wilde Kresse

2110 *Nepeta hederacea*
see: *Glechoma hederacea*

2111 *Nigella arvensis*
en field fennel flower
fr nigelle des champs, patte d'araignée
el neguilla
it nigella
de wilder Schwarzkümmel, Ackerschwarzkümmel

2112 *Notholcus lanatus*
see: *Holcus lanatus*

2113 *Onopordon acanthium*
en Scotch thistle, cotton thistle
fr chardon acanthe, artichaut sauvage
el cardo borriquero
it cardaccione acantino
de gemeine Krebsdistel, Eselsdistel

2114 *Panicum glaucum*
see: *Setaria glauca*

2115 *Panicum sanguinale*
en crabgrass, common finger grass
fr panic sanguin
el garrachuelo
it panico sanguigno
de Bluthirse

2116 *Papaver rhoeas*
en corn poppy, field poppy, red poppy
fr coquelicot, pavot des moissons, ponceau
el amapola común, adormidera silvestre
it rosolaccio, papavero dei campi
de Klatschmohn, Feldmohn, Feuermohn

2117 *Pedicularis palustris*
en lousewort, tall red rattle
fr pédiculaire des marais, herbe aux poux
el pedicularia
it pedicolare
de Sumpfläusekraut

2118 *Petasites officinalis (Tussilago petasites) (P. vulgaris)*
en butterbur, pestlence-wort
fr pétasite commun
el petasites, tusílago mayor
it fior di cipresso
de arzneiliche Pestwurz, grosse Pestwurz, Neunkraft

2119 *Petasites vulgaris*
see: *P. officinalis*

2120 *Phalaris canariensis*
en canary grass, bird-seed grass
fr alpiste, blé d'oiseau
el alpiste, alpistera
it canaria, grano da uccelli
de Kanarienglanzgras

2121 *Phragmites communis (Arundo phragmites)*
en common reed
fr roseau commun, roseau balais
el caña común
it canna di palude, canna da spazzole, canneggiole
de gemeines Silfrohr

2122 *Plantago lanceolata*
en buckhorn plantain, English plantain, ribgrass, ribwort
fr plantain lancéolé
el llantén menor, llantén lanceolado
it piantaggine lanceolata, piantaggine lunga
de Spitzwegerich, lanzettlicher Wegerich

2123 *Plantago major*
en greater plantain, broadleaved plantain
fr plantain majeur, grand plantain
el llantén mayor, hierba estrella
it piantaggine maggiore
de grosser Wegerich, Breitwegerich

2124 *Plantago media*
en hoary plantain, lambs-tongue
fr plantain moyen
el llantén mediano, llantén blanquecino
it petacciola
de mittlerer Wegerich

2125 *Poa annua*
en annual spear-grass, dwarf spear-grass, annual meadow grass
fr patûrin annuel
el espiguilla, hierba de punta
it poa annua
de gemeines Rispengras, Bruckgras

2126 *Poa pratensis*
en field meadow grass, bird grass
fr patûrin des prés
el cañuela
it erba fienarola
de Wiesen-Rispengras

2127 *Polygonum amphibium*
en amphibious polygonum
fr persicaire amphibie, renouée aquatique
el persicaria
it persicaria anfibia
de ortswechselnder Knöterich, Wander-Knöterich

2128 *Polygonum aviculare*
en knotgrass, knotweed, mat-grass, door-weed
fr renouée des oiseaux, herbe à cochon
el correhuela de los caminos, lengua de pájaro, hierba de las calenturas
it correggiola maggiore, centinodia
de Vogelknöterich

2129 *Polygonum bistorta*
en bistort, snakeweed, snakeroot

fr renouée bistorte, serpentaire
el bistorta
it bistorta, poligono ritorto
de Schlaugenknöterich, Wiesenknöterich

2130 *Polygonum convolvulus*
en black bindweed, knot bindweed, bear-bind, climbing bindweed
fr renouée liseron, vrilée sauvage
el polígono trepador, enredadera
it vilucchio
de Windenderknöterich, windenderartiger Knöterich

2131 *Polygonum hydropiper*
en waterpepper, smartweed, water smartweed
fr poivre d'eau, piment d'eau
el pimienta de agua
it poligono piperino, pepe d'asino
de Wasserpfeffer, Wasserpfeffer-Knöterich

2132 *Polygonum persicaria*
en ladys-thumb, persicaria, red shanks, spotted smartweed
fr renouée persicaire, pied rouge
el duraznillo común, pimentilla, persicaria
it persicaria, persicaria macchiata, salcerella
de Flohknöterich, gemeiner Knöterich

2133 *Potentilla anserina*
en silverweed, goose-grass
fr potentille ansérine, ergentine, herbe aux oies
el argentina, plateada
it petentilla anserina, argentina
de Gänserich, Gänsefingerkraut, Silberkraut

2134 *Prunella vulgaris* *(Brunella vulgaris)*
en self-heal, heal-all
fr brunelle vulgaire
el brunela vulgar, hierba de las heridas, mazorquera
it basilico selvatico, brunella
de gemeine Brunelle, Braunelle

2135 *Pteridium aquilinum* var. *latiusculum* *(Pteris aquilina)*
en brake fern, bracken, hog brake
fr fougère commune, fougère à cerises
el helecho común, felguera
it felce, pteride, felce aquilina
de echter Adlerfarn

2136 *Pteris aquilina*
see: *Pteridium aquilinum* var *latiusculum*

2137 *Ranunculus acris*
en tall field buttercup, tall crowfoot, butter flower, blister plant
fr renoncule acre, bouton d'or, renoncule des prés
el hierba bélida, botón de oro
it ranuncolo acre, bottone d'oro
de scharfer Hahnenfuss

2138 *Ranunculus arvensis*
en field buttercup, corn crowfoot
fr renoncule des champs
el ranúnculo arvense
it ranuncolo dei campi, signorine selvatiche
de Ackerhahnenfuss

2139 *Ranunculus bulbosus*
en bulbous crowfoot, bulbous buttercup, yellow weed
fr renoncule bulbeuse, rave de Saint-Antoine, pied-de-corbin
el ranúnculo bulboso, hierba velluda
it ranuncolo bulboso
de Knollehahnenfuss

2140 *Ranunculus ficaria* *(Ficaria verna)* *(F. ranunculoides)*
en figwort, pilewort, lesser celandine
fr ficaire fausse renoncule, petite éclaire, éclairette
el celidonia menor
it favagello
de Feigwurz, Scharbockskraut

2141 *Ranunculus repens*
en creeping buttercup, creeping crowfoot
fr renoncule rampante, pied-de-poule
el ranúnculo rastrero
it crescione selvatico
de kriechender Hahnenfuss

2142 *Ranunculus sceleratus*
en cursed crowfoot, celery-leaved crowfoot, bog buttercup, marsk crowfoot
fr renoncule scélérate, grenouillette jaune, herbe sardonique
el apio sardónico, hierba sardónica

it ranuncolo scellerato, ranuncolo di palude
de Gifthahnenfuss

2143 *Raphanus raphanistrum*
en wild radish, white charlock, jointed charlock
fr ravanelle, raveluche
el rabaniza, rabanillo, rábano silvestre, jaramago blanco
it rafanistro, ravastrello
de Hederich, Ackerrettich

2144 *Rhinanthus christa galli (Alectorolophus minor)*
en rattle, yellow rattle
fr croquette, rougette blanche
el cresta de gallo
it cresta di gallo, canterelle
de kleiner Klappertopf

2145 *Rhinanthus major (Alectorolophus major)*
en greater yellow rattle, cock's comb
fr grand rinanthe, rinanthe crête de coq
el rinanto mayor, rinanto cresta de gallo
it rinanto maggiore, cresta di gallo
de grosser Klappertopf, gemeiner Klappertopf

2146 *Roripa silvestris*
see: *Nasturtium silvestre*

2147 *Rumex acetosa*
en sour dock, common sorrel
fr grande oseille sauvage, oseille commune
el acedera común, agrilla, vinagrera
it acetosa
de grosser Sauerampfer

2148 *Rumex acetosella*
en sheep sorrel, field sorrel, sour weed, sour grass
fr petite oseille, vinette
el acederilla, acedera menor, quitatintas
it acetosella, acetosa piccola, erba salamoia
de kleiner Sauerampfer, kleiner Ampfer

2149 *Rumex crispus*
en curled dock, sour dock, yellow dock
fr rumex crépu
el hidrolápato menor, lengua de vaca, romaza rizada
it romice, rombice, rombica selvatica
de krauser Ampfer

2150 *Rumex obtusifolius*
en broadleaved dock, bitter dock, celery seed
fr rumex à feuilles obtuses
el acedera obtusifolia
it romice comune
de stumpfblättriger Ampfer

2151 *Rumex patientia*
en patience dock, blunt-leaved dock
fr patience, oseille épinard
el hierba de la paciencia, romaza silvestre
it pazienza, romice degli orti
de Gemüseampfer

2152 *Salsola kali* var.*tenuifolia (S. pestifer)*
en Russian cactus, Russian tumbleweed, tumbling thistle, saltwort
fr soude, soude couchée
el barrilla fina, barrilla pinchosa, espinardos
it soda, erba cali
de gemeines Salzkraut

2153 *Salsola pestifer*
see: *S. kali* var.*tenuifolia*

2154 *Salvinia natans*
en salvinia, floating salvinia
fr salvinie
el salvinia
it salvinia, erba pesce
de echter Schwimmfarn

2155 *Scabiosa arvensis*
see: *Knautia arvensis*

2156 *Scandix pecten-veneris*
en shepherd's needle, Venus comb
fr peigne de Vénus, scandix peigne de Vénus
el aguja de pastor, peine de Venus
it pettine di Venere
de Venuskamm

2157 *Senecio jacobea*
en stinking willie, ragwort
fr herbe de Saint-Jacques, séneçon
el hierba de Santiago, hierba lombriguera

it erba di San Giacopo
de Jakobs-Kreuzkraut

2158 *Senecio vulgaris*
en groundsel, simsel, bird-seed
fr séneçon vulgaire
el hierba cana,
hierba de las quemaduras
it senecione, calderina,
erba uccellina
de gemeines Kreuzkraut,
Dickkopfskraut

2159 *Setaria glauca*
(Panicum glaucum)
(S. lutescens)
en wild millet, yellow foxtail,
golden foxtail
fr sétaire glauque
el almorejo
it panicastrella, pesarone
de Gilb-Fennich,
seegrünes Fennichgras

2160 *Setaria lutescens*
see: *S. glauca*

2161 *Sherardia arvensis*
en blue field madder, spurwort,
herb sherard
fr shérardie
el sherardia
it toccamano
de Ackerröte

2162 *Silene cucubalus*
(S. inflata)
(S. latifolia)
en bladder campion, white bottle,
bubble poppy
fr cornillet, silène enflé
el colleja, verdezuela
it bubboline
de aufgeblasenes Leimkraut,
Taubenkropf, Klatschnelke

2163 *Silene inflata*
see: *S. cucubalus*

2164 *Silene latifolia*
see: *S. cucubalus*

2165 *Sinapis alba*
see: *Brassica hirta*

2166 *Sinapis arvensis*
see: *Brassica kaber* var. *pinnatifida*

2167 *Sisymbrium officinale*
(Erysimum officinale)
en hedge mustard
fr alliaire, herbe au chantre
el erísimo, hierba de los cantores
it sesembrio, erisimo
de gemeine Rauke

2168 *Sisymbrium silvestre*
see: *Nasturium silvestre*

2169 *Solanum dulcamara*
en European bittersweet,
blue nightshade, woody nightshade
fr douce-amère, morelle grimpante
el dulcamara
it dulcamara, vite di Giudea
de Bittersüss,
Bittersüssnachtschatten

2170 *Solanum nigrum*
en black nightshade, garden nightshade
fr morelle noire
el hierba mora, solano negro
it solano nero
de schwarzer Nachtschatten

2171 *Solidago virgaurea*
en goldenrod
fr solidage verge d'or, herbe des juifs
el vara de oro, vara de San José,
consuelda sarracena
it verga d'oro, erba giudaica
de gemeine Goldrute

2172 *Sonchus arvensis*
en perennial sowthistle,
field sowthistle,
creeping sowthistle
fr laiteron des champs
el cerraja, lechuguilla
it crespino dei campi
de Ackergänsedistel,
Ackersaudistel, Saudistel

2173 *Sonchus oleraceus*
en annual sowthistle, milk thistle,
hares lettuce
fr laiteron maraîcher, lait d'âne
el lechuguilla silvestre
it cicerbita comune,
lattuga delle lepri
de kohlartige Gänsedistel,
Kohlgänsedistel

2174 *Spergula arvensis*
en corn spurrey, spurry, sandweed
fr spergule, spargoute
el esparcilla, espérgula

it spergola
de Spörgel, Ackerspörgel, Ackerspark, Feldspark

2175 *Spirarea ulmaria*
see: *Ulmaria pentapetala*

2176 *Stachys palustris*
en marsh woundwort
fr ortie des marais, ortie morte
el ortiga hedionda
it scabiosa palustre
de Sumpfziest, Schweinerübe

2177 *Stellaria media*
(Alsine media)
en chickweed, starwort, starweed, winter-weed
fr mouron des oiseaux, stellaire
el pamplina, pajarera, hierba de los canarios, hierba roquera
it morso di gallina
de Vogelmiere, Mäusedarm

2178 *Symphytum officinale*
en common comfrey, backwort, healing herb, bruisewort
fr consoude officinale, grande consoude
el consuelda mayor, sinfito
it sinfito, consolida, borrana selvatica
de arzneilicher Beinwell, Schwarzwurzel, gemeiner Beinwell, grosse Wallwurzel

2179 *Tanacetum vulgare*
see: *Chrysanthemum vulgare*

2180 *Taraxacum officinale*
(Leontodon taraxacum)
en dandelion, lion's tooth
fr dent-de-lion, pissenlit
el diente de león
it dente di leone
de gemeine Kuhblume, gemeiner Löwenzahn

2181 *Thlaspi arvense*
en penny-cress, stinkweed
fr tabouret des champs
el hierba del ochavo, telaspios
it erba storma
de Ackerhellerkraut, Pfennigkraut, Ackertäschelkraut

2182 *Tithymalus cyparissias*
see: *Euphorbia cyparissias*

2183 *Tragopogon pratensis*
en yellow goats-beard, meadow salsify, noon-flower
fr barbe de bouc, salsifis des prés
el barba cabruna, barbón, salsifí
it barba di becco
de Wiesen-Bocksbart

2184 *Triticum repens*
see: *Agropyrum repens*

2185 *Tussilago farfara*
en coltsfoot, cough-wort, ginger-root, clay-weed
fr tussilage, pas-d'âne, pied de poulain
el tusilago, fárfara, uña de caballo
it farfaro, piè d'asino, unghia cavallina
de gemeiner Huflattich

2186 *Tussilago petasites*
see: *Petasites officinalis*

2187 *Ulmaria pentapetala*
(Spiraea ulmaria)
(Filipendula ulmaria)
en queen of the meadows, meadow-sweet
fr ulmaire, reine des prés
el reina de los prados
it ulmaria, reggina dei prati
de Mädesüss, Wiesenkönigin, Rüsterstaude

2188 *Urtica dioica*
en stinging nettle, greater nettle, slender nettle
fr ortie dioïque, grande ortie
el ortiga mayor
it ortica vivace, grande ortica
de zweihäusige Nessel, grosse Brennessel

2189 *Urtica urens*
en stinging nettle, small nettle
fr ortie brûlante, ortie romaine
el ortiga común, ortiga romana
it piccola ortica, ortica pungente
de kleine Nessel, kleine Brennessel

2190 *Veronica hederaefolia*
en ivy-leaved speedwell
fr véronique à feuilles de lierre
el verónica
it veronica morsodigallina
de efeublättriger Ehrenpreis

2191 *Veronica officinalis*
en speedwell, gipsy-weed

fr véronique officinale
el verónica, té de Europa
it veronica officinale
de echter Ehrenpreis

2192 *Viborgia aemella*
see: *Galinsoga parviflora*

2193 *Vicia angustifolia*
en narrow-leaved vetch, wild tare, wild vetch
fr vesce à feuilles étroites
el alverjilla
it veccia selvatica
de schmalblättrige Ackerwicke

2194 *Vicia hirsuta*
en hairy vetch, common tare, hairy tare
fr vesce hérissée
el veza hirsuta
it veccia selvatica
de Zitterwicke, rauhe Wicke

2195 *Vicia tetrasperma*
en slender vetch, smooth tare, lentil tare
fr vesce à quatre grains
el veza tetrasperma
it veccia selvatica
de Fadenwicke, Linsenwicke, viersamige Erve

2196 *Viola tricolor*
en heart's-ease, corn pansy
fr pensée sauvage
el pensamiento, trinitaria
it viola tricolore, pensiero selvatico
de Stiefmütterchen

2197 *Xanthium strumarium*
en broad cocklebur
fr lampourde, herbe aux écrouelles
el bardana menor, lamparones, guizazo de caballo (Cuba), abrojo grande (Arg.)
it bardana minore, lappa minore
de gemeine Spitzklette

2198 ALBINISM
fr albinisme
el albinismo
it albinismo
de Albinismus

2199 ASTEROID SPOTTING
fr taches étoilées
el manchas asteroides
it macchiettatura asteroide
de Sternfleckung

2200 BACTERIAL DISEASE
fr maladie bactérienne, bactériose
el bacteriosis
it malattia da batteri, batteriosi
de Bakterienkrankheit, Bakteriose, bakterielle Krankheit

2201 BACTERIAL EXUDATE
fr exsudation bactérienne
el exudación bacteriana
it essudato batterico
de Bakterienexsudat

2202 BACTERIAL GALL, BACTERIOCECIDIUM
fr bactériocécidie
el bacteriocecidio
it batteriocecidio
de Bakteriengall, Bakteriozezidie

2203 BARK NECROSIS, BARK BLIGHT
fr nécrose corticale
el necrosis cortical
it necrosi corticale
de Rindenbrand

2204 BARK SCALING
fr desquamation corticale
el descamación cortical
it desquamazione corticale
de Schuppigkeit

2205 BLACKENING
fr noircissement
el ennegrecimiento
it annerimento
de Schwarzfärbung

2206 BLANCHING, BLEACHING
fr blanchiment
el blanqueo
it sbiancatura
de Bleichung

2207 BLASTOMANIA, CLADOMANIA
fr blastomanie
el blastomanía, cladomanía
it blastomania, cladomania
de Blastomanie, Kladomanie, Triebsucht

2208 BLIGHT
fr flétrissure généralisée
el necrosis de los órganos
it necrosi
de Brand

2209 BLISTER BLIGHT
fr cloque
el ampolla, abolladura
it bolla
de Blasenkrankheit

2210 BLOSSOM DROP
fr coulure
el corrimiento, aborto de la flor
it colatura, cascola
de Ausrieseln, Verrieseln, Blütenfall

2211 BRAKING OF COLOURS
fr panachure de la fleur
el variegación de la flor, quiebra del color
it rottura del colore
de Farbenbrechung, Blütenfarbenbrechung

2212 BRONZING
fr bronzage
el bronceado
it bronzatura
de Bronzefärbung

2213 BROWNING
fr brunissement
el pardeado
it imbrunimento
de Braunfärbung

2214 BROWN ROT
fr pourriture brune
el podredumbre parda
it marciume bruno
de Braunfäule

2215 BUD ROT
fr pourriture des bourgeons
el podredumbre de las yemas

it marciume delle gemme
de Knospenfäule

2216 *BUNCHY TOP*
fr sommet buissonant, sommet touffu
el cogollo enmarañado, cogollo racimoso
it punta a pennacchio
de Büschelkrankheit, Büschelgipfelkrankheit

2217 *CANKER*
fr chancre
el cáncer, cancro
it cancro
de Krebs

2218 *CARRIER*
fr porteur
el portador
it portatore
de Zwischenträger

2219 *CHLORANTHY*
fr chloranthie
el clorantia, clorancia
it cloranzia
de Grünblütigkeit, Chlorantie

2220 *CHLOROSIS*
fr chlorose
el clorosis
it clorosi
de Chlorose

2221 *CORK FORMATION*
fr subérisation
el suberosis, suberización
it suberosi
de Korkbildung

2222 *CRACKING*
fr craquelure
el agrietado
it spaccatura
de Rissigkeit

2223 *CRINKLE, CRINKLING*
fr frisolée faible, frisée, plissée
el rizadura
it arricciamento leggero
de leichte Kräuselung

2224 *CURLING, LEAF CURLING*
fr frisolée grave, feuilles bouclées
el encarrujado
it arricciamento grave
de schwere Kräuselung

2225 *CURLY TOP*
fr frisolée
el encrespadura de las puntas
it punta riccia
de Kräuselschopf

2226 *DECLINE*
fr dépérissement
el descaecimiento, languidecimiento, desmedro
it deperimento
de Abzehrung, Verfall

2227 *DEFOLIATION, LEAF DROPPING, LEAF CASTING*
fr défoliation, abcission des feuilles
el defoliación
it defogliazione, caduta delle foglie
de Blattfall

2228 *DESSICATION*
fr dessèchement
el desecación
it disseccamento
de Vertrocknung

2229 *DIEBACK, STAGHEAD*
fr dieback
el marchitamiento descendente, muerte descendente
it dieback
de Absterben

2230 *DISCOLORATION, STAIN*
fr coloration anormale, changement de coloration
el coloración anormal, decoloración
it scolorimento, decolorazione, colorazione anormale
de Entfärbung

2231 *DISTORTION*
fr distorsion
el distorsión
it distorsione
de Verdrehung, Verkrümmung

2232 *DOUBLE NODES*
fr doubles noeuds
el nudos dobles
it nodi doppi
de Doppelknoten

2233 *DRY ROT*
fr pourriture sèche
el podredumbre seca

it marciume secco
de Trockenfäule

2234 *DWARFING, NANISM*
fr nanisme
el nanismo, enanismo
it nanismo
de Verzwergung, Stauchung, Kümmerwuchs

2235 *EDGE CHLOROSIS*
fr chlorose du bord de la feuille
el clorosis marginal de las hojas
it clorosi marginale della foglia
de Blattrandchlorose

2236 *EDGE YELLOWING, YELLOW EDGE*
fr jaunissement du bord de la feuille
el amarilleo marginal de las hojas
it ingiallimento marginale della foglia
de Blattrandvergilbung

2237 *ENATION*
fr énation
el enación
it enazione
de Enation

2238 *EPINASTY*
fr épinastie
el epinastia
it epinastia
de Epinastie

2239 *ERINEUM*
fr érinéon
el eríneo, filerio
it feltro erinico
de Erineum

2240 *ETIOLATION*
fr étiolement
el ahilamiento
it eziolamento
de Etiolement, Etiolierung

2241 *EXUDATE*
fr exsudat
el exudado
it essudato
de Exsudat

2242 *FAN-LEAF FORMATION*
fr formation de la feuille en éventail
el formación de hojas en abanico
it formazione di foglie a ventaglio
de Fächerblattbildung

2243 *FASCIATION, BANDING*
fr fasciation
el fasciación
it fasciazione
de Verbänderung, Fasziation

2244 *FLATTENING OF BRANCHES*
fr aplatissement des branches
el aplastamiento de las ramas
it appiattimento dei rami
de Flachästigkeit, Zweigabplattung

2245 *FUNGAL GALL, MYCOCECIDIUM*
fr mycocécidie
el micocecidio
it micocecidio
de Pilzgalle, Mykozezidie

2246 *FUNGUS DISEASE*
fr mycose
el micosis
it micosi
de Pilzkrankheit, pilzliche Krankheit

2247 *GALL*
fr galle
el agalla, cecidio
it galla, cecidio
de Galle, Zezidie

2248 *GREENING, VIRESCENCE*
fr virescence
el enverdecimiento, virescencia
it inverdimento, virescenza
de Vergrünung, Vireszens

2249 *GROWTH REDUCTION*
fr réduction de la croissance
el reducción del crecimiento
it riduzione di sviluppo
de Wachstumshemmung

2250 *GUMMOSIS*
fr gommose
el gomosis
it gommosi
de Gummosis, Gummbildung, Gummifluss

2251 *HARD ROT*
fr pourriture dure
el podredumbre dura
it marciume duro
de Hartfäule

2252 *HEART ROT*
fr pourriture du coeur

el podredumbre del corazón
it marciume del cuore
de Herzfäule

2253 *HEARTWOOD ROT*
fr pourriture du coeur
el podredumbre del duramen
it putrefazione del cuore
de Kernfäule

2254 *HOST*
fr hôte
el hospedante
it ospite
de Wirt

2255 *INFECTIOUS CHLOROSIS*
fr chlorose infectieuse
el clorosis infecciosa, clorosis infectiva, clorosis generalizada
it clorosi infettiva
de infektiöse Chlorose

2256 *INTERNODE SHORTENING*
fr court-noué
el entrenudo corto
it accorciamento degli internodi
de Internodienverkürzung

2257 *INTERVEINAL MOSAIC*
fr mosaïque internervale
el mosaico intervenal, mosaico internerval
it mosaico internervale, mosaico intervenale
de zwischennerviges Mosaik

2258 *LEAF NARROWING*
fr rétrécissement du limbe
el estrechamiento de las hojas
it restringimento della foglia
de Schmalblättrigkeit

2259 *LEAF ROLLING*
fr enroulement des feuilles
el arrollamiento de las hojas, abarquillado de las hojas
it arrotolamento fogliare
de Blattrollung

2260 *LEAF SPOT*
fr tache des feuilles
el mancha foliar
it macchia fogliare
de Blattfleck

2261 *LEAF TATTER*
fr feuilles déchiquetées
el desgarramiento foliar
it foglie smerlettate
de Blattdurchlöcherung

2262 *LINE PATTERN*
fr bandes chlorotiques, arabesques
el arabesco, lineación
it lineolatura, maculatura lineare
de Linien- und Kurvenmuster

2263 *LODGING*
fr verse
el encamado
it allettamento
de Lagern

2264 *MALFORMATION, DEFORMATION*
fr malformation
el malformación, deformación
it malformazione, deformazione
de Missbildung, Bildungsabweichung, Deformierung

2265 *MOTTLE, MOTTLING*
fr bigarrure, marbrure
el abigarrado, matizado
it mosaicatura, maculatura diffusa
de Fleckung

2266 *NECROTIC LINE PATTERN*
fr arabesques nécrotiques
el arabesco necrótico, lineación necrótica
it lineolatura necrotica
de nekrotisierende Linien- und Kurvenmuster

2267 *OAK-LEAF PATTERN*
fr taches digitées
el manchas en hoja de roble
it maculatura a foglia di quercia
de Eichenblattmuster

2268 *OIL FLECK*
fr tache huileuse
el mancha de aceite
it macchia di olio
de Ölfleck

2269 *OVERGROWTH*
fr excroissance
el excrecencia
it escrescenza
de Auswuchs

2270 *PALLOR*
fr pâleur

el palidez
it impallidimento
de Entfärbungen

2271 *PATHOGEN*
fr pathogène
el patógeno
it agente patogeno
de Erreger

2272 *PETALODY*
fr petalodie
el petalodia
it petalodia
de Petaloidie

2273 *PHLOEM NECROSIS*
fr nécrose libérienne
el necrosis del floema
it necrosi del floema
de Phloemnekrose

2274 *PHYLLODY*
fr phyllodie
el filodia
it filodia
de Phyllodie

2275 *PHYLLOMANIA*
fr phyllomanie
el filomanía
it fillomania
de Verlaubung, Phyllomania

2276 *PISTILLODY*
fr pistilodie
el pistilodia
it pistillodia
de Pistillodie

2277 *PITCH FLECK*
fr tache médullaire
el mancha medular
it macchia del midollo
de Markfleck

2278 *REDDENING*
fr rougissement
el enrojecimiento, erubescencia, eritrosis
it rossore, arrossamento
de Rotfärbung

2279 *RED HEART*
fr coeur rouge
el corazón rojo
it cuore rosso
de roter Kern

2280 *RED ROT*
fr pourriture rouge
el podredumbre roja
it putrefazione rossa
de Rotfäule

2281 *RESINOSIS*
fr résinose
el resinosis
it resinosi
de Harzfluss, Resinosis

2282 *RINGSPOT*
fr tache annulaire
el mancha anular, mancha en anillo
it macchia anulare, maculatura anulare
de Ringfleck

2283 *ROOT ROT*
fr pourriture des racines
el podredumbre radical
it marciume radicale
de Wurzelfäule

2284 *ROSETTE*
fr rosette, rapprochement des entre-noeuds
el roseta
it rosetta
de Rosette

2285 *RUGOSITY*
fr rugosité, gaufrage
el rugosidad
it rugosità
de Tiefadrigkeit

2286 *SAP STAIN*
fr tache de sève
el coloración anormal de la albura
it scolorimento dell'alburno
de Entfärbung des Splintes

2287 *SCAB*
fr tavelure, gale
el roña, sarna
it rogna, scabbia
de Schorf

2288 *SHEDDING, DROPPING OF FLOWERS AND FRUITS*
fr chute des fleurs, chute des capsules
el defloración y caída de los frutos
it deflorazione e caduta dei frutti
de Abwerfen von Blüten und Früchten

2289 *SHOESTRINGING*
fr formation de feuilles filiformes
el formación de hojas filiformes
it formazione di foglie filiformi
de Fadenblättrigkeit

2290 *SHOOT SWELLING*
fr renflement des branches
el hinchazón de los brotes, brotes turgentes
it rigonfiamento dei germogli dei rami
de Triebschwellung

2291 *SHOTHOLE*
fr feuilles perforées
el cribado, perforación de las hojas
it foglie perforate
de Dürrfleckung

2292 *SILVERING*
fr plomb
el plateado, argirofilosis
it foglie plumbee, foglie argentee
de Milchglanz

2293 *SLIME FLUX*
fr écoulement visqueux
el flujo mucoso
it flusso mucoso
de Schleimfluss

2294 *SOFT ROT*
fr pourriture molle
el podredumbre blanda
it marciume molle
de Weichfäule

2295 *SPECKING, DOTTING*
fr moucheture
el punteado
it punteggiatura, puntulatura
de Sprenkelung, Tüpfelung

2296 *SPINDLE-SPROUTING*
fr filosité
el filosidad
it filosità
de Fadenkeimigkeit

2297 *SPOTTING, FLECKING*
fr tacheture
el manchado
it maculatura
de Fleckung, Fleckenbildung

2298 *STAR CRACKING*
fr craquelure en étoile
el agrietado en estrella
it spaccatura stellata
de Sternrissigkeit

2299 *STEM ROT*
fr pourriture des tiges
el podredumbre caulinar
it marciume degli steli
de Stengelfäule

2300 *STOPPAGE*
fr obstruction, occlusion
el obstrucción, oclusión
it ostruzione
de Verstopfung

2301 *STREAKING, STRIPING*
fr striure, stries
el estriación, rayado, listado, veteadura
it striature, striscie
de Strichelung, Streifelung, Strichelnekrose

2302 *STUNT, STUNTING*
fr rabougrissement
el raquitismo, atrofia
it rachitismo
de Schwund

2303 *SUNSCALD, BARK SCORCH*
fr brûlure
el quemadura de la corteza
it decorticamento da calore, scottatura, bruciatura
de Sonnenbrand

2304 *SWELLING*
fr renflement
el hinchazón, turgencia
it ingrossamento, rigonfiamento
de Schwellung

2305 *TOP NECROSIS*
fr nécrose apicale
el necrosis apical, acronecrosis
it necrosi apicale
de Spitzennekrose, Akronekrose

2306 *TOP ROT*
fr pourriture apicale
el podredumbre apical
it marciume apicale
de Stengelspitzenfäule

2307 *TWISTED LEAF*
fr entortillement des feuilles
el retorcimiento foliar
it foglia contorta
de Drehblättrigkeit

2308 *TYLOSE*
fr thyllose
el tilidosis
it tillosi
de Thyllenbildung

2309 *VEINAL NECROSIS*
fr nécrose des nervures
el necrosis de las nerviaciones
it necrosi delle nervature
de Adernnekrose

2310 *VEIN BANDING*
fr liseré des nervures
el clorosis zonada de las venas
it bandatura nervale
de Nervenbänderung, Adernbänderung, Adernbandmosaik

2311 *VEIN CLEARING*
fr éclaircissement des nervures
el aclaramiento de las nerviaciones
it schiarimento delle nervature
de Nervenaufhellung, Adernaufhellung

2312 *VEIN MOSAIC*
fr mosaïque des nervures
el mosaico nerval
it mosaico nervale
de Adernmosaik

2313 *VEIN YELLOWING*
fr jaunissement des nervures
el amarilleo de las venas
it ingiallimento delle nervature
de Adernvergilbung

2314 *VIRUS DISEASE*
fr maladie à virus, virose
el virosis
it virosi
de Viruskrankheit

2315 *WET ROT*
fr pourriture humide
el podredumbre húmeda
it marciume umido
de Wattefäule

2316 *WHITE ROT*
fr pourriture blanche
el podredumbre blanca
it putrefazione bianca
de Weissfäule

2317 *WILT, WILTING*
fr flétrissement
el marchitamiento
it avvizzimento
de Welke, Verwelken

2318 *WITCHES' BROOM*
fr balai de sorcière, broussin
el escoba de bruja
it scopazzi
de Hexenbesen

2319 *WITHERING*
fr dessèchement
el ajamiento
it appassimento
de Verdorrung, Dürre

2320 *WOODINESS*
fr lignification
el lignificación
it lignificazione
de Verholzung

2321 *YELLOW DWARF*
fr nanisme jaune
el raquitismo amarillo
it nanismo giallo
de Gelbzwergigkeit

2322 *YELLOWING, YELLOWS*
fr jaunisse, jaunissement
el amarilleo
it giallume, ingiallimento
de Vergilbung

2323 *APPLE SCALD,*
COMMON SCALD,
SUPERFICIAL SCALD,
HARD SCALD
fr échaudage des pommes
el escaldadura común de las manzanas
it riscaldo delle mele
de Hautbräune

2324 *BITTER PIT OF APPLES*
fr points bruns de la chair des pommes
el nódulos amargos de las manzanas y peras, hoyo amargo
it maculatura amara delle mele, macchie d'amaro
de Stippigfleckigkeit

2325 *BLACKHEART OF POTATOES*
fr coeur noir de la pomme de terre
el corazón ennegrecido de la patata, corazón negro de la patata
it cuore nero della patata
de Schwarzherzigkeit der Kartoffel

2326 *BLOSSOM-END ROT OF TOMATO*
fr "coup de soleil" de la tomate, pourriture sèche des fruits de la tomate
el podredumbre apical de los tomates
it marciume apicale dei frutti del pomodoro
de Tomatenfruchtfäule, Blütenendfäule der Tomate, Spitzenfäule, Griffelfäule

2327 *CORKY SPOT,*
CORK OF APPLE
INTERNAL CORK OF APPLES
fr liège, taches ligneuses
el acorchamiento interno de las manzanas, acorchado de las manzanas
it suberosi interna delle mele
de Stippflecken der Äpfel, Stippigkeit der Äpfel

2328 *CRAZY TOP OF COTTON,*
ACROMANIA
fr acromanie du cotonnier
el deformación de las inflorescencias del algodonero
it deformazione delle infiorescenze
de Acromania

2329 *CUP SHAKE,*
RING SHAKE,
ARC SHAKE
fr roulure, fente de roulure
el acebolladura, colaina, colaña
it cipollatura
de Ringschäle, Kernschäle

2330 *DEFICIENCY*
fr carence
el carencia
it carenza, deficienza
de Mangel

2331 *DEFICIENCY DISEASE*
fr maladie par carence
el enfermedad carencial, enfermedad por carencia
it malattia da carenza
de Mangelkrankheit

2332 *EXANTHEMA OF CITRUS*
fr exanthème des citrus
el exantema de los agrios
it esantema degli agrumi
de Exanthema

2333 *EXTERNAL CRACK*
fr fente extérieure
el grieta externa
it screpolatura esterna
de Aussenriss

2334 *EXUBERANCE OF LENTICELS*
fr élargissement des lenticelles
el lenticelosis
it lenticellosi
de Tüpfelwucherungen

2335 *FROST CANKER*
fr chancre de gelée
el cáncer de heladura, úlcera de helada, cancro de frío
it cancro da freddo
de Frostbrand, Frostplatten, Rindenfäule

2336 *FROST CRACK,*
CROSS SHAKE,
FROST SHAKE
fr gélivure, gélissure
el fenda de heladura, atronadura
it screpolatura dovuta al gelo
de Frostriss

2337 *FROST INJURY, FROST DAMAGE*
fr dégâts de gel, dégâts de froid
el daños de las heladas
it lesioni da freddo, danni da congelamento
de Frostschäden

2338 *GLASSINESS*
fr aspect vitreux
el vitrificación, vidriado, frutos helados
it vitrescenza
de Glasigkeit

2339 *GRAY-SPECK DISEASE OF OATS*
fr maladie des taches grises de l'avoine
el manchas grises de la avena
it macchie grigie dei cereali
de Dörrfleckenkrankheit des Hafers

2340 *HAIL INJURY*
fr dégâts de grêle
el daños por el granizo
it danni causati dalla grandine
de Hagelschäden

2341 *HEART ROT OF BEETS, DRY ROT OF SUGAR BEETS*
fr pourriture du coeur de la betterave, pourriture sèche de la betterave
el mal del corazón de la remolacha
it marciume del cuore della barbabietola, marciume secco della bietola da zucchero
de Herz- und Trockenfäule der Rüben

2342 *HEART SHAKE, RIFT CRACK*
fr crevasse du coeur, fente du coeur
el corazón estrellado, corazón abierto
it screpolatura centrale, fenditura del cuore
de Kernriss, Herzriss, Markriss

2343 *HEAT CANKER*
fr chancre de chaleur
el cancro de calor
it cancro da calore
de Sonnenbrand

2344 *HOLLOW HEART OF POTATOES*
fr coeur creux de la pomme de terre
el corazón hueco de la patata
it cuore cavo del tubero della patata
de Hohlherzigkeit

2345 *INTERNAL DECLINE OF CITRUS, ENDOXEROSIS*
fr endoxerosis des agrumes
el endoxerosis del limón, deterioro interno de los limones (Pto. Rico)
it endoxerosis
de Endoxerosis

2346 *INTERNAL RUST OF TUBERS, MEDULLARY NECROSIS*
fr taches ferrugineuses
el manchas de hierro, manchas de herrumbre de la patata
it maculatura ferruginea dei tuberi di patata
de Eisenfleckigkeit

2347 *LIME-INDUCED CHLOROSIS OF GRAPEVINE*
fr chlorose du calcaire de la vigne, cottis
el clorosis alcalina de la vid, clorosis caliza de la vid, clorosis férrica de la vid
it clorosi da calcare
de Kalkchlorose

2348 *MOTTLE LEAF OF CITRUS, FRENCHING OF CITRUS, FOLIOCELLOSIS*
fr chlorose marbrée des citrus, chlorose pommelée des citrus
el foliocelosis del naranjo
it foliocellosi degli agrumi, clorosi maculata intervenale
de Frenching

2349 *NON-PARASITIC DISEASE, NON-INFECTIOUS DISEASE, PHYSIOLOGICAL DISEASE, PHYSIOGENIC DISEASE, ABIOTIC DISEASE*
fr maladie non parasitaire, maladie fonctionnelle, maladie physiologique
el enfermedad no parasitaria, enfermedad fisiogénica, enfermedad fisiológica
it malattia non parassitaria
de nichtparasitäre Krankheit

2350 *OLEOCELLOSIS*
fr oléocellose
el oleocelosis
it oleocellosi
de Oleocellosis

2351 *PAHALA BLIGHT OF SUGAR CANE*
- fr maladie de Pahala de la canne à sucre
- el mal Pahala, marchitez Pahala, clorosis por carencia de manganeso
- it malattia Pahala della canna da zucchero
- de Pahala-Krankheit des Zuckerrohrs

2352 *PITCH POCKET, RESIN POCKET, RESIN GALL*
- fr ampoule résinifère, poche résinifère
- el bolsa de resina
- it bolsa di resina, tasca di resina
- de Harzgalle, Harztasche

2353 *PREMATURE TUBER FORMATION*
- fr boulage, pommes de terre bouleuses
- el formación prematura de los tubérculos
- it formazione anticipata dei tuberi
- de Knöllchensucht

2354 *RECLAMATION DISEASE*
- fr maladie des défrichements
- el enfermedad de la roturación
- it malattia da dissodamento
- de Urbarmachungskrankheit, Heidemoorkrankheit

2355 *SAND DROWN OF TOBACCO*
- fr carence magnésienne du tabac
- el clorosis carencial del tabaco
- it magnesiocarenza del tabacco
- de Magnesiummangel

2356 *SCALD*
- fr grillage, échaudage
- el escaldadura
- it riscaldo
- de Braunfleckigkeit

2357 *SCORCH, SCORCHING*
- fr dessèchement
- el asurado, asolanado, abrasado, agostado
- it scottatura, bruciatura
- de Brandfleck

2358 *SEASONING SPLIT, SEASONING CHECK*
- fr fente de séchage, fente de dessication, fente de retrait
- el fenda de desecación, fenda de merma
- it fenditura di ritiro
- de Schwindriss

2359 *SHAKE*
- fr crevasse, fente
- el fenda
- it screpolatura
- de Riss, Spalt

2360 *SKIN NECROSIS OF POTATO*
- fr nécrose de la peau de la pomme de terre
- el necrosis de la piel de la patata
- it necrosi corticale
- de Schalennekrose der Kartoffel

2361 *STAR SHAKE*
- fr cadranure, coeur étoilé
- el cuadranura, pata de gallina
- it screpolatura a stella
- de Strahlenriss

2362 *WATER CORE OF APPLES*
- fr pommes aqueuses
- el corazón aguanoso de las manzanas
- it cuore acquoso delle mele
- de Glasigwerden

2363 *WHITE SPOT OF ALFALFA*
- fr taches blanches de la luzerne
- el manchas blancas de las hojas de la alfalfa
- it maculature bianche dell'erba medica
- de Weissfleckigkeit

2364 *YELLOWS OF PINEAPPLE*
- fr jaunisse de l'ananas
- el amarilleo de la piña
- it giallume dell'ananas
- de Ananas-Vergilbung

APPENDIX III: Unclassified virus diseases

Some of these diseases are caused by viruses which are suspected strains of other identified viruses listed in the corresponding section in this book.

2365 *ALMOND LINE PATTERN*
- fr chlorose linéaire de l'amandier
- el clorosis lineal del almendro
- it mosaico del mandorlo, maculatura lineare del mandorlo
- de Ring- und Bandmosaik des Mandelbaumes

2366 *APPLE CHAT FRUIT*
- fr atrophie des fruits du pommier
- el atrofia de los frutos del manzano
- it atrofia dei frutti del melo
- de Kleinfrüchtigkeit der Äpfel

2367 *APPLE FLAT LIMB, CRINKLE WOOD*
- fr plastomanie du pommier, difformité du tronc et des branches, aplatissement des branches
- el aplastamiento de las ramas del manzano
- it plastomania del melo
- de Rillenkrankheit, Flachästigkeit, Gravensteinerkrankheit

2368 *APPLE LINE MOSAIC*
- fr mosaïque linéaire du pommier
- el mosaico lineal del manzano
- it mosaico lineare del melo
- de Linienmosaik der Äpfel

2369 *APPLE RUBBERY WOOD*
- fr bois souple, bois caoutchouc
- el madera gomosa, madera elástica
- it legno di gomma, legno di caucciù
- de Gummiholzvirose, Gummiholzkrankheit

2370 *APPLE STAR CRACKING*
- fr craquelure en étoile du pommier
- el agrietado estrellado del manzano
- it spaccatura stellare del melo
- de Sternrissigkeit der Äpfel

2371 *APPLE WITCHES' BROOM, APPLE PROLIFERATION*
- fr balai de sorcière du pommier, maladie des proliférations
- el escoba de bruja del manzano
- it scopazzi virosici del melo
- de Hexenbesenkrankheit der Äpfel, viröse Triebsucht, Proliferationsvirose

2372 *APRICOT GOLDEN NET*
- fr réseau doré de l'abricotier
- el entramado dorado del albaricoquero
- it reticolatura dorata dell'albicocco
- de Goldennetzfleckigkeit

2373 *CHERRY ALBINO*
- fr albinisme du cerisier
- el albinismo del cerezo
- it albinismo del ciliegio
- de Albinose der Süsskirsche

2374 *CHERRY BLACK CANKER*
- fr black canker du cerisier
- el chancro negro del cerezo
- it cancro nero del ciliegio
- de schwarzer Zweigkrebs der Süsskirsche

2375 *CHERRY LAMBERT MOTTLE*
- fr mosaïque de la variété Lambert
- el mosaico Lambert
- it picchiettatura della Lambert
- de Lambertschekung der Süsskirsche

2376 *CHERRY LEAF ROLL*
- fr enroulement des feuilles du cerisier
- el arrollamiento de las hojas del cerezo
- it foglia arrotolata del ciliegio
- de Blattrollkrankheit der Süsskirsche

2377 *CHERRY LITTLE CHERRY*
- fr petite cerise
- el nanismo de los frutos del cerezo
- it ciliegia nana
- de Kleinfrüchtigkeit der Süsskirsche

2378 *CHERRY MILD RUGOSE MOSAIC*
- fr mosaïque rugueuse bénigne du cerisier
- el mosaico rugoso benigno del cerezo
- it mosaico rugoso leggero del ciliegio
- de schwaches Rauhmosaik der Süsskirsche

2379 *CHERRY MILD RUSTY MOTTLE*
- fr mosaïque rouge bénigne du cerisier
- el mosaico rojo benigno del cerezo
- it picchiettatura rugginosa leggera del ciliegio
- de schwache Rostfleckung der Süsskirsche

2380 *CHERRY NECROTIC LINE PATTERN*
fr nécrose linéaire du cerisier
el mosaico lineal necrótico del cerezo
it maculatura lineare necrotica del ciliegio
de Bandchlorose der Süsskirsche

2381 *CHERRY NECROTIC RUSTY MOTTLE*
fr mosaïque rouge nécrotique du cerisier
el mosaico rojo necrótico del cerezo
it picchiettatura rugginosa necrotica del ciliegio
de nekrotische Rostschekung der Süsskirsche

2382 *CHERRY RASP LEAF, LEAF ENATION, RUFFLED LEAF, CHERRY PFEFFINGER DISEASE*
fr dépérissement du cerisier, maladie de Pfeffingen, feuilles râpeuses
el hojas rasposas del cerezo
it foglia rasposa del ciliegio
de Pfeffingerkrankheit der Kirsche, Rauhblättrigkeit der Süsskirsche

2383 *CHERRY RING MOTTLE*
fr taches annulaires du cerisier
el abigarrado anular del cerezo
it picchiettatura ad anello del ciliegio
de Ringfleckenkrankheit der Süsskirsche

2384 *CHERRY TWISTED LEAF*
fr feuilles entortillées du cerisier
el hojas retorcidas del cerezo
it foglia contorta del ciliegio
de Drehblättrigkeit der Süsskirsche

2385 *CITRUS TRISTEZA DISEASE, CITRUS QUICK DECLINE, BUD-UNION DECLINE*
fr tristeza des agrumes
el tristeza de los citrus, podredumbre de las raicillas (Arg.)
it tristeza degli agrumi
de Tristeza-Krankheit der Orangen, viröser Verfall bei Zitrus

2386 *CITRUS XYLOPOROSIS, CITRUS LITTLE-LEAF DISEASE, CITRUS CACHEXIA*
fr xyloporose des agrumes
el xiloporosis de los agrios
it xiloporosi degli agrumi
de Xyloporosis

2387 *PEACH CHLOROTIC LEAF ROLL*
fr enroulement chlorotique des feuilles du pêcher
el arrollamiento clorótico de las hojas del melocotonero
it foglia arrotolata clorotica del pesco
de Blattrollchlorose des Pfirsichs

2388 *PEACH GOLDEN NET*
fr réseau doré du pêcher
el entramado dorado del melocotonero
it reticolatura dorata del pesco
de Goldennetzkrankheit des Pfirsichs

2389 *PEACH NECROTIC LEAF SPOT*
fr taches nécrotiques du pêcher
el mancha foliar necrótica del melocotonero
it maculatura necrotica del pesco
de Blattfleckennekrose des Pfirsichs

2390 *PEACH WESTERN X DISEASE*
fr maladie X occidentale du pêcher
el enfermedad X occidental del melocotonero
it maladie X dell'ovest del pesco
de westliche X-Krankheit des Pfirsichs

2391 *PEACH WILLOW TWIG*
fr willow twig du pêcher
el ramos saliciformes del melocotonero
it rametti a salice piangente del pesco
de Weidenzweigigkeit des Pfirsichs

2392 *PEACH YELLOW LEAF ROLL*
fr enroulement chlorotique du pêcher
el arrollamiento amarillo de las hojas del melocotonero
it foglia arrotolata gialla del pesco
de Blattrollkrankheit des Pfirsichs

2393 *PEAR RED MOTTLE*
fr mosaïque rouge du poirier
el abigarrado rojizo del peral
it picchiettatura rossastra del pero
de Rotfleckenkrankheit der Birne

2394 *PEAR VEIN YELLOWS*
fr jaunissement des nervures du poirier
el amarilleo de las nerviaciones del peral
it venature gialle del pero
de Adernaufhellung der Birne

2395 *PLUM GOLDEN NET*
fr réseau doré du prunier
el entramado dorado del ciruelo
it reticolatura dorata del susino
de Goldennetzfleckigkeit

2396 *TURNIP YELLOW MOSAIC*
fr mosaïque jaune du navet
el mosaico amarillo del nabo
it mosaico giallo della rapa
de Vergilbungskrankheit der
Wasserrübe,
Gelbmosaik der Wasserrübe

ALPHABETICAL PART

Abraxas grossulariata 341
Abutilon virus 1 1245
Acantholida erythrocephala 872
– nemoralis 873
Acanthoscelides obtectus 546
Acanthostigma parasiticum 1438
Acarina *934*
Acetobacter sp. *1075*
Acherontia atropos 342
Acheta domestica 67
Achillea millefolium 1954
– ptarmica 1955
Acidia heraclei 851
Acridiidae *81*
Acrogenus ribis 1171
– rosettae 1172
– solani var. *vulgaris 1173*
Acrolepia assectella 343
Acronicta aceris 344
Actinonema rosae 1458
Actinomyces scabies 1169
Acyrthrosiphon onobrychidis 149
Adelges larici 150
Adonis aestivalis 1956
– vernalis 1957
Adoxus obscurus 547
Aegeria tipuliformis 522
Aegeriidae *346*
Aegopodium podagraria 1958
Aegrescit medendo 1174
Aethusa cynapium 1959
Agaricus melleus 1579
Agelastica alni 548
Agrilus spp. *549*
– angustulus 550
– sinuatus 551
– viridis 552
Agriolimax agrestis 51
– reticulatus 52
Agriotes lineatus 553
– obscurus 554
Agrobacterium rhizogenes 1142
– tumefaciens 1152
Agromyza spp. *793*
Agropyrum repens 1960
Agrostemma githago 1961
Agrostis alba 1963
– stolonifera 1963
– vulgaris 1963
Agrotis spp. *347*
– exclamationis 411
– pronuba 538
– segetum 350
– tritici 351
Aira caryophyllea 1966
Aira caespitosa 1965
Alabama argillacea 352
Albugo candida 1383
– tragopogonis 1384
Alchemilla vulgaris 1967
Alectorolophus major 2145
– minor 2144
Aleurobius farinae 935
Aleurodidae *153*
Aleurodes brassicae 151
Aleyrodidae *153*
Allium oleraceum 1970
– ursinum 1971
– vineale 1972
– virus 1 1252
Alopecurus agrestis 1973
– pratensis 1974
Alsinoe media 2177
Alsophila aescularia 355
Alternaria brassicae 1753
– dauci 1754
– porri f. sp. *solani 1755*
– solani 1755
Alyssum incanum 1997
Amaranthus retroflexus 1977
Anagallis arvensis 1978
Ananas virus 1 1237
Anarsia lineatella 354
Anastrepha ludens 794
Anchusa officinalis 1979
Anemone virus 1 1225
Anguillula aceti 4
Anguillulidae *5*
Anguillulina agrostis 10
– dipsaci 21
– tritici 11
Anguina spp. *9*
– agrostis 10
– tritici 11
Anisandrus dispar 787
Anisoplia segetum 556
Anisoptera *335*
Anisopterix aescularia 355
Annulus bergerac 1178
– cerasae 1330
– tabaci 1180
Anobiidae *557*
Anobium domesticum 560
– pertinax 559
– punctatum 560
– striatum 560
Anomala vitis 562
Antennaria elaeophila 1439
Anthemis arvensis var. *agrestia 1980*
– cotula 1981

Anthemis nobilis 1982
– tinctoria 1983
Anthonomus grandis 564
– pomorum 565
– rubi 567
Anthores leuconotus 568
Anthrenus spp. *569*
Anthriscus silvestris 1984
Anuraphis amygdali 190
– helichrysi 189
– persicae 178
– persicae-niger 190
Aonidiella aurantii 158
Aphaenogaster barbarus 906
Aphanomyces euteiches 1385
– raphani 1386
Aphelenchoides cocophilus 12
– fragariae 13
– olesistus 13
– ritzemabosi 15
Aphelenchus cocophilus 12
– fragariae 13
– olesistus 13
– ritzemabosi 15
Aphididae *159*
Aphidophilus phaseoli 1181
Aphidula nasturtii 160
Aphis avenae 307
– brassicae 191
– camelliae 325
– fabae 223
– gossypii 200
– grossulariae 166
– hederae 224
– maidis 305
– mali 225
– malvae 187
– nasturtii 171
– pomi 225
– rhammi 160
– ribis 216
– rumicis 226
– sambuci 176
Aphrophora spumaria 286
Apion apricans 571
– carduorum 572
– pisi 573
– pomonae 574
Apium virus 1 1298
Aplanobacter insidiosum 1107
– maculicola 1096
– michiganense 1108
Apodemus agrarius 1027
– sylvaticus 1028
Appelia schwartzi 178
Apus cancriformis 980
Arachis virus 1 1247
Araneida *936*
Araneus diadematus 937
Araeocerus fasciculatus 576
Arcaena caelestia 1184
Arceuthobium spp. *1930*
Archips fumiferans 356
Arctia caja 357
Arctiidae *358*
Arctium lappa 1986
– tomentosum 1987
Ardis bipunctata 876
– brunniventris 876
Arge rosae 877
Argemone mexicana 1988
Argiope lobata 938
Argyroneta aquatica 939
Argyroploce variegana 362
Argyresthia conjugella 359
– cornella 360
– ephippella 361
Arion empiricorum 45
– hortensis 46
– rufus 45
Aristolochia clematis 1989
Armadillidae *981*
Armadillidium vulgare 982
Armillaria mellea 1579
Aromia moschata 577
Artemisia vulgaris 1990
Arundo phragmites 2121
Arvicola amphibius 1029
– terrestris 1029
Ascochyta pinodella 1757
– pisi 1758
Ascomycetes *1440*
Aspargia autumnale 2091
Asphondylia miki 795
Aspidiotus aurantii 158
– destructor 180
– ficus 205
– hederae 182
– ostraeaformis 302
– perniciosus 303
Aspris caryophyllea 1966
Asterocystis radicis 1387
Athalia colibri 879
– rosae 879
Atomaria linearis 578
Atriplex patula 1993
Atta cephalotes 880
Aulacorthum pelargonii 187
Aulacaspis pentagona 185
– rosae 186
Autographa gamma 363
Avena fatua 1994
Avena virus 1 1215

Bacillidae *69*
Bacillus amaracrylus 1081
– aroideae 1117
– atrosepticus 1117
– coli 1084
– melanogenes 1117
– oleracea 1117
– phytophthorus 1117
– solanisaprus 1117
– sorghi 1089
– vitivorus 1116
Bacterium albilineans 1156
– celebense 1123
– citriputeale 1148
– fici 1094
– lacrymans 1126
– maculatum 1130
– maculicola 1096
– michiganense 1108
– phytophthorum 1117
– rubisubalbicans 1164
– sorghi 1089
– stewarti 1165
– tartarophthorum 1103
Balaninus spp. *644*
– elephas 645
– glandium 581
– nucus 646
Bankia sp. *48*
Barathra brassicae 462
Barbarea vulgaris 1995
Bellis perennis 1996
Berteroa incana 1997
Beta virus 1 1196
– virus 2 1250
– virus 3 1359
– virus 4 1206
Bibio hortulans 796
– marci 797
Blaniulus guttulatus 925
Blastodacna putripennella 365
Blastophagus piniperda 583
Blatesthia turionella 366
Blatta orientalis 70
Blattella germanica 71
Blennocampa elongatula 881
– pusilla 882
Blitophaga opaca 759
Bostrychidae *585*
Bostrychus chalcographus 731
– sexdentatus 682
Botryodiplodia theobromae 1847
Botryosphaeria ribis 1441
Botrytis allii 1760
– byssoidea 1761
– cinerea 1762
– fabae 1763
Botrytis squamosa 1764
– vulgaris 1552
Brachinus spp. *588*
Brachycaudus cardui 188
– helichrysi 189
– persicaecola 190
Brassica alba 2001
– arvensis 2002
– campestris 2003
– hirta 2001
– kaber var. *pinnatifida 2002*
– rapa 2003
– virus 1 1190
– virus 2 1251
Bregmatothrips iridis 104
Bremia lactucae 1388
Brevicoryne brassicae 191
Bromus secalinus 2004
– tectorum 2005
Bruchus spp. *589*
– brachialis 590
– lentis 591
– obsoletus 546
– obtectus 546
– pisorum 594
– rufimanus 595
– signaticornis 596
Brunella vulgaris 2134
Bryobia praetiosa 941
– rubrioculus 941
– speciosa 941
Bunias orientalis 2007
Bupalus piniarius 367
Buprestidae *597*
Byctiscus betulae 598
Byrsocrypta ulmi 192
Byturus spp. *599*

Caeoma pinitorquum 1626
Calamobius filum 600
– gracilis 600
Calandra granaria 764
– oryzae 765
Calendula arvensis 2008
Caliroa limacina 883
Callaphis juglandis 193
Callidium bajulus 604
Calliptamus italicus 72
Callosobruchus chinensis 605
Calocoris fulvomaculatus 126
– norvegicus 127
Calonectria graminicola 1442
Caloptenus italicus 72
Calosoma sycophanta 606
Caltha palustris 2009
Calyptospora goeppertiana 1685
Campanula rapunculoides 2010

Camponotus ligniperda 884
Candida mycoderma 1766
Cantharidae *607*
Capnodis tenebrionis 608
Capnodium elaeophilum 1439
– salicinum 1444
Capreolus capreolus 1031
Capriola dactylon 2040
Capsella bursa-pastoris 2012
Capsidae *128*
Carabidae *609*
Cardamine pratensis 2013
Cardaria draba 2014
Carduelis cannabina 992
– spinus 993
Carduus arvensis 2030
Carpocapsa pomonella 448
– splendana 449
Carum carvi 2016
Cassida deflorata 610
– nebulosa 611
– viridis 612
Cassidae *613*
Cavaraiella aegopodii 194
Cecidomyiidae *798*
Cecidophyes ribis 950
Celastrus scandens 2017
Celerio lineata 370
Centaurea cyanus 2018
– jacea 2019
Cepaea hortensis 49
– nemoralis 50
Cephaleia abietis 885
Cephaleuros mycoidea 1924
– parasiticus 1924
– virescens 1924
Cephalosporium acremonium 1767
– sacchari 1768
Cephalothecium roseum 1916
Cephidae *886*
Cephus pygmaeus 887
Cerambycidae *614*
Cerambyx cerdo 615
– scopolii 616
Cerastium arvense 2020
Ceratitis capitata 799
Ceratocystis ulmi 1445
Ceratostomella fimbriata 1446
– pilifera 1447
– ulmi 1445
Cercopidae *195*
Cercospora beticola 1770
– cerasella 1502
– coffeicola 1772
– longipes 1773
– melonis 1774
– musae 1506
Cercospora nicotianae 1776
– oryzae 1777
Cercosporella herpotrichoides 1778
Ceroplastes floridensis 196
– rusci 197
– sinensis 198
Cerosipha gossypii 200
– forbesi 199
Cerotelium fici 1582
Cervus elephas 1032
Cetonia aurata 617
Ceutorrhynchus assimilis 618
– napi 619
– pleurostigma 620
– quadridens 621
Chaerophyllum silvestre 2021
Chaetocnema aridula 622
– concinna 623
– tibialis 624
Chalcididae *888*
Cheimatobia brumata 371
Chelidonium majus 2022
Chelifer cancroides 944
Chenopodium album 2023
– bonus-henricus 2024
Chermes abietis 309
Chermidae *202*
Chilopoda *926*
Chionaspis euonymi 328
Chironomidae *800*
Chironomus cavazzae 801
Chortophila antiqua 852
– brassicae 853
– cilicrura 856
– floralis 855
Chloridea obsoleta 425
Chloris chloris 994
Chlorogenus australiensis 1193
– callistephi var. *vulgaris 1194*
– cerasae 1195
– eutetticola 1196
– humuli 1197
– medicaginis 1198
– persicae 1199
– persicae var. *micropersicae 1200*
– persicae var. *vulgaris 1201*
– robiniae 1202
– santali 1203
– solani 1204
Chlorops pumulionis 802
– taeniopus 802
Chromaphis juglandicola 204
Chrysanthemum leucanthemun
var. *pinnatifidum 2025*
– segetum 2026
– vulgare 2027
Chrysoclista putripennella 365

Chrysomela spp. *625*
Chrysomphalus aonidium 205
– aurantii 158
– dictyospermi 207
– ficus 205
Chrysomyxa abietis 1583
– rhododendri 1584
Chrysopa perla 338
Cicadellidae *246*
Cicadidae *210*
Cichorium intybus 2028
Cicindelidae *626*
Cicuta virosa 2029
Cirphis unipuncta 374
Cirsium arvense 2030
– lanceolatum 2034
– oleraceum 2032
– palustre 2033
– vulgare 2034
Citellus spp. *1033*
Citrivir psorosis 1205
Cladosporium carpophilum 1851
– cucumerinum 1780
– fulvum 1781
– graminum 1510
– herbarum 1510
Clastreosporium carpophilum 1784
Claviceps purpurea 1449
Cleonus mendicus 633
Cleridae *628*
Clysia ambiguella 375
Clytus arcuatus 629
Cnethocampa pityocampa 523
– processionea 524
Coccidae *211*
Coccinellidae *630*
Coccothraustes coccothraustes 995
Coccus hesperidium 212
– viridis 213
Cochliobolus miyabeanus 1450
Colaspidema atrum 631
Colchicum autumnale 2035
Coleophora spp. *378*
Coleosporium spp. *1585*
Colletotrichum atramentarium 1785
– circinans 1786
– coffeanum 1787
– falcatum 1526
– gloeosporioides 1789
– lagenarium 1790
– lindemuthianum 1791
– linicolum 1792
Coloradoa rufomaculata 214
Columba oeneas 996
– palumbus 997
Colydiidae *632*
Conchylis ambiguella 375
Coniothyrium diplodiella 1793
Conium maculatum 2036
Conopidae *808*
Conorrhynchus mendicus 633
Contarinia humuli 809
– medicaginis 810
– nasturtii 811
– onobrychidis 812
– pisi 813
– pyrivora 814
– ribis 815
– sorghicola 816
– tritici 817
– viticola 818
Convolvulus arvensis 2037
– sepium 2038
Copeognatha *98*
Corcyra cephalonica 380
Corium betae 1206
– ruborum 1207
– solani 1208
Coroebus bifasciatus 634
– fasciatus 634
– undatus 636
Corrodentia *98*
Corynebacterium betae 1104
– fascians 1105
– flaccumfaciens 1106
– insidiosum 1107
– michiganense 1108
– rathayi 1109
– sepedonicum 1110
Coryneum beijerinckii 1784
Corticium javanicum 1589
– koleroga 1587
– rolfsii 1588
– salmonicolor 1589
– solani 1590
– vagum 1590
– zimmermanni 1589
Corvus cornix 998
– coronae 999
– frigilegus 1000
Cosmopolites sordidus 637
Cossidae *381*
Cossus cossus 382
– ligniperda 382
Crambus spp. *384*
Crepidodera ferruginea 638
Crepis biennis 2039
Cricetus cricetus 1034
Crioceris asparagi 639
– dudecimpunctata 640
– melanopa 686
Cronartium asclepiadeum 1594
– flaccidum 1594
– ribicola 1595

Cryptocephalus pini 642
Cryptococcus fagi 215
Cryptomyzus ribis 216
Cryptosporella viticola 1451
Cucujidae 643
Cucumis virus 1 1256
Cucurbitaria laburni 1452
Culex pipiens 819
Curculio spp. 644
– *elephas* 645
– *nucum* 646
Curculionidae 647
Cuscuta spp. 1931
– *densiflora* 1934
– *epilinum* 1934
– *epithymum* 1935
– *europaea* 1938
– *indecora* 1937
– *major* 1938
– *minor* 1935
– *pentagona* 1940
– *racemosa* 1937
– *racemosa* var. *chileana* 1937
Cycloconium oleagineum 1795
Cydia molesta 446
– *pomonella* 448
Cymadothea trifolii 1453
Cynipidae 889
Cynodon dactylon 2040
Cynomys leucurus 1035
Cystopus candidus 1383
– *tragopogonis* 1384

Dactylosphaera vitifolii 329
Dacus cucurbitae 820
– *oleae* 821
Dahlia virus 1 1257
– *virus 2* 1211
Dama dama 1036
Dasychira pudibunda 387
Dasyneura brassicae 822
– *ignorata* 823
– *mali* 824
– *medicaginis* 825
– *plicatrix* 826
– *piri* 828
– *pyri* 828
– *trifolii* 829
Dasyscypha willkommi 1454
Datura stramonium 2041
Daucus carota 2042
Decticus verrucivorus 89
Delphinium consolida 2043
Dendrocopus major 1001
– *medius* 1002
– *minor* 1003
Dendrolimus pini 388
Dermaptera 102
Depressaria nervosa 389
Dermestidae 648
Deroceras agreste 51
– *reticulatum* 52
Deschampsia caespitosa 1965
Deuterophoma tracheiphila 1796
Diaporthe parasitica 1464
Diaspidinae 218
Diaspis leperii 231
– *pentagona* 185
– *rosae* 186
Diatraea saccharalis 390
Didelphis marsupialis 1037
Didymella lycopersici 1456
Didymellina dianthi 1457
Dilophospora alopecuri 1797
– *graminis* 1797
Dioryctria abietella 391
Diparopsis castanea 392
Diphorodon cannabis 287
Diplocarpon rosae 1458
Diplodia cacaoicola 1847
– *parasitica* 1800
– *zeae* 1801
Diplopoda 927
Diprion pini 890
Ditylenchus destructor 20
– *dipsaci* 21
Dociostaurus maroccanus 75
Dolichonyx oryzivorus 1004
Dolomedes fimbriata 945
Doralis fabae 223
– *hederae* 224
– *pomi* 225
– *rumicis* 226
Dothichiza populea 1802
Dothidella trifolii 1453
Drepanosiphon platanoidis 227
Drepanothrips reuteri 105
– *viticola* 105
Dreyfusia piceae 228
Drosophila ampelophila 833
– *confusa* 835
– *erythrophthalma* 833
– *fasciata* 833
– *fenestrarum* 834
– *funebris* 835
– *melanogaster* 833
– *uvarum* 833
Dryobates major 1001
– *medius* 1002
– *minor* 1003
Dryocopus martius 1008
Dysdercus spp. 129
Dytiscidae 649

Earias gossypi 394
– insulana 394
Eccoptogaster spp. *650*
– mali 651
– multistriatum 652
– rugulosus 653
Echinochloa crusgalli 2045
Echium vulgare 2046
Eicchornia crassipes 2047
Elasmopalpus lignosellus 395
Elateridae *654*
Eliomys quercinus 1038
Elsinoe ampelina 1460
– fawcetti 1461
– veneta 1462
Endophyllum semperviri 1596
Endostigme inaequalis 1463
Endothia parasitica 1464
Entomoscelides adonidis 655
Entomosporium maculatum 1803
Entyloma dahliae 1597
Epeira diademata 937
Ephemera vulgata 331
Ephemerida *334*
Ephemeroptera *334*
Ephestia cautella 396
– elutella 397
– kuehniella 398
Ephippigera spp. *76*
Epiblema nigricana 401
– tedella 402
Epichloe typhina 1465
Epicometis hirta 656
Epidiaspis betulae 231
– leperii 231
Epilobium angustifolium 2048
Epimys spp. *1065*
– norvegicus 1067
– rattus 1068
Epinotia nigricana 401
– tedella 402
Equisetum arvense 2049
– hyemale 2050
– palustre 2051
Erannus defoliaria 430
Erethizon dorsatum 1042
Erigerum canadensis 2052
Erinaceus europaeus 1043
Eriocampoides limacina 883
Eriococcus spurius 232
Eriogaster lanestris 404
Eriophyes spp. *947*
– avellanae 948
– piri 949
– ribis 950
– vitis 951
Eriosoma lanigerum 233
Eriosoma lanuginosum 234
Erodium cicutarium 2053
Erwinia amylovora 1111
– carotovora 1117
– rhizogenes 1142
– tracheiphila 1114
– tumefaciens 1152
– vitivora 1116
Erysimum cheiranthoides 2054
– officinale 2167
Erysiphe cichoriacearum 1466
– graminis 1467
– polygoni 1468
Etiella zinckenella 405
Eucalliptenus tiliae 235
Eulecanium corni 236
– persicae 237
Eumerus strigatus 838
Eumolpus obscurus 547
Euproctis chrysorrhoea 470
Euphorbia cyparissias 2056
– helioscopia 2057
– pelus 2058
Euphyllura olivina 238
Eurydema oleraceum 130
Eurygaster integriceps 131
– maura 132
Euxoa tritici 351
Evernia furfuracea 1925
Evetria buoliana 503
– resinella 478
– turionana 366
Evotomys glareolus 1044
Exobasidium japonicum 1598
– vexans 1599

Fagopyrum tataricum 2059
Feltia exclamationis 411
Festina lenta 1212
Fiber zibethicus 1045
Ficaria ranunculoides 2140
– verna 2140
Ficivir caricae 1213
Ficus virus 1 1213
Filago germanica 2062
Filipendula ulmaria 2187
Fistulina hepatica 1600
Flagellata *1*
Fomes annosus 1601
– applanatum 1611
– fomentarius 1603
– fulvus 1610
– igniarius 1605
– laricis 1608
– lignosus 1607
– officinalis 1608
– pini 1712

Fomes pomaceus 1610
Forficula auricularia 103
Formica rufa 892
Fractilinea avenae 1215
– maidis 1216
– maidis var. *mitis 1217*
– maidis var. *sacchari 1218*
– oryzae 1219
– quarta 1220
– tritici 1221
Fragaria virus 2 1263
– virus 3 1310
Fringilla coelebs 1009
– montifringillae 1010
Fulgoridae *239*
Fumago vagans 1444
Fumaria officinalis 2064
Fusarium avenaceum 1805
– coeruleum 1806
– culmorum 1807
– dianthi 1808
– graminearum 1473
– lateritium 1471
– lini 1811
– martii var. *phaseoli 1812*
– martii var. *pisi 1813*
– moniliformis 1469
– nivale 1442
– oxysporum 1816
– oxysporum var. *cubense 1817*
– solani 1818
– vasinfectum 1819
– willkommi 1514
Fusicladium cerasi 1574
– dendriticum 1463
– pirinum 1576
– viceresccens 1576

Galeopsis ladanum 2065
Galeruca capreae 691
– tanaceti 659
Galerucella lineola 660
– luteola 665
– nymphaeae 662
– tenella 663
– viburni 664
– xanthomelaena 665
Galinsoga parviflora 2066
Galium aparine 2067
– cruciata 2068
Galla anemones 1225
– australiensis 1193
– fijiensis 1227
– queenslandiensis 1228
– verrucae 1331
Ganoderma applanatum 1611
Garrulus glandarius 1011
Gelechia gossypiella 477
Genista pilosa 2069
– tinctoria 2070
Geometridae *413*
Geomys bursarius 1046
Geophilus longicornis 928
Gerridae *133*
Gibbellina cerealis 1474
Gibberella fujikuroi 1469
– moniliformis 1469
– moricola 1471
– saubinetii 1473
– zeae 1473
Ginania lanata 2076
Glechoma hederacea 2072
Glis glis 1047
Gloeodes pomigena 1825
Gloeosporium ampelophagum 1460
– fawcetti 1461
– fructigenum 1475
– musarum 1829
– nervisequum 1481
– olivarum 1831
– ribis 1533
Glomerella cingulata 1475
– fructigena 1475
– gossypii 1477
Gnomonia erythrostoma 1478
– iliau 1479
– juglandis 1480
– veneta 1481
Gnorimoschena operculella 414
Gossyparia ulmi 232
Gossypium virus 1 1351
Gracilaria azaleella 415
– syringuella 544
Gracilariidae *417*
Graphiola phoenicis 1612
Graphium necator 1544
Grapholita dorsana 444
– funebrana 445
– molesta 446
– nigricana 447
Graphium ulmi 1445
Gryllotalpa gryllotalpa 77
– vulgaris 77
Gryllus campestris 79
Guignardia bidwellii 1482
Gymnosporangium juniperinum 1615
– sabinae 1614
– tremelloides 1615
Gyrinidae *666*

Hadena basilinea 476
Haltica ampelophaga 667
– quercetorum 668
Halticinae *669*

Helicidae *53*
Helicobasidium purpureum 1616
Heliothis armigera 425
– obsoleta 425
– zea 425
Heliothrips haemorrhoidalis 107
Helix aspersa 54
– hortensis 49
– nemoralis 50
– pomatia 57
Helminthosporium avenae 1535
– gramineum 1536
– oryzae 1450
– sacchari 1838
– sativum 1516
– sigmoideum 1487
– stenospilum 1841
– teres 1537
– torulosum 1843
– turcicum 1844
Hemerophila nemorana 514
Hemileia vastatrix 1617
Hemitarsonemus latus 952
Hepialidae *427*
Hepialus humuli 428
Heracleum sphondylium 2073
Hercothrips fasciatus 108
Herniaria glabra 2074
Herpotricha nigra 1483
Hesperiidae *429*
Heterodera spp. *22*
– avenae 27
– cruciferae 24
– glycines 25
– goettingiana 26
– marioni 32
– major 27
– radicicola 32
– rostocheinsis 30
– schachti 31
Heterosporium echinulatum 1457
Hieracium pilosella 2075
Histeridae *670*
Hodotermitidae *91*
Holcus lanatus 2076
Holosteum umbellatum 2077
Hoplocampa brevis 893
– flava 894
– fulvicornis 896
– minuta 896
– testudinea 897
Hordeum murinum 2078
Humulus virus 1 1231
– virus 2 1197
– virus 3 1233
Hyalopterus amygdali 241
– arundinis 243
Hyalopterus pruni 243
Hybernia defoliaria 430
Hydrophilidae *671*
Hylatoma rosae 877
Hylemyia antiqua 852
– brassicae 853
– brunnescens 854
– cilicrura 856
Hylesinus spp. *672*
– oleiperda 673
– piniperda 583
Hylobius abietis 675
Hylotrupes bajulus 604
Hyoscyamus niger 2079
Hypera nigrirostris 726
– postica 727
Hyphantria cunea 431
Hypoborus ficus 679
Hypochnus solani 1590
– violaceus 1616
Hypomyces perniciosus 1484
Hyponomeuta malinellus 432
– padellus 435
– padellus malinellus 432
– padellus variabilis 435
Hyponomeutidae *436*

Icerya purchasi 285
Ichneumonidae *899*
Idiopterus nephrolepidis 245
Inops consilii 1234
Ipidae *751*
Ips spp. *681*
– sexdentatus 682
– typographus 683
Iridomyrmex humilis 900
Isopoda *983*
Isoptera *92*
Itonididae *798*
Iynx torquilla 1012

Janus compressus 901
Jassidae *246*
Juncus conglomeratus 2083
– effusus 2081
– filiformis 2082
– leersii 2083

Kabatiella caulivora 1846
Kakothrips robustus 109
Kalotermes flavicollis 93
Knautia arvensis 2084
Kuehneola fici 1582

Lactuca virus 1 1267
Lamium album 2085
– purpureum 2086
Lampetia equestris 844

Lampsana communis 2087
Lampyridae *684*
Laphygma exempta 437
– exigua 438
– frugiperda 439
Lappa officinalis 1986
– major 1986
Lasiocampa pini 388
– quercus 441
Lasiocampidae *442*
Lasioderma serricorne 685
Lasiodiplodia theobromae 1847
Lasioptera rubi 845
Lasius niger 902
Laspeyresia cupressana 443
– dorsana 444
– funebrana 445
– molesta 446
– nigricana 447
– pomonella 448
– splendana 449
– strobilella 450
Lathraea squamaria 1943
Lathyrum pratensis 2090
Lecaniinae *247*
Lecanium coffeae 310
– corni 236
– persicae 237
– viride 213
Lecanora esculenta 1926
Lema melanopa 686
Lenzites sepiaria 1621
Leontodon autumnalis 2091
– taraxacum 2180
Lethum australiense 1237
Leucotermes lucifugus 95
Lepidium campestre 2093
– draba 2014
Lepidosaphes beckii 252
– citricola 252
– ulmi 254
Lepisma saccharina 64
Leptilon canadense 2052
Leptinotarsa decemlineata 687
Leptomonas davidi 2
– leptovasarum 3
Leptoporus lignosus 1607
Leptosphaeria herpotrichoides 1485
– sacchari 1486
– salvini 1487
– tritici 1488
Lepus europaeus 1048
– timidus 1049
Leucoptera coffeella 451
Ligniera vascularum 1392
Lilioceris lilii 688
Lilium virus 1 1238
Limacidae *58*
Limacinia penzigi 1489
Limax flavus 59
– maximus 60
Limnoria lignorum 984
– terebrans 984
Limothrips cerealium 110
Lina spp. *625*
Linaria vulgaris 2096
Liosomaphis berberidis 255
Liothrips oleae 111
Liparis monacha 457
Liposcelis divinatorius 99
Lithobius spp. *929*
– forficatus 930
Lithospermum arvense 2097
Lixus junci 690
Lobesia botrana 453
Lochnaea capreae 691
Locusta migratoria migratorioides 80
Locustidae *81*
Lolium remotum 2098
– temulentum 2099
Longitarsus parvulus 692
Lophodermium macrosporum 1490
– nervisequum 1491
– pinastri 1492
Lophyrus pini 890
Lopus sulcatus 134
Loranthus europaeus 1944
Loxia curvirostris 1013
Loxostege sticticalis 454
Lucanus cervus 693
Lycaenidae *455*
Lychnis githago 1961
Lycopersicum virus 3 1237
– virus 4 1258
– virus 5 1193
– virus 6 1242
Lycosidae *953*
Lyctidae *694*
Lyctus linearis 695
Lyda hypotrophica 885
– nemoralis 911
Lygaeidae *135*
Lygus spp. *136*
– pabulinus 137
Lymantria dispar 493
– monacha 457
Lymantriidae *458*
Lymexylon navale 696
Lyonetia clerkella 459
Lyrurus tetrix 1014
Lytta vesicatoria 697

Macrophoma musae 1848
Macrosiphon rosae 256

Macrosiphon solani 257
Macrosiphoniella chrysanthemi 301
Macrosiphum granarium 322
– pisi 149
Malacosoma spp. *460*
– neustria 461
Malva neglecta 2101
– rotundifolia 2101
Mamestra brassicae 462
– oleracea 463
– pisi 464
Manihot virus 1 1350
Mantis religiosa 82
Marasmius oreades 1623
– perniciosus 1624
Margarodes spp. *261*
Marmor abaca 1244
– abutilon 1245
– angliae 1246
– arachidis 1247
– astri 1248
– aucuba 1249
– betae 1250
– brassicae 1251
– cepae 1252
– cerasae 1253
– cruciferarum 1254
– cucumeris var. *upsilon 1255*
– cucumeris var. *vulgare 1256*
– dahliae 1257
– dodecahedron 1258
– dubium var. *annulus 1259*
– efficiens 1260
– erodens 1261
– flaccumfaciens 1262
– fragariae 1263
– graminis 1264
– iridis 1265
– lacerans 1266
– lactucae 1267
– leguminosarum 1268
– lethale 1269
– lineopictum 1270
– maidis var. *mite 1217*
– maidis var. *sacchari 1218*
– maidis var. *typicum 1216*
– mali 1274
– marginans 1275
– matthiolae 1276
– medicaginis 1277
– medicaginis var. *solani 1278*
– oryzae 1219
– pallidolimbatus 1270
– passiflorae 1281
– pelargonii 1282
– persicae 1283
– phaseoli 1284
Marmor pintofolium 1285
– pisi 1286
– pyri 1287
– quartum 1220
– rosae 1289
– rubigosum 1290
– sacchari 1291
– solani 1292
– tabaci 1293
– tabaci var. *aucuba 1294*
– theobromae 1295
– tritici 1296
– tulipae 1297
– umbelliferarum 1298
– viticola 1299
– zeae 1300
Marmota monax 1050
Marssonina juglandis 1849
– panattoniana 1850
Matricaria chamomilla 2103
Mayetiola destructor 846
Medicago virus 2 1277
– virus 3 1305
– virus 4 1198
Megacladosporium carpophilum 1851
Melampsora lini 1625
– pinitorqua 1626
Melampsorella caryophyllacearum 1627
– elatina 1627
Melanconium fuligineum 1852
– sacchari 1479
Melasoma spp. *625*
Meles meles 1051
Meligethes aeneus 699
Meliola citri 1494
– penzigi 1489
Meloë spp. *700*
Meloidae *701*
Meloidogyne incognita 32
Melolontha hippocastani 702
– melolontha 704
– vulgaris 704
Membracidae *262*
Mentha arvensis 2104
Mercurialis annua 2105
Meria laricis 1853
Merulius lacrymans 1629
Messor barbarus 906
Metatetranychus ulmi 954
Metopolophium caraganae 263
Microsphaera alni 1497
– alni var. *extensa 1497*
– alphitoides 1497
– grossulariae 1499
– quercina 1497
Micromys minutus 1052
Microtus spp. *1053*

Microtus agrestis 1054
– arvalis 1055
Milax spp.*61*
Mindarus abietinus 264
Minuor ruborum 1207
Monarthropalpus buxi 847
Monilia cinerea 1547
– fructigena 1548
– laxa 1549
– linhartiana 1551
Monomorium pharaonis 907
Morsus suffodiens 1305
– ulmi 1306
Murgantia histrionica 138
Mus decumanus 1067
– musculus 1057
– rattus 1068
Musa virus 1 1307
– virus 2 1244
– virus 3 1309
Mustela erminea 1059
– nivalis 1060
Mutilla europaea 908
Mycena citricolor 1632
Mycoderma vini 1766
Mycosphaerella brassicicola 1501
– cerasella 1502
– gregariae 1503
– maculiformis 1504
– mori 1505
– musicola 1506
– pinodes 1507
– radici 1508
– sentina 1509
– tulasnei 1510
Myelois ceratoniae 465
Mylabris obtectus 546
Myosotis arvensis 2106
– intermedia 2106
Myrmeleo formicarius 339
Mytilococcus ulmi 254
Myzodes ligustri 266
– persicae 267
Myzotoxoptera tulipaella 268
Myzus ascalonicus 304
– cerasi 270
– fragariae 280
– lactucae 274

Nanus fragariae 1310
– mirabilis 1311
– pruni 1312
– rosettae 1313
– sacchari 1314
Nardus stricta 2108
Nasonovia ribicola 274
– ribisnigri 274
Nasturtium silvestre 2109
Nectarosiphon rubi 275
Nectria cinnabrina 1511
– cucurbitula 1512
– ditissima 1514
– galligena 1514
Nematus abietinus 913
Neomyzus circumflexus 276
Neovossia horrida 1706
Nepeta hederacea 2072
Nepidae *139*
Nepticulidae *466*
Neuroptera *340*
Neurotoma flaviventris 910
– nemoralis 911
Nezara viridula 140
Nicotiana virus 1 1293
– virus 1C 1294
– virus 5 1317
– virus 10 1352
– virus 11 1269
– virus 12 1180
– virus 14 1178
Nigella arvensis 2111
Nitidulidae *706*
Noctuidae *467*
Nomadacris septemfasciata 83
Notholcus lanatus 2076
Notodontidae *468*
Notolephus antiqua 469
Notonectidae *141*
Nucifraga caryocatactes 1015
Nygmia phaeorrhoea 470
Nymphalis polychloros 471

Oberea linearis 707
Odonata *336*
Oidium erysiphioides 1468
– farinosum 1529
– leucoconicum 1556
– monilioides 1467
– tuckeri 1572
Olethreutes variegana 362
Olpidium radicicola 1387
Olpidiaster radicis 1387
Olpidium brassicae 1394
Omphalia flavida 1632
Ondatra zibethica 1045
Oniscidae *986*
Oniscus assellus 987
– murarius 987
Onopordon achanthium 2113
Oospora citri-aurantii 1864
Operophthera brumata 371
Ophiobolus graminis 1515
– sativus 1516
Ophiostoma piliferum 1447

Ophiostoma ulmi 1445
Orchestes alni 742
– *fagi* 743
– *populi* 744
– *quercus* 745
Orgyia antiqua 469
Orobanche spp. 1945
– *crenata* 1946
– *minor* 1947
– *ramosa* 1950
– *speciosa* 1946
Oryctolagus cuniculus 1062
Oryza virus 1 1219
– *virus 2* 1323
Oryzaephilus surinamensis 712
Oryzomys palustris 1063
Oscinella frit 848
Oscinis frit 848
Otiorrhynchus spp. 713
– *lugustici* 714
– *sulcatus* 715

Panicum crusgalli 2045
– *glaucum* 2159
– *sanguinale* 2115
Panonychus ulmi 954
Papaver rhoeas 2116
Papilionidae 475
Paraprociphilus tesselatus 277
Parastichtis basilinea 476
Paratetranychus pilosus 954
– *ununguis* 957
Parlatoria blanchardi 278
– *zizyphi* 279
Parmelia furfuracea 1925
Passer domesticus 1016
– *montanus* 1017
Passerinia fragariaefolii 280
Passiflora virus 1 1281
Pectinophora gossypiella 477
Pectobacterium carotovorum 1117
Pedicularis palustris 2117
Pegomyia hyoscyami 850
Pelargonium virus 1 1282
Pellicularia koleroga 1587
– *salmonicolor* 1589
Pemphigus spp. 281
– *bursarius* 282
– *lactucarius* 282
Penicillium digitatum 1865
– *expansum* 1866
– *italicum* 1867
Pentalonia nigronervosa 284
Pentatomidae 142
Pericerya purchasi 285
Peridermium strobi 1595
Periplaneta americana 84
Peritelus griseus 716
– *sphaeroides* 716
Peronoplasmopara cannabina 1427
Peronospora arborescens 1397
– *parasitica* 1398
– *schachtii* 1399
– *schleideni* 1400
– *spinaciae* 1401
– *tabacina* 1402
– *trifoliorum* 1403
– *viciae* 1404
Pestalotia hartigii 1868
Petasites officinalis 2118
– *vulgaris* 2118
Petrova resinella 478
Phaedon cochleariae 718
Phalangida 958
Phalangium opilio 959
Phalaris canariensis 2120
Phaseolus virus 1 1284
– *virus 2* 1181
Phasgonura viridissima 85
Philaenus spumarius 286
Philipea ramosa 1950
Phillophylla heraclei 851
Phleospora castanicola 1504
– *mori* 1505
Phloeothrips oleae 111
Phloeotribus oleae 720
– *scarabaeoides* 720
Pholiota adiposa 1636
Phoma betae 1871
– *brassicae* 1874
– *destructiva* 1873
– *lingam* 1874
– *musae* 1848
– *napobrassicae* 1874
– *oleracea* 1874
Phomopsis abietina 1878
– *citri* 1879
Phorbia antiqua 852
– *brassicae* 853
– *brunnescens* 854
– *floralis* 855
– *platura* 856
Phoridae 857
Phorodon cannabis 287
– *humuli* 288
Phragmidium imitans 1639
– *mucronatum* 1638
– *rubi-idaei* 1639
– *subcorticium* 1638
– *violaceum* 1641
Phragmites communis 2121
Phthorimaea ocellatella 479
– *operculella* 414
Phycomycetes 1405

Phyllachora graminis 1519
– trifolii 1453
Phyllactinia corylea 1522
– suffulata 1522
Phyllaphis fagi 289
Phyllidae *86*
Phyllobius oblongus 721
– pyri 722
Phyllocoptes oleivorus 962
– vitis 961
Phyllocoptruta oleivora 962
Phyllopertha horticola 723
Phyllosticta maculiformis 1504
– rabiei 1508
– rosarum 1882
Phyllotreta nemorun 724
– vittula 725
Phylloxera vastatrix 329
Phymatotrichum omnivorum 1883
Physalospora cydoniae 1525
– malorum 1525
– obtusa 1525
– tucumanensis 1526
Physopella fici 1582
Physopoda *125*
Physopus robusta 109
Phytonomus nigrirostris 726
– variabilis 727
Phytophaga destructor 846
Phytophthora cactorum 1406
– cambivora 1407
– capsici 1408
– cinnamoni 1409
– citrophthora 1410
– erythroseptica 1411
– faberi 1418
– fagi 1406
– fragariae 1414
– infestans 1415
– nicotianae 1416
– omnivora 1406
– palmivora 1418
– parasitica 1419
– phaseoli 1420
– syringae 1421
– terrestris 1419
Phytoptus spp. *947*
Pica pica 1018
Picus viridis 1019
Pieridae *481*
Pieris brassicae 482
– napi 483
– rapae 484
Piesma quadrata 143
Pineus strobi 291
Piricularia oryzae 1884
Pissodes notatus 728
Pissodes strobus 729
Pisum virus 1 1286
– virus 2 1268
Pitymys subterraneus 1064
Pityogenes spp. *730*
– chalcographus 731
Pityokteines curvidens 732
Plantago lanceolata 2122
– major 2123
– media 2124
Plasmodiophora brassicae 1423
– vascularum 1392
Plasmopara nivea 1425
– viticola 1426
Platyedra gossypiella 477
Platyparea poeciloptera 859
Plecoptera *334*
Pleospora herbarum 1527
Plesiocoris rugicollis 144
Pleurotus ostreatus 1643
Ploceidae *1020*
Plodia interpunctella 486
Plowrightia morbosa 1528
Plusia gamma 363
Plutella maculipennis 488
Poa annua 2125
– pratensis 2126
Podosphaera leucotricha 1529
– oxycanthae 1530
Pogonomyrmex barbatus 912
Polia oleracea 463
– pisi 464
Pollaccia radiosa 1577
Polychrosis botrana 453
Polydesmus angustus 931
Polygonum amphibium 2127
– aviculare 2128
– bistorta 2129
– convolvulus 2130
– hydropiper 2131
– persicaria 2132
Polyphylla fullo 733
Polyporus abietinus 1644
– adustus 1645
– balsameus 1646
– borealis 1647
– dryadeus 1648
– fomentarius 1603
– hispidus 1650
– igniarius 1605
– squamosus 1652
– sulphureus 1653
Polystictus abietinus 1644
Polystigma rubrum 1531
Popillia japonica 734
Porcellio laevis 989
– scaber 990

Poria incrassata 1655
Porthesia similis 492
Porthetria dispar 493
Potentilla anserina 2133
Pratylenchus penetrans 33
– pratensis 34
Prays oleellus 494
Pristiphora abietina 913
Prodenia litura 495
Protoparce sexta 496
Prunella vulgaris 2134
Prunivir circummaculatum 1330
– verrucae 1331
Prunus virus 1 1199
– virus 1A 1200
– virus 2 1313
– virus 3 1311
– virus 4 1201
– virus 5 1283
– virus 6 1312
– virus 7 1253
– virus 9 1345
Pseudococcus citri 292
– sacchari 293
– vitis 292
Pseudomonas aeruginosa 1118
– angulata 1119
– aptata 1148
– campestris 1157
– caryophilli 1122
– celebense 1123
– citri 1158
– citriputeale 1148
– lacrymans 1126
– maculicola 1127
– marginalis 1129
– marginata 1130
– medicaginis var. *phaseolicola 1131*
– mellea 1132
– mori 1133
– morsprunorum 1134
– phaseoli 1162
– phaseolicola 1131
– pini 1137
– pisi 1138
– polycolor 1118
– pyocyanea 1118
– rhizogenes 1142
– rubrilineans 1143
– savastanoi 1144
– savastanoi var. *nerii 1145*
– solanacearum 1146
– stewarti 1165
– syringae 1148
– tabaci 1149
– tolaasi 1150
– tonelliana 1145
– translucens 1166
Pseudomonas tumefaciens 1152
– vasculorum 1167
– xanthochlora 1148
Pseudoperonospora cannabina 1427
– cubensis 1428
– humulis 1429
Pseudopeziza medicaginis 1532
– ribis 1533
– tracheiphila 1534
Psila rosae 860
Psilla olivina 238
Psilura monacha 457
Psocoptera *98*
Psylla mali 295
– oleae 238
– pyricola 298
Psyllidae *202*
Psylliodes affinis 735
– attenuata 736
– chrymsocephala 737
Pteridium aquilinum var. *latiusculum 2135*
Pteris aquilina 2135
Pteronidea ribesii 914
Ptinus fur 738
Puccinia allii 1656
– anomala 1670
– anthirrhini 1658
– apii 1659
– asparagi 1660
– buxi 1661
– cerasi 1662
– chrysanthemi 1663
– coronata 1664
– coronifera 1664
– dispersa 1666
– glumarum 1682
– graminis 1668
– helianthi 1669
– hordei 1670
– kuehnii 1671
– malvacearum 1672
– maydis 1681
– menthae 1674
– nitida 1675
– petroselini 1675
– porri 1677
– ribis 1679
– rubi-spinosae 1714
– simplex 1670
– sorghi 1681
– striiformis 1682
– triticina 1683
– violae 1684
Pucciniastrum goeppertianum 1685
– padi 1686
Pulvinaria vitis 300

Pyraemis cardui 501
Pyralidae *499*
Pyralididae *499*
Pyralis farinalis 500
Pyrausta nubilalis 502
Pyrenophora avenae 1535
– graminea 1536
– teres 1537
Pyrethromyzus sanborni 301
Pyrrhalta viburni 664
Pyrrhula pyrrhula 1021
Pyrus virus 2 1274
– virus 6 1172
– virus 8 1343
Pythium debaryanum 1430
– ultimum 1431

Quadraspidiotus ostraeaformis 302
– perniciosus 303

Ramularia tulasnei 1503
Ranunculus acris 2137
– arvensis 2138
– bulbosus 2139
– ficaria 2140
– repens 2141
– sceleratus 2142
Raphanus raphanistrum 2143
Rattus spp. *1065*
– decumanus 1067
– norvegicus 1067
– rattus 1068
Razoumofskya spp. *1930*
Reduviidae *145*
Reticulitermes lucifugus 95
Rhabdocline pseudotsugae 1538
Rhabdophaga albipennis 862
– saliciperda 862
Rhagoletis cerasi 863
– pomonella 864
Rhinanthus christa galli 2144
– major 2145
Rhizina inflata 1539
– undulata 1539
Rhizoctonia crocorum 1616
– medicaginis 1616
– solani 1590
– violacea 1616
Rhizoglyphus echinopus 966
– hyacynthi 966
Rhizotrogus solstitialis 741
Rhizopertha dominica 740
Rhodites rosae 915
Rhopalomyzus ascalonicus 304
Rhopalosiphon maidis 305
– nymphaeae 306
– padi 307
Rhopalosiphoninus latysiphon 308
Rhyacionia buoliana 503
Rhybchites bacchus 746
– coeruleus 747
Rhynchaenus alni 742
– fagi 743
– populi 744
– quercus 745
Rhytisma acerinum 1541
– salicinum 1542
Ribes virus 1 1171
Rimocortius kwanzani 1345
Robinia virus 1 1202
Rosa virus 1 1289
– virus 2 1348
– virus 3 1262
Roripa silvestris 2109
Rosellinia aquila 1543
– necatrix 1544
– quercina 1545
Ruga bemisiae 1350
– gossypii 1351
– tabaci 1352
Rumex acetosa 2147
– acetosella 2148
– crisupus 2149
– obtusifolius 2150
– patientia 2151

Saccharum virus 1 1291
– virus 2 1227
– virus 3 1314
– virus 4 1220
– virus 5 1228
Sacchiphantes abietis 309
Saissetia haemisphaerica 310
– oleae 311
Salsola kali var. *tenuifolia 2152*
– estifer 2152
Salvinia natans 2154
Saperda carcharias 748
– populnea 749
Sappaphis mala 312
– piri 312
Saturnia pavonia 504
– pyri 505
Saturniidae *506*
Savoia betae 1359
– napi 1360
Scabiosa arvensis 2084
Scandix pecten-veneris 2156
Scarabeideae *750*
Schistocerca gregaria 87
– paranensis 88
Schizaphis graminum 314
Schizoneura grassulariae 318
– lanigera 233

Schizoneura lanuginosa 234
– ulmi 318
Schizophyllum alneum 1688
– commune 1688
Schoenobius bipunctifer 507
– incertulas 507
Scirtothrips citri 115
Sciurus vulgaris 1069
Sclerospora graminicola 1432
– macrospora 1433
Sclerotinia bulborum 1546
– cinerea 1547
– fructigena 1548
– laxa 1549
– libertiana 1552
– linhartiana 1551
– sclerotiorum 1552
– trifoliorum 1553
Sclerotium cepivorum 1891
– rolfsii 1588
Scolopendra morsitans 932
Scolytidae *751*
Scolytus spp. *650*
– intricatus 753
– mali 651
– multistriatus 652
– ratzebugi 756
– rugulosus 653
– scolytus 758
Scorpionida *967*
Scutigera spp. *933*
Segestria sexoculata 968
Selenothrips rubrocinctus 116
Senecio jacobea 2157
– vulgaris 2158
Seneotarsonemus pallidus 969
Septogloeum hartigianum 1893
Septoria ampelina 1894
– apii-graveolentis 1895
– cannabis 1896
– fragariae 1503
– glumarum 1902
– graminum 1488
– linicola 1900
– lycopersici 1901
– nodorum 1902
– piricola 1509
– tritici 1905
Sesia apiformis 539
– crabroniformis 539
– culiciformis 520
– tipuliformis 522
Sesiidae *346*
Setaria glauca 2159
– lutescens 2159
Sherardia arvensis 2161
Silene cucubalus 2162
Silene inflata 2162
– latifolia 2162
Silpha opaca 759
Silphidae *760*
Silvanus surinamensis 712
Simaethis nemorana 514
– pariana 515
Sinapis alba 2001
– arvensis 2002
Sinoxylon sexdentatum 762
Siphonaria rosae 256
Siphonophora cerealis 322
– solanifolii 257
Sirex gigas 920
– juvencus 917
Siricidae *918*
Sisymbrium officinale 2167
– silvestre 2109
Sitobium avenae 322
Sitodiplosis mosellana 865
Sitodrepa panicea 767
Sitophilus granarius 764
– oryzae 765
Sitotroga cerealella 516
Soja virus 1 1361
Solanum dulcamara 2169
– nigrum 2170
– virus 1 1259
– virus 2 1255
– virus 3 1292
– virus 7 1246
– virus 8 1249
– virus 9 1249
– virus 10 1278
– virus 11 1369
– virus 12 1173
– virus 14 1208
– virus 15 1204
Solanumvirus deformans 1273
Solidago virgaurea 2171
Sonchus arvensis 2172
– oleraceus 2173
Sorex araneus 1070
Sorosporium filiferum 1710
– panici-miliacei 1693
– reilianum 1694
Sparganothis pilleriana 517
Spergula arvensis 2174
Spermophylus spp. *1033*
Sphacelia segetum 1449
– typhina 1465
Sphaceloma perseae 1908
– rosarum 1882
Sphacelotheca cruenta 1692
– destruens 1693
– reiliana 1694
– sorghi 1695

Sphaeropsis malorum 1525
Sphaerotheca humuli 1554
– mors-uvae 1555
– pannosa 1556
Sphingidae *518*
Spilocaea pomi 1463
Spiraea ulmaria 2187
Spondylocladium atrovirens 1912
Spongospora subterranea 1434
Stachylidium theobromae 1913
Stachys palustris 2176
Staphylinidae *766*
Stegobium paniceum 767
Stellaria media 2177
Stephanitis pyri 146
– rhododendri 147
Stephanoderes hampei 768
Stereum frustulosum 1696
– hirsutum 1697
– necator 1697
– purpureum 1699
– sanguinolentum 1700
Stilpnotia salicis 519
Streptococcus mucilaginus 1155
Streptomyces scabies 1169
Sturnus vulgaris 1022
Subcoccinella vigintquatuorpunctata 769
Sylvilagus spp. *1072*
Symphytum officinale 2178
Synanthedon culiciformis 520
– myopiformis 521
– tipuliformis 522
Synchytrium endobioticum 1435
Syrphidae *866*

Taeniothrips gladioli 117
– inconsequens 118
– laricivorus 119
– simplex 117
Talpa europaea 1073
Tanacetum vulgare 2027
Taphrina alni-incanae 1559
– alnitorqua 1559
– amentorum 1559
– aurea 1560
– bullata 1561
– cerasi 1562
– coerulescens 1563
– deformans 1564
– epiphylla 1565
– johansonii 1566
– pruni 1567
– sadebeckii 1568
– tosquinetti 1569
– turgida 1570
Taraxacum officinale 2180
Tarsonemus fragariae 969
– pallidus 969
– translucens 952
Taxidea taxus 1074
Tegenaria domestica 973
Telephora frustulata 1696
Tendipedidae *800*
Tenebrio molitor 770
– obscurus 771
Tenebrioides mauritanicus 773
Tenebrionidae *772*
Tenthredinidae *919*
Teredo navalis 62
Termes lucifugus 95
Testacella spp. *63*
Tetraneura ulmifoliae 192
Tetranychidae *974*
Tetranychus althaeae 978
– bimaculatus 978
– telarius 978
– urticae 978
Tetrao urogallus 1023
Tetrastes bonasia 1024
Tettigonia verrucivora 89
Tettigonidae *90*
Thaumetopoea pityocampa 523
– processionea 524
Theobroma virus 1 1295
Thermobia domestica 65
Thielavia basicola 1571
Thielaviopsis basicola 1571
– paradoxa 1915
Thlaspi arvense 2181
Thomasiniana oculiperda 868
Thrips fuscipennis 121
– linearius 122
– lini 122
– tabaci 124
Thysanoptera *125*
Thysanura *66*
Tillandsia usneoides 1928
Tilletia brevifaciens 1704
– caries 1703
– controversa 1704
– foetida 1705
– horrida 1706
– laevis 1705
– secalis 1708
– tritici 1703
Tinea cloacella 525
– granella 526
Tineidae *527*
Tineola biseliella 528
– crinella 528
– pellioncella 530
Tingidae *148*
Tipula oleracea 869

Tipulidae *870*
Tischeria complanella 531
Tithymalus cyparissias 2056
Tmetocera ocellana 532
Tolyposporium ehrenbergii 1710
– penicillariae 1711
Tomicus spp. *681*
– typographus 683
Tortricidae *533*
Tortrix ocellana 532
– pronubana 535
– viridana 536
Toxoptera aurantiae 325
– aurantii 325
– graminum 314
Tragopogon pratensis 2183
Trametes pini 1712
– radiciperda 1601
Tranzschelia pruni-spinosae 1714
Tribolium castaneum 776
– confusus 777
– ferrugineum 776
Trichophaga tapetzella 537
Tricothecium roseum 1916
Trifolium virus 1 1260
Triops cancriformis 980
Triphaena pronuba 538
Triticum repens 1960
– virus 1 1296
– virus 8 1221
Trochilium apiformis 539
Troctes divinatoria 99
Trogoderma granaria 779
– khapra 779
Trogosita mauritanica 773
Tropinota hirta 656
Trypetidae *871*
Tuberolachnus salignus 327
Tulipa virus 1 1297
Turdus merula 1025
– pilaris 1026
Tussilago farfara 2185
– petasites 2118
Tylenchulus semipenetrans 35
Tylenchus agrostis 10
– devastator 21
– dipsaci 21
– penetrans 33
– pratensis 34
– scadens 11
– tritici 11
Tyroglyphus farinae 979

Ulmaria pentapetala 2187
Unaspis euonymi 328
Uncinula necator 1572
– salicis 1573
Urocerus gigas 920
Urocystis agropyri 1715
– anemones 1716
– cepulae 1717
– occulta 1718
– tritici 1715
– violae 1720
Uromyces appendiculatus 1721
– betae 1722
– caryophillinus 1724
– dianthi 1724
– fabae 1731
– kuehnii 1671
– phaseoli 1721
– pisi 1728
– striatus 1729
– trifolii 1730
– viciae-fabae 1731
Urophlyctis alfalfae 1436
– leproides 1437
Urtica dioica 2188
– urens 2189
Usnea barbata 1929
Ustilaginoidea oryzae 1918
– virens 1918
Ustilago avenae 1732
– bromivora 1734
– bullata 1734
– crameri 1735
– cruenta 1692
– hordei 1737
– hypodytes 1738
– kolleri 1739
– levis 1739
– longissima 1741
– maydis 1742
– nigra 1743
– nuda 1744
– reiliana 1694
– scitamea 1746
– striaeformis 1748
– striiformis 1748
– tritici 1749
– violaceae 1750
– zeae 1742

Vanessa antiopa 540
– cardui 501
– io 542
– polychloros 471
Venturia cerasi 1574
– inaequalis 1463
– pirina 1576
– tremulae 1577
Vermicularia varians 1785
Veronica hedeaefolia 2190
– officinalis 2191

Verticillium albo-atrum 1920
– dahliae 1921
Vespa crabro 921
– germanica 922
– vulgaris 923
Vesperus xatarti 783
Vespidae *924*
Viborgia aemella 2066
Vicia angustifolia 2193
– hirsuta 2194
– tetrasperma 2195
Viola tricolor 2196
Viscum album 1952
– cruciatum 1953
Viteus vitifolii 329
Vitis virus 1 1299

Xanthium strumarium 2197
Xanthogaleruca luteola 665
Xanthomonas albilineans 1156
– campestris 1157
– citri 1158
– hyacynthi 1159
Xanthomonas juglandis 1160
– malvacearum 1161
– phaseoli 1162
– pruni 1163
– rubisubalbicans 1164
– stewarti 1165
– vasculorum 1167
Xanthospilapteryx syringuella 544
Xestobium rufovillosum 785
– tessellatum 785
Xyleborus dispar 787
– saxeseni 788

Yezabura tulipae 330

Zabrotes subfasciatus 789
Zabrus gibbus 791
– tenebroides 791
Zea virus 1 1300
– virus 2 1216
– virus 3 1217
Zeuzera pyrina 545
Zygoptera *337*

abaca bunchy top 1244
aberdevine 993
abiotic disease 2349
abutilon infectious chlorosis 1245
– mosaic 1245
acescence 1075
acetic fermentation of wine 1075
acorn weevil 581
acromania 2328
acropetal necrosis 1255
actinomycosis of potato 1169
adelges, pine bark 291
African armyworm 437
agricultural ant 912
albinism 2198
alder aphid, woolly 277
– catkin disease 1559
– flea weevil 742
– leaf-beetle 548
– leaf blister 1568, 1569
– witches' broom 1565
Aleppo pine, galls of 1137
– pine, tuberculosis of 1137
alfalfa, bacterial wilt and root rot of 1107
– blight 1107
–, crown wart of 1436
– dodder, large seeded 1937
–, downy mildew of 1403
– flower midge 810
– leaf midge 825
– leaf spot 1532
– mosaic 1277
– rust 1729
– seed midge 795
– spindle shoot 1198
– sprout midge 823
–, stem disease of 21
– weevil 727
–, white spot of 2363
–, wilt rot of 1553
– witches' broom 1198
alga-like fungi 1405
algal fungi 1405
– spot of coffee and cocoa 1924
allgood 2024
alloiophylly, anemone 1225
almond calico 1184
– line pattern 2365
– mite 941
– moth 396
alternaria blight of carrot 1754
amaranth pigweed 1977
ambrosia beetles 751
American armyworm 374
– cockroach 84
American gooseberry mildew 1555
– leaf disease 1632
– powdery mildew of gooseberry 1555
amphibious polygonum 2127
anemone alloiophylly 1225
– smut 1716
angoumois grain moth 516
angular leaf spot of cotton 1161
– leaf spot of cucumber 1126
– leaf spot of tobacco 1119
annual meadow grass 2125
– mercury 2105
– sowthistle 2173
– spear-grass 2125
ant, agricultural 912
–, Argentine 900
–, carpenter 884
–, cornfield 902
–, harvester 906
–, leaf-cutting 880
ant-lion 339
ant, Pharaoh's 907
–, red 892
–, Texas harvester 912
–, umbrella 880
anther smut 1750
anthracnose, banana 1829
–, bean 1791
–, cotton 1477
– of cucumber 1790
– of cucurbits 1790
– of currants 1533
– of grapevine 1460
– of lettuce 1850
– of olives 1831
– of strawberry 1462
– of sycamore 1481
–, rose 1882
antique tussock moth 469
aphid, apple grain 307
–, balsam twig 264
–, banana 284
–, barberry 255
–, bean 223
–, Bhang 287
–, bird cherry 307
–, black bean 223
–, black citrus 325
–, black orange 325
–, black peach 190
–, brasswood 235
–, buckthron 160, 171
–, bulb 308
–, cabbage 191
–, caragan 263

aphid, carrot 194
–, cherry black 270
–, chrysanthemum 301
–, corn leaf 305
–, cotton 200
–, dock 226
–, dusky veined walnut 193
–, Eastern spruce gall 309
–, elder 176
–, elm leaf 192, 318
–, European raspberry 275
–, European walnut 204
–, fern 245
–, geranium 187
–, gooseberry 166
–, grain 322
–, green apple 225
–, green chrysanthemum 214
–, green peach 267
–, hemp 287
–, hop 288
–, hop-damson 288
–, ivy 224
–, large willow 327
–, leaf-curling plum 189
–, lettuce 274
–, lettuce root 282
–, lily 276
aphid-lion 338
aphid, mealy cabbage 191
–, mealy peach 241
–, mealy plum 243
–, melon 200
–, mottled arum 276
–, parsnip and willow 194
–, pea 149
–, peach 178, 267
–, pear bedstraw 312
–, pelargonium 187
–, pine bark 291
–, plum 306
–, potato 178, 257, 267, 308
–, privet 266
–, red currant 216
–, rose 256
–, shallot 304
–, spring wheat 314
–, strawberry 280
–, strawberry root 199
–, sycamore maple 227
–, thistle 188
–, tulip 268, 330
–, waterlily 306
–, woolly balsam 228
–, woolly beech 289
–, woolly alder 277
–, woolly apple 233
aphid, woolly elm 234
–, woolly larch 150
aphids 159
–, poplar gall 281, 282
apple and citrus sooty blotch 1825
– and thorn skeletonizer 515
– aphid, green 225
– aphid, woolly 233
– bark beetle 651
–, bitter pit of 2324
– blossom tineid 360
– blossom weevil 565
–, blue mould of 1866
– borer 521
–, brown rot and spur canker of 1548
– budworm 365
–, cankers of 1514
– capsid bug 144
– chat fruit 2366
–, cork of 2327
– flat limb 2367
– fruit miner 359
–, fruit rot of 1762
– grain aphid 307
–, hairy root of 1142
–, infectious variegation of 1274
– leaf-curling midge 824
– leaf miner 459
– line mosaic 2368
– maggot 864
– midge 824
– mosaic 1274
–, Phytophthora rot of 1406
–, pink rot of 1916
–, powdery mildew of 1529
– proliferation 2371
– psyllid 295
– rosette 1172
– rough skin 1343
– rubbery wood 2369
– sawfly 897
– scab 1463
– scald 2323
– star cracking 2370
–, twig-blight of 1111
– web-spinning sawfly 911
– weevil 565
–, white root rot of 1544
– witches' broom 2371
apples, bitter rot of 1475
–, internal cork of 2327
–, water core of 2362
apricot golden net 2372
apus, rice 980
arc shake 2329
Argentine ant 900
armored scales 218

armyworm 374
–, African 437
–, American 374
–, fall 439
–, lesser 438
–, mystery 437
–, sugarbeet 438
artichoke pear-shaped weevil 572
artist's conk 1611
arum, soft rot of 1117
Ascochyta blight of peas 1758
asparagus beetle 639
– beetle, twelve-spotted 640
– fern caterpillar 438
– maggot 859
– rust 1660
assassin bugs 145
aster yellows 1194
asteroid spot, peach 1248
– spotting 2199
aucuba mosaic, potato 1249
– mosaic, tobacco 1294
Australian brown rot of citrus 1421
autumn crocus 2035
autumnal hawkbit 2091
avocado pear, bacterial rot of 1148
–, scab of 1908
azalea gall 1598
– leaf miner 415

bachelors-button 2018
back swimmers 141
backwort 2178
bacon weed 2023
bacterial blight of barley 1166
– blight of bean 1106
– blight of beans 1162
– blight of cotton 1161
– blight of maize 1165
– blight of peas 1138
– blight of vines 1116
– canker of citrus 1158
– canker of stone fruits 1148
– canker of tomato 1108
– disease 2200
– exudate 2201
– gall 1152, 2202
– leaf spot of tobacco, Philippine 1118
– ring spot of potato 1110
– rot of avocado pear 1148
– rot of lettuce 1148
– soft rot 1117
– spot of plum and peach 1163
– stripe of barley, wheat and rye 1166
– wilt and root rot of alfalfa 1107
– wilt of carnation 1122
– wilt of cucurbits 1114
bacteriocecidium 2202
bacteriosis of cocksfoot 1109
–, oleander 1145
badger 1051, 1074
Bajri smut 1711
bakanae disease and root rot of rice 1469
balsam butt rot 1646
– conk 1646
– fir, yellow witches' broom of 1627
– twig aphid 264
banana anthracnose 1829
– aphid 284
– beetle 637
–, black rot of 1829
–, black spot disease of 1848
–, black tip of 1843
–, blood disease of 1123
– borer 637
– bunchy-top 1307
–, cigar-end disease of 1913
–, cigar-end rot of 1913
– corm weevil 637
– fruit freckle 1848
– heart-rot 1309
– infectious chlorosis 1309
– leaf spot 1506
–, moko disease of 1146
– mosaic 1309
– weevil 637
– wilt 1817
banded chlorosis, cherry 1270
banding 2243
bank vole 1044
barberry aphid 255
bark beetle, apple 651
– beetle, birch 756
– beetle, elm 758
– beetle, European elm 652
– beetle, fig tree 673
– beetle, fruit 653
– beetle, oak 753
– beetle, silver fir 732
– beetles 672, 751
– beetles, cylindrical 632
– beetles, flat 643
– blight 2203
– necrosis 2203
– scaling 2204
– scorch 2303
barley, bacterial blight of 1166
–, bacterial stripe of 1166
–, brown rust of 1670
–, covered smut of 1737
–, dwarf leaf rust of 1670
–, eyespot of 1778
– flea beetle 725
–, foot rot of 1516

barley grass 2078
–, late blight of 1516
–, leaf stripe of 1536
–, loose smut of 1744
–, net blotch of 1537
–, spot blotch of 1516
–, stripe disease of 1536
–, wall 2078
barn-grass 2045
basal stem rot 1117
beaked parsley 2021
bean anthracnose 1791
– aphid 223
– aphid, black 223
–, bacterial blight of 1106
– beetle 595
– blight 1162
– dwarf mosaic 1181
– mosaic 1284
– pod canker 1791
– rust 1721
– speck 1791
– spot disease 1791
– thrips 108
– weevil, common 546
– weevil, Mexican 789
– wilt 1106
–, yellow mosaic of 1181
beans, bacterial blight of 1162
–, halo blight of 1131
–, root rot of 1571, 1812
bear-bind 2130
beard lichen 1929
– moss 1929
bears-breech 2073
beda weed 2047
beech aphid, woolly 289
– borer 552
– flea weevil 743
– scale 215
beef steak fungus 1600
beet carrion beetle 759
– curly top 1196
–, downy mildew of 1399
– eelworm 31
– fly 850
– jaunisse 1250
– leaf bug 143
– leaf-curl 1359
–, leaf spot of 1770
– lixus 690
– moth 479
– rot tumor 1437
– rust 1722
–, silvering disease of 1104
– webworm 454
– weevil 633
beet yellows 1206, 1250
beets, heart root of 2341
beetle, alder leaf- 548
–, apple bark 651
–, asparagus 639
–, banana 637
–, bean 595
–, beet carrion 759
–, biscuit 767
–, blossom 699
–, bread 767
–, capricorn 616
–, cigarette 685
–, click 554, 654
–, clouded tortoise 611
–, Colorado potato 687
–, confused flour 777
–, corn ground 791
–, death watch 560
–, drug store 767
–, elm tree 660
–, engraver 683, 751
–, European calosoma 606
–, European June 741
–, flower 617
–, furniture 559, 560
–, great capricorn 615
–, Japanese 734
–, khapra 779
–, mustard 718
–, pea 594
–, pigmy mangold 578
–, pollen 699
–, red flour 776
–, red rust flour 776
–, red turnip 655
–, spider 738
–, stag 693
–, tansy leaf 659
–, timber 696
–, tortoise 610, 612, 613
–, twelve-spotted asparagus 640
beetles, ambrosia 751
–, bark 672, 751
–, blister 701
–, bombardier 588
–, burying 760
–, carpet 569
–, carrion 760
–, checkered 628
–, cylindrical bark 632
–, darkling 772
–, death watch 557
–, fir-engraver 650
–, flat bark 643
–, flatheaded 597
–, flea 669

beetles, furniture 557
–, ground 609
–, hister 670
–, June 750
–, lady 630
–, leaf-eating 625
–, lightning 684
–, longhorned 614
–, May 750
–, oil 700
–, pine engraver 681
–, predaceous diving 649
–, roundheaded 614
–, rove 766
–, sap-feeding 706
–, skin 648
–, snapping 654
–, soldier 607
–, steel 670
–, sweet potato 613
–, tiger 626
–, timber 751
–, true powder-post 694, 695
–, water scavenger 671
–, whirling 666
beggars-button 1986
bellflower 2010
–, creeping 2010
bent grass 1963
bergerac ringspot of tobacco 1178
Bermuda grass 2040
Bhang aphid 287
big bud, tomato 1193
– root 32
bindweed 2037
–, black 2130
–, climbing 2130
–, European 2037
–, great 2038
–, hedge 2038
–, knot 2130
birch bark beetle 756
– witches' broom 1570
bird cherry aphid 307
– grass 2126
– seed 2158
– seed grass 2120
bird's-eye disease 1460
birth-wort 1989
biscuit beetle 767
bistort 2129
bitter cress 1995
– cress, meadow 2013
– dock 2150
– pit of apples 2324
– rot of apples 1475
– rot of grapes 1852
bitter sweet, climbing 2017
bitterness of wine 1081
bitterweed 2052
black anthonomus 567
– arches moth 457
– bean aphid 223
– bindweed 2130
– blotch of clover 1453
– blotch of roses 1458
– bundle disease of corn 1767
– chaff of wheat 1166
– citrus aphid 325
– currant gall mite 950
– currant mite 950
– currant reversion disease 1171
– dot of potato 1785
– ear rot of corn 1844
– field slug 46
"black fly" 109
black grouse 1014
– knot 1528
– knot of grape 1152
– leg of crucifers 1874
– leg of sugar beet 1871
– leg, potato 1117
– mould of wheat 1510
– nightshade 2170
– orange aphid 325
– parlatoria 279
– peach aphid 190
– pit of lemon 1148
– rat 1068
– rot 1525
– rot of banana 1829
– rot of coffee 1587
– rot of crucifers 1157
– rot of grapes 1482
– rot of potato 1117
– rot of radish 1386
– rot of sweet potatoes 1446
– rot, tomato 1873
– rust, chrysanthemum 1663
– rust of cereals 1668
– scab 1590
– scale 311
– scurf of potato 1590
– shank of tobacco 1416
– slime of hyacinths 1546
– smut 1743
– smut of rice 1706
– speck 1590, 1785
– spot 1163
– spot disease of banana 1848
– spot of grasses 1519
– spot of roses 1458
– spot of willows 1542
– stem rot 1117

black tip of banana 1843
– woodpecker 1008
blackarm 1161
blackberry leaf spot 1505
– rust 1641
– stem gall midge 845
blackbird 1025
blackcock 1014
blackening 2205
blackfire of tobacco 1119
blackheart of pineapple 1915
– of potatoes 2325
bladder campion 2162
– plums 1567
blanching 2202
blast, citrus 1148
– of rice 1884
blastomania 2207
bleaching 2206
bleeding stereum 1700
blight 2208
–, alfalfa 1107
–, bark 2203
–, bean 1162
–, blister 2209
–, carrot 1754
–, chestnut 1464
–, gram 1508
–, lilac 1148
–, lucerne 1107
–, mulberry 1133
– of chickpea 1508
– of conifers, brown-felt 1483
– of conifers, white-felt 1438
– of fig 1094
– of flax 1387
– of lettuce, marginal 1129
– of oaks, leaf and twig 1481
– of onions 1400
– of peppers 1408
– of stone fruits 1784
– of sycamores, leaf and twig 1481
–, potato 1415
–, Prunus blossom 1549
–, sorghum 1089
–, Southern 1146
–, spinach 1256
–, walnut 1160
blister beetles 701
– blight 2209
– blight of tea 1599
– mite, pear leaf 949
– mites 947
–, peach 1331
– plant 2137
– rust 1594
– rust, leaf and cone 1685, 1686
blister rust of five-needle, pine 1595
– rust of white pine 1595
– smut 1742
bloat of onion 21
blood disease of banana 1123
bloodworm 801
bloodwort 1954
–, mouse 2075
blossom beetle 699
– blight of pear 1111
– blight, Prunus 1549
– drop 2210
– end rot of tomato 2326
– feeder 656
blotch disease of cucumber and melon 1774
–, fern 13
blue and green moulds of citrus fruits 1867
– daisy 2028
– field madder 2161
– hare 1049
– mould of apple 1866
blue-mould rot of citrus fruits 1867
blue mold of tobacco 1402
– nightshade 2169
– sailors 2028
– stain of logs and lumber 1447
– stripe wilt of raspberry 1921
– thistle 2046
– top, tomato 1193
– weed 2046
bluebottle 2018
bluing of Western yellow pine 1447
blunt-leaved dock 2151
bobolink 1004
bog buttercup 2142
– rush 2081
boil smut 1742
boll rot and bacterial blight of cotton 1161
bollworm, cotton 425
–, Egyptian 394
–, pink 477
–, red cotton 392
–, spiny 394
–, Sudan 392
bombardier beetles 588
book louse 99
– scorpion 944
borer, apple 521
–, banana 637
–, beech 552
–, coffee berry 768
–, coffee seed 768
–, cosmopolitan root 637
–, currant 522
–, European corn 502
–, European shot-hole 787
–, furniture 559, 560

borer, grain 600
–, lesser cornstalk 395
–, lesser grain 740
–, lesser shot-hole 788
–, Lima bean pod 405
–, marine 984
–, oak 550
–, paddy stem 507
–, peach twig 354
–, poplar 748, 749
–, red bud 868
–, shot-hole 653, 862
–, sinuate pear 551
–, sugarcane moth 390
–, white coffee 568
–, yellow stem 507
borers, furniture 557
bostrichids 585
Botryosphaeria cankers 1441
bouquet disease, potato 1373
Bourbon scale 180
box rust 1661
– tree midge 847
bracken 2135
– clock 723
brake fern 2135
bramble leaf midge 826
brambling 1010
branched broomrape 1950
branching larkspur 2043
brank-ursine 2073
brassica pod midge 822
– root eelworm 24
brasswood aphid 235
brassy flea beetle 623
bread beetle 767
break, tulip 1297
breaking of colours 2211
–, stock 1276
–, tulip 1297
bright-line brown-eye 463
broad bean rust 1731
– bean weevil 595
– beans, chocolate spot disease of 1763
– cocklebur 2197
– mite 952
– nosed weevils 713
broadleaved dock 2150
– garlic 1971
– plantain 2123
brock 1051
bronzing 2212
brome-grass mosaic 1264
brooming disease, locust 1202
broomrape 1945, 1946
–, branched 1950
–, clover 1947
broomrape, hemp 1950
–, lesser 1947
–, tobacco 1950
brown blotch of mushrooms 1150
– butt rot 1646
– checked wood rot 1653
– cubical rot 1653
– eye, bright line 463
– eye disease of coffee 1772
– felt blight of conifers 1483
– foot rot and ear blight of wheat 1805
– hare 1048
– hen 1014
– knapweed 2019
– leaf spot of sugar cane 1773
– leaf rust of rye 1666
– leaf weevil 721
– loose smut 1744
– mottled rot 1636
– oak 1600
– pocket rot 1621
– rat 1067
– rib disease, tobacco 1255
– ring disease of hyacynth 21
– root rot and ear blight of wheat 1807
– rot 1547, 2214
– rot and gummosis of citrus 1410
– rot and sour canker of apple 1548
– rot of cauliflower 1753
– rot of citrus, Australian 1421
– rot of quince 1551
– rot of solanaceae 1146
– rust of barley 1670
– rust of wheat 1683
– spot disease of rice 1450
– stripe of sugar cane 1841
– stripe smut 1741
– trunk rot 1608
– vein disease, tobacco 1255
– vole 1054
browning 2213
browntail moth 470
browny mildew 1415
bruisewort 2178
bubble poppy 2162
buckhorn plantain 2122
buckskin 962
buckthorn aphid 160, 171
buckwheat 2059
bud blight of picea 1800
– borer, red 868
– curculio 747
– mite, grape 951
– rot 2215
– rot of coconut 1084, 1418
– rot of oil palm 12
– union decline 2385

budworm, apple 365
–, spruce 356
bug, apple capsid 144
–, beet leaf 143
–, cereal 132
–, common green capsid 137
–, doodle 339
–, European June 741
–, fire 138
–, green grass 140
–, green plant 140
–, green shield 140
–, harlequin 138
–, May 704
–, pear lace 146
–, potato 127
–, rhododendron lace 147
–, shy 126
bugs, assassin 145
–, capsid 128
–, chinch 135
–, gold 613
–, lady 630
–, leaf 128
–, plant 128
–, red cotton 129
–, sour 706
–, spittle 195
–, stink 142
–, tarnished plant 136
building rot 1655
bulb and potato aphid 308
– fly, lesser 838
– mite 966
bulbous buttercup 2139
– crowfoot 2139
bull thistle 2034
bullet disease, passion-fruit 1281
bullfinch 1021
bunchy top 2216
– top, abaca 1244
– top, banana 1307
– top, tomato 1242
bunt, dwarf 1704
–, rice 1706
–, rye 1708
–, wheat 1703
bunted wheat 11
buntgrass nematode 10
bunting, rice 1004
burdock 1987
–, great 1986
burncow, oak 634
burying beetles 760
bushy stunt, tomato 1258
butt rot, balsam 1646
– rot, brown 1646
butter flower 2137
butterbur 2118
buttercup, bog 2142
–, bulbous 2139
–, creeping 2141
–, field 2138
–, tall field 2137
butterfly, green-veined white 483
–, large white 482
–, small white 484
–, thistle 501
butterflies, sulphur 481
–, white 481

cabbage aphid 191
– aphid, mealy 191
– black ringspot 1190
–, club root of 1423
– cyst nematode 24
–, dark leaf spot of 1753
–, field 2003
– gall weevil 620
– maggot 853
– moth 462
– ringspot 1190
–, ring spot of 1501
– root fly 853
– shoot weevil 618
– stem flea beetle 737
– stem weevil 621
–, white blister of 1383
– whitefly 151
– worm 482
– worm, imported 484
cacao moth 397
– red stripe 1117
– thrips 116
cadelle 773
calico, almond 1184
– back 138
–, peach 1184
–, potato 1278
–, tobacco 1293
California red scale 158
– scale 303
Californian grape-root worm 547
calla lily, soft rot of 1117
calosoma beetle, European 606
camomile, corn 1980
–, dogs 1981
–, field 1980
–, large 1982
–, sweet 1982
–, wild 2103
–, yellow 1983
Canada thistle 2030
canary grass 2120

cane blight, currant 1441
– gall 1152
– spot, leaf sheath and 1479
– spot of strawberry 1462
canker 2217
– and dieback of mulberry 1471
– and leaf spot 1525
–, cherry black 2374
–, crown and trunk 1410
–, citrus 1158
–, dieback and shot-hole of stone fruits 1134
–, flax 1792
–, frost 2335
–, heat 2343
–, laburnum 1452
–, larch 1454
– of coffee 1446
–, poplar 1802
–, spot and speck of tomatoes 1108
cankers of apple and pear 1514
cantharide, green 697
capercaillie 1023
capnodis, peach 608
capricorn beetle 616
– beetle, great 615
capsid bug, apple 144
– bug, common green 137
– bugs 128
capsids 128
caragan aphid 263
caraway 2016
carnation, bacterial wilt of 1122
–, fairy ring of 1457
–, leaf mould of 1457
– maggot 854
– ring spot 1457
– rust 1724
– tortrix 535
carnations, wilt disease of 1808
carpenter ant 884
– moth 382
– moths 381
carpet beetles 569
– moth 537
carrier 2218
carrion beetle, beet 759
– beetles 760
– crow 999
carrot, alternaria blight of 1754
– aphid 194
– blight 1754
– fly 860
– moth 389
– rust fly 860
–, wild 2042
case weed 2012
casebearers 378
cassava curly-leaf 1350
– mosaic 1350
caterpillar, asparagus fern 438
–, lackey 461
–, spiny elm 540
–, tobacco 495
–, tomato 425
caterpillars, surface 347
–, tent 442, 460
catkin disease, alder 1559
– disease, poplar 1566
catkins, deformation of female 1559, 1566
cat-tail fungus of grasses 1465
cats-foot 2072
cauliflower, brown rot of 1753
– disease 13
– disease of strawberry 1105
– leaf spot 1127
– mosaic 1254
–, ring spot of 1501
celandine 2022
–, great 2022
celery fly 851
– leaf spot 1895
– leaved crowfoot 2142
– mosaic 1298
– rust 1659
– seed 2150
centipedes 926
–, home 933
cereal bug 132
– chafer 556
– flea beetle 622
cereals, black rust of 1668
–, powdery mildew of 1467
–, seedling blight of 1442
–, snow mould of 1442
chafer 702, 741
–, cereal 556
–, garden 723
–, green rose 617
–, sap 617
chaffinch 1009
chalcid wasps 888
champignons, yellow and white mould of 1484
charlock 2001, 2002
–, jointed 2143
–, white 2143
chat fruit, apple 2366
cheat 2004
checkered beetles 628
cherry albino 2373
– banded chlorosis 1270
– black aphid 270
– black canker 2374
– fruit moth 361

cherry Lambert mottle 2375
– leaf roll 2376
– leaf scorch 1478
– leaf spot 1502
– little cherry 2377
– maggot 863
– mild rugose mosaic 2378
– mild rusty mottle 2379
– mildew 1530
– mottle leaf 1253
– necrotic leaf spot 1330
– necrotic line pattern 2380
– necrotic rusty mottle 2381
– Pfeffinger disease 2382
– pinto leaf 1285
– rasp leaf 2382
– ring mottle 2383
– rugose mosaic 1212
– rust 1662
– rusty mottle 1290
– scab 1574
– slug 883
– tatter leaf 1330
– twisted leaf 2384
– witches' broom 1562
– yellow leaf 1195
chess 2004
chestnut blight 1464
–, Endothia canker of 1464
–, ink disease of 1407
– leaf spot 1504
– weevil 645
chickpea, blight of 1508
chickweed 2177
–, field 2020
–, meadow 2020
–, poison 1978
–, red 1978
chicory 2028
–, leaf spot of 1129
Chilean dodder 1937
chinch bugs 135
Chinese wax scale 198
chloranthy 2219
chlorosis 2220
–, banana infectious 1309
–, cherry banded 1270
–, non-infectious 1249
chlorotic disease, hop 1233
– streak, sugar cane 1220
chocolate spot disease of broad beans 1763
– moth 397
choke disease of grasses 1465
chrysanthemum aphid 301
– aphid, green 214
– black rust 1663
– foliar nematode 15
cicadas 210
cigar-end disease of banana 1913
– rot of banana 1913
cigarette beetle 685
circular purple scale 205
citrus aphid, black 325
–, Australian brown rot of 1421
–, bacterial canker of 1158
– blast and black pit of lemon 1148
–, blue and green moulds of 1867
–, brown rot and gummosis of 1410
– cachexia 2386
– canker 1158
–, exanthema of 2332
–, foot-rot of 1419
–, frenching of 2348
– fruits, blue-mould rot of 1867
– fruits, green mould of 1865
– fruits, stem-end rot of 1879
–, gummosis of 1410
–, internal decline of 2345
– little-leaf disease 2386
–, "mal secco" of 1796
– mealybug 292
–, melanose of 1879
–, mottle leaf of 2348
– mussel scale 252
– nematode 35
– parlatoria 279
– plants, wither tip of 1789
– psorosis 1205
– quick decline 2385
– root nematode 35
– rust mite 962
– scab 1461
–, sour rot of 1864
– thrips 115
– tristeza disease 2385
– xyloporosis 2386
cladomania 2207
clay-weed 2185
clear-winged moths 346
clearwings 346
cleavers 2067
click beetle 554
– beetles 654
climbing bindweed 2130
– bitter-sweet 2017
clothes moth, webbing 528
– moths 527
clouded tortoise beetle 611
clover, black blotch of 1453
– broomrape 1947
– bud weevil 726
– dodder 1935
–, downy mildew of 1403
– leaf midge 829

clover mite 941
– pear-shaped weevil 571
–, powdery mildew of 1468
– rust 1730
– scorch 1846
– seed weevil 571, 575
– sickness 21
–, stem disease of 21
–, stem rot of 1553
–, wilt rot of 1553
club root of cabbage 1423
Cobb's disease of sugar cane 1167
cock of the wood 1023
cock's comb 2145
cockchafer 704
–, European 704
cockle 11
– button 1986
cocklebur, broad 2197
cockroach, American 84
–, common 70
–, German 71
cocksfoot, bacteriosis of 1109
– panicum 2045
–, yellow slime disease of 1109
cockspur grass 2045
cocoa, algal spot of 1924
–, Diplodia pod rot of 1847
–, pod rot and canker of 1418
–, Surinam witches' broom disease of 1624
– swollen shoot 1295
–, thread blight of 1587
coconut, bud rot of 1084, 1418
– palm nematode 12
– palm, stem bleeding of 1915
–, red-ring disease 12
–, rot disease of 12
– scale 180
codling moth 448
– moth, European 449
coffee, algal spot of 1924
– bean weevil 576
– berry borer 768
–, black rot of 1587
– borer, white 568
–, brown eye disease of 1772
–, canker of 1446
–, dieback of 1787
–, leaf disease of 1617
– leaf miner 451
–, leaf rot of 1587
–, phloem necrosis 3
–, pink disease of 1589
–, rust of 1617
– scale, green 213
– seed borer 768
– thrips 107
coffee, top dieback of 1787
collar crack 1579
Colorado potato beetle 687
coltsfoot 2185
common alkanet 1979
– bean weevil 546
– cockroach 70
– comfrey 2178
– cow-parsnip 2073
– crane fly 869
– daisy 1996
– earwig 103
– European magpie 1018
– European white ant 95
– field mouse 1054
– finger grass 2115
– fruit fly 833
– fumitory 2064
– green capsid bug 137
– grey mould 1762
– hare 1048
– house rat 1067
– lady's mantle 1967
– May fly 331
– mosquito 819
– mouse 1057
– red-backed mouse 1044
– red spider 978
– reed 2121
– rupture-wort 2074
– rush 2083
– scab of potato 1169
– scald 2323
– skippers 429
– smut of corn 1742
– snail 54
– sorrel 2147
– tansy
– tare 2194
– toothwort 1943
– vole 1055
– wasp 923
– woodlouse 982
– yarrow 1954
compositae, white blister of 1384
cone moth 401, 402, 450
– moth, cypress 443
– pitch moth 362, 366
– pyralid 391
confused flour beetle 777
coniferous timber, Lenzites dry rot of 1621
conifer root and heart rot 1601
conifers, brown-felt blight of 1483
–, heart rot of 1601
–, powdery mildew of 1466
–, root rot of 1539
–, strangling disease of 1868

conifers, white-felt blight of 1438
coral spot of woody species 1511
cork formation 2221
– moth 525
– of apple 2327
corky scab of potato 1169
– spot 2327
corn, black bundle disease of 1767
–, black ear rot of 1844
– camomile 1980
– campion 1961
–, common smut of 1742
– crowfoot 2138
–, Diplodia disease of 1801
–, dry rot of 1801
–, ear rot of 1801
– earworm 425
– fly, ribbon-footed 802
– ground beetle 791
–, head smut of 1694
– leaf aphid 305
– leaf-stripe 1300
– marigold 2026
– mint 2104
– pansy 2196
– poppy 2116
– rocket 2007
– rust 1681
– spurrey 2174
– stripe disease 1300
– thrips 110
corncockle 1961
cornfield ant 902
cornflower 2018
corrodentia 98
cosmopolitan root borer 637
cotton, angular leaf spot of 1161
– aphid 200
– anthracnose 1477
–, boll rot and bacterial blight of 1161
– boll weevil 564
– bollworm 425
–, crazy top of 2328
– leaf-crinkle 1351
– leaf-curl 1351
– leafworm 352
– stainers 129
–, Texas root rot of 1883
– thistle 2113
–, wilt of 1819
– worm 495
cottontail rabbits 1072
cottony cushion scale 285
– maple scale 300
– rot of lemons 1552
couch-grass 1960
cough-wort 2185
covered smut of barley 1737
– smut of oats 1739
cow parsley 1984, 2021
– parsnip, common 2073
cowbane 2029
cowpea weevil 605
crabgrass 2115
cracking 2222
cranberry tree leaf beetle 664
crane flies 870
– fly, common 869
crazy top of cotton 2328
creeping bellflower 2010
– buttercup 2141
– crowfoot 2141
– sowthistle 2172
– thistle 2030
– watercress 2109
cress, hoary 2014
–, winter 1995
cricket, European field 79
–, European hearth 67
–, European house 67
–, mole 77
crinkle 2223
–, geranium 1282
–, strawberry 1263
– wood 2367
crinkling 2223
crinkly dwarf, tobacco 1352
crocus, autumn 2035
cross shake 2336
– spider 937
crossbill 1013
crosswort 2068
croton bug 71
crottle lichen 1925
crow, carrion 999
–, grey-back 998
crowfoot, bulbous 2139
–, celery-leaved 2142
–, corn 2138
–, creeping 2141
–, cursed 2142
–, marsh 2142
–, tall 2137
crown and trunk canker 1410
– gall 1152
– rot 1152
– rust of oats 1664
– wart of alfalfa 1436
crucifers, black leg of 1874
–, black rot of 1157
–, downy mildew of 1398
–, white rust of 1383
cubical rot, brown 1653
cuckoo flower 2013

cucumber, angular leaf spot of 1126
–, anthracnose of 1790
–, blotch disease of 1774
– mosaic 1256
– white-pickle mosaic 1256
– wilt 1114
cucurbits, anthracnose of 1790
–, bacterial wilt of 1114
–, downy mildew of 1428
–, scab of 1780
culm rot of rice 1487
cup shake 2329
curculio, bud 747
curl, tobacco 1317
curled dock 2149
curling 2224
curly leaf, cassava 1350
– top 2225
– top, beet 1196
– top, sugar beet 1196
currant borer 522
– cane blight 1441
– moth 341, 397
– reversion 1171
– worm 341
– worm, imported 914
currants, anthracnose of 1533
cursed crowfoot 2142
cutworms 347, 467
cyclamen mite 969
cylindrical bark beetles 632
cypress cone moth 443
– spurge 2056
cyst nematode, cabbage 24
– nematode disease, soybean 25
– nematode, oat 27
– nematode, pea 26
– nematode, soybean 25
– nematodes 22

daddy longlegs 958, 959
dahlia leaf curl and rosette 1257
– mosaic 1257
– ringspot 1211
–, smut disease of 1597
– stunt 1257
–, white smut of 1597
daisy, blue 2028
–, common 1996
–, English 1996
–, field 2025
–, lawn 1996
–, ox-eye 2025
–, stinking 1981
–, white 2025
damping-off and stem rot 1430
– of tomato 1419
damselflies 337
dandelion 2180
–, fall 2091
dark elaterid beetle 554
– leaf spot of cabbage 1753
– mealworm 771
darkling beetles 772
darnel 2099
dart moth 350
–, white-line 351
dartrose 1785
date palm false smut 1612
– palm leaf spot 1612
– palm scale 278
dead-arm disease of grapes 1451
death watch 560, 785
– watch beetle 560
– watch beetles 557
– watches 557
death's head moth 342
decline 2226
–, bud-union 2385
–, raspberry 1207
deer, fallow 1036
–, red 1032
–, roe 1031
deficiency 2330
– disease 2331
defoliation 2227
deformation 2264
– of female catkins 1559, 1566
desert locust 87
dessiccation 2228
devil's hair 1931
devils-vine 2038
diamond back moth 488
dictyospermum scale 207
dieback 2229
– of coffee 1787
– of mulberry 1471
– of poplar 1577
– of stone fruits 1134
–, rose 1262
dill rust 1675
Diplodia disease of corn 1801
– pod-rot of cocoa 1847
discoloration 2230
distortion 2231
dock aphid 226
–, bitter 2150
–, blunt-leaved 2151
–, broadleaved 2150
–, curled 2149
–, patience 2151
–, sour 2149
–, yellow 2149
dodder 1931

dodder, Chilean 1937
–, clover 1935
–, field 1940
–, flax 1934
–, greater 1938
–, large-seeded 1940
–, large-seeded alfalfa 1937
–, larger 1938
–, lesser 1935
–, small 1935
–, twin 1934
dog fennel 1981
dog's camomile 1981
– mercury 2105
doodle bug 339
door weed 2128
– yard sowbug 989
dormouse 1038
–, European 1047
Dothichiza canker of poplar 1802
dotting 2295
double nodes 2232
Douglas fir, needle cast of 1538
downy brome-grass 2005
– mildew 1433
– mildew of alfalfa and clover 1403
– mildew of beet 1399
– mildew of crucifers 1398
– mildew of cucurbits 1428
– mildew of grape 1426
– mildew of hemp 1427
– mildew of hop 1429
– mildew of lettuce 1388
– mildew of Lima bean 1420
– mildew of onion 1400
– mildew of peas 1404
– mildew of poppy 1397
– mildew of tobacco 1402
– mildew of umbelliferae 1425
– pepper-grass 2093
dragonflies 335
drop of lettuce 1552
dropping of flowers and fruits 2288
drug store beetle 767
dry currant moth 396
– rot 1629, 1655, 2233
– rot and canker of swede and turnip 1874
– rot fungus 1629
– rot, maize 1801
– rot of corn 1801
– rot of potato 1806, 1808
– rot of sugar beets 2341
– tip rot of fruit 1913
– top rot of sugar cane 1392
dusky-veined walnut aphid 193
Dutch elm disease 1445
dwarf beans, leaf blotch of 1148
dwarf beans, wilt disease of 1106
– bunt 1704
– disease, rice 1219
– disease, sugar cane 1228
– leaf rust of barley 1670
– mistletoes 1930
– of strawberry 13
–, prune 1312
– spear-grass 2125
dwarfing 2234
dyers broom 2070
– greenweed 2070
dyeweed 2070

ear rot of corn 1801
– smut of bromus 1734
early blight of potato 1755
– chess 2005
earwig, common 103
–, European 103
earwigs 102
earworm, corn 435
Eastern spruce gall aphid 309
edge chlorosis 2235
– yellowing 2236
eel, vinegar 4
eelworm, beet 31
–, brassica root 24
– disease 5
– disease of potato 20
–, oat root 27
–, pea root 26
–, potato root 30
–, root knot 32
eelworms 5
Egyptian bollworm 394
elaterid beetle, dark 554
– beetle, striped 553
elder aphid 176
elm aphid, woolly 234
– bark beetle 758
– caterpillar, spiny 540
– leaf aphid 192, 318
– leaf beetle 665
–, phloem necrosis of 1306
– scale, European 232
– tree beetle 660
enation 2237
– mosaic, pea 1286
endive, leaf spot of 1129
endweed 2062
English daisy 1996
– grain aphid 322
– plantain 2122
engraver beetle 683
– beetles 751
– beetles, pine 681

engraver, spruce wood 731
engravers, wood 730
Endothia canker of chestnut 1464
endoxerosis 2345
ephemeral flies 334
ephippigera 76
epinasty 2238
ergot, false 11
– of rye 1449
erineum 951, 2239
– mite, grape 951
ermine moth 432, 435
– weasel 1059
esca disease of grapevine 1697
etch, tobacco 1261
eticlation 2240
European bindweed 2037
– bittersweet 2169
– calosoma beetle 606
– cockchafer 704
– codling moth 449
– corn borer 502
– dormouse 1047
– earwig 103
– elm bark beetle 652
– elm scale 232
– field cricket 79
– field vole 1054
– fruit scale 236
– garden spider 937
– gooseberry mildew 1499
– grain moth 526
– hearth cricket 67
– house cricket 67
– jay 1011
– June beetle 741
– June bug 741
– mistletoe 1952
– peach scale 236, 237
– pine shoot moth 503
– raspberry aphid 275
– red mite 954
– shot-hole borer 787
– starling 1022
– tussock moth 469
– walnut aphid 204
– wheat stem sawfly 887
– winter moth 371
– wood mouse 1028
evernia 1925
evonymus scale 328
exanthema of citrus 2332
external crack 2333
exuberance of lenticels 2334
exudate 2241
eyespot of sugar cane 1838
– of wheat and barley 1778
eye-spotted bud moth 532

fairy ring of carnation 1457
– rings 1623
fall armyworm 439
– dandelion 2091
– webworm 431
fallow deer 1036
false ergot 11
– hellebore 1957
– smut 1743
– smut, date palm 1612
– smut of rice and maize 1918
– tinder fungus 1605
fan-leaf formation 2242
–, grape 1299
fasciation 1105, 2243
fat hen 1993, 2023
fern aphid 245
– blotch 13
– leaf of tomato 1256
– nematode 13
field buttercup 2138
– cabbage 2003
– camomile 1980
– chickweed 2020
– cress 2093
– daisy 2025
– dodder 1940
– fennel flower 2111
– forget-me-not 2106
– garlic 1970, 1972
– horsetail 2049
– larkspur 2043
– marigold 2008
– meadow grass 2126
– mice 1053
– mint 2104
– mouse 1027
– mouse, common 1054
– mouse, long-tailed 1028
– mouse, rice 1063
– mouse, short-tailed 1054
– mustard 2002
– pepper-grass 2093
– poppy 2116
– rat, rice 1063
– scabious 2066, 2084
– sorrel 2148
– sowthistle 2172
– vole, European 1054
fieldfare 1026
fig, blight of 1094
– mosaic 1213
– moth 396, 514
– rust 1582
– tree bark beetle 673

fig wax scale 197
figwort 2140
Fiji disease of sugar cane 1227
finger-and-toe disease 1423
fiorin 1963
fir engraver beetles 650
–, leaf cast of 1492
–, needle cast of 1491
– tree weevil 675
fire bug 138
fireblight of pear 1111
firebrat 65
fireflies 684
fish moth 64
flag smut of rye 1718
– smut of wheat 1715
flagellosis 1
–, milkweed 2
flat bark beetles 643
– limb, apple 2367
– millipede 931
flatheaded beetles 597
flattening of branches 2244
flax, blight of 1387
– canker 1792
– dodder 1934
– rust 1625
– thrips 122
–, wilt of 1811
flaxweed 2096
flea beetle, barley 725
– beetle, brassy 623
– beetle, cabbage stem 737
– beetle, cereal 622
– beetle, hop 736
– beetle, mangold 623
– beetle, potato 735
– beetle, small flax 692
– beetle, striped turnip 724
– beetle, sugar beet 624
– beetle, tooth-legged 623
– beetle, wheat 638
– beetles 669
–, hop cone 736
– weevil, alder 742
– weevil, beech 743
– weevil, oak 745
– weevil, poplar 744
fleabane 2052
flecking 2297
flecks, pitch 793
flies, crane 870
–, flower 866
–, fruit 871
–, hover 866
–, humpbacked 857
–, phorid 857
flies, thick-headed 808
floating salvinia 2154
Florida red scale 205
– wax scale 196
flour beetle, confused 777
– beetle, red 776
– beetle, rust red 776
– mite 935, 979
– moth 397, 398
flower beetle 617
– flies 866
flowering cherry rough bark 1345
flowers of wine 1766
fluted scale 285
fly, beet 850
–, cabbage root 853
–, carrot 860
–, carrot rust 860
–, celery 851
–, frit 848
–, Hessian 846
–, golden-eyed 338
–, gout 802
–, lesser bulb 838
–, mangold 850
–, March 796
–, melon 820
–, olive 821
–, narcissus 844
–, onion 852
–, pomace 833
–, ribbon-footed corn 802
–, Spanish 697
–, St. Mark's 797
–, stink 338
–, turnip 724
–, vinegar 833, 834, 835
–, wine 833
foliocellosis 2348
Fomes disease of plums 1610
fool's parsley 1959
foot disease and scab of small grains 1473
– rot and damping-off of tomato 1419
– rot and take-all of wheat 1485
– rot of barley 1516
– rot of citrus 1419
– rot of peas 1813
– rot of wheat and oats 1474
foxiness 1600
foxtail, golden 2159
– grass, meadow 1974
–, slender 1973
–, yellow 2159
French mercury 2105
frenching of citrus 2348
frit fly 848
frog eye leaf spot of tobacco 1776

froghopper 286
froghoppers 195
frost canker 2335
– crack 2336
– damage 2337
– injury 2337
– shake 2336
fruit bark beetle 653
– decay of winter squash 1408
– flies 871
– fly, common 833
– fly, Mediterranean 799
– fly, Mexican 794
– freckle, banana 1848
– rot of apples 1762
– rot, ripe 1829
– rot, tomato 1873
– tree red spider mite 954
– trees, silver leaf of 1699
– worm, tomato 425
– worms, raspberry 599
fumitory, common 2064
fungal gall 2245
fungus, beef steak 1600
– disease 2246
–, dry rot 1629
–, false tinder 1605
–, honey 1579
–, house 1629
–, oak 1579
–, quinine 1608
–, ring scale 1712
–, saddle back 1652
–, scaly 1652
–, shelf 1611
–, shoestring 1579
–, tear 1629
–, tinder 1603
–, yellow cap 1636
furniture beetle 559, 560
– beetles 557
– borer 559, 560
– borers 557
Fusarium blight of potato 1816
– wilt of potato 1816

galinsoga 2066
gall 2247
–, azalea 1598
–, bacterial 2202
–, fungal 2245
– gnats 798
– midge, blackberry stem 845
– midge, raspberry stem 845
– mite, black currant 950
– mite, hazelnut 948
– mites 947
gall, nematode 5
–, resin 2352
– wasp, mossy rose 915
– wasps 889
– of Aleppo pine 1137
garden chafer 723
– nightshade 2170
– slug 46
– snail 49
– spider 945
– spider, European 937
garlic, broadleaved 1971
–, field 1970, 1972
– rust 1656
–, wild 1972
geometric spider 938
geophilus 928
geranium aphid 187
– crinkle 1282
German cockroach 71
– wasp 922
ghost moth 428
giant horntail 920
– mistletoe 1944
– silkworm moth 504, 505
– silkworm moths 506
– silkworms 506
gill-over-the-ground 2072
ginger-root 2185
gipsy moth 493
– weed 2191
girdlers, twig 549
gladiolus scab 1130
–, scab and neck rot of 1130
– thrips 117
glassiness 2338
glowworms 684
glume blotch 1902
gnats, gall 798
goat moth 382
– weed 1958
gold bugs 613
– tailed moth 492
– thread 1931
golden eyed fly 338
– foxtail 2159
– nematode of potato 30
– net, apricot 2372
– net, peach 2388
– net, plum 2395
goldenrod 2171
good King Henry 2024
goose-grass 2067, 2133
gooseberry aphid 166
– red spider 941
goosefoot, perennial 2024
gopher, pocket 1046

gophers 1033
gossamer wings 455
gout fly 802
– weed 1958
grain aphid 322
– aphid, English 322
– beetle, saw-toothed 712
– borer 600
– borer, lesser 740
– moth 516
– moth, angoumois 516
– moth, European 526
– plants, twist of 1797
–, stem rust of 1668
– thrips 110
– weevil 764
graisse 1155
– disease of wine 1155
gram blight 1508
granary weevil 764
grape berry moth 375
–, black knot of 1152
– bud mite 951
–, downy mildew of 1426
– erineum mite 951
– fanleaf 1299
– fruit moth 453
– leaf beetle, Mediterranean 667
– leaf louse 329
– mealybug 292
– midge 818
– mildew 1572
– phylloxera 329
– root worm, Californian 547
– root worm, Western 547
–, roter brenner of 1534
– thrips 105
– vesperus 783
grapeberry moth 453
grapes, bitter rot of 1852
–, black rot of 1482
–, dead-arm disease of 1451
–, hail disease of 1793
grapevine, anthracnose of 1460
–, esca disease of 1697
–, lime-induced chlorosis of 2347
–, melanose of 1894
–, Pierce's disease of 1305
–, powdery mildew of 1572
– snail 57
–, white rot of 1793
grass, bird-seed 2120
–, canary 2120
– carrying termites 91
– mosaic 1291
– mouse 1054
– seed nematode 10
grasses, black spot of 1519
–, cat-tail fungus of 1465
–, choke disease of 1465
–, green-ear disease of 1432
–, head smut of 1734
–, powdery mildew of 1467
–, stem smut of 1738
–, twist of 1797
grasshopper, green 85
–, meadow 85
grasshoppers 81
–, green meadow 90
–, long-horned 90
–, short-horned 81
graveyard-weed 2056
gray hen 1014
– mile 2097
– speck disease of oats 2339
great bindweed 2038
– burdock 1986
– capricorn beetle 615
– celandine 2022
– spotted woodpecker 1001
greater dodder 1938
– nettle 2188
– plantain 2123
– yellow rattle 2145
green amaranth 1977
– apple aphid 225
– cantharide 697
– chrysanthemum aphid 214
– coffee scale 213
– ear disease of grasses 1432
– flies 159
– grass bug 140
– grasshopper 85
– linnet 994
– meadow grasshoppers 90
– mould of citrus fruits 1865
– pea louse 149
– peach aphid 267
– plant bug 140
– rose chafer 617
– scurf of vanilla 1924
– shield bug 140
– smut of rice 1918
– thistle 2030
– veined white butterfly 483
– woodpecker 1019
greenbug 314
greenfinch 994
greenhouse pillbug 989
– thrips 107
greening 2248
greenweed, dyers 2070
grey back crow 998
– field slug 51, 52

grey mould neck rot 1760
gribble 984
gromwell 2097
ground beetles 609
– hog 1050
– ivy 2072
– pearls 261
– squirrels 1033
groundnut rosette 1247
groundsel 2158
grouse, black 1014
growth reduction 2249
grub, luzerne 631
grubs 750
gum spot disease 1784
gumming disease of sugar cane 1156
– disease of sugar cane 1167
gummosis 2250

hail disease of grapes 1793
– injury 2340
hair streaks 455
– weed 1931
hairy greenweed 2069
– root of apple 1142
– tare 2194
– vetch 2194
halo blight of beans 1131
hamster 1034
hard rot 2251
– scald 2323
– smut 11
hardwoods, Nectria dieback of 1511
–, Phytophthora canker of 1406
hardy ryegrass 2098
hare, blue 1049
–, brown 1048
–, common 1048
–, mountain 1049
hares lettuce 2173
harlequin bug 138
harvest mouse 1052
harvester ant 906
– termites 91
harvestman 959
harvestmen 958
hawfinch 995
hawk moths 518
hawkbit, autumnal 2091
hawkweed, mouse-ear 2075
hazel grouse 1024
– hen 1024
– mildew 1522
hazelnut gall mite 948
– weevil 646
head smut of grasses 1734
– smut of sorghum and corn 1694
heal-all 2134
healing herb 2178
heart and dart moth 411
– rot 2252
– rot, banana 1309
– rot of beets 2341
– rot of conifers 1601
– rot of pineapple 1409
– rot of plums 1610
– rot, red 1700
heart's-ease 2196
heart shake 2342
heartwood rot 2253
heat canker 2343
hedge bindweed 2038
– mustard 2167
hedgehog 1043
hemispherical scale 310
hemlock, poison 2036
–, water 2029
hemp aphid 287
– broomrape 1950
–, downy mildew of 1427
–, leaf-spot disease of 1896
hen, brown 1014
–, gray 1014
–, hazel 1024
henbane 2079
herb sherard 2161
heronsbill 2053
Hessian fly 846
highland grass mouse 1054
hister beetles 670
hoary alyssum 1997
– cress 2014
– pepperwort 2014
– plantain 2124
hog brake 2135
hollow heart of potatoes 2344
– pocket rot 1644
hollyhock rust 1672
holosteum 2077
home centipedes 933
honey agaric 1579
– fungus 1579
honeysuckle, powdery mildew of 1497
hop aphid 288
– bug, needle-nosed 126
– chlorotic disease 1233
– cone flea 736
– damson aphid 288
–, downy mildew of 1429
– false nettlehead 1231
– flea beetle 736
–, infectious sterility of 1197
– mosaic 1231
– nettlehead 1197

hops, powdery mildew of 1554
hornet 921
– moth 539
horntail, giant 920
–, polished 917
horntails 918
hornworm, tobacco 496
horse radish mosaic 1251
– weed 2052
horsetail fern 2049
–, field 2049
–, marsh- 2051
host 2254
house fungus 1629
– longhorned beetle 604
– mouse 1057
– rat, common 1067
– sparrow 1016
– spider 973
houseleek rust 1596
hover flies 866
humpbacked flies 857
hundred-legged worms 926
hyacinth, brown ring disease of 21
– yellows 1159
hyacinths, black slime of 1546
–, yellow disease of 1159

ichneumon wasps 899
iliau 1479
imported cabbageworm 484
– currantworm 914
inchworms 413
India wheat 2059
Indian meal moth 486
infectious chlorosis 2255
– chlorosis, abutilon 1245
– degeneration of vine 1299
– sterility of the hop 1197
– variegation of apple 1274
ink disease of chestnut 1407
internal cork of apples 2327
– decline of citrus 2345
– rust of tubers 2346
internode shortening 2256
interveinal mosaic 2257
– mosaic, potato 1259
iris mosaic 1265
– rhizome rot 1117
– stripe 1265
– thrips 104
iron spot 1632
isopods 983
Italian locust 72
– pear scale 231
ivy aphid 224
–, ground 2072
ivy leaved speedwell 2190
– scale 182

Japanese beetle 734
jaunisse, beet 1250
Java gumming disease of sugar cane 1156
jay 1011
–, European 1011
Jimson-weed 2041
jointed charlock 2143
jumping plant lice 202
June beetles 750

Kat River disease 1237
katydids 90
kedlock 2001, 2002
keeled slugs 61
kernel smut of oats 1739
– smut of sorghum 1695
khapra beetle 779
knapweed, brown 2019
–, rayed 2019
knot bindweed 2130
–, olive 1144
–, root 1152
–, woolly 1142
knotgrass 2128
knotweed 2128

laburnum canker 1452
lace bug, pear 146
– bug, rhododendron 147
– bugs 148
lackey caterpillar 461
lady beetles 630
– birds 630
– bug, legume 769
– bugs 630
lady's mantle 1967
– smock 2013
– thumb 2132
lake flies 334
lambs-quarters 2023
lambs-tongue 2124
lappet, pine 388
larch canker 1454
–, Meria needle cast of 1853
–, root rot of 1579
– thrips 119
large cabbage white 482
– garden slug 60
– garden snail 54
– green weevil 722
– grey slug 60
– camomile 1982
– seeded alfalfa dodder 1937
– seeded dodder 1940

large swift 428
– white butterfly 482
– willow aphid 327
– yellow slug 59
– yellow underwing moth 538
larger dodder 1938
larkspur, branching 2043
–, field 2043
late blight of barley 1516
– blight of potato 1415
latent mosaic, potato 1259
lawn daisy 1996
– moths 384
leaf and cone blister rust 1685, 1686
– and twig blight of sycamores and oaks 1481
– beetle, cranberry tree 664
– beetle, elm 665
– beetle, Mediterranean grape 667
– beetle, oat 686
– beetle, pond lily 662
– beetle, strawberry 663
– beetle, tansy 659
– beetle, willow 691
– blight, maize 1844
– blight of pear and quince 1803
– blister, alder 1568, 1569
– blister of oaks 1563
– blister, poplar 1561
– blister, poplar yellow- 1560
– blotch miners 417
– blotch of dwarf beans 1148
– blotch of plum 1531
– blotch of sycamore 1541
– blotch of walnut 1480, 1849
– blotch of wheat, speckled 1488, 1905
– bugs 128
– cast of pine and fir 1492
– casting 2227
– crinkle, cotton 1351
– crinkle, sugar beet 1359
– curl, beet 1359
– curl, cotton 1351
– curl of oaks 1563
– curl, peach 1564
– curl, pelargonium 1282
– curl, potato 1208
– curl, tobacco 1352
– curling 2224
– curling plum aphid 189
– cutting ant 880
– disease, American 1632
– disease of coffee 1617
– drop streak 1255
– drop, virus 1195
– dropping 2227
leaf eating weevil 721
– eating weevil, pear 722
– eating beetles 625
– enation 2382
– gall and fasciation 1105
– insects 86
– miner, apple 459
– miner, azalea 415
– miner, coffee 451
– miner, lilac 544
– miner, spinach 850
– miner, trumpet 531
– miners 793
– mold of spinach 1401
– mould of carnation 1457
– mould, tomato 1781
– narrowing 2258
– roll, cherry 2376
– roll, peach chlorotic 2387
– roll, potato 1208
– roller, pear 598
– rollers 533
– rolling 2259
– rolling mosaic, potato 1369
– rot of coffee 1587
– rot of peas 1757, 1758
– rust of rye, brown 1666
– rust of spruce 1583
– scald 1156
– scorch 1490
– scorch, cherry 1478
– sheath and cane spot 1479
– spot 2260
– spot, alfalfa 1532
– spot, banana 1506
– spot, blackberry 1505
– spot, canker and 1525
– spot, cauliflower 1127
– spot, celery 1895
– spot, cherry 1502
– spot, cherry neacrotic 1330
– spot, chestnut 1504
– spot, date palm 1612
– spot disease of hemp 1896
– spot, lettuce 1527
– spot, maple 1893
– spot of beet 1770
– spot of cucumber, angular 1126
– spot of endive and chicory 1129
– spot of lettuce, marginal 1129
– spot of rice, narrow brown 1777
– spot of tobacco 1118
– spot of tobacco, angular 1119
– spot of tobacco, frog-eye 1776
– spot of tobacco, Philippine bacterial 1118
– spot, olive 1795
– spot, peach necrotic 2389

leaf spot, pear 1509
– spot, rose 1882
– spot, strawberry 1503
– spot, tomato 1901
– stripe and seedling blight of oats 1535
– stripe, corn 1300
– stripe of barley 1536
–, stem and pod rot of peas 1507
– tatter 2261
leafhoppers 246
leafworm, cotton 352
leatherjacket 869
leathery rot of strawberry 1406
leek moth 343
– rust 1677
legume lady bug 769
lemon, black pit of 1148
lemon wheat blossom midge 817
lemons, cottony rot of 1552
–, silver mite of 962
lentil tare 2195
– weevil 591, 596
Lenzites dry rot of coniferous timber 1621
leopard moth 545
– moth, wood 545
lerot 1038
lesion nematode 33
lesser armyworm 438
– broomrape 1947
– bulb fly 838
– celandine 2140
– clover leaf weevil 726
– cornstalk borer 395
– dodder 1935
– grain borer 740
– shot-hole borer 788
– shrew 1070
– spotted woodpecker 1003
lettuce, anthracnose of 1850
– aphid 274
–, bacterial rot of 1148
–, downy mildew of 1388
–, drop of 1552
– leaf spot 1527
–, marginal blight of 1129
–, marginal leaf spot of 1129
– mosaic 1267
– ring spot 1850
– root aphid 282
lice, wood 981, 986
lichen, beard 1929
–, crottle 1925
–, manna 1926
lightning beetles 684
lilac blight 1148
– leaf miner 544
–, Phytophthora disease of 1421
lily aphid 276
– rosette 1238
– yellow-flat 1238
Lima bean, downy mildew of 1420
– bean pod borer 405
lime-induced chlorosis of grapevine 2347
line mosaic, apple 2368
– pattern 2262
– pattern, almond 2365
– pattern, cherry necrotic 2380
– pattern, peach 1270
– pattern, plum 1270
linnet 992
–, green 994
lion's tooth 2091, 2180
lithobius 929, 930
little cherry, cherry 2377
– leaf disease, citrus 2386
– peach 1200
lixus, beet 690
locust(s) 81
– brooming disease 1202
–, desert 87
–, Italian 72
–, migratory 80
–, Moroccan 75
–, red 83
–, red winged 83
–, South American 88
– witches' broom 1202
lodging 2263
loir 1047
long beard 1928
– horned beetle, house 604
– horned beetles 614
– horned grasshoppers 90
– legged spider 945
– moss 1928
– smut of millet 1711
– smut of sorghum 1710
– tailed field mouse 1028
looper moth, pine 367
loopers 413
loose kernel smut of sorghum 1692
– smut of barley 1744
– smut of oats 1732
– smut of timothy 1748
– smut of wheat 1749
louse, book 99
–, grape leaf 329
–, green pea 149
lousewort 2117
lovage weevil 714
love vine 1931
low mallow 2101
lucerne blight 1107
– grub 631

lucerne, marble gall of 1436
– mosaic 1277
– weevil 727
– witches' broom 1198

mad-apple 2041
maggot, cabbage 853
–, apple 864
–, asparagus 859
–, carnation 854
–, cherry 863
–, onion 852
–, red 865
–, strig 809
–, seed-corn 856
–, turnip 855
magpie 1018
–, common European 1018
– moth 341
maize, bacterial blight of 1165
– dry rot 1801
–, false smut of 1918
– leaf blight 1844
– mosaic 1300
– mottle 1217
– mottling disease 1217
– rust 1681
– streak 1216
"mal secco" of citrus 1796
malformation 2264
mallow, low 2101
–, round-leaved 2101
mangold beetle, pigmy 578
– flea beetle 623
– fly 850
manna lichen 1926
maple leaf spot 1893
– scale, cottony 300
–, tar spot of 1541
marble gall of lucerne 1436
March fly 796
– moth 355
marching termites 91
marginal blight of lettuce 1129
– leaf spot of lettuce 1129
marigold, corn 2026
–, field 2008
–, marsh 2009
marine borer 984
marsh crowfoot 2142
– horsetail 2051
– marigold 2009
– thistle 2033
– woundwort 2176
mat grass 2128
– weed 2108
"mauke" of tobacco 1317
May beetles 750
– bug 704
– flies 334
– fly, common 331
mayweed 1981
meadow bittercress 2013
– chickweed 2020
– distaff 2032
– foxtail-grass 1974
– grass, annual 2125
– grass, field 2125
– grasshopper 85
– mice 1053
– moth 454
– mouse 1054
– nematode 33, 34
– pea 2090
– saffron 2035
– salsify 2183
– sweet 2187
meal mite 979
– snout moth 500
– worm, dark 771
– worm moth 486
– worm, yellow 770
mealweed 2023
mealy cabbage aphid 191
– peach aphid 241
– plum aphid 243
mealybug, citrus 292
–, grape 292
–, pink 293
–, sugar cane 293
measuring worms 413
Mediterranean flour moth 398
– fruit fly 799
– grape leaf beetle 667
medullary necrosis 2346
– spots 793
melanose of citrus 1879
– of grapevine 1894
melolontha, scarred 733
melon aphid 200
–, blotch disease of 1774
– fly 820
mercury, annual 2105
–, dog's 2105
–, French 2105
Meria needle cast of larch 1853
mesquite grass 2076
Mexican bean weevil 789
– fruit fly 794
– poppy 1988
mice, field 1053
–, meadow 1053
middle spotted woodpecker 1002
midge, alfalfa flower 810

midge, alfalfa leaf 825
–, alfalfa seed 795
–, alfalfa sprout 823
–, apple 824
–, apple leaf-curling 824
–, blackberry stem gall 845
–, box-tree 847
–, bramble leaf 826
–, brassica pod 822
–, cabbage seed 822
–, clover leaf 829
–, grape 818
–, lemon wheat blossom 817
–, orange wheat blossom 865
–, pea 813
–, pear 814, 828
–, pear leaf-curling 828
–, raspberry flower 815
–, raspberry stem gall 845
–, sainfoin flower 812
–, sorghum 816
–, swede 811
–, turnip seed 822
–, wheat 817, 865
midges 800
migratory locust 80
mild mosaic, potato 1259
mildew, American gooseberry 1555
–, browny 1415
–, cherry 1530
–, European gooseberry 1499
–, grape 1572
–, hazel 1522
–, oak 1497
–, rose 1556
–, willow 1573
milfoil 1954
milk thistle 2173
milkweed flagellosis 2
millet kernel smut 1735
–, long smut of 1711
– smut 1693
millipede, flat 931
–, spotted 925
–, spotted snake- 925
millipedes 927
miner, apple fruit 359
miners, leaf blotch 417
mint, corn 2104
–, field 2104
– rust 1674
–, wild 2104
mistletoe, European 1952
–, giant 1944
–, red-berried 1953
mistletoes, dwarf 1930
–, scaly 1930
mite, almond 941
–, black currant 950
–, black currant gall 950
–, broad 952
–, bulb 966
–, citrus rust 962
–, clover 941
–, cyclamen 969
–, European red 954
–, flour 935, 979
–, fruit tree red spider 954
–, grape bud 951
–, grape erineum 951
–, hazelnut gall 948
–, meal 979
–, pear leaf blister 949
–, rust 961, 962
–, silver 962
–, spruce 957
–, strawberry 969
–, tulip 966
–, yellow 952
mites 934
–, blister 947
–, gall 947
moko disease of banana 1146
mold of onions 1400
moldy corn 1801
mole 1073
– cricket 77
morning-glory, wild 2037, 2038
Moroccan locust 75
mosaic, abutilon 1245
–, alfalfa 1277
–, apple 1274
–, banana 1309
–, bean 1284
–, bean dwarf 1181
–, brome-grass 1264
–, cassava 1350
–, cauliflower 1254
–, celery 1298
–, cherry mild rugose 2378
–, cherry rugose 1212
–, cucumber 1256
–, cucumber white-pickle 1256
–, dahlia 1257
–, fig 1213
–, grass 1291
–, hop 1231
–, horse-radish 1251
–, interveinal 2257
–, iris 1265
–, lettuce 1267
–, lucerne 1277
–, maize 1300
– of bean, yellow 1181

mosaic of oats 1215
– of potato, supermild 1292
–, pea 1268
–, pea enation 1286
–, peach 1283
–, peach yellow bud 1234
–, potato aucuba 1249
–, potato interveinal 1259
–, potato latent 1259
–, potato leaf-rolling 1369
–, potato mild 1259
–, potato severe 1255
–, rose 1289
–, rose yellow 1348
–, Russian wheat 1221
–, soybean 1361
–, stock 1276
–, sugar beet 1250
–, sugar cane 1291
–, tobacco 1293
–, tobacco aucuba 1294
–, tobacco ordinary 1293
–, tobacco true 1293
–, turnip 1251
–, turnip yellow 2396
–, vine 1299
–, wallflower 1190
–, wheat 1296
–, white clover 1260
–, winter wheat 1221
mosquito, common 819
moss, beard 1929
–, long 1928
–, oak 1925
–, Spanish 1928
mossy rose gall wasp 915
moth, almond 396
–, angoumois grain 516
–, beet 479
–, black arches 457
–, browntail 470
–, cabbage 462
–, cacao 397
–, carpenter 382
–, carpet 537
–, carrot 389
–, cherry fruit 361
–, chocolate 397
–, codling 448
–, cone 401, 402, 450
–, cône pitch 362, 366
–, cork 525
–, currant 341, 397
–, cypress cone 443
–, dart 350
–, death's head 342
–, diamond back 488
moth, dry currant 396
–, ermine 432, 435
–, European grain 526
–, European pine shoot 503
–, European winter 371
–, eye spotted bud 532
–, fig 396
–, fig 514
–, flour 397, 398
–, ghost 428
–, giant silkworm 504, 505, 506
–, gipsy 493
–, goat 382
–, gold-tailed 492
–, grapeberry 375, 453
–, grape fruit 453
–, heart and dart 411
–, hornet 539
–, Indian meal 486
–, leek 343
–, leopard 545
–, magpie 341
–, March 355
–, meadow 454
–, meal snout 500
–, meal worm 486
–, Mediterranean flour 398
–, mottled umber 430
–, nun 457
–, oak 441
–, olive 494
–, Oriental fruit 446
–, Oriental peach 446
–, otter 428
–, pea 444, 447, 464
–, pelt 530
–, pine 388
–, pine looper 367
–, procession 523, 524
–, prune 445
–, resin-gall tortrix 478
–, rice 380
–, satin 519
–, silver Y 363
–, small tineid 359
–, small winter 371
–, sycomore 344
–, tobacco 397
–, turnip 350
–, vine 453
–, webbing clothes 528
moths, carpenter 381
–, clear-winged 346
–, clothes 527
–, hawk 518
–, lawn 384
–, nepticulid 466

moths, owlet 467
–, pyralid 499
–, snout 499
–, sphynx 518
–, swift 427
–, tiger 358
–, tussock 458
–, yponomeutid 436
mottle 2265
– bark disease 1700
–, cherry mild rusty 2379
–, cherry necrotic rusty 2381
–, cherry ring 2383
–, cherry rusty 1290
– leaf, cherry 1253
– leaf of citrus 2348
–, maize 1217
–, pea 1260
–, pear red 2393
–, potato 1259
–, potato stem 1317
mottled arum aphid 276
– rot, white 1645, 1647, 1652
– stripe of sugar cane 1164
– umber moth 430
mottling 2265
– disease, maize 1217
– disease, sugar cane 1291
mould, common grey 1762
– of champignons, yellow and white 1484
mountain hare 1049
– juniper, stem gall of 1615
mouse bloodwort 2075
–, common 1057
–, common field 1054
–, common red-backed 1044
– ear hawkweed 2075
–, European wood 1028
–, field 1027
–, grass 1054
–, harvest 1052
–, highland grass 1054
–, house 1057
–, long-tailed field 1028
–, meadow 1054
–, pine 1064
–, rice-field 1063
–, short-tailed field 1054
mugwort 1990
mulberry blight 1133
–, canker and dieback 1471
–, root rot of 1543
– scale 185
mushroom root rot 1579
mushrooms, brown blotch of 1150
mustard beetle 718
–, field 2002
mustard, treacle 2054
–, white 2001
–, wild 2002
–, wormseed 2054
muskrat 1045
mycelial neck rot 1761
mycocecidium 2245
mystery armyworm 437

narcissus fly 844
narrow brown leaf spot of rice 1777
– leaved vetch 2193
neck rot and leaf rot of onion 1760, 1761
– rot, grey-mould 1760
– rot, mycelial 1761
– rot of gladiolus 1130
– rot, small sclerotial 1764
necrosis, acropetal 1255
–, bark 2203
–, medullary 2346
–, phloem 2273
–, tobacco 1269
–, top 2305
–, veinal 2309
necrotic line pattern 2266
Nectria dieback of hardwoods 1511
– canker 1514
needle cast of Douglas fir 1538
– cast of fir 1491
– cast of larch 1853
– cast of Scotch pine 1492
– rust, pine 1585
– rust, spruce 1584
– nosed hop bug 126
nematode, buntgrass 10
–, cabbage cyst 24
–, chrysanthemum foliar 15
–, citrus 35
–, citrus root 35
–, coconut-palm 12
– disease of wheat 11
–, fern 13
– gall 5
–, grass seed 10
–, lesion 33
–, meadow 33, 34
– of potato, golden 30
–, potato rot 20
–, root knot 32
–, soybean cyst 25
–, stem 21
–, strawberry 13
–, sugar beet 31
–, wheat 11
nematodes, cyst 22
–, plant 5
–, seed-gall 9

nepticulid moths 466
net blotch of barley 1537
nettle, greater 2188
–, red dead 2086
–, slender 2188
–, small 2189
–, stinging 2188, 2189
–, white dead 2085
nettlehead, hop false 1231
nightshade, black 2170
–, blue 2169
–, garden 2170
–, woody 2169
Nile lily 2047
nipplewort 2087
noctuids 467
noninfectious disease 2349
– chlorosis 1249
nonparasitic disease 2349
noon-flower 2183
Norway spruce, stem canker of 1512
Norwegian rat 1067
nun moth 457
nut weevils 644
nutcracker 1015
–, thick-billed 1015

oak bark beetle 753
– borer 550
– burncow 634
– flea weevil 745
– fungus 1579
– leaf pattern 2267
– mildew 1497
– moss 1925
– moth 441
– processionary caterpillar 524
oaks, leaf and twig blight of 1481
–, leaf blister of 1563
–, leaf curl of 1563
–, root rot of 1545
oat cyst nematode 27
– grass 1994
– leaf beetle 686
– root eelworm 27
oats, covered smut of 1739
–, crown rust of 1664
–, foot rot of 1474
–, gray-speck disease of 2339
–, kernel smut of 1739
–, leaf stripe of 1535
–, loose smut of 1732
–, mosaic of 1215
– pseudorosette 1215
–, seedling blight of 1535
–, segging of 21
–, tulip root of 21
oblong scale 237
oil beetles 700
– fleck 2268
– palm, bud rot of 12
oleander bacteriosis 1145
– scale 182
oleocellosis 2350
olive blotch 1795
– fly 821
– knot 1144
– leaf spot 1795
– moth 494
– psyllid 238
– scale 311
– thrips 111
– tree, sooty mould of 1439
– tubercle 1144
olives, anthracnose of 1831
onion bloat 21
–, downy mildew of 1400
– fly 852
–, leaf rot of 1760, 1761
– maggot 852
–, neck rot of 1760, 1761
– smudge 1786
– smut 1717
– thrips 124
–, white rot of 1891
–, wild 1972
– yellow dwarf 1252
onions, blight of 1400
–, mold of 1400
opossum 1037
orange aphid, black 325
– leaf rust of wheat 1683
– rust 1924
– scale 158
–, sooty mould of 1489, 1494
– wheat blossom midge 865
orb weaver 938
– weaving spider 938
ordinary mosaic, tobacco 1293
– scab 1169
Oriental fruit moth 446
– peach moth 446
ostreiform scale 302
otter moth 428
overgrowth 2269
owlet moths 467
ox-eye daisv 2025
oyster cap 1643
– mushroom 1643
– shell scale 254

paddy stem borer 507
painted lady 501
Pahala blight of sugar cane 2351
pallor 2270

palm scale 207
Panama disease 1817
panic grass 2045
panicum, cocksfoot 2045
pansy, corn 2196
– rust 1684
– seed smut 1720
papaya scale 185
paracrinkle, potato 1246
parlatoria, black 279
–, citrus 279
– date scale 278
parsley, beaked 2021
–, cow 1984, 2021
Parsley, poison 2036
parsnip and willow aphid 194
partridge wood 1696
pasmo disease 1900
passion fruit bullet disease 1281
– fruit woodiness 1281
pathogen 2271
patience dock 2151
pea and bean weevils 589
– aphid 149
– beetle 594
– cyst nematode 26
– enation mosaic 1286
–, meadow 2090
– midge 813
– mosaic 1268
– moth 444, 447, 464
– mottle 1260
– pear-shaped weevil 573
– root eelworm 26
– rust 1728
– thrips 109
– weevil 594
peas, Ascochyta blight of 1758
–, bacterial blight of 1138
–, downy mildew of 1404
–, foot rot of 1813
–, leaf rot of 1507, 1757, 1758
–, pod rot of 1507, 1757, 1758
–, powdery mildew of 1468
–, root rot of 1385, 1571
–, stem rot of 1507, 1757, 1758
peach and potato aphid 267
– aphid, black 190
– aphid, green 267
– aphid, mealy 241
– asteroid spot 1248
–, bacterial spot of 1163
– blister 1331
– calico 1184
– capnodis 608
– chlorotic leaf roll 2387
– freckle 1851
peach golden net 2388
– leaf curl 1564
– line pattern 1270
– mosaic 1283
– moth, Oriental 446
– necrotic leaf spot 2389
– phony 1311
–, powdery mildew of 1556
–, red suture disease of 1201
– ring spot 1330
– rosette 1313
– scab 1851
– scale, European 236, 237
– twig borer 354
– wart disease 1331
– Western X disease 2390
– willow twig 2391
– X disease 1266
– yellow bud mosaic 1234
– yellow leaf roll 2392
– yellow-red virosis 1266
– yellows 1199
peanut rosette 1247
pear bedstraw aphid 312
–, blossom-blight of 1111
– borer, sinuate 551
–, cankers of 1514
–, fireblight of 1111
– lace bug 146
–, leaf blight of 1803
– leaf blister mite 949
– leaf curling midge 828
– leaf eating weevil 722
– leaf roller 598
– leaf spot 1509
– midge 814, 828
–, Phytophthora rot of 1406
– psyllid 298
– red mottle 2393
– rust 1614
– sawfly 893
– scab 1576
– scale, Italian 231
– shaped weevil 574
– slug 883
– stony pit 1287
– thrips 118
– vein yellows 2394
– web spinning sawfly 910
– weevil 566
pearl plant 2097
pecky rot 1712
pelargonium aphid 187
– leaf curl 1282
pelt moth 530
pendulous spike, sandal 1203
penny-cress 2181

pepper grass, downy 2093
– grass, field 2093
peppers, blight of 1408
–, root rot of 1408
pepperwort, hoary 2014
perennial goosefoot 2024
– sowthistle 2172
– thistle 2030
pernicious scale 303
persicaria 2132
pestilence wort 2118
petalody 2272
petty spurge 2058
Pfeffinger disease, cherry 2382
Pharaoh's ant 907
Philippine bacterial leaf spot of tobacco 1118
phloem necrosis 2273
– necrosis of coffee 3
– necrosis of elm 1306
– necrosis, potato 1208
Phomopsis canker of silver fir 1878
phony disease 1311
– peach 1311
phorid flies 857
phyllody 2274
phyllomania 2275
phylloxera, grape 329
physiogenic disease 2349
physiological disease 2349
Phytophthora canker of hardwoods 1406
– disease of lilac 1421
– rot of apple and pear 1406
phytoptose 947
phytoptosis 947
picea, bud blight of 1800
Pierce's disease of grapevine 1305
pigmy mangold beetle 578
pilewort 2140
pill bug 982
– bug, greenhouse 989
– bugs 981
pimple scab 1169
pin grass 2053
– weed 2053
pine bark aphid 291
– bark adelges 291
– engraver beetles 681
– lappet 388
–, leaf cast of 1492
– looper moth 367
– moth 388
– mouse 1064
– needle rust 1585
– processionary caterpillar 523
– shoot moth, European 503
– sawfly 890
pine tree web-spinning sawfly 872, 873
– weevil 675
pineapple, blackheart 1915
– disease 1915
–, heart rot of 1409
–, rot of 1915
– side rot 1237
– yellow spot 1237
–, yellows of 2364
pink bollworm 477
– disease of coffee 1589
– mealybug 293
– rot of apple 1916
– rot of potato 1411
pinto leaf, cherry 1285
pistillody 2276
pitch fleck 2277
– flecks 793
– moth 365
– moth, cone 362, 366
– pocket 2352
pitted sap rot 1644
– scab 1169
plague, vine 1305
plant bug, green 140
– bugs 128
– cancer 1152
– hoppers 239
– lice 159
– lice, jumping 202
– nematodes 5
plantain, broadleaved 2123
–, buckhorn 2122
–, English 2122
–, greater 2123
–, hoary 2124
plum aphid 306
– aphid, leaf-curling 189
– aphid, mealy 243
–, bacterial spot of 1163
– golden net 2395
–, leaf blotch of 1531
– line pattern 1270
– pockets 1567
– rust 1714
– sawfly 894, 896
– wart 1528
– white spot 1174
plums, Fomes disease of 1610
–, heart rot of 1610
pocket gopher 1046
– rot, brown 1621
– rot, hollow 1644
pockets, plum 1567
pod canker, bean 1791
– rot and canker of cocoa 1418
– rot of cocoa, Diplodia 1847

pod rot of peas 1757, 1758
poison chickweed 1978
– hemlock 2036
– parsley 2036
– ryegrass 2099
pokkah-boeng 1469
polished horntail 917
pollen beetle 699
pomace fly 833
pond lily leaf beetle 662
poplar borer 748, 749
– canker 1802
– catkin disease 1566
–, Dothichiza canker of 1802
– flea weevil 744
– gall aphid 282
– gall aphids 281
– leaf blister 1561
– rust 1626
–, scab and dieback of 1577
– yellow-leaf blister 1560
poppy, bubble 2162
–, corn 2116
–, downy mildew of 1397
–, field 2116
–, red 2116
porcupine 1042
potato, actinomycosis of 1169
– and peach aphid 178
– aphid 257
– aucuba mosaic 1249
–, bacterial ring spot of 1110
– beetle, Colorado 687
–, black dot of 1785
– black leg 1117
–, black rot of 1117
–, black scurf of 1590
– blight 1415
– bouquet disease 1373
– bug 127
– calico 1278
–, common scab of 1169
–, corky scab of 1169
–, dry rot of 1806, 1818
–, early blight of 1755
–, eelworm disease of 20
– flea beetle 735
–, Fusarium blight of 1816
–, golden nematode of 30
– interveinal mosaic 1259
–, late blight of 1415
– latent mosaic 1259
– leaf curl 1208
– leaf-roll 1208
– leaf-rolling mosaic 1369
– mild mosaic 1259
– mottle 1259
potato paracrinkle 1246
– phloem necrosis 1208
–, pink rot of 1411
–, powdery scab of 1434
–, Rhizoctonia disease of 1590
– ring rot 1110
– root eelworm 30
– rot nematode 20
– severe mosaic 1255
–, silver scurf of 1912
–, skin necrosis of 2360
– spindle tuber 1171
– stem mottle 1317
–, supermild mosaic of 1292
– tuberworm 414
– wart 1435
–, wart disease of 1435
–, watery wound rot of 1431
– wilt 1920
– witches' broom 1204
potatoes, blackheart of 2325
–, hollow heart of 2344
–, soft rot of 1431
pouched rat 1046
powdery mildew of apple 1529
– mildew of conifers 1466
– mildew of gooseberry, American 1555
– mildew of grapevine 1572
– mildew of grasses and cereals 1467
– mildew of honeysuckle 1497
– mildew of hops 1554
– mildew of peach and rose 1556
– mildew of peas and clover 1468
– mildew of roses and strawberries 1554
– scab of potato 1434
prairie dog 1035
praying mantis 82
predaceous diving beetles 649
premature tuber formation 2353
prickly poppy 1988
privet aphid 266
procession moth 523, 524
processionary caterpillar, oak 524
– caterpillar, pine 523
prominents 468
prune dwarf 1312
– moth 445
Prunus blossom blight 1549
pseudo-netnecrosis 1249
pseudo-scald 1220
pseudorosette, oats 1215
psocids 98
psorosis, citrus 1205
psyllid, apple 295
–, olive 238
–, pear 298
puff, tobacco 1256

pupation disease 1215
purple 11
– cockle 1961
– conk 1644
– scale 252
pyralid, cone 391
– moths 499

quack-grass 1960
queen of the meadows 2187
quick decline, citrus 2385
quince, brown rot of 1551
–, leaf blight of 1803
quinine fungus 1608

rabbit 1062
rabbits, cottontail 1072
radish, black rot of 1386
–, wild 2143
ragwort 2157
rape savoy 1360
rasp leaf, cherry 2382
raspberry aphid, European 275
–, blue stripe wilt of 1921
– decline 1207
– flower midge 815
– fruitworms 599
– rust 1639
– stem gall midge 845
–, Verticullium blight of 1921
rat, black 1068
–, brown 1067
–, common house 1067
–, Norwegian 1067
–, pouched 1046
–, rice 1063
–, rice-field 1063
–, ship 1068
–, water 1029
rats 1065
rattle 2144
– disease, tobacco 1317
–, greater yellow 2145
–, yellow 2144
rayed knapweed 2019
reclamation disease 2354
red ant 892
– backed mouse, common 1044
– berried mistletoe 1953
– chickweed 1978
– bud borer 868
– core of strawberry 1414
– cotton bollworm 392
– cotton bugs 129
– currant aphid 216
– dead nettle 2086
– deer 1032
red flour beetle 776
– heart 1712, 2279
– heart rot 1700
– hemp-nettle 2065
– locust 83
– maggot 865
– mite, European 954
– oak 1600
– plant 13
– poppy 2116
– ring disease of coconut 12
– ring rot 1712
– root 1977
– rot 2280
– rust 1924
– shanks 2132
– slug 45
– smut of sugar cane 1526
– spider, common 978
– spider, gooseberry 941
– spider mite 978
– spider mites 974
– spiders 974
– squirrel 1069
– stele 1414
– stripe and top rot of sugar cane 1143
– stripe, cacao 1117
– suture disease of peach 1201
– turnip beetle 655
– winged locust 83
reddening 2278
reed, common 2121
reedbird 1004
resin flow 1579
– gall 2352
– gall tortrix moth 478
– pocket 2352
resinosis 2281
reversion, currant 1171
– disease, black currant 1171
Rhizina root rot 1539
Rhizoctonia disease of potato 1590
rhizome rot, iris 1117
rhododendron lace bug 147
ribbon-footed corn fly 802
ribgrass 2122
ribwort 2122
rice apus 980
–, bakanae disease of 1469
– bird 1004
–, black smut of 1706
–, blast of 1884
–, brown spot disease of 1450
– bunt 1706
– bunting 1004
–, culm rot of 1487
– dwarf-disease 1219

rice, false smut of 1918
– field-mouse 1063
– field-rat 1063
–, green smut of 1918
– moth 380
–, narrow brown leaf spot of 1777
– rat 1063
–, root rot of 1469
–, rotten neck of 1884
–, sclerotial disease of 1487
–, seedling blight of 1588
–, stem rot of 1487
– stripe disease 1323
– stunt 1219
– weevil 765
rift crack 2342
ring disease of sugar cane 1479
– disease of bulbs 21
– dove 997
– scale 1712
– scale fungus 1712
– shake 2329
– spot 2282
– spot, cabbage 1190
– spot, cabbage black 1190
– spot, carnation 1457
– spot, dahlia 1211
– spot disease of sugar cane 1486
– spot disease of potato, bacterial 1110
– spot, lettuce 1850
– rot, potato 1110
– spot of cabbage 1501
– spot of cauliflower 1501
– spot of tobacco, bergerac 1178
– spot, peach 1330
– spot, sour cherry necrotic 1330
– spot, tobacco 1180
ripe fruit rot 1829
– rot 1475
rock 1000
rocket cress 1995
roe deer 1031
roebuck 1031
roncet, vine 1299
root and heart rot, conifer 1601
– gall 32
– knot 32, 1152
– knot eelworm 32
– knot nematode 32
– rot 1544, 1552, 2283
– rot, mushroom 1579
– rot of alfalfa 1107
– rot of apple, white 1544
– rot of beans 1571, 1812
– rot of conifers 1539
– rot of larch 1579
– rot of mulberry 1543
root rot of oaks 1545
– rot of peas 1385, 1571
– rot of peppers 1408
– rot of tobacco 1571
– rot, Rhizina 1539
– rot, violet 1616
– rot, white 1607, 1648
– tumor 1152
rootworm, Western grape 547
rose anthracnose 1882
– aphid 256
– chafer, green 617
– dieback 1262
– gall wasp, mossy 915
– leaf sawfly 882
– leaf spot 1882
– mildew 1556
– mosaic 1289
–, powdery mildew of 1554, 1556
– rust 1638
– scale 186
– shoot sawfly 881
– smut 1638
– thrips 121
– wilt 1262
– yellow mosaic 1348
roses, black blotch of 1458
–, black spot of 1458
rosette 2284
–, apple 1172
–, dahlia 1257
–, lily 1238
–, peach 1313
–, peanut 1247
–, tomato 1193
–, wheat 1296
rot, bacterial soft 1117
–, basal black 1117
–, basal stem 1117
–, black 1525
–, brown 1547, 2214
–, brown butt 1646
–, brown checked wood 1653
–, brown cubical 1653
–, brown mottled 1636
–, brown pocket 1621
–, brown trunk 1608
–, bud 2215
–, building 1655
– disease of coconut 12
–, dry 1629, 1655
–, grey-mould neck 1760
–, hard 2251
–, heartwood 2253
–, iris rhizome 1117
–, mycelial neck 1761
– of fruit, dry tip 1913

rot of grapes, black 1482
– of lemons, cotony 1552
– of peas, root 1385
– of pineapple 1915
– of pineapple, heart 1409
– of potato, pink 1411
– of potato, watery wound 1431
– of radish, black 1386
– of sugar cane, dry top 1392
–, pecky 1712
–, pineapple side 1237
–, pitted sap 1644
–, pocket hollow 1644
–, red heart 1700
–, red ring 1712
–, ripe 1475
–, root 2283
–, soft 1117, 2294
–, spongy white 1650
–, stem 2299
–, tomato black 1873
–, tomato fruit 1873
–, top 2306
–, tuber 1117
–, wet 2315
–, white 2316
–, white butt 1611
–, white heart 1605
–, white mottled 1603, 1611, 1645, 1647, 1652
–, white root 1607, 1648
–, white soft 1697
–, white-streaked sapwood 1643
–, white trunk 1605
roter brenner of grape 1534
rotten neck of rice 1884
rough bark, flowering cherry 1345
– hawk's beard 2039
– skin, apple 1343
roundheaded beetles 614
roundleaved mallow 2101
rove beetles 766
rubbery wood, apple 2369
rubellosis 1589
ruffled leaf 2382
rugose mosaic, cherry 1212
rugosity 2285
rupture-wort, common 2074
rush 2081
–, bog 2081
–, common 2083
–, slender 2082
–, soft 2081
–, thread 2082
russet scab 1590
Russian cactus 2152
– tumbleweed 2152
Russian wheat mosaic 1221
rust, alfalfa 1729
–, asparagus 1660
–, bean 1721
–, beet 1722
–, blackberry 1641
–, blister 1594
–, box 1661
–, broad bean 1731
–, carnation 1724
–, celery 1659
–, cherry 1662
–, chrysanthemum black 1663
–, corn 1681
–, dill 1675
–, fig 1582
–, flax 1625
–, garlic 1656
–, hollyhock 1672
–, houseleek 1596
–, leek 1677
–, maize 1681
–, mint 1674
– mite 961, 962
– mite, citrus 962
– of coffee 1617
– of stone fruits 1714
– of tobacco 1132
– of tubers, internal 2346
–, orange 1924
–, pansy 1684
–, pea 1728
–, pear 1614
–, plum 1714
–, poplar 1626
–, raspberry 1639
–, red 1924
– red flour beetle 776
–, rose 1638
–, snapdragon 1658
–, sugar cane 1671, 1746
–, sunflower 1669
–, true currant 1679
–, violet 1684
rustic shoulder knot 476
rusty mottle, cherry 1290
– tussock moth 469
rutabaga 2003
rye, bacterial stripe of 1166
–, brown leaf rust of 1666
– bunt 1708
–, ergot of 1449
–, flag smut of 1718
–, stalk smut of 1718
–, stem disease of 21
ryegrass, hardy 2098
–, poison 2099

sac fungi 1440
saddle back fungus 1652
saffron, meadow 2035
sainfoin flower midge 812
salsify, meadow 2183
saltbush 1993
saltwort 2152
salvers-grass 2056
salvinia 2154
San José scale 303
sand drown of tobacco 2355
sandal pendulous spike 1203
– spike disease 1203
– spike rosette 1203
sandweed 2174
sap chafer 617
– feeding beetles 706
– rot, pitted 1644
– rot, spongy 1601
– stain 2286
sapwood rot, white-streaked 1643
satin moth 519
savoy, rape 1360
sawflies 919
–, stem 886
sawfly 919
–, apple 897
–, apple web-spinning 911
–, European wheat stem 887
–, pear 893
–, pear web-spinning 910
–, pine 890
–, pine-tree web-spinning 872, 873
–, plum 894, 896
–, rose leaf 882
–, rose shoot 881
–, turnip 879
–, wheat stem 887
saw-toothed grain beetle 712
scab 2287
– and dieback of poplar 1577
– and neck rot of gladiolus 1130
–, apple 1463
–, black 1590
–, cherry 1574
–, citrus 1461
–, gladiolus 1130
– of avocado 1908
– of cucurbits 1780
– of potato, common 1169
– of potato, corky 1169
– of potato, powdery 1434
– of small grains 1473
–, ordinary 1169
–, peach 1851
–, pear 1576
–, pimple 1169
scab, pitted 1169
–, russet 1590
–, stud 1169
–, superficial 1169
–, tumulus 1169
scabby sowbug 990
scabious, field 2066, 2084
scald 2356
–, apple 2323
–, common 2323
–, hard 2323
–, superficial 2323
scale, beach 215
–, black 311
–, Bourbon 180
–, California 303
–, California red 158
–, circular purple 205
–, citrus mussel 252
–, coconut 180
–, cottony cushion 285
–, cottony maple 300
–, date palm 278
–, dictyospermum 207
–, European elm 232
–, European fruit 236
–, European peach 236, 237
–, evonymus 328
–, fig wax 197
–, Florida red 205
–, Florida wax 196
–, fluted 285
–, green coffee 213
–, hemispherical 310
– insects 211
–, Italian pear 231
–, ivy 182
–, mulberry 185
–, oblong 237
–, oleander 182
–, olive 311
–, orange 158
–, ostreiform 302
–, oyster shell 254
–, palm 207
–, papaya 185
–, parlatoria date 278
–, pernicious 303
–, purple 252
–, rose 186
–, San José 303
–, soft brown 212
–, West Indian peach 185
scales, armored 218
–, soft 247
–, tortoise 247
scaly bark 1205

scaly fungus 1652
– mistletoes 1930
scarlet pimpernel 1978
scarred melolontha 733
Schizophyllum rot 1688
sclerotial disease of rice 1487
scolopendra 932
scorch 2357
–, clover 1846
– of spruce needles 1490
scorched conk 1645
scorching 2357
scorpions 967
–, water 139
Scotch thistle 2113
Scots pine, needle cast of 1492
scouring rush 2049, 2050
– rush, tall 2050
scratch grass 2067
scurf of potato, black 1590
scutch grass 2040
seasoning check 2358
– split 2358
seed-corn maggot 856
seed-gall nematodes 9
seedling blight 1473
– blight of cereals 1442
– blight of rice 1588
– disease 1394
segging of oats 21
semiloose smut 1743
senvre 2001
sereh disease, sugar cane 1314
shad flies 334
shade horsetail 2051
shake 2359
–, arc 2329
–, cross 2336
–, cup 2329
–, frost 2336
–, heart 2342
–, ring 2329
–, star 2361
shallot aphid 304
shedding 2288
sheep sorrel 2148
shelf fungus 1611
– heal 2134
shepherd's bag 2012
– needle 2156
– purse 2012
ship rat 1068
shipworm 48, 62
shoestring fungus 1579
shoestringing 2289
shoot swelling 2290
short-horned grasshoppers 81
short-tailed field mouse 1054
shothole 2291
– borer 653, 862
– borer, European 787
– borer, lesser 788
– disease 1784
– of stone fruits 1134
shrew, lesser 1070
shy bug 126
side rot, pineapple 1237
Sigatoka disease 1506
silly-hill disease 1197
silver fir bark beetle 732
– fir, Phomopsis canker of 1878
– hair-grass 1966
– leaf of fruit trees 1699
– mite of lemons 962
– scurf of potato 1912
– Y moth 363
silverfish 64
silvering 2292
– disease of red beet 1104
silverweed 2133
simsel 2158
sinuate pear borer 551
siskin 993
skeletonizer, apple and thorn 515
skin beetles 648
– necrosis of potato 2360
skippers, common 429
slash conk 1621
slender chess 2005
– foxtail 1973
– nettle 2188
– rush 2082
– vetch 2195
slime disease 1146
– disease of cocksfoot, yellow 1109
– flux 2293
slug, black field 46
–, cherry 883
–, garden 46
–, grey field 51, 52
–, large garden 60
–, large grey 60
–, large yellow 59
–, pear 883
–, red 45
slugs 58
–, keeled 61
small cabbage white 484
– dodder 1935
– flax flea beetle 692
– grains, foot disease and scab of 1473
– nettle 2189
– sclerotial neck rot 1764
– tineid moth 359

small white butterfly 484
– winter moth 371
smartweed 2131
–, spotted 2132
–, water 2131
smooth tare 2195
smudge, onion 1786
smut, anemone 1716
–, anther 1750
–, Bajri 1711
–, black 1743
–, blister 1742
–, boil 1742
–, brown loose 1744
–, brown stripe 1741
– disease of dahlia 1597
–, false 1743
–, hard 11
–, loose kernel smut of 1692
–, millet 1693
–, millet kernel 1735
– of sugar cane, red 1526
–, onion 1717
–, pansy seed 1720
–, rose 1638
–, semiloose 1743
–, stripe 1748
–, wheat 1705
smutted wheat 11
snail, common 54
–, garden 49
–, grapevine 57
–, large garden 54
– slugs 63
–, speckled 54
–, wood 50
snails 53
snakeroot 2129
snakeweed 2036, 2129
snapdragon rust 1658
–, wild 2096
snapping beetles 654
sneezewort 1955
snout moths 499
snow mould of cereals 1442
sod webworms 384
soft brown scale 212
– rot 1117, 2294
– rot, bacterial 1117
– rot of arum and calla lily 1117
– rot of potatoes 1431
– rush 2081
– scales 247
– white rot 1697
soldier beetles 607
sooty blotch, apple 1825
– blotch, citrus 1825
sooty blotch disease 1453
– mould 1444
– mould of olive tree 1439
– mould of orange 1489, 1494
sorghum blight 1089
–, head smut of 1694
–, long smut of 1710
–, kernel smut of 1695
– midge 816
sorrel, common 2147
–, field 2148
–, sheep 2148
sour bugs 706
– cherry necrotic ring spot 1330
– cherry yellows 1195
– dock 2147, 2149
– grass 2148
– rot of citrus 1864
– weed 2148
South American locust 88
Southern blight 1146
sow bug 986, 987
– bug, dooryard 989
– bug, scabby 990
sowthistle, annual 2173
–, creeping 2172
–, field 2172
–, perennial 2172
soybean cyst nematode 25
– cyst nematode disease 25
– mosaic 1361
Spanish fly 697
– moss 1928
spanworms 413
sparrow, house 1016
–, tree 1017
spear grass, annual 2125
– grass, dwarf 2125
– thistle 2034
specking 2295
speckled leaf blotch of wheat 1488, 1905
– snail 54
speedwell 2191
–, ivy-leaved 2190
sphynx moths 518
–, white-lined 370
spider beetle 738
–, cross 937
–, European garden 937
–, garden 945
–, geometric 938
–, gooseberry red 941
–, house 973
–, long-legged 945
– mite, fruit tree red 954
– mite, red 974, 978
– mite, two-spotted 978

spider, orb-weaving 938
–, water 939
spiders 936
–, red 974
–, wolf 953
spike disease, sandal 1203
– rosette, sandal 1203
spinach blight 1256
– leaf miner 850
–, leaf mold of 1401
spindle shoot, alfalfa 1198
– sprouting 2296
– tuber 1173
spiny bollworm 394
– elm caterpillar 540
spittle bug 195, 286
spongy sap rot 1601
– white rot 1650
spot blotch of barley 1516
– disease, bean 1791
spots, medullary 793
spotted millipede 925
– smartweed 2132
– snake-millipede 925
– wilt, tomato 1237
– woodpecker, great 1001
– woodpecker, lesser 1003
– woodpecker, middle 1002
spotting 2297
spring wheat aphid 314
spruce budworm 356
– gall aphid, Eastern 309
–, leaf rust of 1583
– mite 957
– needle rust 1584
– needles, scorch of 1490
– wood engraver 731
spur canker of apple 1548
spurge, cypress 2056
–, petty 2058
–, sun 2057
–, wart 2057
spurry 2174
spurwort 2161
squirrel, red 1069
–, tree 1069
squirrels, ground 1033
St. Mark's fly 797
stag beetle 693
staghead 2229
stain 2230
stalk break 1552
– smut of rye 1718
star cracking 2298
– cracking, apple 2370
– shake 2361
– thistle 2019
starweed 2177
starwort 2177
steel beetles 670
stem bleeding of coconut palm 1915
– break 1778
– canker of Norway spruce 1512
– disease of clover and alfalfa 21
– disease of rye 21
– end rot of citrus fruits 1879
– gall of mountain juniper 1615
– nematode 21
– rot 2299
– rot, basal 1117
– rot, black 1117
– rot, damping-off and 1430
– rot of clover 1553
– rot of peas 1757, 1758
– rot of rice 1487
– rot of sunn hemp 1446
– rot of tomato 1456
– rust of grain 1668
– sawflies 886
– smut of grasses 1738
Stewart's sweetcorn disease 1165
– wilt disease of sweet corn 1165
stick insects 69
stinging nettle 2188, 2189
stink bugs 142
– fly 338
– weed 1981
stinking daisy 1981
– smut of wheat 1703, 1705
– willie 2157
stinkweed 2181
stinkwort 2041
stoat 1059
stock breaking 1276
– dove 996
– mosaic 1276
stolbur 1193
stone fruits, bacterial canker of 1148
– fruits, blight of 1784
– fruits, canker of 1134
– fruits, die-back of 1134
– fruits, rust of 1714
– fruits, shothole of 1134
stony pit, pear 1287
stoppage 2300
storksbill 2053
strangle weed 1931
strangling disease of conifers 1868
strawberry, anthracnose of 1462
– aphid 280
– blossom weevil 567
–, cane spot of 1462
–, cauliflower disease of 1105
– crinkle 1263

strawberry, dwarf of 13
– leaf beetle 663
– leaf spot 1503
–, leathery rot of 1406
– mite 969
– nematode 13
strawberries, powdery mildew of 1554
strawberry, red core of 1414
– root aphid 199
– witches' broom 1310
– xanthosis 1275
– yellow edge 1275
– yellows 1275
streak disease, sugar cane 1218
–, leaf drop 1255
–, maize 1216
streaking 2301
strig maggot 809
stripe and curl disease, tobacco 1317
–, corn leaf 1300
– disease, corn 1300
– disease of barley 1536
– disease, rice 1323
–, iris 1265
– rust of wheat 1682
– smut 1748
– smut of wheat 1715
–, tobacco 1317
striped elaterid beetle 553
– turnip flea beetle 724
striping 2301
stud scab 1169
stunt 2302
–, dahlia 1257
–, rice 1219
stunting 2302
succory 2028
Sudan bollworm 392
sugar beet armyworm 438
– beet, black leg of 1871
– beet curly top 1196
– beet flea beetle 624
– beet leaf-crinkle 1359
– beet mosaic 1250
– beet nematode 31
– beets, dry rot of 2341
– cane, brown leaf spot of 1773
– cane, brown stripe of 1841
– cane chlorotic streak 1220
– cane, Cobb's disease of 1167
– cane, dry top rot of 1392
– cane dwarf disease 1228
– cane, eye-spot of 1838
– cane, Fiji disease of 1227
– cane, gumming disease of 1167
– cane, Java gumming disease of 1156
– cane mealybug 293
sugar cane mosaic 1291
– cane moth borer 390
– cane, mottled stripe of 1164
– cane mottling disease 1291
– cane, Pahala blight of 2351
– cane, red smut of 1526
– cane, red stripe and top rot of 1143
– cane, rind disease of 1479
– cane, ring spot disease of 1486
– cane rust 1671, 1746
– cane sereh disease 1314
– cane streak disease 1218
– cane, top rot of 1469
– cane, twisted top of 1469
– cane, wilt disease of 1768
– cane, wilt of 1156
sulphur butterflies 481
– fungus 1653
Summer adonis 1956
– pheasant's eye 1956
sun spurge 2057
sunflower rust 1669
sunn hemp, stem rot of 1446
– pest 131
sunscald 2303
superficial scab 1169
– scald 2323
supermild mosaic of potato 1292
surface caterpillars 347
Surinam witches' broom disease of cocoa 1624
swallow tails 475
– wort 2022
swede 2003
–, dry rot and canker of 1874
– midge 811
sweet camomile 1982
– potato beetles 613
– potatoes, black rot of 1446
swelling 2304
swift, large 428
– moths 427
swifts 427
swollen shoot, cocoa 1295
sycamore, anthracnose of 1481
–, leaf blotch of 1541
– maple aphid 227
– moth 344
sycamores, leaf and twig blight of 1481

take-all of wheat 1485, 1515
tall crowfoot 2137
– field buttercup 2137
– red rattle 2117
– scouring rush 2050
tansy leaf beetle 659

tar spot of maple 1541
– spot of willow 1542
tare, common 2194
–, hairy 2194
–, lentil 2195
–, smooth 2195
–, wild 2193
target spot of potato 1755
tarnished plant bugs 136
tatter leaf, cherry 1330
tea, blister blight of 1599
tear fungus 1629
tent caterpillars 442, 460
termites 92
–, grass-carrying 91
–, harvester 91
–, marching 91
Texas harvester ant 912
– root rot of cotton 1883
thick-billed nutcracker 1015
thick-headed flies 808
thistle aphid 188
–, blue 2046
–, bull 2034
– butterfly 501
–, Canada 2030
–, cotton 2113
–, creeping 2030
–, green 2030
–, marsh 2032
–, milk 2173
–, perennial 2030
–, Scotch 2113
–, spear 2034
–, star 2019
–, tumbling 2152
–, water 2032
thorn apple 2041
thousand-legged worms 927
thread blight of cocoa 1587
– rush 2082
thrips 125
–, bean 108
–, cacao 116
–, citrus 115
–, coffee 107
–, corn 110
–, flax 122
–, gladiolus 117
–, grain 110
–, grape 105
–, greenhouse 107
–, iris 104
–, larch 119
–, olive 111
–, onion 124
–, pea 109
thrips, pear 118
–, rose 121
–, vine 105
thysanura 66
thysanurans 66
tiger beetles 626
– moths 358
timber beetles 696, 751
timothy, loose smut of 1748
tinder fungus 1603
tineid, apple blossom 360
– moth, small 359
tobacco, angular leaf spot of 1119
– aucuba mosaic 1294
–, bergerac ringspot of 1178
–, black shank of 1416
–, blackfire of 1119
–, blue mold of 1402
– broomrape 1950
– brown-rib disease 1255
– brown-vein disease 1255
– calico 1293
– caterpillar 495
– crinkle 1352
– crinkly dwarf 1352
– curl 1317
–, downy mildew of 1402
– etch 1261
–, frog-eye leaf spot of 1776
– hornworm 496
– leaf curl 1352
–, leaf spot of 1118
–, "mauke" of 1317
– mosaic 1293
– moth 397
– necrosis 1269
– ordinary mosaic 1293
–, Philippine bacterial leaf spot of 1118
– puff 1256
– rattle disease 1317
– ringspot 1180
–, root rot of 1571
–, rust of 1132
–, sand drown of 2355
– stripe 1317
– stripe and curl disease 1317
– true mosaic 1293
–, white spot of 1096
– wildfire 1149
–, Wisconsin leaf spot of 1132
– worm 496
tomato, bacterial canker of 1108
– big bud 1193
– black rot 1873
–, blossom-end rot of 2326
– blue top 1193
– bunchy top 1242

tomato bushy stunt 1258
– caterpillar 425
–, fern leaf of 1256
–, foot-rot and damping-off of 1419
– fruit rot 1873
– fruitworm 425
– leaf mould 1781
– leaf spot 1901
– rosette 1193
– spotted wilt 1237
–, stem rot of 1456
–, Verticillium blight of 1920
–, Verticillium wilt of 1921
tomatoes, canker, spot and speck of 1108
tooth legged flea beetle 623
– wort 1943
– wort, common 1943
top dieback of coffee 1787
– necrosis 2305
– rot 2306
– rot of sugar cane 1143, 1469
tortoise beetle 610, 612, 613
– beetle, clouded 611
– scales 247
tortrix, carnation 535
tourne disease of wine 1103
towbug 685
treacle mustard 2054
tree hair 1929
– sparrow 1017
– squirrel 1069
treehoppers 262
tristeza disease, citrus 2385
true currant rush 1679
– mosaic, tobacco 1293
– powder-post beetle 694, 695
trumpet leaf miner 531
tuber rot 1117
tubercle, olive 1144
tuberculosis of Aleppo pine 1137
tubers, internal rust of 2346
tuberworm, potato 414
tufted grass 1965
tulip aphid 268, 330
– break 1297
– breaking 1297
– mite 966
– root of oats 21
tumbling thistle 2152
tumulus scab 1169
turnip and cabbage seed midge 822
– beetle, red 655
– ceutorrhynchus 619
–, dry rot and canker 1874
– flea beetle, striped 724
– fly 724
– maggot 855
turnip mosaic 1251
– moth 350
– sawfly 879
– seed weevil 618
– yellow mosaic 2396
tussock grass 1965
– moth, antique 469
– moth, European 469
– moth, rusty 469
– moths 458
twelve-spotted asparagus beetle 640
twig blight of apple 1111
– girdlers 549
twin dodder 1934
twist of grain plants and grasses 1797
– of wheat 1797
twisted leaf 2307
– leaf, cherry 2384
– top of sugar cane 1469
two-spotted spider mite 978
tylose 2308

umbelliferae, downy mildew of 1425
umbrella ant 880
underwing moth, large yellow 538
–, yellow 538

vanilla, green scurf of 1924
vein banding 1255, 2310
– clearing 2311
– mosaic 2312
– yellowing 2313
– yellows, pear 2394
veinal necrosis 2309
velvet ant 908
– grass 2076
Venus comb 2156
Verticillium blight of tomato 1920
– hadromycosis 1920
– wilt of raspberry 1921
– wilt of tomato 1921
vesperus, grape 783
vetch weevil 590
vetchling, yellow 2090
vine, infectious degeneration of 1299
– mosaic 1299
– moth 453
– plague 1305
– roncet 1299
– thrips 105
– weevil 715
vinegar eel 4
– fly 833, 834, 835
vines, bacterial blight of 1116
violet root rot 1616
– rust 1684
vipers bugloss 2046

virescence 2248
viruela 1632
virus disease 2314
– leaf drop 1195
vole, bank 1044
–, brown 1054
–, common 1055
–, European field 1054
–, water 1029
voles 1053

walking leaves 86
– sticks 69
wall, barley 2078
wallflower mosaic 1190
walnut aphid, dusky-veined 193
– aphid, European 204
– blight 1160
–, leaf blotch of 1480, 1849
wart disease of potato 1435
– disease, peach 1331
–, plum 1528
–, potato 1435
– spurge 2057
– weed 2022, 2057
wasp, common 923
–, German 922
wasps 924
–, chalcid 888
–, gall 889
–, ichneumon 899
water buttercup 2009
– core of apples 2362
– hemlock 2029
– hyacinth 2047
– rat 1029
– scavenger beetles 671
– scorpions 139
– smartweed 2131
– spider 939
– striders 133
– thistle 2032
– vole 1029
watercress, creeping 2109
waterlily aphid 306
waterpepper 2131
watery wound rot of potato 1431
wax scale, Chinese 198
– scale, fig 197
– scale, Florida 196
waybent 2078
weasel 1060
–, ermine 1059
weaver finches 1020
weaverbirds 1020
web spinning sawfly, apple 911
– spinning sawfly, pear 910
web spinning sawfly, pine-tree 872, 873
webbing clothes moth 528
webworm, beet 454
–, fall 431
webworms 384
–, sod 384
weeping conk 1648
weevil, acorn 581
–, alder flea 742
–, alfalfa 727
–, apple 565
–, apple blossom 565
–, artichoke pear-shaped 572
–, banana 637
–, banana corm 637
–, beech flea 743
–, beet 633
–, broad bean 595
–, cabbage gall 620
–, cabbage shoot 618
–, cabbage stem 621
–, chestnut 645
–, clover bud 726
–, clover pear-shaped 571
–, clover seed 571, 575
–, coffee-bean 576
–, common bean 546
–, cotton boll 564
–, cowpea 605
–, fir-tree 675
–, grain 764
–, granary 764
–, hazelnut 646
–, large green 722
–, leaf brown 721
–, leaf eating 721
–, lentil 591, 596
–, lesser clover leaf 726
–, lovage 714
–, lucerne 727
–, Mexican bean 789
–, oak flea 745
–, pea 589, 594
–, pea pear-shaped 573
–, pear 566
–, pear leaf eating 722
–, pear-shaped 574
–, pine 675
–, poplar flea 744
–, rice 765
–, strawberry blossom 567
–, turnip seed 618
–, vetch 590
–, vine 715
–, white pine 728, 729
weevils 647
–, bean 589

weevils, broad-nosed 713
–, nut 644
West Indian peach scale 185
Western grape rootworm 547
– yellow pine, bluing of 1447
wet rot 2315
wheat aphid, spring 314
–, bacterial stripe of 1166
–, black chaff of 1166
–, black mould of 1510
– blossom midge, orange 865
–, brown foot rot and ear blight of 1805, 1807
–, brown rust of 1683
– bunt 1703
–, eyespot of 1778
–, flag smut of 1715
– flea beetle 638
–, foot rot and take-all of 1485
–, foot rot of 1474
– grass 1960
–, loose smut of 1749
– midge 817, 865
– mosaic 1296
– nematode 11
– oats 1994
–, orange leaf rust of 1683
– rosette 1296
– smut 1705
–, speckled leaf blotch of 1488, 1905
– stem sawfly 887
– stem sawfly, European 887
– stems, white disease of 1474
–, stinking smut of 1703, 1705
–, stripe rust of 1682
–, stripe smut of 1715
–, take-all of 1515
– thief 2004
–, twist of 1797
–, yellow rust of 1682
whirling beetles 666
white ant, common European 95
"white ants" 92
white blister of cabbage 1383
– bottle 2162
– butt rot 1611
– butterflies 481
– charlock 2143
– clover mosaic 1260
– coffee borer 568
– daisy 2025
– dead nettle 2085
– disease of wheat stems 1474
– felt blight of conifers 1438
– goosefoot 2023
– heart rot 1605
–, large cabbage 482
white line dart 351
– lined sphynx 370
– mottled rot 1603, 1611, 1645, 1647, 1652
– mustard 2001
– pickle mosaic, cucumber 1256
– pine, blister rust of 1595
– pine weevil 728, 729
– root rot 1607, 1648
– root rot of apple 1544
– rot 2316
– rot of grapevine 1793
– rot of onion 1891
– rot, soft 1697
– rot, spongy 1650
– rust of compositae 1384
– rust of crucifers 1383
–, small cabbage 484
– smut of dahlia 1597
– spot of alfalfa 2363
– spot of tobacco 1096
– spot, plum 1174
– streaked sapwood rot 1643
– trunk rot 1605
– weed 2014, 2025
whiteflies 153
whitefly, cabbage 151
whites 481
wild camomile 2103
– carrot 2042
– chevril 2021
– garlic 1972
– millet 2159
– mint 2104
– morning-glory 2037, 2038
– mustard 2002
– oats 1994
– onion 1972
– radish 2143
– snapdragon 2096
– tare 2193
– vetch 2193
wildfire, tobacco 1149
willow aphid, large 327
– herb 2048
– leaf beetle 691
– mildew 1573
–, tar spot of 1542
willows, black spot of 1542
wilt 2317
–, banana 1817
–, bean 1106
–, cucumber 1114
– disease of carnations 1808
– disease of dwarf beans 1106
– disease of sugar cane 1768
– of cotton 1819
– of flax 1811

wilt of raspberry, blue stripe 1921
– of sugar cane 1156
–, potato 1920
–, rose 1262
– rot of clover and alfalfa 1553
wilting 2317
wine, acetic fermentation of 1075
–, bitterness of 1081
–, flowers of 1766
– fly 833
–, graisse disease of 1155
–, tourne disease of 1103
winter cress 1995
– weed 2177
– wheat mosaic 1221
wire grass 2040
wireworms 654
Wisconsin leaf spot of tobacco 1132
witch grass 1960
witches' broom 2318
– broom, alder 1565
– broom, alfalfa 1198
– broom, apple 2371
– broom, birch 1570
– broom, cherry 1562
– broom, locust 1202
– broom, lucerne 1198
– broom of balsam fir, yellow 1627
– broom, potato 1204
– broom, strawberry 1310
wither tip of citrus plants 1789
withering 2319
wolf spiders 953
"wood ants" 92
wood engravers 730
– leopard moth 545
– lice 981, 986
– louse, common 982
– mouse, European 1028
– pigeon 997
– rot, brown checked 1653
– snail 50
woodchuck 1050
woodiness 2320
–, passion-fruit 1281
woodpecker 1019
–, black 1008
–, great spotted 1001
–, green 1019
–, lesser spotted 1003
–, middle spotted 1002
woody nightshade 2169
woolly alder aphid 277
– apple aphid 233
– balsam aphid 228
– beach aphid 289
– elm aphid 234
– knot 1142
woolly larch aphid 150
– root 1142
worm, cabbage 482
–, cotton 495
–, currant 341
–, tobacco 496
worms, measuring 413
wormseed mustard 2054
wormwood 1990
wryneck 1012

X disease, peach 1266
– disease, peach Western 2392
xanthosis, strawberry 1275
xyloporosis, citrus 2386

yellow and white mould of champignons 1484
– bud mosaic, peach 1234
– camomile 1983
– cap fungus 1636
– disease of hyacinths 1159
– dock 2149
– dwarf 25, 2321
– dwarf, onion 1252
– edge 2236
– edge, strawberry 1275
– flat, lily 1238
– foxtail 2159
– goatsbeard 2183
– leaf, cherry 1195
– mealworm 770
– mite 952
– mosaic of bean 1181
– ox eye 2026
– rattle 2144
– red virosis, peach 1266
– rocket 1995
– rot of Dutch hyacinth 1159
– rust of wheat 1682
– slime disease of cocksfoot 1109
– spot, pineapple 1237
– stem borer 507
– stripe disease 1300
– toadflax 2096
– underwing 538
– vetchling 2090
– weed 2139
– witches' broom of balsam fir 1627
yellowing 2322
yellows 2322
–, aster 1194
–, beet 1206, 1250
–, hyacinth 1159
– of pineapple 2364
–, sour cherry 1195
–, peach 1199
–, strawberry, 1275
yponomeutid moths 436

FRANÇAIS

abaca, bunchy top de l' 1244
–, sommet touffu de l' 1244
abricotier, réseau doré de l' 2372
–, tavelure de l' 1851
abscission des feuilles 2227
abutilon, panachure infectieuse de l' 1245
acanthe 2073
acarien de la vigne 961
– des agrumes 962
– des bulbes 966
– jaune 952
acariens 934
acariose de la vigne 961
– du citronnier 962
acescence 1075
acéto-formation 1075
achillée millefeuille 1954
acromanie du cotonnier 2328
adonis d'été 1956, 1957
aegéridés 346
agrile du chêne 550
– du hêtre 552
– du poirier 551
agriles 549
agrostide blanche 1963
agrostides, nématode des 10
agrumes, acarien des 962
–, anguillule des racines des 35
–, céroplaste des 198
–, chancre des 1158
–, desséchement des 1796
–, gale des 1461
–, moisissure bleue des 1867
–, moisissure verte des 1865
–, psorosis des 1205
–, pourriture brune des fruits des 1421
–, pourriture des 1865
–, thrips des 115
–, tristeza des 2385
–, xyloporose des 2386
aigre 1075
aiguille 2053
aiguillonnier 600
ail des bois 1971
– des champs cultivés 1970
– des ours 1971
– des vignes 1972
– potager 1970
–, rouille de l' 1656
– sauvage 1972
albinisme 2198
– du cerisier 2373
alchemille 1967
aleurobie de la farine 935
aleurode du chou 151
aleurodes des serres 153
alliaire 2167
alloiophyllie de l'anémone 1225
alpiste 2120
alternaria des crucifères 1753
– des solanacées 1754
altise à tête doré 737
– d'hiver du colza 737
– de la betterave 623, 624
– de la pomme de terre 735
– de la vigne 667
– des céréales 622
– des céréales d'automne 725
– des chardons 638
– des crucifères 724, 725
– du chanvre et du houblon 736, 737
– du chêne 668
– du colza 737
– du lin 692
altises 669
alucite des céréales 516
alysse blanche 1997
amadouvier 1603
amandier, calico de l' 1184
–, chlorose linéaire de l' 2365
–, cloque de l' 1564
–, tavelure de l' 1851
–, teigne de l' 396
amaranthe réfléchi 1977
ampoule résinifère 2352
amygdalées, criblure des 1784
ananas, jaunisse de l' 2364
–, maladie des boutures de l' 1915
–, pourriture du coeur de l' 1409
–, pourriture molle du fruit de l' 1915
–, tache jaune des feuilles de l' 1237
anémone, alloiophyllie de l' 1225
–, charbon de l' 1716
anguillule de la betterave 31
– de la tige 21
– des céréales et des bulbes 21
– des chrysanthèmes 15
– des prairies 33, 34
– des racines 32
– des racines de la pomme de terre 30
– des racines des agrumes 35
– du blé niellé 11
– du fraisier et des fougères 13
– du vinaigre 4
anguillules 5
anguillulose 5
anisoplie des céréales 556
– horticole 723
anisoptères 335
anneaux nécrotiques 1330

anomala de la vigne 562
ansérine blanche 2023
anthémis des champs 1980
anthonome du cotonnier 564
– du fraisier et du framboisier 567
– du pommier 565
anthracnose de la banane 1829
– de la vigne 1460
– des citrus 1789
– des cucurbitacées 1790
– des légumineuses 1846
– des liliacées 1786
– du caféier 1787
– du cotonnier 1477
– du framboisier et des ronces 1462
– du groseillier 1533
– du haricot 1791
– du lin 1792
– du noyer 1480, 1849
– du platane 1481
– du pois 1507, 1757, 1758
– du pois chiche 1508
– du rosier 1882
anthrènes 569
apate de la vigne 762
aphelenchus du cocoyer 12
– du fraisier 13
aphidiens 159
aphrophore écumeuse 286
aphrophores 195
apion de l'artichaut 572
– des arbres fruitiers 574
– du pois 573
– du trèfle 571
aplatissement des branches 2244, 2367
arabesques 2262
– nécrotiques 2266
arachide, rosette de l' 1247
araignée des caves 968
– domestique 973
– jaune 978
– rouge 978
– rouge de l'épicéa 957
– rouge des arbres fruitiers 954
– rouge des cultures maraîchers et des serres 978
– rouge du cotonnier 978
araignées 936
– chasseresses 953
– rouges 974
arbres à noyau, corynéum des 1784
– d'ornement, maladie du plomb des 1699
– fruitiers à pepins, chancre des 1514
– fruitiers, apion des 574
– fruitiers, araignée rouge des 954
– fruitiers, capnode des 608
– fruitiers, maladie du plomb des 1699
arbres fruitiers, mineuse des feuilles des 459
– fruitiers, petit scolyte des 653
– fruitiers, plomb des 1699
– fruitiers, polypore des 1653
– fruitiers, pourridié des 1544
arctiidés 358
argémone du Mexique 1988
argentine 2133
argiope 938
argyronète aquatique 939
aristoloche 1989
armadille 982
armadilles 981
armillaire de miel 1579
armoise 1990
aromie musquée 577
arpenteuse du pin 367
arroche 1993
artichaut, apion de l' 572
–, casside de l' 610
–, puceron de l' 188
– sauvage 2113
–, vanesse de l' 501
ascomycètes 1440
aspect vitreux 2338
asperge, criocère de l' 639
–, mouche de l' 859
–, rouille de l' 1660
atomaire de la betterave 578
atrophie des fruits du pommier 2366
aubépine, oïdium de l' 1530
aune, balai de sorcière de l' 1565
–, blanc de l' 1497
–, chrysomèle de l' 548
–, cloque des chatons de l' 1559
–, cloque foliaire de l' 1569
–, galéruque de l' 548
– glutineux, cloque foliaire de l' 1568
–, orcheste de l' 742
–, puceron lanigère de l' 277
avant-taupe 77
avocatier, gale de l' 1908
–, taches noires de l' 1148
avoine, charbon couvert de l' 1739
–, charbon de l' 1732
–, charbon nu de l' 1732
–, helminthosporiose de l' 1535
–, maladie des taches grises de l' 2339
–, maladie vermiculaire de l' 21
– poireauté 21
–, pseudo-rosette de l' 1215
–, puceron vert de l' 307
–, rouille couronnée de l' 1664
azalée, fausse cloque de l' 1598
–, galles foliaires de l' 1598
azalées, teigne des 415

babotte grise 727
– noire 631
bacilles 69
bacillose du cocotier 1084
bactériocécidie 2202
bactériose 2200
– de la jacinthe 1159
– de la laitue 1129
– des champignons 1150
– du cotonnier 1161
– du dactyle pelotonné 1109
– du haricot 1162
– du pois 1138
– du prunier 1163
– du tabac 1119, 1149
– vasculaire de la tomate 1108
– vasculaire des cucurbitacées 1114
– vasculaire des solanacées 1146
balai de sorcière 2318
– de sorcière de l'aune 1565
– de sorcière de la luzerne 1198
– de sorcière de la pomme de terre 1204
– de sorcière des rameaux de sapin 1627
– de sorcière du bouleau 1570
– de sorcière du cacaoyer 1624
– de sorcière du cerisier 1562
– de sorcière du faux acacia 1202
– de sorcière du fraisier 1310
– de sorcière du pommier 2371
balanin des châtaignes 645
– des glands 581
– des noisettes 646
balanins 644
banane, anthracnose de la 1829
–, maladie du bout de cigare de la 1913
bananier, bunchy-top du 1307
–, cercosporiose du 1506
–, charançon du 637
–, chlorose infectieuse du 1309
–, maladie de la pointe noire du 1843
–, maladie du sang du 1123
–, puceron du 284
–, "sigatoka disease" du 1506
–, sommet touffu du 1307
bandes chlorotiques 2262
barbadine, lignification de la 1281
barbarée précoce 1995
barbe de bouc 2183
– de vieillard 1928
barbeau rouge du navet 655
bardane 1986, 1987
– tomenteuse 1987
baume des champs 2104
bec croisé 1013
– de cicogne 2053
bec-en-croix 1013
belette 1060
belle-dame 501
berce spondyle 2073
betterave, altise de la 623, 624
–, anguillule de la 31
–, atomaire de la 578
–, casside de la 611
–, cercosporiose de la 1770
–, cleoné de la 633
–, frisolée de la 1196, 1359
–, gommose bactérienne de la 1104
–, jaunisse de la 1206
–, lixus de la 690
–, maladie des tumeurs marbrées de la 1437
–, maladie du coeur de la 1871
–, mildiou de la 1399
–, mosaïque de la 1250
–, mouche de la 850
–, nématode de la 31
–, noctuelle de la 438
–, pied noir de la 1871
–, pourriture du coeur de la 2341
–, pourriture sèche de la 2341
–, puceron noir de la 223
–, punaise de la 143
–, pyrale de la 454
–, rouille de la 1722
–, silphe de la 759
–, teigne de la 479
bibion des jardins 796
– horticole 796
– Saint-Marc 797
bigarrure 2265
– de la pomme de terre 1255
– jaune de l'oignon 1252
black canker du cerisier 2374
black-rot de la patate douce 1446
– de la vigne 1482
– du groseillier 1441
– du pommier 1525
blaireau 1051
– nordaméricain 1074
blanc de l'aune 1497
– de racines 1579
– des cucurbitacées 1466
– des graminées 1467
– du groseillier 1499
– du peuplier 1573
blanchiment 2206
blaniule moucheté 925
– tacheté 925
blast des citrus 1148
blastomanie 2207
blatte américaine 84
– germanique 71
– orientale 70
blé, carie du 1703, 1705
–, carie naine du 1704

blé, cécidomyie jaune du 817
–, cécidomyie orangée du 865
–, cèphe du 887
–, charbon des feuilles du 1715
–, charbon du 1749
–, chlorops du 802
– d'hiver russe, mosaïque du 1221
– d'oiseau 2120
– de Tartarie 2059
–, faux meunier des chaumes de 1474
–, fusariose du 1805
–, maladie des épis du 1797
–, mosaïque du 1296
– niellé, anguillule du 11
–, nielle du 11
–, noctuelle du 351, 476
–, puceron du 322
–, rouille brune du 1683
–, septoriose du 1488, 1902
–, teigne du 486
blés, marguerite des 2026
–, ver des 600
bleuet 2018
blotch fumeux des pommes 1825
blue mold du tabac 1402
bluet 2018
bois caoutchouc 2369
– de coeur, pourriture marbrée du 1643
–, mulot des 1028
–, pourriture gommeuse du 1650
–, pourriture sèche des 1655
– souple 2369
–, souris des 1028
bombyx à livrée 461
– antique 469
– chrysorrhée 470
– cul-doré 492
– disparate 493
– du chêne 441
– du pin 388
– laineux 404
– moine 457
– neustrien 461
– pudibond 387
bon Henri 2024
bostryche chalcographe 731
– curvidenté 732
– des grains 740
– sténographe 682
– typographe 683
bostryches 585, 681
boulage 2353
boule de neige, galéruque de la 664
bouleau, balai de sorcière du 1570
–, scolyte du 756
bouquet de la pomme de terre 1373
bourdragues 76
bourgeons jaunes 123
bouton d'argent 1955
– d'or 2137
boutures, fonte des 1430
bouvillon 917
bouvreuil ponceau 1021
brachynes tirailleurs 588
brome des murs 2005
– des seigles 2004
– des toits 2005
–, mosaïque du 1264
bromes, charbon des 1734
bronzage 2212
broussin 2318
broussins de la vigne 1152
bruant oryzivore 1004
bruantin 1004
bruche brésilienne 789
– chinoise 605
– de la vesce 590
– des fèves 595
– des grains de café 576
– des lentilles 591, 596
– des pois 594
– du haricot 546
bruches 589
brûlure 2303
– de la feuille de la canne à sucre 1156
– des feuilles du maïs 1844
– du lin 1387
– du sorgho 1089
brun des aiguilles de l'épicéa 1490
brunelle vulgaire 2134
brunissement 2213
brunissure du riz 1884
bryobe des graminées 941
– précieux 941
buckeye-rot de la tomate 1419
buglose 1979
buis, rouille du 1661
bulbes, acarien des 966
–, anguillule des 21
–, mouche des 838
bunchy top de l'abaca 1244
– top de la tomate 1242
– top du bananier 1307
bupreste du chêne 634
– du liège 636
– du poirier 551
– noir du pêcher 608
– vert 552
buprestes 597

cacao, teigne du 397
cacaoyer, balai de sorcière du 1624
–, maladie des cabosses du 1418
–, maladie rose du 1589

cacaoyer, pourriture des cabosses du 1418
–, pourriture noire des cabosses du 1847
–, pourriture noire des fruits du 1418
–, renflement des branches du 1295
cadelle 773
cadranure 2361
café, bruche des grains de 576
–, scolyte des graines de 768
–, tarière du 568
caféier, anthracnose du 1787
–, chenille mineuse des feuilles du 451
–, cochenille brune du 310
–, cochenille verte du 213
–, desséchement des extrémités du 1787
–, koléroga du 1587
–, leptonécrose du 3
–, lèpre du 1924
–, maladie de la toile du 1587
–, maladie des fentes du 1579
–, maladie des yeux bruns du 1772
–, maladie rose du 1589
–, mancha du 1632
–, nécrose du liber du 3
–, puceron du 325
–, rouille vrai du 1617
–, stilbose du 1632
calicot de l'amandier 1184
– de la pomme de terre 1278
– du pêcher 1184
calocoris de la pomme de terre 127
calosome sycophante 606
caltha des marais 2009
camomille des teinturiers 1983
–, fausse 1980
– odorante 1982
–, petite 2103
– puante 1981
– romaine 1982
campagnol agreste 1054
– amphibie 1029
– des champs 1055
– glaréole 1044
– souterrain 1064
– terrestre 1029
campagnols 1053
campanule 2010
cancer végétal 1152
canche caryophyllée 1966
– gazonnante 1965
canne à sucre, charbon de la 1746
– à sucre, cochenille de la 293
– à sucre, eye-spot de la 1838
– à sucre, flétrissement de la 1768
– à sucre, maladie de Fiji de la 1227
– à sucre, maladie de la feuille de la 1156
– à sucre, maladie de la morve rouge de la 1526
canne à sucre, maladie de Pahala de la 2351
– à sucre, maladie des rayures marbrées de la 1164
– à sucre, maladie des taches rondes de la 1486
– à sucre, maladie du "sereh" de la 1314
– à sucre, mineuse de la 390
– à sucre, mosaïque de la 1291
– à sucre, nanisme de la 1228
– à sucre, pourriture sèche de la pointe de la 1392
– à sucre, rayure rouge de la 1143
– à sucre, rayures brunes de la 1841
– à sucre, rind-disease de la 1479
– à sucre, rouille de la 1671
– à sucre, sommet tordu de la 1469
– à sucre, striure chlorotique de la 1220
– à sucre, striure de la 1218
– à sucre, taches brunes des feuilles de la 1773
cantharide du frêne 697
cantharides 607
capnode des arbres fruitiers 608
capricorne des maisons 604
– domestique 604
– du chêne 615
– du noisetier 707
capselle-bourse à pasteur 2012
capside des bourgeons du pommier 144
– des cultures fruitières 137
capsides 128
capsule, ver de la 425
capucin des grains 740
carabes 609
carafée sauvage 2054
caragan, puceron du 263
cardamine des prés 2013
carence 2330
– magnésienne du tabac 2355
carie du blé 1703, 1705
– du froment 1703
– du riz 1706
– du seigle 1708
– naine du blé 1704
cariophyllacées, charbon des 1750
carotte sauvage 2042
–, teigne de la 389
carottes, mouche des 860
caroubes, pyrale des 465
–, teigne des 465
carpocapse des châtaignes 449
– des pommes 448
– des prunes 445
carvi 2016
casse-noix moucheté 1015
casse-noyau 995
casside de l'artichaut 610

casside de la betterave 611
– verte 612
cassides 613
cassis, feuilles étroites du 1171
–, puceron jaune du 216
–, reversion du 1171
cécidomyie de la vigne 818
– des feuilles de la luzerne 825
– des feuilles de la ronce 826
– des feuilles du pommier 824, 828
– des feuilles du trèfle 829
– des fleurs de la luzerne 810
– des fleurs du groseillier 815
– des fleurs du sainfoin 812
– des galles du framboisier 845
– des gousses de la luzerne 795
– des greffes 868
– des poirettes 814
– des pousses de la luzerne 823
– des siliques des crucifères 822
– destructive 846
– du buis 847
– du chou-fleur 811
– du houblon 809
– du pois 813
– du saule 862
– du sorgho 816
– jaune du blé 817
– orangée du blé 865
cécidomyies 798
célastre 2017
céleri, mosaïque du 1298
–, rouille du 1659, 1895
–, septoriose du 1895
centaurée bleue 2018
– jacée 2019
cèphe des chaumes 887
– du blé 887
– du poirier 901
cèphes 886
céraiste 2020
cérambycides 614
cercles de sorcière 1623
cercopides 195
cercosporellose 1778
cercosporiose de la betterave 1770
– du bananier 1506
– du melon 1774
– du tabac 1776
céréales, altise des 622
–, alucite des 516
–, anguillule des 21
–, anisoplie des 556
– d'automne, altise des 725
–, flétrissement des plantules des 1473
–, grand puceron des 322
–, mildiou des 1432, 1433
céréales, moisissure nivale des 1442
–, nématode des racines des 27
–, noir des 1510
–, nuile des 1488, 1905
–, petit puceron des 314
–, piétin des 1515
–, piétin-échaudage des 1515
–, piétin-verse des 1485, 1778
–, puceron des 322
–, punaise des 132
–, rouille jaune des 1682
–, rouille linéaire des 1668
–, rouille noire des 1668
–, thrips des 110
–, zabre des 791
cerf commun 1032
cerf-volant 693
cerfeuil des prés 1984
–, mildiou du 1425
– sauvage 2021
– silvestre 1984
cerises, mouche des 863
cerisier aigre, jaunisse du 1195
–, albinisme du 2373
–, balai de sorcière du 1562
–, black canker du 2374
–, chancre bactérien du 1134
–, dépérissement du 2382
–, enroulement des feuilles du 2376
–, feuilles entortillées du 2384
–, maladie criblée du 1784
–, maladie des taches rouges du 1478
–, marbrue zonale du 1270
–, moniliose du 1547
–, mosaïque rouge bénigne du 2379
–, mosaïque rouge nécrotique du 2381
–, mosaïque rugueuse du 1212, 2378
–, mottle leaf du 1253
–, nécrose linéaire du 2380
–, "pinto leaf" du 1285
–, puceron noir du 270
–, rouille du 1662
–, taches annulaires du 2383
–, taches annulaires nécrotiques du 1330
–, taches des feuilles du 1502
–, tavelure du 1574
–, teigne des feuilles du 515
–, teigne des fleurs du 361
–, teigne du 361
ceroplaste de Floride 196
– des agrumes 198
– du figuier 197
cétoine dorée 617
– hérissée 656
ceuthorrhynque des siliques 618
– du chou 620
– du navet 619

chalcidides 888
champignon des charpentes 1629
– des maisons 1629
champignons, bactériose des 1150
chancre 2217
– bactérien de la tomate 1108
– bactérien des citrus 1158
– bactérien du cerisier 1134
– bactérien du tabac 1118
– de chaleur 2343
– de gelée 2335
– de la tomate 1456
– des agrumes 1158
– des arbres fruitiers à pepins 1514
– des branches des pruniers 1528
– des conifères 1512
– du chanvre 1552
– du châtaignier 1464
– du cityse 1452
– du mélèze et du pin silvestre 1454
– du peuplier 1802
– du pied 1590
– du pommier 1514
changement de coloration 2230
chanvre, altise du 736, 737
–, mildiou du 1427
–, puceron du 287
–, septoriose du 1896
chape verte 536
charançon de la tige du chou 621
– des châtaignes 645
– des grains 764
– des noisettes 646
– des siliques 618
– du bananier 637
– du chou 621
– du pin Weymouth 729
– du riz 765
– gallicole du chou 620
charbon 1741
– couvert de l'avoine 1739
– couvert de l'orge 1737
– couvert du sorgho 1695
– de l'anémone 1716
– de l'avoine 1732
– de la canne à sucre 1746
– de la pensée 1720
– de la tige 1738
– de la tige du seigle 1718
– des bromes 1734
– des cariophyllacées 1750
– des feuilles d'oignon 1717
– des feuilles de dahlia 1597
– des feuilles du blé 1715
– des inflorescences du maïs 1694
– des sorghos 1710
– du blé 1749
charbon du fléole des prés 1748
– du maïs 1742
– du mil à chandelle 1711
– du millet 1693, 1735
– noir de l'orge 1743
– nu de l'avoine 1732
– nu de l'orge 1744
– nu du sorgho 1692
– vert du riz 1918
chardon acanthe 2113
– des champs 2030
–, puceron du 188
chardonneret 993
chardons, altise des 638
châtaignes, balanin des 645
–, carpocapse des 449
–, charançon des 645
–, ver des 449
châtaignier, chancre du 1464
–, maladie chancreuse du 1464
–, maladie de l'encre du 1407
–, maladie des feuilles du 1504
–, phalène du 355
–, teigne du 531
cheimatobie 371
chélidoine 2022
chélifère cancroïde 944
chêne, agrile du 550
–, altise du 668
–, bombyx du 441
–, bupreste du 634
–, capricorne du 615
–, cloque foliaire du 1563
–, dermeste du 696
–, gui de 1944
–, oïdium du 1497
–, orcheste du 745
–, pourridié du 1545
–, pourriture rouge du 1653
–, processionnaire du 524
–, scolyte du 753
–, teigne du 531
–, tordeuse verte du 536
chenille blanche 431
– défoliante 437, 495
– des épis du maïs 425
– épineuse du cotonnier 394
– fileuse du pommier 432
– légionnaire 374
– mineuse des feuilles du caféier 451
chenilles arpenteuses 413
– bourrues 358
– géomètres 413
chénopode blanc 2023
chermès 202
– des conifères 150
– du pin Weymouth 291
– du sapin 228, 309

chevreuil 1031
chicorée 2028
– amère 2028
– sauvage 2028
chien de prairie 1035
chiendent commun 1960
– ordinaire 1960
chilopodes 926
chironomidés 800
chloranthie 2219
chlorops à pieds articulés 802
– du blé et de l'orge 802
chlorose 2220
– du bord de la feuille 2235
– du calcaire de la vigne 2347
– et nécrose foliare des géraniacées 1282
– infectieuse 2255
– infectieuse du bananier 1309
– linéaire 1270
– linéaire de l'amandier 2365
– marbrée des citrus 2348
– marginale du fraisier 1275
– pommelée des citrus 2348
chortophile 853
chou, aleurode du 151
–, ceuthorrhynque du 620
– champêtre 2003
–, charançon de la tige du 621
–, charançon du 621
–, charançon gallicole du 620
chou-fleur, cécidomyie du 811
–, mosaïque du 1254
chou, grand papillon blanc du 482
–, hernie du 1423
–, maladie des taches annulaires du 1190
–, mouche blanche du 151
–, mouche du 853
–, nerviation noire du 1157
–, noctuelle du 462
–, petit papillon blanc du 484
–, petite mouche du 853
–, piéride du 482
–, pourriture des pieds de 1874
–, puceron blanc du 191
–, puceron cendré du 191
–, punaise du 130
–, taches annulaires du 1501
–, taches noires du 1190
choux, punaise des 138
–, taches des feuilles des 1127
chrysanthème des moissons 2026
–, puceron du 301
–, puceron vert du 214
–, rouille du 1663
chrysanthèmes, anguillule des 15
chrysomèle de l'aune 548
– des crucifères 655
chrysomèle du cresson 718
– jaune du pin 642
chrysomèles 625
chrysope 338
chute des capsules 2288
– des fleurs 2288
cicadelles 246
cicindèles 626
cicutaire aquatique 2029
cigales 210
cigarrier de la vigne 598
ciguë 2036
– des marais 2029
cirse des champs 2030
– des marais 2033
– lancéolé 2034
– maraîcher 2032
citronnier, acariose du 962
–, noir du 1489, 1494
citrus, chlorose marbrée des 2348
–, chlorose pommelé des 2348
–, exanthème des 2332
–, gommose des 1410, 1419
–, mélanose des 1879
cityse, chancre du 1452
cleoné de la betterave 633
– mendiant 633
cléridés 628
cloporte 989
– des caves 990
– des murs 987
cloportes 986
cloque 2209
– des chatons de l'aune 1559
– des chatons du peuplier 1566
– des feuilles du poirier 1561
– du pêcher et de l'amandier 1564
– du peuplier 1560
– du théier 1599
– foliaire de l'aune 1569
– foliaire de l'aune glutineux 1568
– foliaire du chêne 1563
clyte arqué 629
coccides 211
coccinelle des légumineuses 769
coccinelles 630
cochenille australienne 285
– blanche de l'oranger 292
– brune du caféier 310
– de l'orme 232
– de la canne à sucre 293
– du cocotier 180
– du dattier 278
– du figuier 197
– du fusain 328
– du hêtre 215
– du lierre 182

cochenille du mûrier 185
– du pêcher 237
– du rosier 186
– farineuse de l'oranger et de la vigne 292
– floconneuse de la vigne 300
– noire de l'olivier 311
– noire de l'oranger 279
– ostréiforme 302
– plate de l'oranger 212
– rouge de l'oranger 158
– rouge de la vigne 300
– rouge du poirier 231
– verte du caféier 213
– virgule des orangers 252
– virgule du pommier 254
cochenilles 211
cochylis de la vigne 375
cocotier, cochenille du 180
–, pourriture du 1418
cocoyer, aphelenchus du 12
coeur creux de la pomme de terre 2344
– étoilé 2361
– noir de la pomme de terre 2325
– rouge 2279
cognassier, oïdium ou blanc du 1529
coings, momification des 1551
coitre 1793
colchique d'automne 2035
coléophores 378
colimaçons 53
colombin 996
coloration anormale 2230
colydiidés 632
colza, altise d'hiver du 737
–, altise du 737
–, frisolée du 1360
–, gros charançon de la tige du 619
–, méligèthes du 699
concombre, mosaïque du 1256
–, nuile du 1780
–, taches anguleuses des feuilles du 1126
conifères, chancre des 1512
–, chermès des 150
–, pourriture brune du bois de coeur des 1608
–, pourriture sèche de l'aubier des 1621
conopidés 808
consoude officinale 2178
coq de bouleau 1014
– de bruyère 1023
coquelicot 2116
coquette 545
corbeau corneille 999
– freux 1000
– mantelé 998
corbine 999
corèbe bifascié 634
corneille à manteau gris 998
– chauve 1000
– mantelée 998
– noire 999
cornillet 2162
cornouillier, lécanium du 236
corynéum des arbres à noyau 1784
cossidés 381
cossus gâte-bois 382
– ronge-bois 382
cotonnier, acromanie du 2328
–, anthonome du 564
–, araignée rouge du 978
–, anthracnose du 1477
–, bactériose du 1161
–, chenille épineuse du 394
–, flétrissement du 1819
–, frisolée du 1351
–, maladie du Texas du 1883
–, pourriture des capsules du 1588
–, puceron du 200
–, taches anguleuses des feuilles du 1161
–, ver rose du 477
–, ver rouge du 392
cottis 2347
coulure 2210
"coup de soleil" de la tomate 2326
court-noué 1299, 2256
courtillière 77
cousin commun 819
craquelure 2222
– en étoile 2298
– en étoile du pommier 2370
crépide biannuelle 2039
cresson, chrysomèle du 718
– des champs 2093
– des prés 2013
– sauvage 2109
crevasse 2359
– du coeur 2342
criblure des amygdalées 1784
criocère à douze points 640
– de l'asperge 639
– de l'orge 686
– du lis 688
criquet italien 72
– marocain 75
– migrateur 80
– nomade 83
– pèlerin 87
– sud-américain 88
criquets 81
croquette 2144
croûtes noires des graminées 1519
crucifères, alternaria des 1753
–, altise des 724, 725
–, cécidomyie des siliques des 822

crucifères, chrysomèle des 655
–, méligèthes des 699
–, mildiou des 1398
–, nématode des 24
–, pourriture noire des 1157
–, rouille blanche des 1383
–, teigne des 488
cucujidés 643
cucurbitacées, anthracnose des 1790
–, bactériose vasculaire des 1114
–, blanc des 1466
–, mildiou des 1428
–, mosaïque des 1256
–, nuile rouge des 1790
cul brun 470
cumin des prés 2016
curculionides 647
cuscute 1931
– d'Amérique 1937, 1940
– d'Europe 1938
– du lin 1934
– du trèfle 1935
cynipides 889
cynips du rosier 915

dahlia, charbon des feuilles de 1597
–, entyloma du 1597
–, maladie des taches annulaires du 1211
–, mosaïque du 1257
daim 1036
dartrose de la pomme de terre 1785
dattier, cochenille du 278
dauphinella consoude 2043
dectique 89
défoliation 2227
dégâts de froid 2337
– de gel 2337
– de grêle 2340
dégénérescence du framboisier 1207
– du prunier 1312
– infectieuse de la vigne 1299
demoiselles 337
dent-de-lion 2180
– d'automne 2091
dépérissement 2226
– de l'orme 1445
– du cerisier 2382
dermaptères 102
dermeste des grains 779
– du chêne 696
– naval 696
dermestes 648
desquamation corticale 2204
dessèchement 2228, 2319, 2357
– des agrumes 1796
– des extrémités du caféier 1787
diaspines 218
diaspis du poirier 231
– du rosier 186
dieback 2229
difformité du tronc et des branches 2367
diplopodes 927
distorsion 2231
dolomedes 945
doryphore de la pomme de terre 687
doubles noeuds 2232
douce-amère 2169
drosophile funèbre 835
dur-bec 995
durcissement des fruits de passiflore 1281
dyctiscidés 649

écaille fileuse 431
– martée 357
– martre 357
écailles 358
échalote, puceron de l' 304
échaudage 2356
– des pommes 2323
éclaircissement des nervures 2311
éclairette 2140
écorce écailleuse 1205
– rugueuse 1345
écoulement visqueux 2293
écrivain de la vigne 547
écureuil vulgaire 1069
eichornie 2047
élargissement des lenticelles 2334
élatérides 654
énation 2237
endoxerosis des agrumes 2345
enroulement chlorotique des feuilles du pêcher 2387
– chlorotique du pêcher 2392
– des feuilles 2259
– des feuilles de la pomme de terre 1208
– des feuilles du cerisier 2376
entomosporiose 1803
entortillement des feuilles 2307
entyloma du dahlia 1597
épeiche 1001
épeichette 1003
épeire diadème 937
épervière piloselle 2075
éphémère commun 331
éphémères 334
éphippigers 76
épicéa, araignée rouge de l' 957
–, brun des aiguilles de l' 1490
–, grand rongeur de l' 683
–, lyde de l' 885
–, maladie des aiguilles de l' 1483
–, maladie des jeunes pousses de l' 1800
–, maladie du brun de l' 1490

épicéa, maladie du collet des plantes d' 1868
–, némate de l' 913
–, petit rongeur de l' 731
–, rouille des aiguilles de l' 1583
–, rouille vésiculaire des aiguilles de l' 1584
–, tordeuse des aiguilles de l' 402
–, tordeuse des bourgeons de l' 356
épilobe 2048
épinard, mildiou de l' 1401
– sauvage 2024
épinastie 2238
épine-vinette, puceron de l' 255
épinette, puceron à galle conique de l' 309
érable, maladie des croûtes noires de 1541
–, maladie des jeunes pousses de l' 1893
–, noctuelle de l' 344
–, taches noires des feuilles d' 1541
ergot des graminées 1449
– du seigle 1449
érigéron du Canada 2052
érinéon 2239
érinose de la vigne 951
érodion cicutier 2053
escarbots 670
escargot des bouissons 50
– des jardins 49
– des vignes 57
escargots 53
étoilement 2240
étoilée 469
étourneau 1022
eudémis 453
eumolpe 547
euphorbe des vignes 2058
– hélioscope 2057
– petit cyprès 2056
euphorbes, flagellose des 2
évernie 1925
exanthème des citrus 2332
excroissance 2269
excroissances du pêcher 1331
exsudat 2241
exsudation bactérienne 2201
eye-spot de la canne à sucre 1838

farine, aleurobie de la 935
–, papillon gris de la 398
–, petit ver de la 776
–, pyrale de la 500
–, teigne de la 398
–, tyroglyphe de la 979
–, ver de la 770, 771
fasciation 2243
fasciations des tiges 1105
fatigue des terres à betterave 31
faucheur 959
faucheurs 958
faucheux 959
fausse camomille 1980
– cloque de l'azalée 1598
faux acacia, balai de sorcière du 1202
– amadouvier 1605
– charbon 1918
– meunier des chaumes de blé 1474
– persil 1959
fente 2359
– de dessication 2358
– de retrait 2358
– de roulure 2329
– de séchage 2358
– du coeur 2342
– extérieure 2333
feu bactérien du poirier 1111
– sauvage, maladie du 1149
feuille d'ortie du houblon 1197
– de fougère 1256
feuilles bouclées 2224
– déchiquetées 2261
– en cuillère de la pomme de terre 1369
– entortillées du cerisier 2384
– étroites de la tomate 1256
– étroites du cassis 1171
– perforées 2291
– râpeuses 2382
fève, puceron noir de la 223
–, rouille de la 1731
–, thrips de la 109
ficaire fausse renoncule 2140
figues, teigne des 465
figuier, ceroplaste du 197
–, cochenille du 197
–, mosaïque du 1213
–, rouille du 1582
–, scolyte du 679
–, taches bactériennes de rameaux du 1094
–, teigne du 514
filosité 2296
– des tubercles 1173
fiorin 1963
flagellose 1
– des euphorbes 2
fléole des prés, charbon du 1748
flétrissement 2317
– bactérien 1146
– bactérien de l'oeillet 1122
– bactérien de la pomme de terre 1110
– bactérien du haricot 1106
– de la canne à sucre 1768
– des plantules des céréales 1473
– du cotonnier 1819
– et jaunissement de la luzerne 1107
– fusarien de la pomme de terre 1816

flétrissure bactérienne du maïs 1165
– de l'oeillet 1808
– des feuilles du sorgho 1844
– du rosier 1262
– généralisée 2208
fleur du vin 1766
folle-avoine 1994
fonte des semis et des boutures 1430
forficule commune 103
formation de feuilles filiformes 2289
– de la feuille en éventail 2242
fougère à cerises 2135
– commune 2135
fougères, anguillule des 13
–, maladie vermiculaire des 13
–, puceron des 245
fourmi charpentière 884
– coupeuse des feuilles 880
– d'Argentine 900
– de Pharaon 907
– des pharaons 907
fourmi-lion commun 339
– moissonneuse 906
– moissonneuse du Texas 912
– noire 902
fourmi-parasol 880
fourmi rouge 892
"fourmis blanches" 92
fraises, iule des 925
–, pourriture des 1406
fraisier, anguillule du 13
–, anthonome du 567
–, aphelenchus du 13
–, balai de sorcière du 1310
–, chlorose marginale du 1275
–, frisée du 1263
–, galéruque du 663
–, maladie des taches rouges du 1503
–, maladie du coeur rouge du 1414
–, puceron du 280
–, puceron jaune du 280
–, puceron rhizophage du 199
–, puceron vert du 199
–, tarsonème du 969
framboisier, anthonome du 567
–, anthracnose du 1462
–, cécidomyie des galles du 845
–, dégénérescence du 1207
–, puceron du 275
–, rouille du 1639
–, vers du 599
frayonne 1000
frêne, cantharide du 697
–, oïdium du 1522
frisée 2223
– du fraisier 1263
frisolée 2225
frisolée de la betterave 1196, 1359
– du colza 1360
– du cotonnier 1351
– du tabac 1317, 1352
– faible 2223
– grave 2224
fromagère 2101
froment, carie du 1703
– rampant 1960
fruits, mouche des 799
–, mouche méditerranéenne des 799
–, mouche mexicaine des 794
–, pink-rot des 1916
–, pourriture amère des 1864
–, pourriture des 1406
–, rot-brun des 1547
–, taches noires des 1848
fulgoridés 239
fumagine 1444
fume-terre 2064
fusain, cochenille du 328
fusariose 1807
– de l'oeillet 1808
– de la pomme de terre 1816
– du blé 1805
– du haricot 1812
– du lin 1811
– du pois 1813

gaillet croisette 2068
– gratteron 2067
gale 2287
– argentée de la pomme de terre 1912
– commune de la pomme de terre 1169
– de l'avocatier 1908
– des agrumes 1461
– noire 1435
– ordinaire de la pomme de terre 1169
– poudreuse de la pomme de terre 1434
– profonde de la pomme de terre 1434
– superficielle 1169
– verruqueuse 1435
galéruque de l'aune 548
– de l'oisier 660
– de l'orme 665
– de la boule de neige 664
– de la tanaisie 659
– du fraisier 663
– du nénuphar 662
– du saule 691
galinsoga 2066
galle 2247
galles des racines 32
– du collet 1152
– du laurier-rose 1145
– foliaires de l'azalée 1598
gaufrage 2285

gauphre à poches 1046
geai ordinaire 1011
gelinotte 1024
gélissure 2336
gélivure 2336
– de la vigne 1116
genestrolle 2070
genêt des teinturiers 2070
– poilu 2069
géophile 928
– à longues antennes 928
géraniacées, chlorose et nécrose foliaire des 1282
géranium, puceron du 187
gerridés 133
gesse des prés 2090
– sauvage 2090
giroflée, mosaïque de la 1276
– sauvage 2054
glaïeul, maladie bactérienne du 1130
–, thrips du 117
gloéosporiose du groseillier 1533
gommose 2250
– bacillaire de la vigne 1116
– bacillaire du mûrier 1133
– bactérienne de la betterave 1104
– bactérienne de la canne à sucre 1167
– des citrus 1410, 1419
gouteron 1986
gracilariidés 417
grains, bostryche de 740
–, capucin des 740
–, charançon des 764
–, dermeste des 779
–, teigne des 526
graisse du vin 1155
graminacées des prairies, quenouille des 1465
graminées, blanc des 1467
–, byrobe des 941
–, croûtes noires des 1519
–, ergot des 1449
–, puceron vert des 314
grand charançon du pin 675
– liseron 2038
– paon de nuit 505
– papillon blanc du chou 482
– plantain 2123
– puceron des céréales 322
– rinanthe 2145
– rongeur de l'épicéa 683
– rongeur de la vigne 762
– rongeur du pin 682
– scolyte de l'orme 758
– tétras 1023
grande ciguë 2036
– consoude 2178
grande cuscute 1938
– limace grise 60
– limace jaune 59
– marguerite 2025
– ortie 2188
– oseille sauvage 2147
– phalène hiémale 430
– saperde 748
– sauterelle verte 85
– vrillette 785
grappe, teigne de la 375
–, tordeuse de la 453
gratteron 1986
gravelle du poirier 1287
gravure du tabac 1261
grémil des champs 2097
grenouillette jaune 2142
gribouri 547
grillage 2356
grillon champêtre 79
– des champs 79
– domestique 67
grimpant 2017
grisette de la vigne 134
gros-bec 995
gros bourgeon de la tomate 1193
– charançon de la tige du colza 619
– pied 1423
– puceron du noyer 193
– puceron du saule 327
groseillier à maquereau, oïdium brun du 1555
–, anthracnose du 1533
–, black-rot du 1441
–, blanc du 1499
–, cécidomyie des fleurs du 815
–, gloéosporiose du 1533
–, phalène du 341
–, phytopte du 950
–, puceron du 318
–, puceron jaune du 216
–, puceron vert du 166
–, rouille du 1679
–, sésie du 522
–, tenthrède jaune du 914
–, zérène du 341
grosse cuscute 1937, 1940
guêpe commune 923
– frelon 921
– germanique 922
guêpes 924
gui commun 1952
– d'Espagne 1953
– de chêne 1944
– écailleux 1930
– épineux 1930
– nain 1930
gyrinidés 666

hamster 1034
hanneton bronzé de la vigne 562
– commun 704
– de la Sain-Jean 741
– des pins 733
– forestier 702
– foulon 733
– horticole 723
– japonais 734
– solstitial 741
– vert de la vigne 562
haricot, anthracnose du 1791
–, bactériose du 1162
–, bruche du 546
– de Lima, mildiou du 1420
–, flétrissement bactérien du 1106
–, fusariose du 1812
–, maladie de la graisse du 1131
–, mosaïque commune du 1284
–, mosaïque jaune du 1181
–, puceron du 223
–, rouille du 1721
–, thrips du 108
haricots, pyrale des 405
hélices 53
hellébore bâtard 1957
helminthosporiose 1516
– de l'avoine 1535
– de l'orge 1537
– du riz 1450
hépiale du houblon 428
hépiales 427
hépialidés 427
herbe à cochon 2128
– à coton 2062
– à éternuer 1955
– amère 2027
– au cancre 2074
– au chantre 2167
– aux écrouelles 2197
– aux goutteux 1958
– aux hirondelles 2022
– aux oies 2133
– aux perles 2097
– aux poux 2117
– aux vipères 2046
– cachée 1943
– de Saint-Jacques 2157
– de Saint-Jean 1990
– de Sainte-Barbe 1995
– des Bermudes 2040
– des juifs 2171
– sardonique 2142
hérisson 1043
hermine d'été 1059
herniaire 2074
hernie du chou 1423
hesperides, pou des 212
hesperiidés 429
hétérosporiose de l'oeillet 1457
hêtre, agrile du 552
–, cochenille du 215
–, maladie des semis de 1406
–, orcheste du 743
–, puceron du 289
histéridés 670
holoste ombrellé 2077
hoplocampe commun du prunier 894
– du poirier 893
– du pommier 897
– noir du prunier 896
horloge de la mort 785
hôte 2254
houblon, altise du 736, 737
–, cécidomyie du 809
–, feuille d'ortie du 1197
–, maladie chlorotique du 1233
–, mildiou du 1429
–, mosaïque du 1231
–, oïdium du 1554
–, puceron du 288
–, tête d'ortie du 1197
houque laineuse 2076
hydrophiles 671
hylésine de l'olivier 673
– du pin 583
hylésines 672
hylobe du pin 675
hyponomeute du pommier 432
– du prunier 435
hyponomeutes 436

ichneumonides 899
insect du midi 453
iris, maladie bactérienne de l' 1130
–, mosaïque de l' 1265
–, thrips de l' 104
isopodes 983
iule des fraises 925
ivraie du lin 2098
– enivrante 2099

jacés des prés 2019
jacinthe, bactériose de la 1159
–, maladie circulaire de la 21
–, maladie de la morve de la 1546
–, maladie jaune de la 1159
jambe noir du tabac 1416
jaunisse 2322
– de l'ananas 2364
– de la betterave 1206
– des bords des feuilles 1275
– du cerisier aigre 1195
jaunissement 2322

jaunissement des asters 1194
– des nervures 2313
– des nervures du poirier 2394
– du bord de la feuille 2236
– du pêcher 1199
jonc à lier 2081
– aggloméré 2083
– commun 2081
– épars 2081
– filiforme 2082
joubarbes, rouille des 1596
jusquiame noire 2079

koléroga du caféier 1587

lait d'âne 2173
– de couleuvre 2056
laiteron des champs 2172
– maraîcher 2173
laitue, bactériose de la 1129
–, mosaïque de la 1267
–, pourriture de la 1850
–, puceron de la 274
lamellicornes 750
lamier blanc 2085
– pourpre 2086
lampourde 2197
lampsane commune 2087
langue de boeuf 1600
lapin 1062
lapins de garenne 1073
lasiocampe du pin 388
lasiocampidés 442
lasioderme du tabac 685
lathrée écailleuse 1943
laurier de St. Antoine 2048
laurier-rose, galles du 1145
lecanines 247
lécanium du cornouillier et de la vigne 236
– du pêcher 237
légionnaire d'automne 439
légumineuses, anthracnose des 1846
–, cocinelle des 769
–, maladie des sclérotes des 1553
lentilles, bruche des 591, 596
lépisme du sucre 64
lèpre du caféier 1924
leptonécrose du caféier 3
lérot 1038
lésions creuses 1169
– en bosse 1169
– en saillie 1169
– planes 1169
libellules 335
lichen barbu 1929
– fleuri 1929
liège 2327
liège, bupreste du 636
–, teigne du 525
lierre, cochenille du 182
– de terre 2072
–, puceron du 224
lièvre commun 1048
– des Alpes 1049
lignification 2320
– de la barbadine 1281
lilas, maladie bactérienne du 1148
–, mildiou du 1421
–, teigne des 544
liliacées, anthracnose des 1786
limace agreste 51
– cendrée 60
– des jardins 46
– grise, grande 60
– grise, petite 52
– jaune, grande 59
limaces 58
– carenées 61
limaçon rouge 45
lime-bois 696
limnoria 984
lin à huile, pasmo du 1900
–, altise du 692
–, anthracnose du 1792
–, brulure du 1387
–, cuscute du 1934
–, fusariose du 1811
–, ivraie du 2098
–, maladie de la brûlure du 1387
–, thrips du 122
–, zizanie du 2098
linaire commune 2096
– vulgaire 2096
linot 992
linotte 992
lion des pucerons 338
liparis du saule 519
lis, criocère du 688
–, puceron du 276
–, rosette du 1238
liseré des nervures 2310
liseron des champs 2037
lithobie 930
lithobies 929
litorne 1026
livèche, otiorrhynque de la 714
lixus de la betterave 690
loir 1047
longicorne des charpentes 604
lophyre du pin 890
luzerne, balai de sorcière de la 1198
–, cécidomyie des feuilles de la 825
–, cécidomyie des fleurs de la 810
–, cécidomyie des gousses de la 795

luzerne, cécidomyie des pousses de la 823
–, flétrissement et jaunissement de la 1107
–, maladie des tumeurs marbrées de la 1436
–, maladie vermiculaire de la 21
–, mosaïque de la 1277
–, négril de la 631
–, rhizoctone de la 1616
–, rouille de la 1729
–, taches blanches de la 2363
–, taches des feuilles de la 1532
lycénidés 455
lychnide des moissons 1961
lycosidés 953
lyctes 694
lyde bleue 872
– de l'épicéa 885
– du pêcher 911
– du poirier 910
– étoilée 873
lygées 136
lygéides 135
lymexylon naval 696

macules foliaires du riz 1777
maïs, brûlure des feuilles du 1844
–, charbon des inflorescences du 1694
–, charbon du 1742
–, chenille des épis du 425
–, flétrissure bactérienne du 1165
–, maladie bactérienne du 1165
–, maladie des faisceaux noirs du 1767
–, maladie du "dry-rot" du 1801
–, mosaïque du 1300
–, puceron du 305
–, puceron vert du 305
–, pyrale du 502
–, rouille du 1681
–, striure du 1216
malacosomes 460
maladie à virus 2314
– bactérienne 2200
– bactérienne de l'orge 1166
– bactérienne des rosacées 1111
– bactérienne du glaïeul et de l'iris 1130
– bactérienne du lilas 1148
– bactérienne du maïs 1165
– bactérienne du mûrier 1133
– bactérienne du noyer 1160
– chancreuse du châtaignier 1464
– chancreuse du mélèze 1454
– chlorotique du houblon 1233
– circulaire de la jacinthe 21
– criblée du cerisier 1784
– d'Oléron 1116
– de Fiji de la canne à sucre 1227
– de Pahala de la canne à sucre 2351
– de Panama 1817
maladie de Pierce de la vigne 1305
– de Pfeffingen 2382
– de l'amer du vin 1081
– de l'amertume 1081
– de l'encre du châtaignier 1407
– de l'esca de la vigne 1697
– de l'orme 1445
– de la brûlure du lin 1387
– de la graisse du haricot 1131
– de la jambe noire de la pomme de terre 1117
– de la lèpre des olives 1831
– de la mole 1484
– de la mort du safron 1616
– de la morve de la jacinthe 1546
– de la morve rouge de la canne à sucre 1526
– de la pointe noire du bananier 1843
– de la suie 1825
– de la toile 1762
– de la toile du caféier 1587
– de la tourne du vin 1103
– des aiguilles du pin et de l'épicéa 1483
– des aiguilles du sapin de Douglas 1538
– des aiguilles du sapin et de l'épicéa 1438
– des branches du sapin 1878
– des cabosses du cacaoyer 1418
– des collerettes 1590
– des côtes brunes du tabac 1255
– des croûtes noires de l'érable 1541
– des croûtes noires du saule 1542
– des défrichements 2354
– des épis du blé 1797
– des faisceaux noirs du maïs 1767
– des fentes du caféier 1579
– des feuilles de mélèze 1853
– des feuilles des palmiers 1612
– des feuilles du châtaignier 1504
– des feuilles du platane 1481
– des jeunes pousses de l'épicéa 1800
– des jeunes pousses de l'érable 1893
– des manchettes 1590
– des plantules 1394
– des pochettes du prunier 1567
– des proliférations 2371
– des rayures marbrées de la canne à sucre 1164
– des sclérotes 1552
– des sclérotes des légumineuses 1553
– des sclérotes du riz 1487
– des semis de hêtre 1406
– des stries de l'orge 1536
– des stries du riz 1323
– des taches 1527, 1763
– des taches annulaires du chou 1190
– des taches annulaires du dahlia 1211
– des taches brunes de la pomme de terre et de la tomate 1755
– des taches de bronze de la tomate 1237

maladie des taches grises de l'avoine 2339
– des taches rondes de la canne à sucre 1486
– des taches rouges du cerisier 1478
– des taches rouges du fraisier 1503
– des tubercles 1152
– des tumeurs marbrées de la betterave 1437
– des tumeurs marbrées de la luzerne 1436
– des verrues 1461
– des yeux bruns du caféier 1772
– digitoire 1423
– du bois bleu 1447
– du bord jaune 1275
– du bout de cigare de la banane 1913
– du brun de l'épicéa 1490
– du brun du sapin 1491
– du coeur de la betterave 1871
– du coeur rouge du fraisier 1414
– du collet des plantes d'épicéa et de sapin 1868
– du coton de l'olivier 238
– du dessèchement des jeunes coings 1551
– du "dry-rot" du maïs 1801
– du feu sauvage 1149
– du gigantisme du riz 1469
– du peuplier pyramidal 1577
– du plomb des arbres fruitiers et d'ornement 1699
– du rattle 1317
– du rond des pins 1601
– du rouge du mûrier 1471
– du rouge du pin 1492
– du sang du bananier 1123
– du "sereh" de la canne à sucre 1314
– du Texas du cotonnier 1883
– du trèfle 1403
– du Wisconsin du tabac 1132
– en oeil de pavon des feuilles de l'olivier 1795
– fonctionnelle 2349
– jaune de la jacinthe 1159
– non parasitaire 2349
– par carence 2331
– physiologique 2349
– ronde du pin maritime 1539
– rose du caféier et du cacaoyer 1589
– rouge de la vigne 978
– vermiculaire de l'avoine 21
– vermiculaire de l'oignon 21
– vermiculaire de la luzerne 21
– vermiculaire des fougères 13
– vermiculaire des pommes de terre 20
– vermiculaire du muguet 33
– verruqueuse de la pomme de terre 1435
– vésiculeuse théier 1599
– X du pêcher 1266
maladie X occidentale du pêcher 2390
malformation 2264
malvacées, rouille des 1672
man 704
mancha du caféier 1632
manioc, mosaïque du 1350
manne 1926
mante religieuse 82
mantelet de dame 1967
marbrure 2265
– du maïs 1217
– du pois 1260
– zonale du cerisier 1270
– zonale du pêcher 1270
– zonale du prunier 1270
margarodinés 261
marguerite des blés 2026
– des prés 2025
–, petite 1996
marmot du feu 65
marmotte 1050
maroute 1981
matricaire camomille 2103
mauve, petite 2101
mauves, rouille des 1672
mélanose de la vigne 1894
– des citrus 1879
mélèze, chancre du 1454
–, maladie chancreuse du 1454
–, maladie des feuilles de 1853
–, puceron lanigère du 150
–, thrips du 119
méligèthes des crucifères 699
– du colza 699
méloé 700
méloïdes 701
melon, cercosporiose du 1774
–, mouche du 820
–, nuile du 1780
–, puceron du 200
membracides 262
menge-mallol 783
menthes, rouille des 1674
mercuriale annuelle 2105
merle 1025
meunier des composées 1388
mil à chandelle, charbon du 1711
mildiou de l'épinard 1401
– de l'oeillette 1397
– de l'oignon 1400
– de la betterave 1399
– de la pomme de terre 1415
– de la vigne 1426
– des céréales 1432, 1433
– des composées 1388
– des crucifères 1398
– des cucurbitacées 1428

mildiou des pois 1404
– des trèfles 1403
– du chanvre 1427
– du haricot de Lima 1420
– du houblon 1429
– du lilas 1421
– du pavot 1397
– du persil et cerfeuil 1425
– du piment 1408
millet, charbon du 1735
mineuse de la canne à sucre 390
– des bourgeons du pommier 365
– des feuilles des arbres fruitiers 459
mineuses 793
mite à fourreau 530
– des tapis 537
– des vêtements 528
moineau des campagnes 1017
– franc 1016
moisissure bleue des agrumes 1867
– nivale des céréales 1442
– olivâtre des feuilles et des fruits de la tomate 1781
– verte des agrumes 1865
moissons, noctuelle des 350
–, zabre des 791
mole, maladie de la 1484
momification des coings 1551
moniliose du cerisier, du prunier et du pêcher 1547
– du pommier et du poirier 1548
morelle grimpante 2169
– noire 2170
mosaïque aucuba de la pomme de terre 1249
– aucuba du tabac 1294
– commune du haricot 1284
– de l'iris 1265
– de la betterave 1250
– de la canne à sucre 1290
– de la giroflée 1276
– de la laitue 1267
– de la luzerne 1277
– de la pomme de terre 1259, 1292
– de la rose 1289
– de la variété Lambert 2375
– des cucurbitacées 1256
– des nervures 2312
– du blé 1296
– du blé d'hiver russe 1221
– du brome 1264
– du céleri 1298
– du chou-fleur 1254
– du concombre 1256
– du dahlia 1257
– du figuier 1213
– du houblon 1231
– du maïs 1300
mosaïque du manioc 1350
– du navet 1251
– du pêcher 1270, 1283
– du pois 1268
– du pommier 1274
– du prunier 1270
– du soja 1361
– énation du pois 1286
– internervale 2257
– jaune de la rose 1348
– jaune du haricot 1181
– jaune du navet 2396
– légère de la pomme de terre 1259
– linéaire du pommier 2368
– ordinaire du tabac 1293
– rouge 1290
– rouge bénigne du cerisier 2379
– rouge du poirier 2393
– rouge nécrotique du cerisier 2381
– rouille 1290
– rugueuse bénigne du cerisier 2378
– rugueuse du cerisier 1212
mottle leaf du cerisier 1253
mouche blanche du chou 151
– de Hesse 846
– de l'asperge 859
– de l'oeillet 854
– de l'oignon 852
– de la betterave 850
– de mai 331
– des bulbes 838
– des carottes 860
– des cerises 863
– des fruits 799
– des narcisses 844
– des olives 821
– des oranges 799
– des pommes 864
– du céleri 851
– du chou 853
– du melon 820
– du navet 855
– espagnole 697
– grise des semis 856
– méditerranéenne des fruits 799
– mexicaine des fruits 794
moucheron des caves 833
– du vinaigre 833, 834, 835
moucheture 2295
– noire 1848
mouron des champs 1978
– des oiseaux 2177
– mâle 1978
– rouge 1978
mousse d'Espagne 1928
moutarde blanche 2001
– des champs 2002

moutarde sauvage 2093
muflier des jardins, rouille du 1658
muguet, maladie vermiculaire du 33
mulot 1028
– des bois 1028
mûrier, cochenille 185
–, gommose bacillaire du 1133
–, maladie bactérienne du 1133
–, maladie du rouge du 1471
–, pourridié du 1543
–, rouille des feuilles du 1505
musaraigne 1070
mutille 908
mycocécidie 2245
mycose 2246
– corticale 1688
myosotis des champs 2106

nanisme 2234
– de la canne à sucre 1228
– du pêcher 1311
– du riz 1219
– jaune 2321
narcisses, mouche des 844
nard bâtard 2108
– des prés 2108
navet, barbeau rouge du 655
–, ceuthorrhynque du 619
–, mosaïque du 1251
–, mosaïque jaune du 2396
–, mouche du 855
–, piéride du 483
nécrose acropétale de la pomme de terre 1255
– apicale 2305
– corticale 2203
– de l'écorce du poirier 1111
– de la peau de la pomme de terre 2360
– de la vigne 1451
– des nervures 2309
– des nervures du tabac 1255
– du bois 1511
– du liber de l'orme 1306
– du liber de caféier 3
– du tabac 1269
– libérienne 2273
– linéaire du cerisier 2380
négril de la luzerne 631
neïroun 720
némate de l'épicéa 913
nématocécidie 5
nématode de la betterave 31
– des agrostides 10
– des crucifères 24
– des racines 22, 32
– des racines des céréales 27
– doré de la pomme de terre 30
nématode du pois 26
– du soya 25
nématodes des plantes 5
– gallicoles 9
nénuphar, galéruque du 662
–, puceron du 306
népides 139
nepticulidés 466
névroptères 340
nerprun, puceron du 160, 171
nerviation noire du chou 1157
nieille des champs 1961
– du riz 1884
nielle du blé 11
– du tabac 1293
nigelle des champs 2111
nitidulidés 706
noctuelle de l'érable 344
– de la betterave 438
– des moissons 350
– des tomates 425
– du blé 351, 476
– du chou 462
– du pois 464
– fiancée 538
– gamma 363
– point d'exclamation 411
– potagère 463
noctuelles 467
noeud chevelu 1142
noir de l'olivier 1439
– de l'oranger et du citronnier 1489, 1494
– des céréales 1510
noircissement 2205
noisetier, capricorne du 707
–, oïdium du 1522
–, phytopte du 948
–, saperde du 707
noisettes, balanin des 646
–, charançon des 646
–, ver des 646
nonne 457
notodontes 468
notodontidés 468
notonectidés 141
noyer, anthracnose du 1480, 1849
–, gros puceron du 193
–, maladie bactérienne du 1160
–, petit puceron du 204
nuile des céréales 1488, 1905
– du melon et du concombre 1780
– rouge des cucurbitacées 1790

obstruction 2300
occlusion 2300
odonates 336
oeil de perdrix 1956

oeil de vache 1980
oeillet, flétrissement bactérien de l' 1122
–, flétrissure de l' 1808
–, fusariose de l' 1808
–, hétérosporiose de l' 1457
–, mouche de l' 854
–, rouille de l' 1724
–, tordeuse de l' 535
oeillette, mildiou de l' 1397
oïdium brun du groseillier à maquereau 1555
– de l'aubépine 1530
– de la vigne 1572
– des pois 1468
– du chêne 1497
– du houblon 1554
– du noisetier et du frêne 1522
– du pommier, du poirier et du cognassier 1529
– du rosier et du pêcher 1556
oignon, bigarrure jaune de l' 1252
–, charbon des feuilles d' 1717
–, maladie vermiculaire de l' 21
–, mildiou de l' 1400
–, mouche de l' 852
–, pourriture blanche de l' 1891
–, thrips de l' 124
oignons, pourriture des 1760, 1761, 1764
oisier, galéruque de l' 660
oléocellose 2350
olives, maladie de la lèpre des 1831
–, mouche des 821
olivier, cochenille noire de l' 311
–, hylésine de l' 673
–, maladie en oeil de pavon des feuilles de l' 1795
–, maladie du coton de l' 238
–, noir de l' 1439
–, psylle de l' 238
–, scolyte de l' 720
–, teigne de l' 494
–, thrips de l' 111
–, tuberculose de l' 1144
–, tumeurs bactériens de l' 1144
ombellifères, puceron des 194
ondatra 1045
oniscidés 986
opossum 1037
oranger, cochenille blanche de l' 292
–, cochenille farineuse de l' 292
–, cochenille noire de l' 279
–, cochenille plate de l' 212
–, cochenille rouge de l' 158
–, noir de l' 1489, 1494
orangers, cochenille virgule des 252
–, pou rouge des 207
oranges, mouche des 799
orbitèle 938
orcheste de l'aune 742
– du chêne 745
– du hêtre 743
– du peuplier 744
oreille d'âne 2084
– de souris 2020, 2075
orge, charbon couvert de l' 1737
–, charbon noir de l' 1743
–, charbon nu de l' 1744
–, chlorops de l' 802
–, criocère de l' 686
– des murs 2078
–, helminthosporiose de l' 1537
–, maladie bactérienne de l' 1166
–, maladie des stries de l' 1536
– queue de souris 2078
–, rouille naine de l' 1670
orgyie antique 469
orgyies 458
orme, cochenille de l' 232
–, dépérissement de l' 1445
–, galéruque de l' 665
–, grand scolyte de l' 758
–, maladie de l' 1445
–, nécrose du liber de l' 1306
–, petit scolyte de l' 652
–, puceron blanc de l' 192
–, puceron de l' 234, 318
–, puceron sombre de l' 318
–, scolyte de l' 652
–, thyllose parasitaire de l' 1445
orobanche 1945
– du trèfle 1947
– rameuse 1950
– spécieuse 1946
ortie blanche 2085
– brûlante 2189
– des marais 2176
– dioïque 2188
– morte 2085, 2176
– romaine 2189
– rouge 2065
oscinie 848
oseille commune 2147
– épinard 2151
–, puceron de l' 226
otiorrhynque de la livèche 714
– de la vigne 715
– sillonné 715
otiorrhynques 713
ourson coquau 1042

pain, vrillette du 767
pâleur 2270
palmier, pourriture du bourgeon du 1418
palmiers, maladie des feuilles des 1612

palombe 997
panachure de la fleur 2211
– de la tulipe 1297
– infectieuse de l'abutilon 1245
panic pied de coq 2045
– sanguin 2115
papilionidés 475
papillon blanc veiné de vert 483
– gris de la farine 398
pâquerette vivace 1996
paracrinkle de la pomme de terre 1246
pas-d'âne 2185
pasmo du lin à huile 1900
passerage drave 2014
– lépidier 2014
passiflore, durcissement des fruits de 1281
patate douce, black-rot de la 1446
pathogène 2271
patience 2151
patte d'araignée 2111
patûrin annuel 2125
– des prés 2126
pavot argémone 1988
– des moissons 2116
–, mildiou du 1397
pêche, petite 1200
pêcher, bupreste noir du 608
–, calico du 1184
–, cloque du 1564
–, cochenille du 237
–, enroulement chlorotique des feuilles du 2387
–, enroulement chlorotique du 2392
–, excroissances du 1331
–, jaunissement du 1199
–, lécanium du 237
–, lyde du 911
–, maladie X du 1266
–, maladie X occidentale du 2390
–, marbrure zonale du 1270
–, moniliose du 1547
–, mosaïque du 1270, 1283
–, nanisme du 1311
–, oïdium du 1556
–, petite mineuse du 354
–, puceron brun du 178
–, puceron farineux du 241
–, puceron gris du 267
–, puceron gris-vert du 241
–, puceron noir du 190
–, puceron vert du 267
–, "red suture" du 1201
–, réseau doré du 2388
–, rosette du 1313
–, rouille du 1662
–, taches annulaires du 1330
–, taches astéroïdes du 1248
pêcher, taches étoilées du 1248
–, taches nécrotiques du 2389
–, tavelure du 1851
–, tordeuse orientale du 446
–, willow twig du 2391
pédiculaire des marais 2117
peigne de Vénus 2156
pensée, charbon de la 1720
– sauvage 2196
pentatomidés 142
perce-oreilles 102, 103
péritèle gris 716
perle 338
peronospora du tabac 1402
persicaire amphibie 2127
persil, faux 1959
–, mildiou du 1425
–, rouille du 1675
pétalodie 2272
pétasite commun 2118
petit capricorne 616
– charançon du pin 728
– coq de bruyère 1014
– escargot des jardins 49
petit-gris 54
petit liseron 2037
– paon de nuit 504
– papillon blanc du chou 484
– poisson d'argent 64
– puceron des céréales 314
– puceron du noyer 204
– ramier 996
– rongeur de l'épicéa et du sapin 731
– scolyte de l'orme 652
– scolyte des arbres fruitiers 653
– ver de la farine 776
– xylébore 788
petite camomille 2103
– cerise 2377
– ciguë 1959
– éclaire 2140
– limace grise 52
– marguerite 1996
– mauve 2101
– mineuse du pêcher 354
– mouche du chou 853
– oseille 2148
– pêche 1200
– saperde 749
peuplier, blanc du 1573
–, chancre du 1802
–, cloque des chatons du 1566
–, cloque du 1560
–, orcheste du 744
–, pucerons du 281, 282
– pyramidal, maladie du 1577
–, saperde du 749

peuplier, sésie du 539
phalène du châtaignier 355
– du groseillier 341
– du pin 367
– effeuillante 430
– hiémale 371
– hiémale, grande 430
phorides 857
phycomycètes 1405
phyllies 86
phyllobie du poirier 722
– oblongue 721
phyllodie 2274
phyllomanie 2275
phylloxéra de la vigne 329
phytonome des trèfles 726
– variable 727
phytopte de la vigne 951
– du groseillier 950
– du noisetier 948
– du poirier 949
phytoptes 947
pic épeiche 1001
– épeichette 1003
– mar 1002
– moyen 1002
– noir 1008
pic-vert 1019
pie 1018
– bavarde 1018
pied d'alouette 2043
– de chèvre 1958
pied-de-corbin 2139
pied de lion 1967
– de poulain 2185
pied-de-poule 2141
pied noir de la betterave 1871
– rouge 2132
piéride de la rape 484
– du chou 482
– du navet 483
piérides 481
piétin des céréales 1515
piétin-échaudage des céréales 1515
piétin-verse des céréales 1485, 1778
pigeon ramier 997
piment d'eau 2131
–, mildiou du 1408
pin, arpenteuse du 367
–, bombyx du 388
–, chrysomèle jaune du 642
– d'Alep, tumeurs bactériens du 1137
–, grand charançon du 675
–, grand rongeur du 682
–, hylésine du 583
–, hylobe du 675
–, lasiocampe du 388
–, maladie des aiguilles du 1483
pin, maladie du rouge du 1492
– maritime, maladie ronde du 1539
–, petit charançon du 728
–, phalène du 367
–, processionnaire du 523
–, puceron de l'écorce du 291
–, rouille des aiguilles du 1585
–, rouille vésiculeuse des écorces du 1594
– sylvestre, chancre du 1454
– sylvestre, pourriture rouge du coeur du 1712
– sylvestre, roussi et chute des aiguilles du 1492
–, tordeuse des bourgeons du 366
–, tordeuse des pousses du 503
–, tordeuse du 478
– Weymouth, charançon du 729
– Weymouth, chermès du 291
– Weymouth, rouille du 1595
pink-rot des fruits 1916
pins à cinq feuilles, rouille des 1595
–, hanneton des 733
–, maladie du rond des 1601
–, rouille coubeuse des rameaux des 1626
pinson 1009
– des Ardennes 1010
– vulgaire 1009
"pinto leaf" du cerisier 1285
piqûre acétique du vin 1075
piriculariose du riz 1884
pissenlit 2180
pissodès ponctué 728
pistilodie 2276
pivert 1019
pivoine, rouille de la 1594
plantain lancéolé 2122
– majeur 2123
– moyen 2124
plantules, maladie des 1394
plastomanie du pommier 2367
platane, anthracnose du 1481
–, maladie des feuilles du 1481
plissée 2223
plomb 2292
– des arbres fruitiers 1699
poche résinifère 2352
points bruns de la chair des pommes 2324
poire pierreuse 1287
poireau, rouille du 1677
–, teigne du 343
poires pierreuses, punaise des 126
–, ver des 448
poirettes, cécidomyie des 814
poirier, agrile du 551
–, bupreste du 551
–, cèphe du 901
–, cloque des feuilles du 1561
–, cochenille rouge du 231
–, diaspis du 231

poireau, rouille du 1677
–, teigne du 343
poires, ver des 448
– pierreuses, punaise des 126
poirettes, cécidomyie des 814
poirier, agrile du 551
–, bupreste du 551
–, cèphe du 901
–, cloque des feuilles du 1561
–, cochenille rouge du 231
–, diaspis du 231
–, feu bactérien du 1111
–, gravelle du 1287
–, hoplocampe du 893
–, jaunissement des nervures du 2394
–, lyde du 910
–, moniliose du 1548
–, mosaïque rouge du 2393
–, nécrose de l'écorce du 1111
–, oïdium ou blanc du 1529
–, phyllobie du 722
–, phytopte du 949
–, psylle du 298
–, puceron cendré du 312
–, puceron du 234
–, rouille grillagée du 1614
–, septoriose du 1509
–, tavelure du 1576
–, thrips du 118
–, tigre du 146
–, zeuzère du 545
pois, anthracnose du 1507, 1757, 1758
–, apion du 573
–, bactériose du 1138
–, bruche des 594
–, cécidomyie du 813
– chiche, anthracnose du 1508
–, fusariose du 1813
–, marbrure du 1260
–, mildiou des 1404
–, mosaïque du 1268
–, mosaïque énation du 1286
–, nématode du 26
–, noctuelle du 464
–, oïdium des 1468
–, pourriture des racines et de la base de la tige du 1385
–, puceron du 149
–, puceron vert du 149
–, rouille du 1728
–, thrips du 109
–, tordeuse du 444, 447
poivre d'eau 2131
pokkah-boeng 1469
polydesme aplati 931
polypore des arbres fruitiers 1653
pomme de terre, altise de la 735
pomme de terre, anguillule des racines de la 30
– de terre, balai de sorcière de la 1204
– de terre, bigarrure de la 1255
– de terre, bouquet de la 1373
– de terre, calicot de la 1278
– de terre, calocoris de la 127
– de terre, coeur creux de la 2344
– de terre, coeur noir de la 2325
– de terre, dartrose de la 1785
– de terre, doryphore de la 687
– de terre, enroulement des feuilles de la 1208
– de terre, feuilles en cuillère de la 1369
– de terre, flétrissement bactérien de la 1110
– de terre, flétrissement fusarien de la 1816
– de terre, fusariose de la 1816
– de terre, gale argentée de la 1912
– de terre, gale commune de la 1169
– de terre, gale ordinaire de la 1169
– de terre, gale poudreuse de la 1434
– de terre, gale profonde de la 1434
– de terre, maladie de la jambe noire de la 1117
– de terre, maladie des taches brunes de la 1755
– de terre, maladie verruqueuse de la 1435
– de terre, mildiou de la 1415
– de terre, mosaïque aucuba de la 1249
– de terre, mosaïque de la 1259, 1292
– de terre, mosaïque légère de la 1259
– de terre, nécrose acropétale de la 1255
– de terre, nécrose de la peau de la 2360
– de terre, nématode doré de la 30
– de terre, paracrinkle de la 1246
– de terre, pourriture brune de la 1146
– de terre, pourriture humide de la 1411
– de terre, pourriture sèche des tubercles de 1806, 1818
– de terre, puceron de la 257
– de terre, puceron des germes de la 308
– de terre, puceron vert de la 257
– de terre, trachéomycose de la 1920
– de terre, verticillose de la 1920
– épineuse 2041
pommes acqueuses 2362
–, blotch fumeux des 1825
–, carpocapse des 448
– de terre bouleuses 2353
– de terre, maladie vermiculaire des 20
– de terre, pourriture molle des 1431
– de terre, teigne des 414
–, échaudage des 2323
–, mouche des 864
–, points bruns de la chair des 2324
–, pourriture des 1866
–, rugosité de la peau des 1343

pommes, ver des 448
pommier, anthonome du 565
–, atrophie des fruits du 2366
–, balai de sorcière du 2371
–, black-rot du 1525
–, capside des bourgeons du 144
–, cécidomyie des feuilles du 824, 828
–, chancre du 1514
–, chenille fileuse du 432
–, cochenille virgule du 254
–, craquelure en étoile du 2370
–, hoplocampe du 897
–, hyponomeute du 432
–, mineuse des bourgeons du 365
–, moniliose du 1548
–, mosaïque du 1274
–, mosaïque linéaire du 2368
–, oïdium du 1529
–, plastomanie du 2367
–, pourriture amère des fruits du 1475
–, psylle du 295
–, puceron lanigère du 233
–, puceron vert du 225
–, rosette du 1172
–, rouille grillagée du 1615
–, scolyte du 651
–, sésie du 521
–, tavelure du 1463
–, teigne des feuilles du 515
–, teigne des fleurs du 360
–, teigne du 359
ponceau 2116
populage 2009
porc-épic 1042
porte-croix 937
porte-selles 76
porteur 2218
potentille ansérine 2133
pou de San José 303
– des hesperides 212
– des livres 99
– rouge de Californie 158
– rouge de Floride 205
– rouge des orangers 207
pourridié-agaric 1579
pourridié blanc marbré des racines et base des troncs 1611
– de la vigne et des arbres fruitiers 1544
– du chêne 1545
– du mûrier 1543
pourriture acide 1864
– alvéolaire 1696
– amère des fruits 1864
– amère des fruits du pommier 1475
– apicale 2306
– bactérienne 1117
– blanche 1610, 1644, 1647, 1648, 2316
pourriture blanche alvéolaire 1697
– blanche de l'oignon 1891
– blanche des racines 1607
– blanche marbrée 1645
– blanche marbrée des angiospermes 1652
– brune 1646, 1852, 2214
– brune de la pomme de terre 1146
– brune des fruits des agrumes 1421
– brune du bois de coeur des conifères 1608
– colorée marbrée 1636
– de la laitue 1850
– de la pointe 1469
– de la tomate 1873
– des agrumes 1865
– des bourgeons 2215
– des cabosses du cacaoyer 1418
– des capsules 1161
– des capsules du cotonnier 1588
– des fraises 1406
– des fruits 1406
– des oignons 1760, 1761, 1764
– des pieds de chou 1874
– des pommes 1866
– des racines 2283
– des racines et de la base de la tige du pois 1385
– des saignées de l'hévea 1446
– des tiges 2299
– du bourgeon du palmier 1418
– du cocotier 1418
– du coeur 2252, 2253
– du coeur de l'ananas 1409
– du coeur de la betterave 2341
– dure 2251
– en bois de perdrix 1696
– gommeuse du bois 1650
– grise 1762
– humide 2315
– humide de la pomme de terre 1411
– lamellée brune du bois de coeur 1700
– marbrée du bois de coeur 1643
– molle 2294
– molle des pommes de terre 1431
– molle du fruit et maladie des boutures de l'ananas 1915
– noble 1762
– noire des cabosses du cacaoyer 1847
– noire des crucifères 1157
– noire des fruits du cacaoyer 1418
– noire des racines 1571
– noire des racines de radis 1386
– rouge 2280
– rouge du chêne 1653
– rouge du coeur du pin sylvestre 1712
– rouge du pin 1712
– sèche 2233
– sèche de l'aubier des conifères 1621

pourriture sèche de la betterave 2341
– sèche de la pointe de la canne à sucre 1392
– sèche des bois 1655
– sèche des épis 1801
– sèche des fruits de la tomate 2326
– sèche des tubercles de pomme de terre 1806, 1818
pousse du vin 1103
prêle d'hiver 2050
– des champs 2049
– des marais 2051
processionnaire du chêne 524
– du pin 523
prunes, carpocapse des 445
prunier, bactériose du 1163
–, dégénérescence du 1312
–, hoplocampe commun du 894
–, hoplocampe noir du 896
–, hyponomeute du 435
–, maladie des pochettes du 1567
–, marbrure zonale du 1270
–, moniliose du 1547
–, mosaïque du 1270
–, puceron farineux du 243
–, puceron vert du 189, 243
–, réseau doré du 2395
–, rouille du 1714
–, taches blanches du 1174
–, taches rouges des feuilles du 1531
–, tavelure du 1851
pruniers, chancre des branches des 1528
pseudo-rosette de l'avoine 1215
psocoptères 98
psoque 99
psorosis des agrumes 1205
psylle de l'olivier 238
– du poirier 298
– du pommier 295
ptine voleur 738
puceron à galle conique de l'épinette 309
– blanc du chou 191
– brun du pêcher 178
– cendré de la tulipe 330
– cendré du chou 191
– cendré du poirier 312
– de l'artichaut 188
– de l'échalotte 304
– de l'écorce du pin 291
– de l'épine-vinette 255
– de l'orme et du groseillier 318
– de l'orme et du poirier 234
– de l'oseille 226
– de la laitue 274
– de la pomme de terre 257
– de la ronce et du framboisier 275
– de la tulipe 268
puceron des céréales 322
– des fougères 245
– des germes de la pomme de terre 308
– des ombellifères 194
– des serres 276
– du bananier 284
– du blé 322
– du caféier 325
– du caragan 263
– du chanvre 287
– du chardon 188
– du chrysanthème 301
– du fraisier 280
– du géranium 187
– du haricot 223
– du hêtre 289
– du houblon 288
– du lierre 224
– du lis 276
– du maïs 305
– du melon et du cotonnier 200
– du nénuphar 306
– du nerprun 160, 171
– du noyer, gros 193
– du peuplier 282
– du pois 149
– du sapin 264
– du sycomore 227
– du tilleul 235
– du troène 266
– farineux du pêcher 241
– farineux du prunier 243
– gris du pêcher 267
– gris-vert du pêcher 241
– jaune du fraisier 280
– jaune du groseillier et du cassis 216
– lanigère de l'aune 277
– lanigère du mélèze 150
– lanigère du pommier 233
– noir de la betterave 223
– noir de la fève 223
– noir du cerisier 270
– noir du pêcher 190
– noir du sureau 176
– rhizophage du fraisier 199
– sombre de l'orme 192, 318
– vert de l'avoine 307
– vert de la rose et de la pomme de terre 257
– vert des graminées 314
– vert du chrysanthème 214
– vert du fraisier 199
– vert du groseillier 166
– vert du maïs 305
– vert du pêcher 267
– vert du pois 149
– vert du pommier 225

puceron vert du prunier 189, 243
– vert du rosier 256
pucerons 159
– du peuplier 281
pulvinaire de la vigne 300
punaise de la betterave 143
– des céréales 132
– des choux 138
– des poires pierreuses 126
– du chou 130
– potagère 130
– verte des pousses 137
punaises grises 136
pyrale de la betterave 454
– de la farine 500
– de la vigne 517
– des caroubes 465
– des cônes 391
– des haricots 405
– du maïs 502
– jaune à deux points 507
pyralides 499

quenouille des graminacées des prairies 1465
queue de cheval 2051

rabougrissement 2302
– bousissonneux de la tomate 1258
racines chevelues 1142
– laineuses 1142
radis, pourriture noire des racines de 1386
ramier 997
rape, piéride de la 484
rapprochement des entre-noeuds 2284
rat d'eau 1029
– d'égout 1067
– des champs 1027
– des greniers 1068
– des moissons 1052
– gris 1067
– musqué 1045
– noir 1068
– surmulot 1067
– taupier 1029
rats 1065
ravanelle 2143
rave de Saint-Antoine 2139
–, tenthrède de la 879
raveluche 2143
rayure rouge de la canne à sucre 1143
rayures brunes de la canne à sucre 1841
"red suture" du pêcher 1201
réduction de la croissance 2249
réduvidés 145
reine des prés 2187
renflement 2304
renflement des branches 2290
– des branches du cacaoyer 1295
renoncule acre 2137
– bulbeuse 2139
– des champs 2138
– des prés 2137
– rampante 2141
– scélérate 2142
renouée aquatique 2127
– bistorte 2129
– des oiseaux 2128
– liseron 2130
– persicaire 2132
réseau doré de l'abricotier 2372
– doré du pêcher 2388
– doré du prunier 2395
résinose 2281
rétrécissement du limbe 2258
reversion du cassis 1171
rhizoctone de la luzerne 1616
– noir 1590
rhododendron, tigre du 147
rhynchite bacchus 746
– coupe-bourgeon 747
rinanthe crête de coq 2145
rind-disease de la canne à sucre 1479
riz, brunissure du 1884
–, carie du 1706
–, charançon du 765
–, charbon vert du 1918
–, helminthosporiose du 1450
–, macules foliaires du 1777
–, maladie des sclérotes du 1487
–, maladie des stries du 1323
–, maladie du gigantisme du 1469
–, nanisme du 1219
–, nieille du 1884
–, piriculariose du 1884
–, teigne du 380
ronce, cécidomyie des feuilles de la 826
–, puceron de la 275
–, rouille de la 1641
ronces, anthracnose des 1462
roncet 1299
ronds de sorcière 1623
rongeur du sapin blanc 732
rongeurs 681, 730
roquette sauvage 2109
– turque 2007
rosacées, maladie bactérienne des 1111
rose, mosaïque de la 1289
–, mosaïque jaune de la 1348
–, puceron vert de la 257
roseau balais 2121
– commun 2121
rosette 2284
– de l'arachide 1247

rosette du lis 1238
– du pêcher 1313
– du pommier 1172
rosier, anthracnose du 1882
–, cochenille du 186
–, cynips du 915
–, diaspis du 186
–, flétrissure du 1262
–, oïdium ou blanc du 1556
–, puceron vert du 256
–, rouille du 1638
–, taches noires des feuilles du 1458
–, tenthrède de la tige du 876
–, tenthrède des feuilles du 882
–, tenthrède des pousses du 881
–, tenthrède du 877
–, thrips du 121
rot amer 1852
rot-blanc de la vigne 1793
rot-brenner 1534
rot-brun des arbres fruitiers 1548, 1549
– des fruits 1547
rot-livide de la vigne 1793
rougette blanche 2144
rougissement 2278
rouille blanche des composées 1384
– blanche des crucifères 1383
– brune du blé 1683
– brune du seigle 1666
– brune du tabac 1132
– courbeuse des rameaux des pins 1626
– couronnée de l'avoine 1664
– de l'ail 1656
– de l'asperge 1660
– de l'oeillet 1724
– de la betterave 1722
– de la canne à sucre 1671
– de la fève 1731
– de la luzerne 1729
– de la pivoine 1594
– de la ronce 1641
– de la violette 1684
– des aiguilles de l'épicéa 1583
– des aiguilles du pin 1585
– des feuilles du mûrier 1505
– des joubarbes 1596
– des malvacées 1672
– des mauves 1672
– des menthes 1674
– des pins à cinq feuilles 1595
– des trèfles 1730
– du buis 1661
– du céléri 1659, 1895
– du cerisier et du pêcher 1662
– du chrysanthème 1663
– du figuier 1582
– du framboisier 1639
rouille du groseillier 1679
– du haricot 1721
– du lin 1625
– du maïs 1681
– du muflier des jardins 1658
– du persil 1675
– du pin Weymouth 1595
– du poireau 1677
– du pois 1728
– du prunier 1714
– du rosier 1638
– du sapin 1686
– du tournesol 1669
– grillagée du poirier 1614
– grillagée du pommier 1615
– jaune des céréales 1682
– linéaire des céréales 1668
– naine de l'orge 1670
– noire des céréales 1668
– tordeuse 1626
– vésiculaire des aiguilles 1627
– vésiculaire des aiguilles de l'épicéa 1584
– vésiculaire des feuilles de sapin 1685
– vésiculeuse des écorces du pin 1594
– vraie du caféier 1617
roulure 2329
roussi et chute des aiguilles du pin sylvestre 1492
rugosité 2285
– de la peau des pommes 1343
rumex à feuilles obtuses 2150
– crépu 2149

sainfoin, cécidomyie des fleurs du 812
salsifis des prés 2183
salvinie 2154
sansonnet 1022
santal, spike du 1203
sanvre 2002
saperde chagrinée 748
– du noisetier 707
– du peuplier 749
–, grande 748
– grêle 600
–, petite 749
sapin, balai de sorcière des rameaux de 1627
– blanc, rongeur du 732
– blanc, tordeuse des bourgeons du 401
–, chermès du 228, 309
– de Douglas, maladie des aiguilles du 1538
–, maladie des aiguilles du 1438
–, maladie des branches du 1878
–, maladie du brun du 1491
–, maladie du collet des plantes de 1868
–, petit rongeur du 731
–, puceron du 264

sapin, rouille du 1686
–, rouille vésiculaire des feuilles de 1685
–, tordeuse du 478
sarigue 1037
sarrasin de Sibérie 2059
saturnidés 506
saule, cécidomyie du 862
–, galéruque du 691
–, gros puceron du 327
–, liparis du 519
–, maladie des croûtes noires du 1542
sauterelle verte, grande 85
sauterelles 90
scabieuse des champs 2066, 2084
scandix peigne de Vénus 2156
scarabéides 750
scolopendre mordante 932
scolyte de l'olivier 720
– de l'orme 652
– des graines de café 768
– du bouleau 756
– du chêne 753
– du figuier 679
– du pommier 651
– rugueux 653
scolytes 650, 751
scorpion des livres 944
scorpions 967
– d'eau 139
scutigères 933
ségestrie 968
séglin 2004
seigle, carie du 1708
–, charbon de la tige du 1718
–, ergot du 1449
– oignonné 21
–, rouille brune du 1666
seigles, brome des 2004
semis, fonte des 1430
–, mouche grise des 856
sen 131
séneçon 2157
– vulgaire 2158
septoriose de la tomate 1901
– du blé 1488, 1902
– du céleri 1895
– du chanvre 1896
– du poirier 1509
serpentaire 2129
sésie apiforme 539
– culiciforme 520
– du groseillier 522
– du peuplier 539
– du pommier 521
sésiidés 346
sétaire glauque 2159
shérardie 2161
"sigatoka disease" du bananier 1506
silène enflé 2162
silphe de la betterave 759
silphidés 760
silvain 712
sirex 918
– commun 917
– géant 920
siricidés 918
solanacées, alternaria des 1754
–, bactériose vasculaire des 1146
solidage verge d'or 2171
sommet buissonant 2216
– tordu de la canne à sucre 1469
– touffu 2216
– touffu de l'abaca 1244
– touffu du bananier 1307
sorgho, brûlure du 1089
–, cécidomyie du 816
–, charbon couvert du 1695
–, charbon nu du 1692
–, flétrissure des feuilles du 1844
sorghos, charbon des 1710
souci d'eau 2009
– des champs 2008
soude 2152
– couchée 2152
souné 131
souris de terre 1029
– des bois 1028
– domestique 1057
– du Nouveau-Monde 1063
soya, mosaïque du 1361
–, nématode du 25
spargoute 2174
spergule 2174
spermophiles 1033
sphingides 518
sphinx commun de la vigne 370
– tête-de-mort 342
spike du santal 1203
spongieuse 493
staphylinides 766
stauronote 75
stellaire 2177
stilbose du caféier 1632
stolbur 1193
stramoine 2041
stries 2301
striure 2301
– chlorotique de la canne à sucre 1220
– de la canne à sucre 1218
– du maïs 1216
subérisation 2221
sunn 131
sureau, puceron noir du 176
surmulot 1067

swollen shoot du cacaoyer 1295
sycomore, puceron du 227
syrphes 866

tabac, bactériose du 1119, 1149
—, blue mold du 1402
—, carence magnésienne du 2355
—, cercosporiose du 1776
—, chancre bactérien du 1118
—, frisolée du 1352
—, gravure du 1261
—, jambe noir du 1416
—, lasioderme du 685
—, maladie des côtes brunes du 1255
—, maladie du Wisconsin du 1132
—, mosaïque aucuba du 1294
—, mosaïque ordinaire du 1293
—, nécrose des nervures du 1255
—, nécrose du 1269
—, nielle du 1293
—, peronospora du 1402
—, rouille brune du 1132
—, taches anguleuses du 1119
—, taches annulaires du 1178, 1180
—, taches blanches du 1096
—, taches en anneau du 1180
—, thrips du 124
—, vrillette du 685
tabouret des champs 2181
tache annulaire 2282
— de sève 2286
— des feuilles 2260
— huileuse 2268
— jaune des feuilles de l'ananas 1237
— médullaire 2277
taches anguleuses des feuilles du concombre 1126
— anguleuses des feuilles du cotonnier 1161
— anguleuses du tabac 1119
— annulaires du cerisier 2383
— annulaires du chou 1501
— annulaires du pêcher 1330
— annulaires du tabac 1178, 1180
— annulaires nécrotiques du cerisier 1330
— astéroïdes du pêcher 1248
— bactériennes des rameaux du figuier 1094
— blanches de la luzerne 2363
— blanches du prunier 1174
— blanches du tabac 1096
— bronzées de la tomate 1237
— brunes des feuilles de la canne à sucre 1773
— de rousseur 1848
— des feuilles de la luzerne 1532
— des feuilles des choux 1127
— des feuilles du cerisier 1502
— digitées 2267
taches en anneau du tabac 1180
— étoilées 2199
— étoilées du pêcher 1248
— ferrugineuses 2346
— ligneuses 2327
— nécrotiques du pêcher 2389
— noires de l'avocatier 1148
— noires des feuilles d'érable 1541
— noires des feuilles du rosier 1458
— noires des fruits 1848
— noires des rameaux 1161
— noires du chou 1190
— noires du trèfle 1453
— rouges des feuilles du prunier 1531
tacheture 2297
tanaisie 2027
—, galéruque de la 659
taret 48, 62
tarière du café 568
tarsonème du fraisier 969
taupe commune 1073
taupe-grillon 77
taupin obscur 554
— rayé 553
taupins 654
tavelure 2287
— du cerisier 1574
— du pêcher, de l'amandier, de l'abricotier et du prunier 1851
— du poirier 1576
— du pommier 1463
— du tremble 1577
tégénaire 973
teigne de l'amandier 396
— de l'olivier 494
— de la betterave 479
— de la carotte 389
— de la farine 398
— de la grappe 375
— des azalées 415
— des bouchons 525
— des caroubes et des figues 465
— des crucifères 488
— des feuilles du pommier et du cerisier 515
— des fleurs du cerisier 361
— des fleurs du pommier 360
— des grains 526
— des lilas 544
— des pommes de terre 414
— du blé 486
— du cacao 397
— du cerisier 361
— du chêne et du châtaignier 531
— du figuier 514
— du liège 525
— du poireau 343

teigne du pommier 359
– du riz 380
teignes des pelleteries 527
– des vêtements 527
ténébrion meunier 770
– obscur 771
ténébrionides 772
tenthrède de la rave 879
– de la tige du rosier 876
– des feuilles du rosier 882
– des pousses du rosier 881
– du rosier 877
– jaune du groseillier 914
– limace 883
tenthrèdes 919
termite à cou jaune 93
– lucifuge 95
termites 92
– fourrageurs 91
– marcheurs 91
testacelles 63
tête d'ortie du houblon 1197
tétranyque tisserand 978
tétranyques tisserands 974
tétras lyre 1014
théier, maladie vésiculeuse du 1599
thermobia des boulangeries 65
thrips 125
– de l'iris 104
– de l'olivier 111
– de la fève et du pois 109
– de la vigne 105
– des agrumes 115
– des céréales 110
– des serres 107
– du cacaoyer 116
– du glaïeul 117
– du haricot 108
– du lin 122
– du mélèze 119
– du poirier 118
– du pois 109
– du rosier 121
– du tabac 124
– du tabac et de l'oignon 124
thyllose 2308
– parasitaire de l'orme 1445
thysanoptères 125
thysanoures 66
tigre du poirier 146
– du rhododendron 147
tillandsie 1928
tilleul, puceron du 235
tipule potagère 869
tipules 870
tisserins 1020
tomate, bactériose vasculaire de la 1108
tomate, buckeye-rot de la 1419
–, bunchy top de la 1242
–, chancre bactérien de la 1108
–, chancre de la 1456
–, "coup de soleil" de la 2326
–, feuilles étroites de la 1256
–, gros bourgeon de la 1193
–, maladie des taches brunes de la 1755
–, maladie des taches de bronze de la 1237
–, moisissure olivâtre 1781
–, pourriture de la 1873
–, pourriture sèche des fruits de la 2326
–, rabougrissement bouissonneux de la 1258
–, septoriose de la 1901
–, taches bronzées de la 1237
tomates, noctuelle des 425
torcol 1012
tordeuse de l'oeillet 535
– de la grappe 453
– des aiguilles de l'épicéa 402
– des bourgeons de l'épicéa 356
– des bourgeons du pin 366
– des bourgeons du sapin blanc 401
– des cônes 443, 450
– des pousses du pin 503
– du pois 444, 447
– du sapin et du pin 478
– orientale du pêcher 446
– rouge des bourgeons 532
– verte des bourgeons 362
– verte du chêne 536
tordeuses 533
tourdelle 1026
tournesol, rouille du 1669
trachéomycose de la pomme de terre 1920
trèfle, apion du 571
–, cécidomyie des feuilles du 829
–, cuscute du 1935
–, maladie du 1403
–, taches noires du 1453
trèfles, mildiou des 1403
–, phytonome des 726
–, rouille des 1730
tremble, tavelure du 1577
tribolium 776, 777
triquet 1017
tristeza des agrumes 2385
troène, puceron du 266
trypétides 871
tubercle en fuseau 1173
tubercles, filosité des 1173
–, maladie des 1152
–, variole des 1590
tuberculose de l'olivier 1144
tulipe, panachure de la 1297
–, puceron cendré de la 330
–, puceron de la 268

tumeurs bactériens de l'olivier 1144
– bactériens du pin d'Alep 1137
turc 704
tussilage 2185
tyngides 148
tyroglyphe de la farine 979

ulmaire 2187
urbec 598
usnée barbue 1929

vanesse antiope 540
– de l'artichaut 501
– io 542
– polychrome 471
variole des tubercles 1590
ver blanc 704
– coquin 375
– de la capsule 425
– de la farine 770, 771
– de la vase 801
– de la vigne 517
– de mer 48, 62
– des blés 600
– des châtaignes 449
– des noisettes 646
– des pommes et des poires 448
– rose du cotonnier 477
– rouge du cotonnier 392
verdier 994
véronique à feuilles de lierre 2190
– officinale 2191
verreau 371
vers blancs 750
– du framboisier 599
– fil de fer 654
– gris 347, 467
– luisants 684
verse 2263
verticillose 1921
– de la pomme de terre 1920
vesce à feuilles étroites 2193
– à quatre grains 2195
–, bruche de la 590
– hérissée 2194
vesceron 2090
vespère des vignes 783
vigne, acarien de la 961
–, acariose de la 961
–, altise de la 667
–, anomala de la 562
–, anthracnose de la 1460
–, apate de la 762
–, black-rot de la 1482
–, brouissins de la 1152
–, cécidomyie de la 818
–, chlorose du calcaire de la 2347
vigne, cigarrier de la 598
–, cochenille farineuse de la 292
–, cochenille floconneuse de la 300
–, cochenille rouge de la 300
–, cochylis de la 375
–, dégénérescence infectieuse de la 1299
–, écrivain de la 547
–, érinose de la 951
–, gélivure de la 1116
–, gommose bacillaire de la 1116
–, grand rongeur de la 762
–, grisette de la 134
–, hanneton bronzé de la 562
–, hanneton vert de la 562
–, lécanium de la 236
–, maladie de l'esca de la 1697
–, maladie de Pierce de la 1305
–, maladie rouge de la 978
–, mélanose de la 1894
–, mildiou de la 1426
–, nécrose de la 1451
–, oïdium de la 1572
–, otiorrhynque de la 715
–, phylloxéra de la 329
–, phytopte de la 951
–, pourridié de la 1544
–, pulvinaire de la 300
–, pyrale de la 517
–, rot-blanc de la 1793
–, rot-livide de la 1793
–, sphynx commun de la 370
–, thrips de la 105
–, ver de la 517
vignes, ail des 1972
–, escargot des 57
–, euphorbe des 2058
–, vespère des 783
vin, fleur du 1766
–, graisse du 1155
–, maladie de l'amer du 1081
–, maladie de la tourne du 1103
–, piqûre acétique du 1075
–, pousse du 1103
vinaigre, moucheron du 833, 834, 835
vinette 2148
violette, rouille de la 1684
vipèrine 2046
virescence 2248
virose 2314
vrilée sauvage 2130
vrillette à galeries linéaires 695
– boulanger 767
– commune 560
– damier 785
– des tables 559
– domestique 560
– du pain 767

vrillette du tabac 685
–, grande 785
– marquetée 785
– opiniâtre 559
– striée 560
vrillettes 557
vulpin des champs 1973
– des prés 1974

willow twig du pêcher 2391

xylébore disparate 787
–, petit 788
xyloporose des agrumes 2386

zabre des céréales 791
– des moissons 791
zérène du groseillier 341
zeuzère du poirier 545
zizanie du lin 2098
zygoptères 337

abacá, cogollo enmarañado del 1244
–, cogollo racimoso del 1244
abarquillado de las hojas 2259
abedul, barrenillo del 756
–, escoba de bruja del 1570
abejorro batanero 733
– común 704
– verde de la vid 562
abeto blanco, barrenillo del 732
– blanco, hojas secas del 1438
– blanco, seca circular de la corteza del 1878
–, chancro de las ramas del 1512
– Douglas, defoliación del 1538
–, enfermedad de las hojas del 1438
–, ennegrecimiento de las hojas del 1491
–, ennegrecimiento y caída de las hojas del 1490
–, escoba de bruja del 1627
–, gangrena del 1627
–, gorgojo del 675
–, podredumbre blanca del 1647
–, pulgón del 228, 264
– rojo, barrenillo tipógrafo del 683
– rojo, roya del 1583
–, roya de las piñas del 1686
–, roya vesicular de las hojas del 1584
–, seca de los brotes del 1800
–, tórtrix de las yemas del 401
abetos, barrenillo pequeño de los 731
abigarrado 2265
– anular del cerezo 2383
– de las hojas del apio 1895
– de las hojas del rosal 1458
– del tomate 1781
– rojizo del peral 2393
abolladura 2209
– de las hojas de té 1599
– de las hojas del melocotonero 1564
aborto de la flor 2210
– de las flores del arroz 1433
abrasado 2357
abrojo grande 2197
abutilón, mosaico del 1245
–, variegado infeccioso del 1245
acacia, escoba de bruja de la falsa 1202
acariosis de la vid 961
ácaro amarillo 952
– blanco 952
– de la roya de los limones 962
– de los bulbos 966
– del fresal 969
– del grosellero 950
– del plateado de los limones 962
– del tostado de la naranja 962
ácaro rojo 978
– rojo de las coníferas 957
ácaros 934
acebollado del centeno 21
acebolladura 2329
acedera común 2147
– menor 2148
– obtusifolia 2150
–, pulgón de la 226
acederilla 2148
aceiteros 700
aceitunas jabonosas 1831
acelga, viruela de la 1770
acentellado 1508
acescencia 1075
aciano 2018
aclaramiento de las nerviaciones 2311
acorchado de las manzanas 2327
acorchamiento interno de las manzanas 2327
acronecrosis 2305
actinomicosis 1169
achaparrado del tomate 1258
achicoria 2028
– amarga 2028
– silvestre 2028
adonis 1956, 1957
adormidera, mildiú de la 1397
– silvestre 2116
afelencoide de la fresa 13
– del crisantemo 15
áfidos 159
agalla 2247
– de corona 1152
– del cuello de la alfalfa 1436
– del cuello de las plantas 1152
– foliar de la azalea 1598
agallas de las hojas del té 1599
agárico 1579
– blanco 1608
– de encina 1603
– de las boticas 1608
agostado 2357
agracejo, pulgón del 255
agrietado 2222
– en estrella 2298
– estrellado del manzano 2370
agrietadura de la vid 1116
agrilo de la encina 550
– del peral 551
– verde del haya 552
agrilos 549
agrilla 2147
agrio 1075
agrios, antracnosis de los 1789
–, bacteriosis de las ramas y frutos de los 1148

agrios, cáncer de los 1158
–, cochinilla de los 212
–, cochinilla roja de los 158
–, coma de los 252
–, costra de los 1461
–, escama roja de los 158
–, gomosis de los 1410, 1419
–, marchitez bacteriana de los 1148
–, melanosis del fruto de los 1879
–, negreta de los 1489, 1494
–, negrilla de los 1494
–, nematodo de la raíz de los 35
–, podredumbre amarga de los 1864
–, podredumbre bacteriana de los 1148
–, podredumbre parda de los 1421
–, roña de los 1461
–, trips de los 115
–, xiloporosis de los 2386
agrisado 1770
aguacate, sarna del 1908
aguado de los limones y naranjas 1421
aguasol 1508
aguja de pastor 2053, 2156
ahilado del vino 1155
ahilamiento 2240
– del vino 1155
aira 1965, 1966
ajamiento 2319
ajo de los viñedos 1972
– de oso 1971
–, roya del 1656
– salvaje 1970
alacrán cebollero 77
aladierna, pulgón de la 160, 171
álamo temblón, roya del 1626
albaricoquero, entramado dorado del 2372
albaricoques 1549
albinismo 2198
– del cerezo 2373
alcachofa, apión de la 572
–, gorgojo de la 572
–, vanesa de la 501
alcachofas, cásida de las 610
alcaravea 2016
alcornoque, corebo del 634
alerce, chancro del 1453
–, seca de las hojas del 1853
–, trips del 119
aleurobio de la harina 935
alfalfa, agalla del cuello de la 1436
–, anguilulosis de la 21
–, bacteriosis de la 1145
–, cecidomia de las flores de la 810
–, cecidomia de las hojas de la 825
–, cecidomia de las vainas de la 795
–, cecidomia de los brotes de la 823
–, coquillo de la 631
alfalfa, cuca de la 631
–, chancro de la 1145
–, escoba de bruja de la 1198
–, gorgojo de la 727
–, gusano verde de la 727
–, manchas blancas de las hojas de la 2363
–, marchitamiento bacteriano de la 1107
–, moho de la 1403
–, mosaico de la 1277
–, podredumbre de la 1107
–, roya de la 1729
–, viruela de las hojas de la 1532
alfalfares, gusano negro de los 631
alfileres 2053
alforfón 2059
algarrobo, blanco del 182
–, piral del 465
algodón del naranjo 292
algodonero, antracnosis del 1477
–, deformación de las inflorescencias del 2328
–, grillo de la cápsula del 564
–, gusano de las cápsulas del 394
–, gusano rosado del 477
–, hojas rizadas del 1351
–, lagarta rosada del 477
–, mancha angular de la hoja del 1161
–, marchitez del 1819, 1921
–, oruga de la hoja del 352
–, picudo del 564
–, podredumbre bacteriana de las cápsulas del 1161
–, podredumbre radical del 1883
–, pulgón del 200
–, taladro del 394
–, traqueverticilosis del 1921
alhelí, mosaico del 1276
aligustre, pulgón del 266
aliso 1997
–, ampolla de las hojas del 1568
–, crisomela del 548
–, deformación de los amentos del 1559, 1569
–, escamas de las piñitas del 1559
–, escoba de bruja del 1565
–, gorgojo del 742
–, mal blanco del 1497
–, pulgón lanígero del 277
almendro, calico del 1184
–, clorosis lineal del 2365
–, pulgón del 190
–, tiña del 396
almorejo 2159
almorta de los prados 2090
aloiofilia de la anémona 1225
alopécuro 1974
alpiste 2120
alpistera 2120
alternariosis de la patata 1755

alternariosis de la zanahoria 1754
– de las crucíferas 1753
altisa de la colza 737
– de la encina 668
– de la vid 667
alubia, marchitamiento bacteriano de la 1106
alucita 516
alverjilla 2193
amapola común 2116
– espinosa 1988
amaranto retroflexo 1977
amargor del vino 1081
amarilleo 2322
– de la piña 2364
– de la remolacha 1206
– de las nerviaciones del peral 2394
– de las venas 2313
– de los áster 1194
– del guindo 1195
– del melocotonero 1199
– marginal de las hojas 2236
– marginal de las hojas del fresal 1275
amor de hortelano 2067
ampolla 2209
– de las hojas del aliso 1568
ampollas de las hojas del chopo 1560
– de las hojas del roble 1563
– negras de las hojas del peral 1561
anagalis 1978
ananás, enfermedad del 1915
aneguillado del trigo 11
anémona, aloiofilia de la 1225
anguílula de las raíces 32
– del tallo 21
– del trigo 11
– del vinagre 4
anguílulas 5
anguilulosis de la alfalfa y del trébol 21
– de la avena 21
– de la cebolla 21
– de la patata 20
– de las raíces 32
– del trigo 11
anillo negro de la col 1190
– rojo del cocotero 12
anisoplia de los cereales 556
anóbidos 557
anómala de la vid 562
– de las hortalizas 723
anserina 2024
antirrino, roya del 1658
antónomo del fresal 567
– del manzano 565
antracnosis de la cebolla 1786
– de la judía 1791
– de la papa 1785
antracnosis de la vid 1460
– de la zarza 1462
– de las cucurbitáceas 1790
– de las yemas y hojas del limonero 1789
– de los agrios 1789
– del algodonero 1477
– del banano 1829
– del cafeto 1787
– del frambueso 1462
– del garbanzo 1508
– del guisante 1507, 1757, 1758
– del lino 1792
– del nogal 1480, 1849
– del rosal 1882
– del trébol 1846
antrenos 569
añublo 1415
– blanco del trigo 1473
– de la remolacha 1722
– del arroz 1884
– del grosellero 1555
apio, abigarrado de las hojas del 1895
–, mosaico del 1298
–, mosca del 851
– sardónico 2142
–, viruela del 1895
apión de la alcachofa 572
– de los frutales 574
– del guisante 573
– del manzano 574
– del trébol 571
aplastamiento de las ramas 2244
– de las ramas del manzano 2367
apoplejía parasitaria de la vid 1697
aqueroncia 342
aquilea 1954, 1955
arabesco 2262
– necrótico 2266
arador de la vid 961
– del moho 962
arándano rojo, roya del 1685
araña acuática 939
– argiope 938
– de agúa 939
– de bodega 968
– de cruz 937
– de las cuevas 968
– doméstica 973
– guadañadora 959
arañas 936
– guadañadoras 958
– vagabundas 953
arañera 1587
arañita de las legumbres 978
arañuela de la patata 978
– parda de los frutales 941
– roja 941, 978

arañuela roja pelosa 954
arañuelas rojas 974
arañuelo 453
– del ciruelo 435
– del olivo 111
arce, costras negras de las hojas del 1541
–, noctuella del arce 344
–, seca de los ramos del 1893
ardilla 1069
ardillas terreras 1033
arfueyo 1952
argémone 1988
argentina 2133
argirofilosis 2292
aristoloquia 1989
armiño 1059
armuelle silvestre 1993, 2023
arrendajo 1011
arrepollado del tabaco 1293
arrollamiento amarillo de las hojas del melocotonero 2392
– clorótico de las hojas del melocotonero 2387
– de las hojas 2259
– de las hojas de la patata 1208
– de las hojas del cerezo 2376
arroz, aborto de las flores del 1433
–, añublo del 1884
–, barrenador del tallo del 507
–, carbón del 1706
–, carbón verde del 1918
–, cercosporiosis del 1777
–, gorgojo del 765
–, helmintosporiosis del 1450
–, mal de la raya del 1323
–, mal del esclerocio del 1487
–, mal del pie del 1469
–, mosquito de los planteles de 801
–, nanismo del 1219
–, polilla del 380
–, quemado del 1884
arrugamiento viroso de la vid 1305
artemisa 1990
artemisia 1990
artia gitana 357
ártidos 358
ascomicetos 1440
asolanado 2357
asurado 2357
atabacado de las habas 1763
atomaria 578
atrofia 2302
– de los frutos del manzano 2366
atronadura 2336
avellanas, balanino de las 646
–, diablillo de las 646
–, gusano de las 646
avellano, erioffes del 948
–, longicornio del 707
–, mal blanco del 1522
–, oídio del 1522
avena acebollada 21
–, anguilulosis de la 21
– apuerrada 21
–, carbón cubierto de la 1739
–, carbón de la 1732, 1739
–, carbón desnudo de la 1732
–, helmintosporiosis de la 1535
– loca 1994
–, manchas grises de la 2339
–, mosquita de la 848
–, nematodo de la 27
–, pulgón verde de la 307
–, roya coronada de la 1664
–, seudorroseta de la 1215
– silvestre 1994
–, tizón de la 1732, 1739
avinagrado 1075
avinagramiento 1075
avispa alemana 922
– común 923
avispas 924
avispón 921
azalea, agalla foliar de la 1598
–, minadora de la hoja de la 415
azucena, criócero de la 688
–, pulgón de la 276
azulado de las maderas resinosas 1447
azulejo 2018

babosa agreste 51
– de campo 51
– de las huertas 46
– roja 45
babosas 58
– de carena 61
babosita de los frutales 883
– del peral 883
bacteriocecidio 2202
bacteriogomosis de la remolacha azucarera 11
bacteriosis 2200
– anular 1110
– de la alfalfa 1145
– de la espiga 1166
– de la higuera 1094
– de las hojas de la lechuga 1129
– de las judías 1131
– de las lilas 1148
– de las ramas y frutos de los agrios 1148
– de las setas 1150
– de los pepinos 1126
– del cerezo y del ciruelo 1134
– del ciruelo y del melocotonero 1163
– del guisante 1138

bacteriosis del jopillo de monte 1109
– del maíz 1165
– del nogal 1160
– del tabaco 1148
bachaco 880
balanino de las avellanas 646
balaninos 644
baleo cabezudo 2018
ballueca 1994
banano, antracnosis del 1829
–, clorosis infecciosa del 1309
–, cogollo racimoso del 1307
–, enfermedad "moko" del 1146
–, gorgojo del tallo del 637
–, marchitez bacteriológica del 1146
–, pecas del 1848
–, podredumbre de las frutas del 1829
–, pulgón del 284
–, puntas negras del 1843
bananos, mal de la sangre de los 1123
–, punta de cigarro de los 1913
barba cabruna 2183
– de árbol 1929
– de capuchino 1929
– española 1928
barbas de capuchino 1935
barbón 2183
bardana 1986, 1987
– menor 2197
barrena ataraceada 785
barrenador del cuello 395
– del tallo de la caña 390
– del tallo del arroz 507
barrenillo de la encina 550, 753
– de la higuera 679
– del abedul 756
– del abeto blanco 732
– del olivo 720
– del olmo 652, 758
– grande del manzano 651
– grande del olivo 673
– pequeño de los abetos 731
– pequeño de los frutales 653
– tipógrafo del abeto rojo 683
barrenillos 650, 681, 730
– de ambrosía 751
– de la corteza 751
– del leño 751
barrilla fina 2152
– pinchosa 2152
beleño negro 2079
bellotas, gorgojo de las 581
berro, crisomela del 718
– silvestre 2109
bibio de las huertas 796
– de San Marcos 797
bicho bolita 989
bistorta 2129
black-rot del manzano 1525
blanco de la col 1383
– de la raíz 1579
– del algarrobo 182
blanqueo 2206
blanqueta de las compuestas, crucíferas y cucurbitáceas 1466
blastomanía 2207
blenocampa chiquita 882
– de los brotes del rosal 881
boj, cecidomia del 847
–, roya del 1661
bolsa de pastor 2012
– de resina 2352
– del maíz 1742
bolsita del ciruelo 1567
bómbix del cerezo 404
– pudibundo 387
bonasa 1024
borrachuela 2099
borraja silvestre 2097
bostricos 585
botón de oro 2137
botoncillo 2018
"bouquet" de la patata 1273
branca ursina falsa 2073
broca del café 768
broma 48, 62, 696
bromo criollo 2004
– de los tejados 2005
– del centeno 2004
–, mosaico amarillo del 1264
bronceado 2212
brotes turgentes 2290
brugo 536
brunela vulgar 2134
buen armuelle 2024
– Enrique 2024
buglosa 1979
bujo, roya del 1584
bulbos, ácaro de los 966
bunias 2007
bupréstido del melocotonero 608

caballitos del diablo 337
cabellos de ángel 1937
– de Venus 1938
cabeza de muerto 342
cacao, enfermedad de las estrías del 1117
–, escoba de bruja del 1624
–, mal rosado del 1589
–, piña negra del 1418
–, piña parda del 1847
–, podredumbre blanca de las raíces del 160[illegible]
–, podredumbre negra de las bellotas del 1418

cacao, podredumbre parda del 1847
–, pulgón del 325
–, roya roja del 1924
–, tiña del 397
–, trips del 116
cacaotero, rama turgente del 1295
–, retoño hinchado del 1295
café, broca del 768
–, gorgojo de los granos de 576
cafeto, antracnosis del 1787
–, cáncer del 1446
–, cochinilla esférica del 310
–, cochinilla verde del 213
–, enfermedad roja del 1589
–, gotera del 1632
–, lepra del 1924
–, mal rosado del 1589
–, mancha de hierro del 451
–, mancha ojival parda del 1772
–, marchitez parduzca del 1787
–, minador de las hojas del 451
–, necrosis del floema del 3
–, podredumbre blanca de las raíces del 1607
–, podredumbre del cuello del 1607
–, roya del 1617
–, taladro blanco del 568
–, taladro de las cerezas del 768
–, tiña del 451
calabaza confitera, podredumbre blanca de la 1408
–, marchitez de la 1114
calavera 342
calcídidos 888
calico de la patata 1278
– del almendro 1184
– del melocotonero 1184
calosoma 606
calosomas 609
calta 2009
camachuelo 1021
camomila 1982
campanilla 2010
cáncer 2217
– cítrico 1158
– de heladura 2335
– de la corteza de las coníferas 1512
– de la corteza de las frondosas 1514
– de los agrios 1158
– del cafeto 1446
– del chopo del Canadá 1802
– del manzano 1525
– vegetal 1152
cancro 2217
– de calor 2343
– de frío 2335
cantárida oficinal 697
cantáridos 607
caña común 2121
– de azúcar, carbón de la 1746
– de azúcar, cogollo torcido de la 1469
– de azúcar, chinche harinosa de la 293
– de azúcar, chinche rosada de la 293
– de azúcar, enfermedad de Fiji de la 1227
– de azúcar, enfermedad de las rayas de la 1218
– de azúcar, escaldadura de las hojas de la 1156
– de azúcar, franjas abigarradas de la 1164
– de azúcar, gomosis de la 1156, 1167
– de azúcar, gusano barrenador de la 390
– de azúcar, isoca de la 390
– de azúcar, mal de la corteza de la 1479
– de azúcar, mal de la escalera de la 1469
– de azúcar, mal de la estría de la 1218
– de azúcar, mancha circular de las hojas de la 1486
– de azúcar, mancha ojival de la 1838
– de azúcar, mancha parda de la hoja de la 1773
– de azúcar, marchitez de la 1768
– de azúcar, mosaico de la 1291
– de azúcar, nanismo de la 1228
– de azúcar, oruguita taladradora de la 395
– de azúcar, podredumbre apical de la 1469
– de azúcar, podredumbre del brote-guía de la 1143
– de azúcar, podredumbre negra de la 1526
– de azúcar, podredumbre roja de la vaina de la 1588
– de azúcar, podredumbre seca del cogollo de la 1392
– de azúcar, polvillo de la 1143
– de azúcar, raya parda de la 1841
– de azúcar, rayas cloróticas de la 1220
– de azúcar, roya de la 1671
– de azúcar, sereh de la 1314
cáñamo, mildiú del 1427
–, niebla de las hojas del 1896
–, peronospora del 1427
–, pulgón del 287
canuela 2126
caparreta blanca 198
– negra 311
capricornio doméstico 604
– pequeño 616
cápsidos 128
cárabo giboso 791
cárabos 609
caracol de las huertas 49
– de las viñas 54, 57
– del campo 50
caracoles 53
carbón cubierto de la avena 1739

carbón cubierto de la cebada 1737
– cubierto del sorgo 1695
– de la avena 1732, 1739
– de la caña de azúcar 1746
– de la cebadilla 1734
– de la cebolla 1717
– de la dalia 1597
– de la hoja 1715
– de la paja del centeno 1718
– de la panoja del maíz 1694
– de las cariofiláceas 1750
– de las gramináceas de agua dulce 1741
– de las ranunculáceas 1716
– del arroz 1706
– del fleo 1748
– del maíz 1742
– del mijo 1711
– del pensamiento 1720
– del sorgo 1710
– del tallo 1738
– del trigo 1749
– desnudo de la avena 1732
– desnudo de la cebada 1744
– desnudo del trigo 1749
– duro del sorgo 1695
– falso 1918
– hediondo del trigo 1703, 1705
– negro de la cebada 1743
– verde del arroz 1918
– vestido de la cebada 1737
– volador de la cebada 1744
– volador del trigo 1749
carcajú 1074
carcoma de la vid 762
– de los muebles 559, 560
– del pan 767
– dentada de los granos 712
– grande de los granos 773
– obstinada 559
– panadera 767
carcomas 557
cardamina de los prados 2013
cardador manchado 925
cardadores 927
cardo borriquero 2113
– cundidor 2030
– negro 2034
–, pulgón del 188
carencia 2330
caries blanca de las uvas 1793
– de la madera 1601, 1655
– del centeno 1708
– del trigo 1703, 1705
– del tronco 1610
– del tronco del olivo 1697
– enana del trigo 1704
cariofiláceas, carbón de las 1750
carralejas 700
cártamo silvestre 2019
cascanueces 1015
cascapiñones 995
cascarudo cigarrero 685
cásida de las alcachofas 610
– verde 612
cásidas 613
caspilla 182
– del rosal 186
castañas, gorgojo de las 645
–, gusano de las 449
–, polilla de las 449
castañeta 783
castaño, chancro americano del 1464
–, falena del 355
–, mal de la corteza del 1464
–, mal de la tinta del 1407
–, minadora del 531
–, ramos secos del 1464
–, socarrina de las hojas del 1504
caupí, gorgojo del 605
cebada, carbón cubierto de la 1737
–, carbón desnudo de la 1744
–, carbón negro de la 1743
–, carbón vestido de la 1737
–, carbón volador de la 1744
–, clorops de la 802
–, estriación parda de las hojas de la 1536
–, helmintosporiosis de la 1537
–, mancha borrosa de la hoja de la 1516
–, mancha reticular de la 1537
–, manchas listadas de la 1536
–, mosquita de la 848
–, pulguilla de la 725
–, roya de las hojas de la 1670
–, roya enana de la 1670
–, tizón de la 1737, 1744
cebadilla, carbón de la 1734
– de campo 2078
cebolla, anguilulosis de la 21
–, antracnosis de la 1786
–, carbón de la 1717
–, mildiú de la 1400
–, mosaico de la 1252
–, mosca de la 852
–, piojillo de la 124
–, podredumbre blanca de la 1764, 1891
–, podredumbre de los bulbos de 1760, 1761
–, raquitismo amarillo de la 1252
–, roya de la 1656
cebollas, gangrena de las 1546
–, moho de las 1400
–, roya de las 1677
cebollino del centeno 21
cecidio 2247
cecidomia de la col 811

cecidomia de la vid 818
– de las espigas del trigo 817
– de las flores de la alfalfa 810
– de las flores de la esparceta 812
– de las flores del grosellero 815
– de las hojas de la alfalfa 825
– de las hojas de la zarza 826
– de las hojas del peral 828
– de las hojas del trébol 829
– de las peras 814
– de las vainas de la alfalfa 795
– de los brotes de la alfalfa 823
– de los injertos 868
– del boj 847
– del frambueso 845
– del guisante 813
– del lúpulo 809
– del sauce 862
– del sorgo 816
– destructora 846
cecidomias 798
céfido del peral 901
cefo de las cañas 887
– pigmeo 887
cefos 886
celastro 2017
celidonia 2022
– mayor 2022
– menor 2140
cenicilla 1572
ceniza 1494
– de la vid 1572
centeno, acebollado del 21
–, bromo del 2004
–, carbón de la paja del 1718
–, caries del 1708
–, cebollino del 21
–, cornezuelo del 1449
–, enfermedad del pie del 1485
–, moho de las espigas del 1797
–, rotura de los tallos del 1485
–, roya estriada del 1666
–, roya parda del 1666
cerambícidos 614
cerastio 2020
– de los campos 2020
cercosporiosis de la remolacha 1770
– del arroz 1777
– del melón 1774
cereales, anisoplia de los 556
–, crisomela de los 686
–, chinche de los 132
–, enfermedad del pie de los 1778
–, gorgojo de los 740
–, mildiú de los 1432, 1433
–, negreo de los 1510
–, polilla de los 516
cereales, pulgón verde de los 314
–, pulguilla de los 622
–, roya amarilla de los 1682
–, roya negra de los 1668
–, zabro de los 791
cerezas, enfermedad negra de las 1787
–, mosca de las 863
cerezo, abigarrado anular del 2383
– agrio, mancha anular necrótica del 1330
–, albinismo del 2373
–, arrollamiento de las hojas del 2376
–, bacteriosis del 1134
–, clorosis zonal del 1270
–, chancro negro del 2374
–, escobas de bruja del 1562
– florido, corteza áspera del 1345
–, hojas rasposas del 2382
–, hojas retorcidas del 2384
–, mancha anular necrótica del 1330
–, manchas de las hojas del 1502
–, mosaico arroyado del 1290
–, mosaico lineal necrótico del 2380
–, mosaico rojo benigno del 2379
–, mosaico rojo necrótico del 2381
–, mosaico rugoso benigno del 2378
–, mosaico rugoso del 1212
–, moteado del 1574
–, nanismo de los frutos del 2377
–, niebla de las hojas del 1478
–, polilla del 361
–, pulgón del 270
–, punteado amarillo foliar del 1285
–, roya del 1662
–, tumores y roña del 1528
–, veteado de las hojas del 1253
cerraja 2172
cervino 2108
cetonia dorada 617
– velluda 656
ceutorrinco de la col 620, 621
– del nabo y de la colza 618, 619
cicadelas 246
cicindelas 626
cicuta acuática 2029
– de los pantanos 2029
– mayor 2036
– menor 1959
ciempiés 926
ciervo común 1032
– volante 693
cifiso, chancro de las ramas del 1452
cigarras 210
– saltadoras 246
cigarrero de la vid 598
cigarrón 89
cigarrones 90
cinípido de las agallas del rosal 915

cinípidos 889
ciprés, tórtrix de los estróbilos del 443
cirsio 2032
– palustre 2033
ciruelas del diablo 1567
–, gusano de las 445
–, polilla de las 445
ciruelo, arañuelo del 435
–, bacteriosis del 1134, 1163
–, bolsita del 1567
–, clorosis lineal del 1270
–, endrinas del 1567
–, entramado dorado del 2395
–, hoplocampa del 894, 896
–, lepra del 1567
–, mancha blanca del 1174
–, manchas rojas de las hojas del 1531
–, nanismo del 1312
–, pulgón del 243
–, pulgón verde del 189
–, pulgón verde harinoso del 243
–, roya del 1714
–, tumores y roña del 1528
citrus, tristeza de los 2385
cizaña 2099
– del lino 2098
cladomanía 2207
cladosporiosis del pepino 1780
clavel de San Juan 2018
–, fusariosis del 1808
–, heterosporiosis del 1457
–, mancha ocular del 1457
–, marchitamiento bacteriano del 1122
–, mosca del 854
–, roya del 1724
–, tórtrix del 535
claveles, piral de los 535
cleonus de la remolacha 633
cléridos 628
clito arqueado 629
clorancia 2219
clorantia 2219
clorops del trigo y la cebada 802
clorosis 2220
– alcalina de la vid 2347
– caliza de la vid 2347
– carencial del tabaco 2355
– férrica de la vid 2347
– generalizada 2255
– infecciosa 2255
– infecciosa del banano 1309
– infectiva 2255
– lineal del almendro 2365
– lineal del ciruelo 1270
– lineal del melocotonero 1270
– marginal de las hojas 2235
– no infecciosa 1249
clorosis por carencia de manganeso 2351
– zonada de las venas 2310
– zonal del cerezo 1270
coccinelas 630
cocotero, anillo rojo del 12
–, cochinilla del 180
–, enfermedad cortical roja del 12
–, mal hemorrágico del 1915
–, nematodo del 12
–, podredumbre del cogollo del 1418
–, pudrición del cogollo del 1084
cochinilla acanalada 285
– algodonosa de la vid 300
– blanca del naranjo 285
– blanca del rosal 186
– blanca del naranjo 212
– circular negra 205
– de humedad 982, 987, 990
– de la datilera 278
– de la higuera 197
– de la morera 185
– de la tizne 311
– de la vid 236
– de los agrios 212
– de San José 303
– del cocotero 180
– del evónimo 328
– del haya 215
– del melocotonero 237
– del olmo 232
– esférica del naranjo y del cafeto 310
– grande del duraznero 237
– gris del peral 231
– negra del olivo 311
– ostreiforme 302
– perla poliédrica 196
– roja australiana 158
– roja de los agrios 158
– verde del cafeto 213
cochinillas 211
– de humedad 981, 983
cogollo enmarañado 2216
– enmarañado del abacá 1244
– racimoso 2216
– racimoso del abacá 1244
– racimoso del banano 1307
– racimoso del tomate 1242
– torcido de la caña de azúcar 1469
col, anillo negro de la 1190
–, blanco de la 1383
–, cecidomia de la 811
–, ceutorrinco de la 620, 621
–, ennegrecimiento de la 1157
–, gran mariposa blanca de la 482
–, hernia de la 1423
–, manchas foliares bacterianas de la 1127
–, manchas negras en anillo de la 1190

col, mariposa de la 482
–, mosca de la 853
–, nervadura negra de la 1157
–, niebla de la 1501
–, noctua de la 462
–, oruga de la 482
–, palomilla de la 488
–, pequeña mariposa blanca de la 484
–, pie negro de la 1874
–, podredumbre de las plantitas de 1394
–, potra de la 1423
–, pulgón de la 191
–, pulguilla amarilla de la 724
cola de caballo 2050, 2051
– de rata 2049
– de zorra 1973, 1974
colaina 2329
colaña 2329
coles, chinche de las 138
–, chinche roja de las 130
–, oruga verde de las 488
colibacilosis 1084
colícidos 632
coliflor, manchas foliares bacterianas de la 1127
–, mosaico de la 1254
colinabo, podredumbre seca del 1874
coloración anormal 2230
– anormal de la albura 2286
cólquico de otoño 2035
colza, altisa de la 737
–, ceutorrinco de la 618
–, pulguilla de la 737
–, rizadura de la 1360
colleja 2162
coma de los agrios 252
comadreja 1060
comejenes 92
cominillo 2099
comino de prado 2016
compuestas, blanqueta de las 1466
–, mal blanco de las 1466
conchuela anaranjada 207
conejo común 1062
conejos de vivar 1072
coníferas, ácaro rojo de las 957
–, cáncer de la corteza de las 1512
–, mal de la tela de las ramas de las 1483
conópidos 808
consuelda 2043
– mayor 2178
– real 2043
– sarracena 2171
coquera 1812
coquillo de la alfalfa 631
– de la vid 667
corazón abierto 2342
corazón aguanoso de las manzanas 2362
– ennegrecido de la patata 2325
– estrellado 2342
– hueco de la patata 2344
– negro de la patata 2325
– rojo 2279
– rojo de la fresa 1414
corebo de la encina y del alcornoque 634
corneja encapotada 998
cornezuelo del centeno 1449
corocha 667
correhuela de los caminos 2128
– mayor 2038
– menor 2037
corrimiento 2210
corros de brujas 1623
corteza áspera del cerezo florido 1345
– escamosa del naranjo 1205
corzo 1031
cósidos 381
costra de los agrios 1461
costras negras de las hojas del arce 1541
– negras de las hojas del sauce 1542
crepis de los prados 2039
cresta de gallo 2144
cribado 2291
– de las hojas del melocotonero 1784
criceto 1034
criócero de doce puntos 640
– de la azucena 688
– del espárrago 639
crisantemo, afelencoide del 15
–, pulgón del 301
–, pulgón verde del 214
crisantemos, roya de los 1663
crisomela amarilla del pino 642
– de los cereales 686
– del aliso 548
– del berro 718
– del nabo 655
crisomelas 625
crisopa 338
crucíferas, alternariosis de las 1753
–, blanqueta de las 1466
–, heterodera de las 24
–, mal blanco de las 1466
–, mildiú de las 1398
–, mosquilla de las 822
–, negrón de las 1753
–, podredumbre blanda bacteriana de las 1117
–, podredumbre negra de las 1157
–, pulgón de las 191
–, pulguilla bandeada de las 724
–, roya blanca de las 1383
cruzada 2068
cuadranura 2361
cuca de la alfalfa 631

cucaracha americana 84
– germánica 71
– grande rojiza 84
– negra de las cocinas 70
– pequeña de las casas 71
cucurbitáceas, antracnosis de las 1790
–, blanqueta de las 1466
–, mal blanco de las 1466
–, marchitez bacteriana de las 1114
–, mildiú de las 1428
–, mosaico de las 1256
cucuyos 643
cuervo negro europeo 999
culebrina 636
cuncunilla de las chacras 374
cúscuta 1931
– de América 1937
– del lino 1934
– del trébol 1935
– europea 1938
– grande de América 1940

chalote, pulgón del 304
chamariz 993
chambergo 1004
chamusco 1111
– del lino 1387
chamusquina 1111
chancro americano del castaño 1464
– bacteriano del tabaco 1118
– de la alfalfa 1145
– de las ramas del abeto 1512
– de las ramas del cifiso 1452
– del alerce 1454
– del manzano y del peral 1514
– negro del cerezo 2374
chapulín 88
chicharras de alas cortas 76
chinche de la patata 127
– de la remolacha 143, 611
– de las coles 138
– de las peras 126
– de los cereales 132
– del manzano 137, 144
– del peral 146
– del rododendro 147
– gris de la vid 134
– harinosa de la caña de azúcar 293
– harinosa de la vid 292
– harinosa del naranjo 292
– hedionda verde 140
– nebulosa 611
– roja de las coles 130
– rosada de la caña de azúcar 293
chinches de campo 128
– manchadoras 136
– tintóreas 129
chinchetas 148
chirivita 1996
chopo, ampollas de las hojas del 1560
–, deformación de los amentos del 1566
– del Canadá, cáncer del 1802
–, gorgojo del 744
–, oídio o mal blanco de los 1573
– piramidal, desecación de las ramas del 1577
–, pulgones galícolas del 281
–, saperda pequeña del 749
chopos, saperda de los 748
chova 1000

dalia, carbón de la 1597
–, mancha anular de la 1211
daños de las heladas 2337
– por el granizo 2340
dartrosis de la patata 1785
datilera, cochinilla de la 278
–, enfermedad foliar de la 1612
dauco 2042
decoloración 2230
déctico 89
defloración y caída de los frutos 2288
defoliación 2227
– del abeto Douglas 1538
deformación 2264
– de las inflorescencias del algodonero 2328
– de los amentos del aliso 1559, 1569
– de los amentos del chopo 1566
deformidad de las setas comestibles 1484
degeneración del frambueso 1207
– infecciosa de la vid 1299
dermápteros 102
derméstidos 648
descaecimiento 2226
descamación cortical 2204
desecación 2228
– de las ramas del chopo piramidal 1577
desgarramiento foliar 2261
– foliar del cerezo 1330
desmedro 2226
deterioro interno de los limones 2345
diablillo de las avellanas 646
diaspinos 218
diente de león 2180
– de león de otoño 2091
diplópodos 927
distorsión 2231
ditiscos 649
dolomedes 945
doradilla 553
doradillas 654
doríffora 687
dulcamara 2169
duramen, podredumbre roja del 1700
duraznero, viruela del 1851

duraznillo común 2132
durazno pequeño 1200

efímera común 331
efímeras 334
egéridos 346
elatérido oscuro 554
– rayado 553
elatéridos 654
enación 2237
enanismo 2234
– del melocotonero 1311
encamado 2263
encarrujado 2224
encina, agárico de 1603
–, agrilo de la 550
–, altisa de la 668
–, barrenillo de la 550, 753
–, corebo de la 634
–, gorgojo de la 745
–, lagarta pequeña de la 536
–, mal blanco de la 1497
–, podredumbre blanca de la madera de 1697
–, podredumbre de las raíces de la 1545
–, procesionaria de la 524
encinares, lagarta peluda de los 493
encinas, gran capricornio de las 615
encrespadura de la remolacha 1196
– de las puntas 2225
endoxerosis del limón 2345
endrinas del ciruelo 1567
enfermedad amarilla de los jacintos 1159
– anular del jacinto 21
– apical del sándalo 1203
– bacteriana de Wisconsin 1132
– bronceada del tomate 1237
– carencial 2331
– clorótica del lúpulo 1233
– cortical roja del cocotero 12
– de Fiji de la caña de azúcar 1227
– de la grasa 1155
– de la piña 1915
– de la roturación 2354
– de la vuelta 1103
– de las estrías del cacao 1117
– de las hojas del abeto 1438
– de las rayas de la caña de azúcar 1218
– de las rayas del maíz 1216
– de los almácigos 1430, 1431
– de Panamá 1817
– de Pierce de la vid 1305
– de Wisconsin del tabaco 1132
– del ananás 1915
– del pie de los cereales 1778
– del pie del centeno 1485
– del trigo de Cerdeña 1807
enfermedad fisiogénica 2349
– fisiológica 2349
– foliar de la datilera 1612
– holandesa del olmo 1445
– "moko" del banano 1146
– negra de las cerezas 1787
– no parasitaria 2349
– por carencia 2331
– roja de la vid 978
– roja del cafeto 1589
– roja del pino 1492
– X del melocotonero 1266
– X occidental del melocotonero 2390
enmohecido de la uva 1762
ennegrecimiento 2205
– de la col 1157
– de las hojas del abeto 1491
– y caída de las hojas del abeto 1490
enredadera 2130
enrojecimiento 2278
– de las hojas de la vid 1534
– y caída de las hojas del pino 1492
enrollado de las hojas de la patata 1208
entomosporiosis 1803
entramado dorado del albaricoquero 2372
– dorado del ciruelo 2395
– dorado del melocotonero 2388
entrenudo corto 2256
enverdecimiento 2248
epilobio 2048
epinastia 2238
equinocloa 2045
equiseto 2051
– mayor 2050
– menor 2049
erigerón del Canadá 2052
eríneo 2239
erinosis de la vid 951
eriofíes 947
– de la vid 951
– del avellano 948
– del peral 949
erísimo 2054, 2167
eritrosis 2278
erizo 1043
erubescencia 2278
escabiosa 2084
escaldadura 2356
– común de las manzanas 2323
– de las hojas de la caña de azúcar 1156
escama blanca del rosal 186
– negra del naranjo 205
– roja de los agrios 158
escamas de las piñitas del aliso 1559
escarabajito de la vid 715
escarabajo bronceado de la vid 562
– de la patata 687

escarabajo de San Juan 741
– del Colorado 687
– japonés 734
– khapra 779
escarabajos enterradores 760
– lamelicornios 750
escarabajuelo de los nabos 699
escarzo 1603
esclerotinosis del lino 1552
escoba de bruja 2318
– de bruja de la alfalfa 1198
– de bruja de la falsa acacia 1202
– de bruja de la patata 1204
– de bruja del abedul 1570
– de bruja del abeto 1627
– de bruja del aliso 1565
– de bruja del cacao 1624
– de bruja del fresal 1310
– de bruja del manzano 2371
escobas de bruja del cerezo 1562
escolopendra 932
escopeteros 588
escorpión de los libros 944
escorpiones 967
– de agua 139
escribano de la vid 547
escutígeras 933
esfinge de la vid 370
esparceta, cecidomia de las flores de la 812
esparcilla 2174
espárrago, criócero del 639
–, mosca del 859
–, roya del 1660
espérgula 2174
espiga calcinada 1801
– fermentada 1801
– mohosa 1801
espiguilla 2125
espinaca, marchitez de la 1256
–, mildiú de la 1401
espinardos 2152
espino blanco, niebla del 1530
esponja doméstica 1629
espuela de caballero 2043
espumadora 286
espumadoras 195
estafilinos 766
estornino 1022
estramonio 2041
estrechamiento de las hojas 2258
estría roja de la caña 1143
estriación 2301
– parda de las hojas de la cebada 1536
estrías y caída de las hojas 1255
euforbiáceas, fitoflagelosis de las 2
evónimo, cochinilla del 328
exantema de los agrios 2332
excrecencia 2269
excrecencias gemíferas de los manzanos y membrilleros 1142
exudación bacteriana 2201
exudado 2241

falángido 959
falena del castaño 355
– del grosellero 341
– deshojadora 430
– invernal 371
falenas de la corteza 533
– de penacho 458
falsa oruga de los nabos 879
– cruga del pino 890
– polilla de los graneros 526
– tiña de los granos 526
falso hongo yesquero 1605
– tizón del trigo 11
fárfara 2185
fasciación 1105, 2243
felguera 2135
fenda 2359
– de desecación 2358
– de heladura 2336
– de merma 2358
fermentación de la lactosa 1084
ficomicetos 1405
fideo fino 1937
filago 2062
filerio 2239
filobio del peral 722
– oblongo 721
filodia 2274
filomanía 2275
filoperta de las huertas 723
filosidad 2296
filoxera de la vid 329
fitoflagelosis 1
– de las euforbiáceas 2
flagelosis 1
fleo, carbón del 1748
flor de lis, mosaico de la 1265
– de lis, trips de la 104
– de pluma 1954
– del vino 1766
flores del vino 1766
flujo mucoso 2293
foliocelosis del naranjo 2348
forfícula 103
fóridos 857
formación de hojas en abanico 2242
– de hojas filiformes 2289
– prematura de los tubérculos 2353
frambuesa, roya de la 1639
frambueso, antracnosis del 1462

frambueso, cecidomia del 845
–, degeneración del 1207
–, gusanos del 599
–, pulgón del 275
franjas abigarradas de la caña de azúcar
1164
fresa, afelencoide de la 13
–, corazón rojo de la 1414
–, viruela de las hojas de la 1503
fresal, ácaro del 969
–, amarilleo marginal de las hojas del 1275
–, antónomo del 567
–, escoba de bruja del 1310
–, galeruca del 663
–, mal blanco del 1554
–, mancha de las hojas del 1503
–, pulgón de las raíces del 199
–, pulgón del 280
–, rizadura del 1263
fríjol de Lima, piral del 405
–, mosca del 856
–, trips del 108
frondosas, cáncer de la corteza de las 1514
–, necrosis de la madera de las 1511
–, podredumbre blanca de las 1652
fruta, moho de la 1548
–, mosca mejicana de la 794
–, podredumbre parda de la 1548
frutales, apión de los 574
–, arañuela parda de los 941
–, babosita de los 883
–, barrenillo pequeño de los 653
– de hueso, roya de los 1714
–, mal del plomo de los 1699
–, minadora de las hojas de los 459
–, plomo de los 1699
–, podredumbre de las raíces de los 1544
frutas, mosca de las 799
frutos cítricos, moho azul de los 1867
– cítricos, moho verde de los 1865
– cítricos, podredumbre morena de los
1410, 1419
– de hueso, podredumbre de los 1547
– helados 2338
fuego negro del tabaco 1119
– salvaje del tabaco 1149
fulgóridos 239
fumagina 1444, 1489
– de la manzana 1825
fumaria 2064
fusariosis de la judía 1812
– de la patata 1816
– del clavel 1808
– del guisante 1813
– del lino 1811
– del maíz 1469
– del trigo 1805
galeopsis 2065
galeruca de la bola de nieve 664
– del fresal 663
– del nenúfar 662
– del olmo 665
– del sauce 660, 691
– del tanaceto 659
galisonga 2066
gallo de bosque 1023
– de monte 1014
– silvestre 1023
gamuza 1036
gangrena bacteriana del tomate 1108
– basal 1408
– de las cebollas 1546
– del abeto 1627
– del tallo 1117
– húmeda 1117
garapitos 141
garbanzo, antracnosis del 1508
–, rabia del 1508
gardama africana 437
– de la remolacha 437
garrachuelo 2115
geña de las habas 1763
geófilo de antenas largas 928
geómetra del pino 367
geomis 1046
geranio, pulgón del 187
–, rizadura del 1282
girasol, roya del 1669
girinos 666
gladiolo, podredumbre del cuello del 1130
–, trips del 117
glumas, roya de las 1682
golpe blanco del trigo 1473
gomosis 1784, 2250
– bacilar de la vid 1116
– de la caña de azúcar 1156, 1167
– de los agrios 1410, 1419
– esclerotinosa del limón 1552
gorgojo de la alcachofa 572
– de la alfalfa 727
– de la encina 745
– de la harina y del afrecho 776
– de la veza 590
– de la vid 715
– de las bellotas 581
– de las castañas 645
– de las habas 595
– de las judías 546
– de las lentejas 591, 596
– de los cereales 740
– de los granos de café 576
– del abeto 675
– del aliso 742
– del arroz 765

gorgojo del Brasil 789
– del caupí 605
– del chopo 744
– del guisante 573, 594
– del haya 743
– del ligústico 714
– del maíz 764
– del manzano 565
– del pino de Weymouth 729
– del poroto 546
– del tallo del banano 637
– del trébol 571, 726
– del trigo 764
– dentado 712
– pequeño del pino 728
gorgojos 589, 647
gorrión 1016
– de noguera 1017
– serrano 1017
gota 1415
– de sangre 1956, 1957
gotera del cafeto 1632
grabado del tabaco 1261
gracilàridos 417
grafiosis del olmo 1445
graja cenicienta 998
grama común 2040
– del norte 1960
gramináceas de agua dulce, carbón de las 1741
– pratenses, moho de las 1465
gramíneas, mal blanco de las 1467
–, niebla de las 1467
–, oídio de las 1467
–, pardeado de las hojas de las 1488
– pratenses, viruela negra de las 1519
–, pulgón de las 314
gran babosa amarilla 59
– babosa gris 60
– barrenillo del pino 682
– capricornio de las encinas 615
– escarabajo de los pinos 733
– mariposa blanca de la col 482
– pavón de noche 505
granadilla, lignificación de la 1281
granos, carcoma dentada de los 712
–, carcoma grande de los 773
–, falsa tiña de los 526
grasa de las judías 1131
– del vino 1155
grieta externa 2333
grillo campestre 79
– común 79
– de la cápsula del algodonero 564
– del hogar 67
– doméstico 67
grillo-topo 77
griseta del roble 1696
grosellero, ácaro del 950
–, añublo del 1555
–, cecidomia de las flores del 815
–, falena del 341
–, mal blanco del 1499
–, mancha parda del 1555
–, niebla del 1555
–, pulgón del 166, 216
–, reversión virótica del 1171
–, roya del 1679
–, seca de las hojas del 1533
–, seca de los ramos del 1441
–, sesia del 522
–, socarrina de las hojas del 1533
–, tentredínido del 914
guagua de cera de Florida 196
guajaquilla 1928
guindo, amarilleo del 1195
guisante, antracnosis del 1507, 1757, 1758
–, apión del 573
–, bacteriosis del 1138
–, cecidomia del 813
–, fusariosis del 1813
–, gorgojo del 573, 594
–, heterodera del 26
–, mal blanco del 1468
–, mildiú del 1404
–, mosaico con enaciones del 1286
–, mosaico del 1268
–, niebla del 1468
–, noctua del 464
–, oídio del 1468
–, podredumbre de las raíces del 1385
–, pulgón verde del 149
–, rabia del 1507, 1758
–, roya del 1728
–, trips del 109
guisantes, polilla de los 447
– verdes, polilla de los 444
guizazo de caballo 2197
gusano barrenador de la caña de azúcar 390
– blanco 704
– cabezudo del melocotonero 608
– cogollero del maíz 439
– de alambre 553
– de bolsa 431
– de cuerno 496
– de cuero 869
– de la cápsula 425
– de la harina 770, 771
– de la uva 375
– de las avellanas 646
– de las cápsulas del algodonero 394
– de las castañas 449
– de las ciruelas 445

gusano de las peras y manzanas 448
– de olor 577
– de penacho 469
– del elote del maíz 425
– limaco 883
– negro 495
– negro de los alfalfares 631
– rojo 392
– rojo del arroz 801
– rosado del algodonero 477
– verde 496
– verde de la alfalfa 727
gusanos blancos 750
– cabezudos 597
– cortadores 347
– de alambre 654
– de la madera 381
– de luz 684
– del frambueso 599
– grises 347, 467
– telarañosos 442, 460
gusanote 783
– de la madera 615

habas, atabacado de las 1763
–, geña de las 1763
–, gorgojo de las 595
–, jopo de las 1946
–, pulgón de las 223
–, pulgón negro de las 223
–, roya de las 1731
halticinos 669
hámster 1034
haya, agrilo verde del 552
–, cochinilla del 215
–, gorgojo del 743
–, mal de los cotiledones del 1406
–, pulgón del 289
helecho común 2135
–, pulgón del 245
helmintosporiosis de la avena 1535
– de la cebada 1537
– del arroz 1450
heno 1965
hepiálido del lúpulo 428
hepiálidos 427
hernia de la col 1423
– radical 32
herniaria 2074
hespéridos 429
heterodera de la remolacha 31
– de la soja 25
– de las crucíferas 24
– del guisante 26
– del trigo 27
heteroderas 22
heterosporiosis del clavel 1457
hidrófilos 671
hidrolápato menor 2149
hiedra, piojo de la 182
–, pulgón de la 224
– terrestre 2072
hielo amarillo del poroto 1131
hierba bélida 2137
– cana 2158
– centella 2009
– de punta 2125
– de San Gerardo 1958
– de San Juan 1990
– de Santa Bárbara 1995
– de Santiago 2157
– de la golondrina 2022
– de la paciencia 2151
– de la piedra 2074
– de las calenturas 2128
– de las heridas 2134
– de las quemaduras 2158
– de los canarios 2177
– de los cantores 2167
– de los carpinteros 1995
– de los tiñosos 1986
– del ochavo 2181
– del podador 2008
– estañera 2050
– estrella 2123
– hedionda 2041
– lombriguera 2157
– mora 2170
– roquera 2177
– sardónica 2142
– tora 1950
– turca 2074
– velluda 2139
hígado de buey 1600
higuera, bacteriosis de la 1094
–, barrenillo de la 679
–, cochinilla de la 197
– loca 2041
–, mosaico de la 1213
–, polilla de la 514
–, roya de la 1582
hilandero 453
hilesino destructor de los pinos 583
hilesinos 672
hinchazón 2304
– de los brotes 2290
– del tabaco 1256
hiniesta vellosa 2069
hiponomeutas 436
histéridos 670
hoja de helecho del tomate 1256
hojas de ortiga del lúpulo 1197
– rasposas del cerezo 2382
– retorcidas del cerezo 2384

hojas rizadas del algodonero 1351
– secas del abeto blanco 1438
– secas del plátano de sombra 1481
holco blanco 2076
– lanoso 2076
holósteo 2077
hongo de las casas 1629
– de las cuevas 1629
– de los maderos 1629
– llorón 1629
– yesquero 1603
hongos algas 1405
hoplocampa del ciruelo 894, 896
– del manzano 897
– del peral 893
hopo 1945
hormiga argentina 900
– arriera 880
– blanca europea 95
– carpintera 884
– cosechadora 906
– cosechadora de Texas 912
– de faraón 907
– gigante 884
– invasora 900
– león 339
– negra 902
– parasol 880
– rojonegra 892
"hormigas blancas" 92
hortalizas, anómala de las 723
hospedante 2254
hoyitos pétreos del peral 1287
hoyo amargo 2324

icneumónidos 899
iliau 1479
insectos-hoja 86
insectos-palo 69
isoca de la caña de azúcar 390
isópodos 983

jácea 2019
jacinto de agua 2047
–, enfermedad anular del 21
jacintos, enfermedad amarilla de los 1159
–, mal amarillo de los 1159
–, mal negro de los 1546
jaramago blanco 2143
jardinero del monte 583
jopo 1945
– de las habas 1946
– del tabaco 1950
joyo 2099
judía, antracnosis de la 1791
–, fusariosis de la 1812
–, mosaico amarillo de la 1181
judía, roya de la 1721
judías, bacteriosis de las 1131
– de Lima, mildiú de las 1420
–, gorgojo de las 546
–, grasa de las 1131
–, mosaico común de las 1284
–, pulgón negro de las 223
–, quema bacteriana de las 1162
junco de esteras 2081
– de flores aglomeradas 2083
– filiforme 2082

lagarta 495
– peluda de los encinares 493
– pequeña de la encina 536
– rosada del algodonero 477
lamparones 2197
lampazo 1986
lámpsana 2087
langosta del desierto 87
– italiana 72
– marroquí 75
– migratoria 80
– roja 83
– sudamericana 88
– verde 85
langostas 81
– de sable 90
languidecimiento 2226
lapsana 2087
lasiocampa del pino 388
– del roble 441
lasiocámpidos 442
latrea 1943
lecaninos 247
lecheruela 2057
lechetrezna 2056, 2057, 2058
lechuga, bacteriosis de las hojas de la 1129
– de concha 2047
–, mildiú de la 1388
–, mosaico de la 1267
–, podredumbre de las hojas de la 1850
–, pulgón de la 274
–, pulgón de la raíz de la 282
lechuguilla 2172
– silvestre 2173
legumbres, arañita de las 978
leguminosas pratenses, mildiú de las 1403
lengua de buey 1600
– de la morera 1650
– de pájaro 2128
– de vaca 2149
lentejas, gorgojo de las 591, 596
lenticelosis 2334
leño de perdiz 1696
león de los pulgones 338
lepidio 2014, 2093
lepisma del azúcar 64

lepra de remolacha 1437
– de las hojas 1564
– del cafeto 1924
– del ciruelo 1567
– del olivo 1831
libélulas 335
licénidos 455
licósidos 953
licto 695
lictos 694
lida de la picea 885
– de los pinos 872, 873
– del melocotonero 911
– del peral 910
liebre común 1048
– de las nieves 1049
liendre del trigo 846
ligeidos 135
lignificación 2320
– de la granadilla 1281
ligústico, gorgojo del 714
lila, minadora de las hojas de la 544
lilas, bacteriosis de las 1148
–, mildiú de las 1421
lima de la madera 696
limaco de las huertas 46
limacos 58
limnoria 984
limón, endoxerosis del 2345
–, gomosis esclerotinosa del 1552
limonero, antracnosis de las yemas y hojas del 1789
–, mal seco del 1796
–, negrilla del 1489
–, tizón gomoso de las ramas del 1410
limones, ácaro de la roya de los 962
–, ácaro del plateado de los 962
–, aguado de los 1421
–, deterioro interno de los 2345
lineación 2262
– necrótica 2266
lino, antracnosis del 1792
–, cúscuta del 1934
–, chamusco del 1387
–, esclerotinosis del 1552
–, fusariosis del 1811
–, marchitamiento del 1811
–, pasmo del 1900
–, pulguilla del 692
–, quema del 1387
–, roya del 1625
–, socarrina del 1387
–, trips del 122
lirio, roseta del 1238
lirón 1038, 1047
listado 2301
litobio 930
litobios 929
lixus de la remolacha 690
lofiro del pino 890
longicornio del avellano 707
longicornios 614
luciérnagas 684
lúpulo, cecidomia del 809
–, enfermedad clorótica del 1233
–, hepiálido del 428
–, hojas de ortiga del 1197
–, mal blanco del 1554
–, mildiú del 1429
–, mosaico del 1231
–, oídio del 1554
–, pulgón del 288
–, pulguilla del 736

llaga macana 1446
llantén blanquecino 2124
– lanceolado 2122
– mayor 2123
– mediano 2124
– menor 2122

macuba 577
madera azul de las resinosas 1447
– cárdena 1447
–, caries de la 1601
– coloreada de verde 1511
– de perdiz 1696
– elástica 2369
– gomosa 2369
–, gusanos de la 381
–, podredumbre blanca de la 1603, 1605, 1610
–, podredumbre roja de la 1629
–, pudrición negra de la 1600
magarzuela 1981
maíz, bacteriosis del 1165
–, bolsa del 1742
–, carbón de la panoja del 1694
–, carbón del 1742
–, enfermedad de las rayas del 1216
–, gorgojo del 764
–, gusano cogollero del 439
–, gusano del elote del 425
–, mal de la estría del 1216
–, mancha negra de los haces fibrovasculares del 1767
–, marchitez americana del 1165
–, matizado del 1217
–, mosaico del 1300
–, niebla del 1844
–, piral del 502
–, podredumbre bacteriana del 1165
–, podredumbre seca de la espiga del 1801
–, polilla del 502
–, pulgón verde del 305
–, roya amarilla del 1300

maíz, roya del 1681
–, tizón del 1742
mal amarillo de los jacintos 1159
– blanco de la encina 1497
– blanco de la raíz 1579, 1607
– blanco de las compuestas, crucíferas y curcurbitáceas 1466
– blanco de las gramíneas 1467
– blanco de los tallos de trigo 1474
– blanco del aliso 1497
– blanco del avellano 1522
– blanco del grosellero 1499
– blanco del guisante 1468
– blanco del lúpulo y del fresal 1554
– blanco del manzano 1529
– de la cal 1383
– de la corteza de la caña de azúcar 1479
– de la corteza del castaño 1464
– de la escalera de la caña de azúcar 1469
– de la estría de la caña de azúcar 1218
– de la estría del maíz 1216
– de la goma 1784
– de la raya del arroz 1323
– de la sangre de los bananos 1123
– de la tela 1587
– de la tela de las ramas de las coníferas 1483
– de la tinta del castaño 1407
– de los cotiledones del haya 1406
– de Panamá 1817
– del corazón 1871
– del corazón de la manzana 1916
– del corazón de la remolacha 2341
– del cuello de las plantas forestales 1868
– del esclerocio de las plantas cultivadas 1552
– del esclerocio de los remolachares 1588
– del esclerocio de los sarmientos 1762
– del esclerocio del arroz 1487
– del esclerocio del trébol 1553
– del pie de la remolacha 1871
– del pie del arroz 1469
– del pie del trigo 1515
– del plomo de los frutales 1699
– del rodal del pino marítimo 1539
– hemorrágico del cocotero 1915
– negro de la vid 1116
– negro de los jacintos 1546
– Pahala 2351
– rosado del cafeto y del cacao 1589
– rosado del tallo 1589
– seco de la higuera 1094
– seco del limonero 1796
– seco del nogal 1160
– sigatoka 1506
– vinoso 1616
malformación 2264
malva 2101
– de hoja redonda 2101
malváceas, roya de las 1672
malvas, roya de las 1672
maná 1926
– celeste 1926
– del desierto 1926
mancha americana de la hoja 1632
– angular de la hoja del algodonero 1161
– angular de la hoja del tabaco 1119
– anular 2282
– anular de la dalia 1211
– anular del melocotonero 1330
– anular necrótica del cerezo 1330
– anular necrótica del cerezo agrio 1330
– asteroide del melocotón 1248
– blanca del ciruelo 1174
– borrosa de la hoja de la cebada 1516
– circular de las hojas de la caña de azúcar 1486
– de aceite 2268
– de chocolate 1763
– de hierro del cafeto 451
– de la gluma y del nudo 1902
– de las hojas de la morera 1505
– de las hojas de la platanera 1506
– de las hojas del fresal 1503
– de las hojas del tomate 1901
– del hierro 1772
– en anillo 2282
– en ojo del membrillero 1803
– foliar 2260
– foliar de la remolacha 1754
– foliar del tabaco 1776
– foliar necrótica del melocotonero 2389
– negra de los haces fibrovasculares del maíz 1767
– negra del repollo 1753
– nodular 2277
– ocular 1772
– ocular del clavel 1457
– ojival de la caña de azúcar 1838
– ojival parda del cafeto 1772
– parda de la hoja de la caña de azúcar 1773
– parda del grosellero 1555
– reticular de la cebada 1537
manchado 2297
manchas amarillas de las hojas de la piña 1237
– angulosas del tabaco 1119
– asteroides 2199
– blancas de las hojas de la alfalfa 2363
– blancas de las hojas del peral 1509
– blancas del tabaco 1096
– de herrumbre de la patata 2346
– de hierro 2346
– de las hojas del cerezo 1502

manchas de las hojas del nogal 1480, 1849
– en anillo del tabaco 1178, 1180
– en escudete del trigo 1516
– en hoja de roble 2267
– foliares bacterianas de la col y la coliflor 1127
– grises de la avena 2339
– listadas de la cebada 1536
– negras en anillo de la col 1190
– ocráceas 1802
– plateadas de la patata 1912
– rojas de las hojas del ciruelo 1531
mandioca, mosaico de la 1350
maní, roseta del 1247
mantis religiosa 82
manzana espinosa 2041
–, fugamina de la 1825
–, mal del corazón de la 1916
manzanas, acorchado de las 2327
–, acorchamiento interno de las 2327
–, corazón aguanoso de las 2362
–, escaldadura común de las 2323
–, gusano de las 448
–, mosca de las 864
–, nódulos amargos de las 2324
–, piel rugosa de las 1343
–, podredumbre amarga de las 1475
manzanilla común 2103
– de Alemania 2103
– de los campos 1980
– de tinte 1983
– fétida 1981
– hedionda 1981
– oficinal 1982
– romana 1982
– silvestre 1980
manzano, agrietado estrellado del 2370
–, antónomo del 565
–, apión del 574
–, aplastamiento de las ramas del 2367
–, atrofia de los frutos del 2366
–, barrenillo grande del 651
–, black-rot del 1525
–, cáncer del 1525
–, chancro del 1514
–, chinche del 137, 144
–, escoba de bruja del 2371
–, gorgojo del 565
–, hoplocampa del 897
–, mal blanco del 1529
–, moho azul del 1866
–, mosaico del 1274
–, mosaico lineal del 2368
–, mosquilla de las hojas del 824
–, moteado del 1463
–, necrosis de las ramas del 1111
–, niebla del 1111
manzano, oídio del 1529
–, podredumbre del tronco del 1406
–, podredumbre negra del 1525
–, polilla del 360, 432, 515
–, psila del 295
–, pulgón lanígero del 233
–, pulgón verde del 225
–, roña del 1463
–, roseta del 1172
–, roya del 1615
–, sarna del 1463
–, sesia del 521
–, tiña del 359
manzanos, excrecencias gemíferas de los 11
marandová 496
marchitamiento 2317
– bacteriano de la alfalfa 1107
– bacteriano de la alubia 1106
– bacteriano de las solanáceas 1146
– bacteriano del clavel 1122
– bacteriano del tomate 1108
– del lino 1811
– del rosal 1262
– descendente 2229
marchitez americana del maíz 1165
– bacteriana de las cucurbitáceas 1114
– bacteriana de los agrios 1148
– bacteriológica del banano 1146
– de la calabaza 1114
– de la caña de azúcar 1768
– de la espinaca 1256
– de la patata 1816, 1920
– de los brotes de la morera 1471
– del algodonero 1819, 1921
– Pahala 2351
– parduzca del cafeto 1787
margarita 1996
– de los prados 2025
– de los sembrados 2026
– del trigo 2026
– major 2025
margaritón 2025
margarodes 261
mariposa blanca con venas verdes 483
– blanca del sauce 519
– de cola dorada 492
– de cola parda 470
– de la col 482
– de neustria 461
– del brote del pino 503
– monja 457
– viejecita 469
mariposas de la seda 506
mariquita de las leguminosas 769
mariquitas 630
marmota 1050
marojo 1953

mastuerzo de prado 2013
matizado 2265
– del maíz 1217
mazorquera 2134
medidora del pino 367
melanosis de la vid americana 1894
– del fruto de los agrios 1879
melocotón enano 1200
–, mancha asteroide del 1248
–, sutura roja del 1201
melocotonero, abolladura de las hojas del 1564
–, amarilleo del 1199
–, arrollamiento amarillo de las hojas del 2392
–, arrollamiento clorótico de las hojas del 2387
–, bacteriosis del 1163
–, blanqueta o mal blanco del 1556
–, bupréstido del 608
–, calico del 1184
–, clorosis lineal del 1270
–, cochinilla del 237
–, cribado de las hojas del 1784
–, enanismo del 1311
–, enfermedad X del 1266
–, enfermedad X occidental del 2390
–, entramado dorado del 2388
–, gusano cabezudo del 608
–, lida del 911
–, mancha anular del 1330
–, mancha foliar necrótica del 2389
–, minadora pequeña del 354
–, mosaico amarillo de las yemas del 1234
–, mosaico del 1283
–, oídio del 1556
–, polilla oriental del 446
–, pulgón del 190, 267
–, pulgón harinoso del 241
–, pulgón pardo del 178
–, ramos saliciformes del 2391
–, roseta del 1313
–, verrucosis del 1331
meloidos 701
melolonta 704
– forestal 702
melón, cercosporiosis del 1774
–, mosca del 820
–, niebla del 1790
membrácidos 262
membrillero, mancha en ojo del 1803
–, momificación de los frutos del 1551
–, excrecencias gemíferas de los 1142
menta, roya de la 1674
– silvestre 2104
mercurial 2105
micocecidio 2245
micosis 2246
– cortical 1688
– de las espigas 1797
mijo, carbón del 1711
–, tizón del 1693
mildiú de la adormidera 1397
– de la cebolla 1400
– de la espinaca 1401
– de la lechuga 1388
– de la patata y del tomate 1415
– de la remolacha 1399
– de la vid 1426
– de las crucíferas 1398
– de las cucurbitáceas 1428
– de las judías de Lima 1420
– de las leguminosas pratenses 1403
– de las lilas 1421
– de las umbelíferas 1425
– de los cereales 1432, 1433
– del cáñamo 1427
– del guisante 1404
– del lúpulo 1429
– del panizo 1432
– del pimiento 1408
– del tabaco 1402, 1416
– del trigo 1433
– rojo de la patata 1411
milefolio 1954
milengrana 2074
milenrama 1954
milgranos 2074
minador de las hojas del cafeto 451
minadora de la hoja de la azalea 415
– de las hojas de la lila 544
– de las hojas de los frutales 459
– de las yemas 365
– del roble y del castaño 531
– pequeña del melocotonero 354
minadores de las hojas 793
miosotis de los campos 2106
mirlo 1025
moho azul de los frutos cítricos 1867
– azul del manzano 1866
– azul del tabaco 1402
– de hilachas 1587
– de la alfalfa 1403
– de la fruta 1548
– de la nieve 1442
– de las cebollas 1400
– de las espigas del trigo y del centeno 1797
– de las gramináceas pratenses 1465
– de las raíces 1579
– de los albaricoques 1549
– gris de las uvas 1762
– verde de los frutos cítricos 1865
momificación de los frutos del membrillero 1551

morera, cochinilla de la 185
–, lengua de la 1650
–, mancha de las hojas de la 1505
–, marchitez de los brotes de la 1471
–, necrosis bacteriana de la 1133
–, peste de los plantones de 1471
–, podredumbre de las raíces de la 1543
–, quema de la 1505
–, socarrina de la 1505
mosaico abigarrado de la patata 1249
– amarillo de la judía 1181
– amarillo de las yemas del melocotonero 1234
– amarillo del bromo 1264
– amarillo del nabo 2396
– amarillo del pepino 1256
– amarillo del rosal 1348
– amarillo del tabaco 1294
– anular del tabaco 1180
– arroyado del cerezo 1290
– aucuba de la patata 1249
– benigno 1259
– común de la patata 1259
– común de las judías 1284
– común del pepino 1256
– común del tabaco 1293
– con enaciones del guisante 1286
– de la alfalfa 1277
– de la caña de azúcar 1291
– de la cebolla 1252
– de la coliflor 1254
– de la dalia 1257
– de la flor de lis 1265
– de la higuera 1213
– de la lechuga 1267
– de la mandioca 1350
– de la naba 1190
– de la remolacha 1250
– de la soja 1361
– de las cucurbitáceas 1256
– del abutilón 1245
– del alhelí 1276
– del apio 1298
– del guisante 1268
– del lúpulo 1231
– del maíz 1300
– del manzano 1274
– del melocotonero 1283
– del nabo 1251
– del rosal 1289
– del trébol blanco 1260
– del trigo 1296
– del trigo de invierno 1221
– internerval 2257
– intervenal 2257
– Lambert 2375
– lineal del manzano 2368
mosaico lineal necrótico del cerezo 2380
– nerval 2312
– rizado de la patata 1369
– rojo benigno del cerezo 2379
– rojo necrótico del cerezo 2381
– rugoso benigno del cerezo 2378
– rugoso del cerezo 1212
– simple 1259
– superbenigno de la patata 1292
mosca de la cebolla 852
– de la remolacha 850
– de la zanahoria 860
– de las cerezas 863
– de las frutas 799
– de las manzanas 864
– de los bulbos 838
– de mayo 331
– de San Marcos 797
– del apio 851
– del clavel 854
– del espárrago 859
– del fríjol 856
– del melón 820
– del nabo 855
– del nabo y de la col 853
– del narciso 844
– del olivo 821
– del vinagre 833, 834, 835
– mediterránea 799
– mejicana de la fruta 794
– olearia 821
moscas blancas 153
– de las frutas 871
– de mayo 334
– de sierra 919
mosquilla anaranjada del trigo 865
– de las crucíferas 822
– de las hojas del manzano 824
– del vinagre 833
mosquillas 800
mosquita blanca del repollo 151
– de la cebada y de la avena 848
mosquito común 819
– de los planteles de arroz 801
– del trigo 846
– del vinagre 833
mosquitos de las agallas 798
mostaza blanca 2001
– de los campos 2002
– silvestre 2002
moteado amarillo del pepino 1256
– del cerezo 1574
– del manzano 1463
– del peral 1576
muérdago 1952
– enano 1930
– escamoso 1930

muerte descendente 2229
murajes 1978
musaraña de cola cuadrada 1070
musgo arbóreo 1925
mutila 908

naba, mosaico de la 1190
nabo, ceutorrinco del 618, 619
–, crisomela del 655
–, mosaico amarillo del 2396
–, mosaico del 1251
–, mosca del 853, 855
–, pulguilla del 737
– sueco 2003
nabos, escarabajuelo de los 699
–, falsa oruga de los 879
nanismo 2234
– de la caña de azúcar 1228
– de los frutos del cerezo 2377
– del arroz 1219
– del ciruelo 1312
naranja, ácaro del tostado de la 962
naranjas, aguado de las 1421
naranjo, algodón del 292
–, cochinilla blanca del 285
–, cochinilla blanda del 212
–, cochinilla esférica del 310
–, corteza escamosa del 1205
–, chinche harinosa del 292
–, foliocelosis del 2348
–, negrilla del 1489
–, piojo blanco del 182
–, piojo negro del 279
–, piojo rojo del 207
–, podredumbre del pie del 1419
–, psorfasis del 1205
–, pulgón del 325
–, pulgón negruzco del 325
–, queresa del 310
narciso, mosca del 844
necróforos 760
necrosis acrópeta 1255
– apical 2305
– bacteriana de la morera 1133
– cancerosa de la madera 1514
– cortical 2203
– de la madera de las frondosas 1511
– de la piel de la patata 2360
– de la vid 1451
– de las nerviaciones 2309
– de las ramas del peral y del manzano 1111
– de los órganos 2208
– del floema 1208, 2273
– del floema del cafeto 3
– del floema del olmo 1306
– del leño 1511
necrosis del tabaco 1269
– en estrías 1255
negreo de los cereales 1510
negreta 1444
– de los agrios 1489, 1494
negrilla 1444
– de los agrios 1494
– del naranjo y del limonero 1489
– del olivo 1439
negro del tabaco 1118
negrón de la patata 1755
– de las crucíferas 1753
– de las plantas de huerta 1527
neguilla 2111
neguillón 1961
nemato de la picea 913
nematodo de la avena 27
– de la patata 30
– de la raíz 32
– de la raíz de los agrios 35
– de la remolacha 31
– de los agrostis 10
– de los prados 33, 34
– del cocotero 12
– dorado 30
nematodocecidio 5
nematodos de las plantas 5
– de las raíces 22
– galígenos 9
nenúfar, galeruca del 662
–, pulgón del 306
népidos 139
nepticúlidos 466
nervadura negra de la col 1157
neurópteros 340
niebla de la col 1501
– de las gramíneas 1467
– de las hojas del cáñamo 1896
– de las hojas del cerezo 1478
– del espino blanco 1530
– del grosellero 1555
– del guisante 1468
– del maíz 1844
– del melón 1790
– del nogal 1480
– del peral y del manzano 1111
nitidúlidos 706
noctua común 350
– de la adivinación 411
– de la col 462
– de las huertas 463
– del guisante 464
– del tomate 425
– del trigo 351, 476
– gamma 363
– novia 538
noctuella del arce 344

noctuidos 467
nódulos amargos de las manzanas y peras 2324
– de las raíces 32
nogal, antracnosis del 1480, 1849
–, bacteriosis del 1160
–, mal seco del 1160
–, manchas de las hojas del 1480, 1849
–, niebla del 1480
–, pulgón grande del 193
–, pulgón pequeño del 204
–, tizón bacteriano del 1160
nomeolvides 2106
nudos dobles 2232

obstrucción 2300
oclusión 2300
odonatos 336
oídio de la vid 1572
– de las gramíneas 1467
– de los sauces y chopos 1573
– del avellano 1522
– del guisante 1468
– del lúpulo 1554
– del manzano 1529
– del rosal y del melocotonero 1556
ojo de gallo 1632
– de pavo real 542
– de perdiz 1956, 1957
oleocelosis 2350
olivo, arañuelo del 111
–, barrenillo del 720
–, barrenillo grande del 673
–, caries del tronco del 1697
–, cochinilla negra del 311
–, lepra del 1831
–, mosca del 821
–, negrilla del 1439
–, polilla del 494
–, pulgón del 238
–, repilo del 1795
–, roña del 1144
–, taladrillo del 673
–, tizne del 1439
–, tuberculosis del 1144
–, verrugas del 1144
olmo, barrenillo del 652, 758
–, cochinilla del 232
–, enfermedad holandesa del 1445
–, galeruca del 665
–, grafiosis del 1445
–, necrosis del floema del 1306
–, pulgón del 192, 234, 318
–, serpeta del 254
ondatra 1045
oníscidos 986
opilión 959
oreja de ratón 2075
orobanca 1945
– menor 1947
– ramosa 1950
ortiga común 2189
– hedionda 2176
– mayor 2188
– muerta blanca 2085
– muerta purpúrea 2086
– romana 2189
oruga de la col 482
– de la hoja del algodonero 352
– de librea 461
– de zurrón 492
– hilandera 432
– negra 374, 439
– verde de las coles 488
orugas agrimensoras 413
– cortadoras 347, 467
– de esteva 518
– de giba 468
– de vaina 378
– geómetras 413
oruguita taladradora de la caña de azúcar 395
otiorrincos 713

pajarera 2177
pajarita 2096
pájaros tejedores 1020
palidez 2270
palma de aceite, pudrición del cogollo de la 12
palmas, podredumbre del corazón de las 1418
paloma silvestre 996
– torcaz 997
palomilla bandeada del trigo 486
– de la col 488
– de la patata 414
– de la remolacha 454
– del granero 516
palomillas 384
paloteo 1787
pamplina 2177
paniquesa blanca 1059
panizo mayor, tizón del 1735
–, mildiú del 1432
papa, tizón de la 1415
–, tizón temprano de la 1755
papiliónidos 475
"paracrinkle" de la patata 1246
pardeado 2213
– de las espigas 1902
– de las hojas de las gramíneas 1488
– de las nerviaciones del tabaco 1255
pardillo 992

pasmo del lino 1900
pata de gallina 2361
– de león 1967
pataca, roya de la 1669
pataprieta del tabaco 1416
patata, alternariosis de la 1755
–, anguilulosis de la 20
–, arañuela de la 978
–, arrollamiento de las hojas de la 1208
–, "bouquet" de la 1273
–, calico de la 1278
–, corazón ennegrecido de la 2325
–, corazón hueco de la 2344
–, corazón negro de la 2325
–, chinche de la 127
–, dartrosis de la 1785
–, enrollado de las hojas de la 1208
–, escarabajo de la 687
–, escoba de bruja de la 1204
–, fusariosis de la 1816
–, manchas de herrumbre de la 2346
–, manchas plateadas de la 1912
–, marchitez de la 1816, 1920
–, mildiú de la 1415
–, mildiú rojo de la 1411
–, mosaico abigarrado de la 1249
–, mosaico aucuba de la 1249
–, mosaico común de la 1259
–, mosaico rizado de la 1369
–, mosaico superbenigno de la 1292
–, necrosis de la piel de la 2360
–, negrón de la 1755
–, nematodo de la 30
–, palomilla de la 414
–, "paracrinkle" de la 1246
–, pie negro de la 1117
–, podredumbre en anillo de la 1110
–, podredumbre negra de la 1146
–, podredumbre parda de la 1146
–, podredumbre seca de la 1806, 1818
–, polilla de la 414
–, pulgón de la 257
–, pulgón de los brotes de la 308
–, pulguilla de la 735
–, rizoctoniosis de la 1590
–, roña ordinaria de la 1169
–, sarna común de la 1169
–, sarna costrosa de la 1590
–, sarna negra de la 1435
–, sarna ordinaria de la 1169
–, sarna profunda de la 1434
–, sarna pulverulenta de la 1434
–, sarna suberosa de la 1169
–, sarna verrugosa de la 1435
–, seca de la 978
–, tiña plateada de la 1912
–, traqueoverticilosis de la 1920
patata, viruela de la 1590
patógeno 2271
pavón diurno 471
pavones 506
pecas del banano 1848
pececillo de plata 64
pedicularia 2117
peine de Venus 2156
pelitos de Santa María 1963
pelosilla 2075
pensamiento 2196
–, carbón del 1720
pentatómidos 142
peonia, roya de la 1594
pepino, cladosporiosis del 1780
–, mosaico amarillo del 1256
–, mosaico común del 1256
–, moteado amarillo del 1256
pepinos, bacteriosis de los 1126
pequeña babosa gris 52
– mariposa blanca de la col 484
– pavón de noche 504
peral, abigarrado rojizo del 2393
–, agrilo del 551
–, amarilleo de las nerviaciones del 2394
–, ampollas negras de las hojas del 1561
–, babosita del 883
–, cecidomia de las hojas del 828
–, céfido del 901
–, cochinilla gris del 231
–, chancro del 1514
–, chinche del 146
–, eriofíes del 949
–, filobio del 722
–, hoplocampa del 893
–, hoyitos pétreos del 1287
–, lida del 910
–, manchas blancas de las hojas del 1509
–, moteado del 1576
–, necrosis de las ramas del 1111
–, niebla del 1111
–, podredumbre del tronco del 1406
–, psila del 298
–, pulgón del 312
–, roña del 1576
–, roya del 1614
–, sarna del 1576
–, septoriosis de las hojas del 1509
–, trips del 118
peras, cecidomia de las 814
–, chinche de las 126
–, gusano de las 448
–, nódulos amargos de las 2324
perdigonada 1784
perejil de perro 1959
–, roya del 1675
perforación 1784

perforación de las hojas 2291
perifollo silvestre 1984, 2021
peritelo gris 716
perlas de tierra 261
peronospora de la vid 1426
– del cáñamo 1427
perro de las praderas 1035
persicaria 2127, 2132
peste 1415
– de la remolacha 1871
– de los plantones de morera 1471
– de los semilleros 1430, 1571
– negra del tomate 1237
petalodia 2272
petasites 2118
picado 1508
– del vino 1075
picamaderos 1019
picea, lida de la 885
–, nemato de la 913
–, pulgón galícola de la 309
–, tórtrix de las acículas de la 402
–, tórtrix de las yemas de la 356
pico carpintero 1019
– cruzado 1013
– de hierro 995
– mayor 1001
– mediano 1002
– menor 1003
– negro 1008
– verde 1019
picudo baco 746
– cortayemas 747
– del algodonero 564
pie de ánade 2024
– de león 1967
– negro de la col 1874
– negro de la patata 1117
piel plateada 1587
– rugosa de las manzanas 1343
piéridos 481
pimentilla 2132
pimienta de agua 2131
pimiento, mildiú del 1408
–, tizón del 1408
pino con setas 1712
–, crisomela amarilla del 642
– chamoso 1712
– de Alepo, tumores del 1137
– de Weymouth, gorgojo del 729
– de Weymouth, roya del 1595
–, enfermedad roja del 1492
–, enrojecimiento y caída de las hojas del 1492
–, falsa oruga del 890
–, geómetra del 367
–, gorgojo pequeño del 728
pino, gran barrenillo del 682
–, lasiocampa del 388
–, lofiro del 890
–, mariposa del brote del 503
– marítimo, mal del rodal del 1539
–, medidora del 367
–, podredumbre anular de la madera de 1712
–, podredumbre roja del 1712
–, pulgón de la corteza del 291
–, roña del ritidoma del 1594
–, roya de las hojas del 1585
–, roya encorvadora de las ramas del 1626
–, roya vesiculosa de la corteza del 1594
–, tórtrix de las yemas del 366
–, tórtrix de los brotes del 503
pinos, gran escarabajo de los 733
–, hilesino destructor de los 583
–, lida de los 872, 873
–, procesionaria de los 523
pinzón 1009
– real 1010
– roncal 1010
piña, amarilleo de la 2364
–, enfermedad de la 1915
–, hojas amarillas de las hojas de la 1237
– negra del cacao 1418
– parda del cacao 1847
–, podredumbre de los frutos de la 1409
–, podredumbre negra de la 1915
piñas, piral de las 391
piñonero 995
piojillo de la cebolla y del tabaco 124
– de los invernaderos 107
piojillos de las plantas 202
piojo blanco del naranjo 182
– de la hiedra 182
– de los libros 99
– negro del naranjo 279
– rojo del naranjo 207
piquituerto 1013
piral de la vid 517
– de las piñas 391
– de los claveles 535
– del algarrobo 465
– del fríjol de Lima 405
– del maíz 502
pirálidos 499
pisodes manchado 728
pistilodia 2276
pito real 1019
plaga sunn 131
plantas cultivadas, mal del esclerocio de las 1552
– de huerta, negrón de las 1527
plátano de sombra, hojas secas del 1481
plateada 2133
plateado 2292

plomo de los frutales 1699
podagra 1934
podredumbre amarga 1916
– amarga de las manzanas 1475
– amarga de las uvas 1852
– amarga de los agrios 1864
– amarilla del leño 1636
– anular de la madera de pino 1712
– apical 2306
– apical de la caña de azúcar 1469
– apical de los tomates 2326
– bacteriana de las cápsulas del algodonero 1161
– bacteriana de los agrios 1148
– bacteriana del maíz 1165
– blanca 1643, 1644, 1645, 2316
– blanca de la calabaza confitera 1408
– blanca de la cebolla 1764, 1891
– blanca de la madera 1603, 1605, 1610
– blanca de la madera de encina 1697
– blanca de la raíz 1579
– blanca de las frondosas 1652
– blanca de las raíces del cafeto y del cacao 1607
– blanca de las uvas 1793
– blanca de los árboles vivos 1648
– blanca del abeto 1647
– blanca del raigal 1611
– blanda 2294
– blanda bacteriana de las crucíferas 1117
– caulinar 2299
– de almacén 1806, 1818
– de la alfalfa 1107
– de la raíz del tabaco 1571
– de las frutas del banano 1829
– de las hojas de la lechuga 1850
– de las plantitas de col 1394
– de las plantitas de los semilleros 1430
– de las raíces de la encina 1545
– de las raíces de la morera 1543
– de las raíces de los frutales 1544
– de las raíces del guisante 1385
– de las raicillas 2385
– de las yemas 2215
– de los bulbos de cebolla 1760, 1761
– de los frutos de hueso 1547
– de los frutos de la piña 1409
– del brote-guía de la caña de azúcar 1143
– del cogollo del cocotero 1418
– del corazón 2252
– del corazón de las palmas 1418
– del corazón del tallo 1309
– del cuello del cafeto 1607
– del cuello del gladiolo 1130
– del duramen 2253
– del pie del naranjo 1419
– del tallo del tomate 1456
podredumbre del tomate 1873
– del tronco del manzano y del peral 1406
– dura 2251
– en anillo de la patata 1110
– gris de las uvas 1762
– gris de los racimos 1426
– húmeda 1117, 2315
– morena de los frutos cítricos 1410, 1419
– negra de la patata 1146
– negra de la piña 1915
– negra de la vid 1482
– negra de las bellotas del cacao 1418
– negra de las crucíferas 1157
– negra de los granos de uva 1482
– negra del manzano 1525
– negra del rábano 1386
– noble 1762
– parda 2214
– parda de la fruta 1548
– parda de la patata 1146
– parda de los agrios 1421
– parda de los racimos 1426
– parda del cacao 1847
– parda del raigal 1646
– parda del tronco 1608
– radical 2283
– radical del algodonero 1883
– roja 2280
– roja de la caña de azúcar 1526
– roja de la madera 1629
– roja de la vaina de la caña de azúcar 1588
– roja del duramen 1700
– roja del leño 1653
– roja del pino 1712
– rosa 1916
– seca 1655, 2233
– seca de la albura 1621
– seca de la espiga del maíz 1801
– seca de la patata 1806, 1818
– seca del cogollo de la caña de azúcar 1392
– seca del colinabo 1874
– zonal de los frutos del tomate 1419
"pokkah-boeng" 1469
polidesmo aplastado 931
polígono trepador 2130
polilla de la harina 500
– de la higuera 514
– de la patata 414
– de la zanahoria 389
– de las castañas 449
– de las ciruelas 445
– de las crines y de la lana 528
– de las uvas 453
– de las uvas y del racimo 375
– de los cereales 516
– de los guisantes 447
– de los guisantes verdes 444

polilla de los muebles 785
– de los paños 537
– de los tapones 525
– de los vestidos y de las pieles 530
– del arroz 380
– del cerezo 361
– del maíz 502
– del manzano 360, 432, 515
– del olivo 494
– del puerro 343
– gris de la harina 398
– oriental del melocotonero 446
polillas de las pieles 527
– de los paños 527
– de los vestidos 527
polvillo de la caña de azúcar 1143
– del poroto 1721
– del rosal 1638
porcelión 989
poroto, gorgojo del 546
–, hielo amarillo del 1131
–, polvillo del 1721
portador 2218
potra de la col 1423
procesionaria de la encina 524
– de los pinos 523
protozoosis 1
psila del manzano 295
– del peral 298
psocópteros 98
psorfasis del naranjo 1205
ptino 738
pudrición del cogollo de la palma de aceite 12
– del cogollo del cocotero 1084
– negra de la madera 1600
puerco-espín 1042
puerro, polilla del 343
–, roya del 1677
–, tiña del 343
pulgas de tierra 669
pulgón de la acedera 226
– de la aladierna 160, 171
– de la azucena 276
– de la caragana 263
– de la col 191
– de la corteza del pino 291
– de la hiedra 224
– de la lechuga 274
– de la patata 257
– de la raíz de la lechuga 282
– de la remolacha 623, 624
– de la vid 667
– de las crucíferas 191
– de las gramíneas 314
– de las habas 223
– de las raíces del fresal 199
pulgón de las umbelíferas 194
– de los brotes de la patata 308
– del abeto 228, 264
– del agracejo 255
– del algodonero 200
– del aligustre 266
– del almendro y del melocotonero 190
– del banano 284
– del cacao 325
– del cáñamo 287
– del cardo 188
– del cerezo 270
– del ciruelo 243
– del crisantemo 301
– del chalote 304
– del frambueso 275
– del fresal 280
– del geranio 187
– del grosellero 166, 216
– del haya 289
– del helecho 245
– del lúpulo 288
– del melocotonero 267
– del naranjo 325
– del nenúfar 306
– del olivo 238
– del olmo 192, 234, 318
– del peral 312
– del saúco 176
– del sicomoro 227
– del tilo 235
– del trigo 314, 322
– del tulipán 268, 330
– galícola de la picea 309
– grande del nogal 193
– grande del sauce 327
– harinoso del melocotonero 241
– lanígero del alerce 150
– lanígero del aliso 277
– lanígero del manzano 233
– negro de las habas y judías 223
– negruzco del naranjo 325
– pardo del melocotonero 178
– pequeño del nogal 204
– verde de la avena 307
– verde de los cereales 314
– verde del ciruelo 189
– verde del crisantemo 214
– verde del guisante 149
– verde del maíz 305
– verde del manzano 225
– verde del rosal 256
– verde harinoso del ciruelo 243
pulgones 159
– galícolas del chopo 281
pulguilla amarilla de la col 724
– bandeada de las crucíferas 724

pulguilla de la cebada 725
– de la colza y del nabo 737
– de la patata 735
– de los cereales 622
– del lino 692
– del lúpulo 736
– del trigo 638
pulguillas 669
punta de cigarro de los bananos 1913
puntas negras 1787
– negras del banano 1843
punteado 2295
– amarillo foliar del cerezo 1285

quecua 1812
quema bacteriana de las judías 1162
– de la morera 1505
– del lino 1387
– del sorgo 1089
quemado del arroz 1884
quemadura de la corteza 2303
– de los brotes 1111
quemazón del tabaco 1149
quenopodio blanco 2023
queresa del naranjo 310
quiebra del color 2211
quilópodos 926
quironómidos 800
quiste de la soja 25
quitameriendas 2035
quitatintas 2148

rabanillo 2143
rabaniza 2143
rábano, podredumbre negra del 1386
– silvestre 2143
–, tentredínido del 879
rabia del garbanzo 1508
– del guisante 1507, 1758
rabillo 2099
rabo de lagarto 2050
racimos, podredumbre gris de los 1426
raíces en cabellera 1142
rama turgente del cacaotero 1295
ramos saliciformes del melocotonero 2391
– secos del castaño 1464
ranunculáceas, carbón de las 1716
ranúnculo arvense 2138
– bulboso 2139
– rastrero 2141
rapónchigo 2010
raquitismo 2302
– amarillo 2321
– amarillo de la cebolla 1252
– de la vid 1299
rata almizclada 1045
– almizclera 1045
rata colilla 1038
– común 1067, 1068
– de agua 1029
– de alcantarilla 1067
– de arrozal 1063
– de montaña 1050
– de trigo 1034
– negra 1068
– parda 1067
ratas 1065
ratilla campestre 1054
ratillas 1053
ratón campesino 1055
– casero 1057
– de campo 1044, 1055
– de las mieses 1052
– de monte 1027, 1028
– montés 1028
ratón-topo 1064
raya parda de la caña de azúcar 1841
rayado 2301
– y encrespamiento del tabaco 1317
rayas cloróticas de la caña de azúcar 1220
– rojas de la caña 1143
rebote 1103
reducción del crecimiento 2249
redúvidos 145
reina de los prados 2187
reloj de la muerte 560, 785
remolacha, amarilleo de la 1206
–, añublo de la 1722
–, azucarera, bacteriogomosis de la 1104
–, cercosporiosis de la 1770
–, cleonus de la 633
–, chinche de la 143, 611
–, encrespadura de la 1196
–, gardama de la 438
–, heterodera de la 31
–, lepra de la 1437
–, lixus de la 690
–, mal del corazón de la 2341
–, mancha foliar de la 1754
–, mildiú de la 1399
–, mosaico de la 1250
–, mosca de la 850
–, nematodo de la 31
–, palomilla de la 454
–, peste de la 1871
–, pulguilla de la 623, 624
–, rizadura de la hoja de la 1359
–, roya de la 1722
–, silfa de la 759
–, tiña de la 479
–, tortuguilla de la 611
–, tumores de la 1437
–, viruela de la 1770
remolachares, mal del esclerocio de los 1588

repilo del olivo 1795
repollo, mancha negra del 1753
–, mosquita blanca del 151
repunta 1075
rescisión 1687
resinosas, madera azul de las 1447
resinosis 2281
retama de tintes 2070
retoño hinchado del cacaotero 1295
retorcimiento foliar 2307
reversión virótica del grosellero 1171
rinanto cresta de gallo 2145
– mayor 2145
rizadura 2223
– de la colza 1360
– de la hoja de la remolacha 1359
– de la hoja del tabaco 1352
– del fresal 1263
– del geranio 1282
rizoctoniosis 1616
– de la patata 1590
roble, ampollas de las hojas del 1563
–, griseta del 1696
–, lasiocampa del 441
–, minadora del 531
roebrotes 716
roedores 672
romaza rizada 2149
– silvestre 2151
roña 2287
– de la vid 1152
– de los agrios 1461
– del manzano 1463
– del olivo 1144
– del peral 1576
– del ritidoma del pino 1594
– ordinaria de la patata 1169
rosal, abigarrado de las hojas del 1458
–, antracnosis del 1882
–, blanqueta o mal blanco del 1556
–, blenocampa de los brotes del 881
–, caspilla del 186
–, cinípido de las agallas del 915
–, cochinilla blanca del 186
–, escama blanca del 186
–, marchitamiento del 1262
–, mosaico amarillo del 1348
–, mosaico del 1289
–, oídio del 1556
–, polvillo del 1638
–, pulgón verde del 256
–, roya del 1638
–, tentredínido común del 877
–, tentredínido del tallo del 876
–, trips del 121
roseta 2284
– del lirio 1238
roseta del maní 1247
– del manzano 1172
– del melocotonero 1313
rosquilla 350
– negra 495
rotura de los tallos del centeno 1485
roya amarilla de los cereales 1682
– amarilla del maíz 1300
– anaranjada 1683
– blanca de las compuestas 1384
– blanca de las crucíferas 1383
– coronada de la avena 1664
– de la alfalfa 1729
– de la caña de azúcar 1671
– de la cebolla y del ajo 1656
– de la frambuesa 1639
– de la higuera 1582
– de la judía 1721
– de la menta 1674
– de la peonia 1594
– de la remolacha 1722
– de la zarzamora 1641
– de las cebollas 1677
– de las glumas 1682
– de las habas 1731
– de las hojas 1683
– de las hojas de la cebada 1670
– de las hojas del pino 1585
– de las malváceas 1672
– de las malvas 1672
– de las piñas del abeto 1686
– de las siemprevivas 1596
– de las violetas 1684
– de los crisantemos 1663
– de los frutales de hueso 1714
– del abeto rojo 1583
– del álamo temblón 1626
– del antirrino 1658
– del apio 1659
– del arándano rojo 1685
– del boj 1661
– del bujo 1584
– del cafeto 1617
– del cerezo 1662
– del ciruelo 1714
– del clavel 1724
– del espárrago 1660
– del girasol y de la pataca 1669
– del grosellero 1679
– del guisante 1728
– del lino 1625
– del maíz 1681
– del manzano 1615
– del peral 1614
– del perejil 1675
– del pino de Weymouth 1595
– del puerro 1677

roya del rosal 1638
– del tallo 1668
– del trébol 1730
– enana de la cebada 1670
– encorvadora de las ramas del pino 1626
– estriada 1682
– estriada del centeno 1666
– lineal 1668, 1682
– morena 1666
– negra de los cereales 1668
– parda de la cebada 1670
– parda del centeno 1666
– parda del tabaco 1132
– parda del trigo 1683
– roja del cacao 1924
– vesicular de las hojas del abeto 1584
– vesiculosa de la corteza del pino 1594
rubicundez 1589
rugosidad 2285
rutabaga 2003

salsifí 2183
saltamontes 81
saltaojos 1956, 1957
salvinia 2154
sándalo, enfermedad apical del 1203
saperda de los chopos 748
– melancólica 748
– pequeña del chopo 749
sapo de la vid 517
sarna 2287
– común de la patata 1169
– costrosa de la patata 1590
– de la vid 951
– del aguacate 1908
– del manzano 1463
– del peral 1576
– lisa 1169
– negra de la patata 1435
– ordinaria de la patata 1169
– profunda de la patata 1434
– pulverulenta de la patata 1434
– pustulosa 1169
– suberosa de la patata 1169
– superficial 1169
– verrugosa de la patata 1435
sastres 133
sauce, cecidomia del 862
–, costras negras de las hojas del 1542
–, galeruca del 660, 691
–, mariposa blanca del 519
–, pulgón grande del 327
sauces, oídio de los 1573
saúco, pulgón del 176
seca circular de la corteza del abeto blanco 1878
– de la patata 978
seca de las hojas del alerce 1853
– de las hojas del grosellero 1533
– de las hojas del trigo 1488, 1905
– de los brotes del abeto 1800
– de los ramos del arce 1893
– de los ramos del grosellero 1441
septoriosis de las hojas del peral 1509
– del trigo 1902, 1905
sereh de la caña de azúcar 1314
serpeta del olmo 254
– gruesa 252
sesia abejilla 539
– culiciforme 520
– del grosellero 522
– del manzano 521
setas, bacteriosis de las 1150
– comestibles, deformidad de las 1484
seudonecrosis reticular 1249
seudoroseta de la avena 1215
sherardia 2161
sicomoro, pulgón del 227
siemprevivas, roya de las 1596
silfa de la remolacha 759
sinfito 2178
sírfidos 866
sírice azul 917
– gigante 920
sírices 918
socarrina 1111
– de la morera 1505
– de las hojas del castaño 1504
– de las hojas del grosellero 1533
– de las hojas del trigo 1488
– del lino 1387
soja, heterodera de la 25
–, mosaico de la 1361
–, quiste de la 25
solanáceas, marchitamiento bacteriano de las 1146
solano negro 2170
sorgo, carbón cubierto del 1695
–, carbón del 1710
–, carbón duro del 1695
–, cecidomia del 816
–, quema del 1089
–, tizón del 1692
stolbur 1193
suberización 2221
suberosis 2221
sutura roja del melocotón 1201

tabaco, arrepollado del 1293
–, bacteriosis del 1148
–, clorosis carencial del 2355
–, chancro bacteriano del 1118
–, enfermedad de Wisconsin del 1132
–, fuego negro del 1119

tabaco, fuego salvaje del 1149
–, grabado del 1261
–, hinchazón del 1256
–, jopo del 1950
–, mancha angular de la hoja del 1119
–, mancha foliar del 1776
–, manchas angulosas del 1119
–, manchas blancas del 1096
–, manchas en anillo del 1178, 1180
–, mildiú del 1402, 1416
–, moho azul del 1402
–, mosaico amarillo del 1294
–, mosaico anular del 1180
–, mosaico común del 1293
–, necrosis del 1269
–, pardeado de las nerviaciones del 1255
–, pataprieta del 1416
–, piojillo del 124
–, podredumbre de la raíz del 1571
–, quemazón del 1149
–, rayado y encrespamiento del 1317
–, rizadura de la hoja del 1352
–, roya parda del 1132
taladrillo del olivo 673
taladro amarillo de los troncos 545
– blanco del cafeto 568
– de las cerezas del cafeto 768
– del algodonero 394
– rojo de los troncos 382
taltuza 1046
tanaceto 2027
–, galeruca del 659
taraza 48, 62
– naval 696
té, abolladura de las hojas de 1599
–, agallas de las hojas del 1599
– de Europa 2191
tejedores 1020
tejón 1051
– americano 1074
telaspios 2181
telilla de las hojas 1587
tenebrio molinero 770
– oscuro 771
tenebriónidos 772
tentredínido común del rosal 877
– del grosellero 914
– del rábano 879
– del tallo del rosal 876
teredo 62
termes 92
– cosechadoras 91
– de cuello amarillo 93
termites 92
termitos 92
termobia de las tahonas 65
testacelas 63
tetrao común 1023
tijereta 103
tijeretas 102
tilidosis 2308
tilo, pulgón del 235
tíngidos 148
tiña de la remolacha 479
– del almendro 396
– del cacao 397
– del cafeto 451
– del manzano 359
– del puerro 343
– plateada de la patata 1912
típula de las huertas 869
típulas 870
tiroglifo de la harina 979
tisanópteros 125
tisanuros 66
tizne del olivo 1439
tizón bacteriano del nogal 1160
– de la avena 1732, 1739
– de la cebada 1737, 1744
– de la panoja 1694
– de la papa 1415
– del maíz 1742
– del mijo 1693
– del nudo 1516
– del panizo mayor 1735
– del pimiento 1408
– del sorgo 1692
– del trigo 1703, 1705, 1749
– gomoso de las ramas del limonero 1410
– temprano de la papa 1755
tocinito 989
tomate, abigarrado del 1781
–, achaparrado del 1258
–, cogollo racimoso del 1242
–, enfermedad bronceada del 1237
–, gangrena bacteriana del 1108
–, hoja de helecho del 1256
–, mancha de las hojas del 1901
–, marchitamiento bacteriano del 1108
–, mildiú del 1415
–, noctua del 425
–, peste negra del 1237
–, podredumbre del 1873
–, podredumbre del tallo del 1456
–, podredumbre zonal de los frutos del 1419
–, viruela del 1901
tomates, podredumbre apical de los 2326
topillo 1064
topo 1073
torcaza 997
torcecuello 1012
torcedura del vino 1103
torito 496
tornado del vino 1103

tortugueta de los arrozales 980
tortuguilla de la remolacha 611
tórtrix 533
– de las acículas de la picea 402
– de las agallas resinosas 478
– de las yemas 532
– de las yemas de la picea 356
– de las yemas del abeto 401
– de las yemas del pino 366
– de los brotes del pino 503
– de los estróbilos 450
– de los estróbilos del ciprés 443
– del clavel 535
– verde de las yemas 362
traqueoverticilosis de la patata 1920
– del algodonero 1921
trébol, anguilulosis del 21
–, antracnosis del 1846
–, apión del 571
– blanco, mosaico del 1260
–, cecidomia de las hojas del 829
–, cúscuta del 1935
–, gorgojo del 571, 726
–, mal del esclerocio del 1553
–, roya del 1730
tréboles, viruela negra de los 1453
tribolio castaño 776
– confuso 777
trigo, aneguillado del 11
–, anguílula del 11
–, anguilulosis del 11
–, añublo blanco del 1473
–, carbón del 1749
–, carbón desnudo del 1749
–, carbón hediondo del 1703, 1705
–, carbón volador del 1749
–, caries del 1703, 1705
–, caries enana del 1704
–, cecidomia de las espigas del 817
–, clorops del 802
– de Cerdeña, enfermedad del 1807
– de invierno, mosaico del 1221
–, falso tizón del 11
–, fusariosis del 1805
–, golpe blanco del 1473
–, gorgojo del 764
–, heterodera del 27
–, liendre del 846
–, mal blanco de los tallos de 1474
–, mal del pie del 1515
–, manchas en escudete del 1516
–, margarita del 2026
–, mildiú del 1433
–, moho de las espigas del 1797
– morisco 2059
–, mosaico del 1296
–, mosquilla anaranjada del 865
trigo, mosquito del 846
– negro 2059
–, noctua del 351, 476
–, palomilla bandeada del 486
–, pulgón del 314, 322
–, pulguilla del 638
–, rata de 1034
–, roya parda del 1683
– sarraceno 2059
–, seca de las hojas del 1488, 1905
–, septoriosis del 1902, 1905
–, socarrina de las hojas del 1488
–, tizón del 1703, 1705, 1749
–, trips del 110
trinitaria 2196
trips 125
– de la flor de lis 104
– de la vid 105
– de los agrios 115
– del alerce 119
– del cacao 116
– del fríjol 108
– del gladíolo 117
– del guisante 109
– del lino 122
– del peral 118
– del rosal 121
– del trigo 110
tristeza de los citrus 2385
trogosita morisca 773
tronchaespigas 600
tubérculos, formación prematura de los 2353
– fusiformes 1173
tuberculosis de la vid 1152
– del olivo 1144
tulipán, pulgón del 268, 330
–, variegación infecciosa del 1297
tumor bacteriano 1152
– en cabellera 1142
tumores de la remolacha 1437
– del cuello 1152
– del pino de Alepo 1137
– y roña del ciruelo y del cerezo 1528
turgencia 2304
tusílago 2185
– mayor 2118

úlcera de helada 2335
umbelíferas, mildiú de las 1425
–, pulgón de las 194
uña de caballo 2185
urogallo 1023
urraca 1018
uva, enmohecido de la 1762
–, gusano de la 375
–, podredumbre negra de los granos de 1482
uvas, caries blanca de las 1793

uvas, moho gris de las 1762
–, podredumbre amarga de las 1852
–, podredumbre blanca de las 1793
–, podredumbre gris de las 1762
–, polilla de las 375, 453

vanesa antiopa 540
– de la alcachofa 501
vara de oro 2171
– de San José 2171
variegación de la flor 2211
– infecciosa del tulipán 1297
variegado infeccioso del abutilón 1245
vellorita 1996
vellosita 2075
verdecillo 993
verderón 994
verdezuela 2162
verónica 2190, 2191
verrucosis del melocotonero 1331
verrugas del olivo 1144
vesicantes 701
veteado de las hojas del cerezo 1253
veteadura 2301
veza hirsuta 2194
– tetrasperma 2195
viborera morada 2046
vid, abejorro verde de la 562
–, acariosis de la 961
–, agrietadura de la 1116
–, altisa de la 667
– americana, melanosis de la 1894
–, anómala de la 562
–, antracnosis de la 1460
–, apoplejía parasitaria de la 1697
–, arador de la 961
–, arrugamiento viroso de la 1305
–. carcoma de la 762
–, cecidomia de la 818
–, ceniza de la 1572
–, cigarrero de la 598
–, clorosis alcalina de la 2347
–, clorosis caliza de la 2347
–, clorosis férrica de la 2347
–, cochinilla algodonosa de la 300
–, cochinilla de la 236
–, coquillo de la 667
–, chinche gris de la 134
–, chinche harinosa de la 292
–, degeneración infecciosa de la 1299
–, enfermedad de Pierce de la 1305
–, enfermedad roja de la 978
–, enrojecimiento de las hojas de la 1534
–, erinosis de la 951
–, erioffes de la 951
–, escarabajito de la 715
–, escarabajo bronceado de la 562
vid, escribano de la 547
–, esfinge de la 370
–, filoxera de la 329
–, gomosis bacilar de la 1116
–, gorgojo de la 715
–, mal negro de la 1116
–, mildiú de la 1426
–, necrosis de la 1451
–, oídio de la 1572
–, peronospora de la 1426
–, piral de la 517
–, podredumbre negra de la 1482
–, pulgón de la 667
–, raquitismo de la 1299
–, roña de la 1152
–, sapo de la 517
–, sarna de la 951
–, trips de la 105
–, tuberculosis de la 1152
–, yesca de la 1697
vidriado 2338
villorita 2035
vinagrera 2147
vino, flor del 1766
–, flores del 1766
– vuelto 1103
vinas, caracol de las 54, 57
violeta acuática 2047
violetas, roya de las 1684
virescencia 2248
virosis 2314
viruela 1169
– de la acelga y de la remolacha 1770
– de la patata 1590
– de las hojas de la alfalfa 1532
– de las hojas de la fresa 1503
– del apio 1895
– del duraznero 1851
– del tomate 1901
– holandesa 1851
– negra de las gramíneas pratenses 1519
– negra de los tréboles 1453
visco 1952
– cuercino 1944
vitrificación 2338
vivillo 1795

xiléboro dispar 787
– pequeño 788
xiloporosis de los agrios 2386

yesca de la vid 1697
yetón 1961
ysocarú 352

zabro de los cereales 791
zanahoria, alternariosis de la 1754

zanahoria, mosca de la 860
–, polilla de la 389
– silvestre 2042
zapateros 133
zarigüeya 1037
zarza, cecidomia de las hojas de la 826
zarzamora, roya de la 1641
zorzal 1026

abete bianco, afide dell' 264
– bianco, cancrena dell' 1627
– bianco, ruggine vescicolosa delle foglie di 1685
– bianco, seccume circolare della scorza dell' 1878
– bianco, seccume delle foglie dell' 1438
– bianco, tortrice minatrice delle foglie di 401
–, cancro dei rami di 1512
–, cherme dell' 228
–, ilobio dell' 675
–, imbrunimento delle foglie di 1491
–, imbrunimento e caduta delle foglie di 1490
–, piralide dell' 391
– rosso, cherme dell' 309
– rosso, lida dell' 885
– rosso, nemato dell' 913
– rosso, ruggine dell' 1583
– rosso, tentredine dell' 913
– rosso, tortrice delle gemme dell' 356
– rosso, tortrice minatrice delle foglie di 402
–, ruggine degli strobi di 1686
–, ruggine vescicolosa delle foglie dell' 1584
–, scopazzi dell' 1627
–, seccume dei germogli dell' 1800
aborto della segale 1485
abrotano selvatico 2096
abutilon, mosaico dell' 1245
acari 934
acariosi dei limoni 962
– della vite 961
acaro degli agrumi 962
– dei bulbi 966
– della farina 935, 979
– della vite 961
– delle foglie della vite 951
– delle fragole 969
– giallo 952
accartocciamento delle foglie 1564
accorciamento degli internodi 2256
acero, croste nere delle foglie dell' 1541
–, nottua dell' 344
–, seccume dei rametti di 1893
acescenza del vino 1075
acetosa 2147
– piccola 2148
acetosella 2148
achillea starnutatoria 1955
acronecrosi 1255
adonide, crisomela dell' 655
– d'estate 1956
adromicosi degli agrumi 1796
afide bruno del crisantemo 301
– degli agrumi 325
– degli olmi 234
– dei bulbi 330
– dei getti delle patate 308
– dei pioppi 282
– del banano 284
– del cardo e del carciofo 188
– del cavolo 191
– del ciliegio 270
– del cotone 200
– del faggio 289
– del frumento 322
– del geranio 187
– del giglio 276
– del lampone 275
– del ligustro 266
– del luppolo 288
– del mais 305
– del mandorlo 267
– del noce 193
– del pesco 178, 190
– del pisello 149
– del ribes 166, 216
– del salice 327
– del sambuco 176
– del sicomore 227
– del tiglio 235
– del tulipano 268
– dell'abete bianco 264
– dell'edera 224
– dell'erba acetosa 226
– dell'uva spina 255
– della canapa 287
– della caragana 263
– della fragola 199, 280
– della lattuga 274
– della ninfea 306
– della patata 257
– della spina cervina 160, 171
– delle fave 223
– delle felci 245
– delle graminacee 314
– delle ombellifere 194
– delle rose 256
– dello scalogno 304
– farinoso del pesco 241
– farinoso del susino 243
– grande dell'avena 322
– lanigero del melo 233
– lanigero dell'ontano 277
– sanguigno del pero 312
– verde dei crisantemi 189, 214
– verde del melo 225

afide verde scuro dell'avena 307
afidi 159
afrofora spumosa 286
agente patogeno 2271
aglietto 1970
aglio a foglie peduncolate 1971
– campagnuolo 1970
– di campo 1970
–, nebbia dell' 1656
– pippolino 1972
–, ruggine dell' 1656
– selvatico 1970
agrili 549
agrilo del faggio 552
– del pero 551
– della quercia 550
– gracile 550
– verde 552
agromizidi 793
agrostide bianca 1963
agrostidi, anguillula degli 10
agrotide punto d'esclamazione 411
agrumi, acaro degli 962
–, adromicosi degli 1796
–, afide degli 325
–, batteriosi dei rami e frutti degli 1148
–, biancarossa degli 207
–, cancro degli 1158
–, ceroplaste cinese degli 198
–, cocciniglia cotonosa degli 292
–, cocciniglia degli 212
–, cocciniglia nera degli 279
–, cocciniglia rossa degli 158
–, esantema degli 2332
–, foliocellosi degli 2348
–, fumaggine degli 1489
–, gommosi degli 1419
–, lecanio liscio degli 212
–, mal di cenere degli 1494
–, marciume acido degli 1864
–, marciume amaro degli 1864
–, marciume dei rametti degli 1552
–, marciume nero dei frutti degli 1410
–, marciume radicale degli 1410
–, melanosi degli 1879
–, muffa azzurra degli 1867
–, muffa verde degli 1865
–, nero degli 1489
–, pidocchio a virgola degli 252
–, pidocchio degli 279
–, ruggine degli 107
–, tripide degli 115
–, tristeza degli 2385
–, xiloporosi degli 2386
alabama 352
alberi, boia degli 2017
– da frutta, apione degli 574
alberi da frutta, grande scolito degli 651
– da frutta, piccolo scolito degli 653
– da frutto, bruco peloso degli 470
– da frutto, falena degli 371
– da frutto, pidocchio a virgola dei 254
– da frutto, spogliatrice degli 430
–, tarli degli 751
albicocche, muffa delle 1549
albicocco, reticolatura dorata dell' 2372
albinismo 2198
– del ciliegio 2373
albugine dei cereali 1467
alchemilla comune 1967
aleurode dei cavoli 151
aleurodidi 153
alisso delle montagne 1997
allettamento 2263
alloiofillia dell'anemone 1225
alternariosi delle crocifere 1753
– delle solanacee 1754
altica dei cavoli 724
– dei cereali 622
– del lino 692
– dell'orzo 725
– della barbabietola 624
– della colza 737
– della vite 667
– delle patate 735
– delle quercie 668
– delle rape 623
– gialla della canapa 638
– verde della canapa 736
altiche 669
amarella 1990
amarena, giallume dell' 1195
amarore del vino 1081
ammuffimento degli acini 1762
anagallide 1978
ananas, giallume dell' 2364
–, macchie gialle dell' 1237
–, seccume della frutescenza dell' 1409
anarsia 354
anastrefa 794
ancusa 1979
anello nero del cavolo 1190
anemone, alloiofillia dell' 1225
–, carbone dell' 1716
anguillula degli agrostidi 10
– dei crisantemi 15
– dei prati 33, 34
– del cocco 12
– del frumento 11
– del pisello 26
– dell'aceto 4
– dell'orzo 27
– della barbabietola 31
– della soia 25

anguillula delle crocifere 24
– delle felci 13
– delle patate 30
– delle piante erbacee 21
– delle radici 32
– gallicola delle radici 32
anguillule 5
– delle radici 22
– galligene 9
anguillulosi 5
– delle patate 20
anisoplia dei cereali 556
anisotteri 335
annebbiamento 1111
annerimento 2205
– dei fasci vascolari del granturco 1767
– del gambo del cavolo 1874
– delle pinate ortensi 1527
anobidi 557
anobio del pane 767
– ostinatò 559
antonomo del cotone 564
– del melo 565
– delle fragole e dei lamponi 567
antracnosi 1462
– dei fagioli 1791
– dei limoni 1789
– del caffè 1787
– del cece 1508
– del cotone 1477
– del lino 1792
– del melone, del cetriolo e della zucca 1790
– del noce 1480, 1849
– del pisello 1507, 1757, 1758
– del trifoglio 1846
– della vite 1460
– delle banane 1829
– fogliare del mais 1801
antreni 569
aonidiella dell'arancio 158
– periniciosa 303
aparine 2067
apate della vite 762
apione degli alberi da frutta 574
– dei capolini del trifoglio 571
– del carciofo 572
– delle leguminose 573
– di pomona 574
appasimento 2319
appiattimento dei rami 2244
arachide, rosetta dell' 1247
aranci, gorgoglione degli 325
arancio, aonidiella dell' 158
–, psoriasi dell' 1205
–, scabbia dell' 1461
arceuthobium 1930
arctiidi 358
argentina 2133
argiope 938
aristolochia 1989
aromia moscata 577
arricciamento dei gerani 1282
– della colza 1360
– delle fragole 1263
– delle punte 1196
– fogliare del cotone 1351
– fogliare del tabacco 1352
– fogliare della barbabietola 1359
– fogliare della patata 1208
– grave 2224
– infettivo delle viti 1299
– leggero 2223
arrossamento 2278
– del pesco 1784
– e caduta delle foglie di pino 1492
arrotolamento fogliare 2259
arvicola 1044, 1055, 1064
– campagnola 1054
– d'acqua 1029
arvicole 1053
ascomiceti 1440
asparagi, mosca degli 859
asparago, ruggine dell' 1660
–, criocera dell' 639
aspidioto dell'edera 182
– ostriforme 302
assenzio selvatico 1990
asteromicosi della rosa 1458
astro, giallume dell' 1194
atalia delle rape 879
atavismo viroso del ribes 1171
atomaria 578
atrofia dei frutti del melo 2366
atropo divinatorio 99
avena, afide grande dell'322
–, afide verde scuro dell' 307
–, carbone dell' 1732, 1739
–, elmintosporiosi dell' 1535
– folle 1994
– matta 1994
– nera 1994
–, pseudo-rosetta dell' 1215
–, ruggine coronata dell' 1664
–, seccume delle foglie di 1535
– selvatica 1994
avocado, rogna dell' 1908
avvizzimento 2317
– batteriaceo del fagiolo 1106
– batteriaceo del garofano 1122
– batteriaceo del pomodoro 1108
– betteriaceo dell'erba medica 1107
– batterico 1146
– dei germogli del gelso 1471

avvizzimento dei piselli 1138
– del cotone 1819
– della canna da zucchero 1768
– della rosa 1262
– delle cucurbitacee 1114
– delle piante di lino 1811
– maculare del pomodoro 1237
azalea, galle fogliari dell' 1598
azalee, gracilaria delle 415
azzurrimento del legno delle conifere 1447

bacillosi del cocco 1084
balanini 644
balanino delle castagne 645
– delle ghiande 581
– delle nocciole 646
banane, antracnosi delle 1829
–, marciume apicale delle 1829
–, punta di sigaro delle 1913
–, punta nera delle 1843
banano, afide del 284
–, "blood disease" del 1123
–, cercosporiosi del 1506
–, clorosi infettiva del 1309
–, maculatura del 1848
–, punta a pennacchio del 1307
bandatura nervale 2310
barba di becco 2183
barbabietola, altica della 624
–, anguillula della 31
–, arricciamento fogliare della 1359
–, batterio-gommosi della 1104
–, cassida della 611
–, cimicetta della 143
–, cleono della 633
–, giallume della 1206
–, lebbra della 1437
–, lixo della 690
–, mal del cuore della 1871
–, mal secco della 1399
–, marciume del cuore della 2341
–, mosaico della 1250
–, mosca delle 850
–, nottua della 438
–, peronospora della 1399
–, punteruolo della 690
–, ruggine della 1722
–, tignola della 479
bardana 1987
– cotonacea 1986
– maggiore 1987
– minore 2197
– basilico selvatico 2134
batteriocecidio 2202
batterio-gommosi della barbabietola 1104
batteriosi 2200
batteriosi dei cetrioli 1126
– dei funghi 1150
– dei rami e frutti degli agrumi 1148
– del ciliegio 1134
– del cotone 1161
– del dattilo aggomitolato 1109
– del fagiolo 1131, 1162
– del fico 1094
– del gelso 1133
– del gladiolo 1130
– del mais 1165
– del susino 1163
– dell'oleandro 1145
– dell'orzo 1166
– della canna da zucchero 1143, 1156
– della patata 1110
– delle aroidee 1117
– delle crocifere 1157
– fogliare 1133
becco in croce 1013
bella dama 501
bellichina 1978
betulla, scolito della 756
–, scopazzi della 1570
–, sigaraio della 598
biancarossa degli agrumi 207
biancospino, nebbia del 1530
bibio ortolano 796
bibione degli orti 796
– di San Marco 797
bietola da zucchero, marciume secco della 2341
–, moria della 1871
–, nebbia della 1770
–, punta riccia della 1196
–, vaiolatura delle foglie della 1770
bistorta 2129
black-rot delle viti 1482
blaniulus 925
blastomania 2207
blatta americana 84
– delle case 70
– delle cucine 70
– germanica 71
– rossa 84
blito-spazzola 1977
"blood disease" del banano 1123
boia degli alberi 2017
bolla 2209
– del te 1599
– delle foglie 1564
– delle foglie del pioppo 1560
– delle foglie delle quercie 1563
– nera delle foglie del pero 1561
bolsa di resina 2352
bombacella dell'olivo 238
bombardieri 588

bombice antico 469
– dal ventre bruno 470
– dal ventre dorato 492
– del ciliegio 404
– del pino 388
– della quercia 441
– dispari 493
– gallonato 461
borrana selvatica 2178
borsacchina 2012
borsapastore 2012
bossolo, cecidomia del 847
–, ruggine del 1660
bostrichi 681, 730
bostrici 585
bostrico calcografo 731
– dai denti curvi 732
– dai sei denti 682, 762
– tipografo 683
bottone d'argento 1955
– d'oro 2137
"bouquet" della patata 1373
bozzacchioni degli amenti del pioppo 1566
– degli amenti dell'ontano 1559, 1569
– del susino 1567
brassicacee, cancro delle 1874
briobia 941
bromo segalino 2004
bronzatura 2212
bruchi 589
bruciatura 2303, 2357
– del gelso 1505
– del sorgo 1089
– del tabacco 1149
bruco dei fagioli 546
– del pisello 594
– delle fave 595
– delle lenticchie 591, 596
– peloso degli alberi da frutto 470
bruma 48, 62
brunella 2134
brusche del lino 1387
bruseggio 1884
brusone del melo 1463
– del pero 1576
– del riso 1884
bubboline 2162
buglossa 1979
bulbi, afide dei 330
–, cancrena dei 1546
–, mosca dei 838
bunia orientale 2007
buono Enrico 2024
bupreste ondulato 636
buprestidi 597

cacao, rigonfiamento dei germogli del 1295
cacao, scopazzi del 1624
–, tignola del 397
–, tripide del 116
caduta delle foglie 2227
caffè, antracnosi del 1787
–, cercosporiosi del 1772
–, cocciniglia verde del 213
–, leptonecrosi del 3
–, marciume nero del 1587
–, minatrice del 451
–, ruggine del 1617
–, ruggine rossa del 1924
–, vaiolatura del 1632
caja 357
calabrone 921
calamobio filo 600
calandra del grano 764
– del riso 765
calcididi 888
calderina 2158
calico del mandorlo 1184
– del pesco 1184
– della patata 1278
calosoma 606
calta palustre 2009
– selvatica 2008
camomilla comune 2103
– dei campi 1980
– dei tintori 1983
– fetida 1981
– mezzana 1981
– odorosa 1982
– romana 1982
campanelle 2038
campanula 2010
canapa, afide della 287
–, altica gialla della 638
–, altica verde della 736
–, cancro della 1552
–, nebbia delle foglie della 1896
–, orobanca della 1950
–, peronospora della 1427
–, piralide della 502
canaria 2120
cancrena dei bulbi 1546
– dell'abete bianco 1627
– pedale del peperone e della melanzana 1408
– umida 1117
cancri del melo e del pero 1111
cancro 2217
– americano del castagno 1464
– batterico del tabacco 1118
– da calore 2343
– da freddo 2335
– degli agrumi 1158
– dei rami del maggiociondolo 1452
– dei rami del melo 1525

cancro dei rami di abete 1512
– del larice 1454
– del lino 1792
– del pero e del melo 1514
– del pioppo canadese 1802
– dell'oleandro 1145
– della canapa 1552
– delle brassicacee 1874
– nero del ciliegio 2374
– pedale dei garofani 1808
cane delle praterie 1035
canna da zucchero, avvizzimento della 1768
– da zucchero, batteriosi della 1143, 1156
– da zucchero, gommosi della 1167
– da zucchero, macchie fogliari della 1486
– da zucchero, macchie ocellate della 1838
– da zucchero, mal della corteccia della 1479
– da zucchero, mal della striscia della 1218
– da zucchero, malattia delle Figi della 1227
– da zucchero, malattia Pahala della 2351
– da zucchero, marciume dell'infiorescenza della 1469
– da zucchero, marciume rosso della 1526
– da zucchero, minatrice della 390
– da zucchero, mosaico della 1291
– da zucchero, nanismo della 1228
– da zucchero, ruggine della 1671
– da zucchero, "sereh" della 1314
– da zucchero, striscia variegata della 1164
– da zucchero, striscie brune della 1841
– da zucchero, striscie clorotiche della 1220
– di palude 2121
– di spazzole 2121
canneggiole 2121
cantaride 697
cantaridi 607
cantarelle 2144
capnode tenebrione 608
capriolo 1031
capsidi 128
carabidi 609
caragana, afide della 263
carbone coperto del sorgo 1695
– coperto dell'orzo 1737
– del bromo ungherese 1734
– del culmo della segala 1718
– del culmo e delle foglie del grano 1715
– del fleolo 1748
– del frumento 1749
– del garofano 1457
– del granturco 1742
– del miglio 1693, 1711
carbone del panico 1735
– del riso 1706
– del sorgo 1710
– dell'anemone 1716
– dell'avena 1732, 1739
– dell'orzo 1743
– della canna da zucchero 1746
– della cipolla 1717
– della dalia 1597
– della pannocchia 1694
– della rachide del sorgo 1692
– della saggina 1695
– delle cariofillacee 1750
– delle graminacee 1738
– delle graminacee acquatiche 1741
– delle viole 1720
– nudo dell'orzo 1744
– polveroso del sorgo 1692
– puzzolente del grano 1703, 1705
– verde del riso 1918
carciofi, cassida dei 610
carciofo, afide del 188
–, apione del 572
cardaccione acantino 2113
cardamina 2013
cardo, afide del 188
– asinino 2034
carenza 2330
carie bianca 1793
– del frumento 1703, 1705
– del pomodoro 1873
– del tronco 1610
– della segala 1708
– nana 1704
cariofillacee, carbone delle 1750
carota selvatica 2042
–, tignola della 389
carpaterra 1938
carpocapsa delle mele 448
carrube, tignola delle 465
carruga degli orti 723
– della vite 562
– delle messi 556
cascola 2210
cassida dei carciofi 610
– della barbabietola 611
– nebulosa 611
– verde 612
casside 613
castagne, balanino delle 645
–, pirale delle 449
–, punteruolo delle 645
–, verme delle 449
castagno, cancro americano del 1464
–, falena del 355
–, lampo del 1504
–, mal dell'inchiostro del 1407

castagno, mal della corteccia del 1464
–, miliare del 1504
–, seccume del 1464, 1504
cavalletta del Marocco 75
– migratrice 80
– sudamericana 88
– verde dei prati 85
cavallette 81
– dalle antenne lunghe 90
– gibbose 76
– sellate 76
cavolaia 482
cavolfiore, maculatura del 1127
–, marciume nero del 1753
–, mosaico del 1254
–, tacche fogliari del 1501
cavoli, aleurode dei 151
–, altica dei 724
–, cecidomia dei 822
–, cimice dei 130, 138
–, ernia dei 1423
–, mal del gozzo dei 1423
–, punteruolo delle galle dei 620
–, tubercolosi dei 1423
cavolo, afide del 191
–, anello nero del 1190
–, annerimento del gambo del 1874
– campestre 2003
–, cecidomia del 811
–, ceutorrinco del 619, 621
–, macchie fogliari del 1753
–, mamestra del 462
–, marciume delle piantine di 1394
–, mosca del 853
–, nottua del 462
cece, antracnosi del 1508
–, rabbia del 1508
cecidio 2247
cecidomia degli innesti 868
– dei cavoli 822
– dei getti della medica 823
– dei legumi 813
– dei semi della medica 795
– del bossolo 847
– del cavolo 811
– del frumento 865
– del grano 817
– del luppolo 809
– del ribes 815
– del roveto 826
– del rovo 845
– del sanofieno 812
– del sorgo 816
– del trifoglio 829
– dell'erba medica 810
– della vite 818
cecidomia delle foglie del melo 824
– delle foglie del pero 828
– delle foglie della medica 825
– delle perine 814
– distruttrice 846
– distruttrice dei salici 862
cecidomie 798
cefi 886
cefo compresso 901
– del grano 887
– del pero 901
– pigmeo 887
celastro 2017
celidonia 2022
cenerognola 2022
centinodia 2128
centopiedi 926
cerambice del nocciuolo 707
– delle quercie 615
cerambici 614
– dei salici 577
cerambicidi 614
cerastio 2020
cerchi magici 1623
cercosporiosi del banano 1506
– del caffè 1772
– del melone 1774
– del riso 1777
– del tabacco 1776
cereali, albugine dei 1467
–, altica dei 622
–, anisoplia dei 556
–, cimice dei 132
–, dermeste dei 779
–, elaterio dei 553
–, elmintosporiosi del 1516
–, mal del piede dei 1485, 1778
–, nero dei 1510
–, punteruolo dei 740
–, sclerozio cornuto del 1449
–, spezzamento dei culmi dei 1485
cerfoglio selvatico 2021
– silvestre 1984
ceroplaste cinese degli agrumi 198
– del fico 197
– di Florida 196
cervino 2108
cervo 1032
– volante 693
cesena 1026
cetonia dorata 617
– irta 656
cetrioli, batteriosi dei 1126
cetriolo, antracnosi del 1790
–, cladosporiosi del 1780
ceutorrinco del cavolo 619, 621

ceutorrinco delle rape 618
chelidonia maggiore 2022
chelifer 944
chelonia 357
chenopodio bianco 2023
cherme del larice 150
– dell'abete 228
– dell'abete rosso 309
– lanigero del pino 291
chermi 202
chilopodi 926
chiocciole 53
chiodini 1579
chiodo segalino 1449
chironomidi 800
ciano minore 2018
cicadellidi 246
cicale 210
cicerbita comune 2173
cicindele 626
ciclamini, peste dei 1571
cicoria 2028
– amara 2028
cicorione 1996
cicuta 2036
– minore 1959
– vera 2029
cicutaria 2053
ciliegia nana 2377
ciliegie, mosca delle 863
–, ticchiolatura delle 1574
ciliegio, afide del 270
–, albinismo del 2373
–, batteriosi del 1134
–, bombice del 404
–, cancro nero del 2374
–, foglia arrotolata del 2376
–, foglia contorta del 2384
–, foglia rasposa del 2382
–, foglia smerlettata del 1330
–, macchie delle foglie del 1502
–, maculatura anulare del 1330
–, maculatura lineare del 1270
–, maculatura lineare necrotica del 2380
–, mosaico rugoso del 1212
–, mosaico rugoso leggero del 2378
–, nebbia del 1478
–, picchiettatura ad anello del 2383
–, picchiettatura clorotica del 1253
–, picchiettatura rugginosa leggera del 2379
–, picchiettatura rugginosa necrotica del 2381
–, rogna del 1528
–, ruggine del 1662
–, scopazzi del 1562
ciliegio, tentredine del 883
–, tignola dei fiori del 361
cimice dei cavoli 130, 138
– dei cereali 132
– del pero 146
– della vite 134
– tossica 144
– verdastra 140
cimicetta della barbabietola 143
– delle pere 126
– verde 127
cimici rosse 129
cinipidi 889
cipolla, carbone della 1717
–, marciume bianco della 1891
–, marciume dei bulbi di 1786
–, mosaico della 1252
–, tignola della 343
cipollatura 2329
cipolle, marciume delle 1760, 1761, 1764
–, mosca delle 852
–, muffa delle 1400, 1760, 1761, 1764
–, peronospora delle 1400
cipressina 2056
cipresso, fior di 2120
circoli magici 1623
cirsio 2032
citelli 1033
ciuffolotto 1021
cladomania 2207
cladosporiosi del cetriolo 1780
cleono della barbabietola 633
cleridi 628
clito arcuato 629
cloranzia 2219
cloropo del grano 802
cloropsi a piedi articolati 802
clorosi 2220
– da calcare 2347
– infettiva 2255
– infettiva del banano 1309
– maculata intervenale 2348
– marginale della foglia 2235
coccidi 211
coccinella delle leguminose 769
coccinelle 211, 630
coccini 247
cocciniglia bianca del gelso 185
– bianca dell'evonimo 328
– bianca della rosa 186
– bianca farinosa della vite 292
– conchigliforme 302
– cotonosa degli agrumi 292
– cotonosa della vite 292
– degli agrumi 212
– dei datteri 278
– del cocco 180

coccinigli a del corniolo 236
– del faggio 215
– del fico 197
– del pesco 237
– della canna da zucchero 293
– della vite 300
– di Florida 205
– grande nera dell'olivo 311
– grigia del pero 231
– nera degli agrumi 279
– rossa 207
– rossa degli agrumi 158
– verde del caffè 213
coccinigli e 211
cocco, anguillula del 12
–, bacillosi del 1084
–, cocciniglia del 180
–, marciume della gemma del 1915
cocola 2014
coda di volpe 1974
codolina 1973
codolino dei prati 1974
colatura 2210
colchico 2035
coleopore 378
colidiidi 632
colombaccio 997
colombella 996
colorazione anormale 2230
colpo delle cucurbitacee 1114
"colpo di grandine" 1148
colza, altica della 737
–, arricciamento della 1360
–, meligete della 699
comino dei prati 2016
– tedesco 2016
composite, mal bianco delle 1466
–, nebbia delle 1466
–, peronospora delle 1388
–, ruggine bianca delle 1384
conifere, azzurrimento del legno delle 1447
–, mal della tela dei rami delle 1483
–, ragnetto rosso delle 957
–, xileboro delle 788
coniglio selvatico 1062
conopidi 808
consolida 2178
– regale 2043
coppetta delle risaie 980
corebo delle quercie 634
– fasciato 634
cornacchia bigia 998
– nera 999
correggiola maggiore 2128
corrodenti 98
corteccia ruvida 1345
corvo nero 1000
cossidi 381
cotogno, imbrunimento delle foglie del 1803
–, mummificazione dei giovani frutti del 1551
cotone, afide del 200
–, antonomo del 564
–, antracnosi del 1477
–, arricciamento fogliare del 1351
–, avvizzimento del 1819
–, batteriosi del 1161
–, elotide del 425
–, larva rossa del 477
–, larva spinosa del 394
–, marciume delle radici del 1883
–, verme delle foglie del 352
–, verme rosa del 477
cotonello dell'olivo 238
crepide dei prati 2039
crescione, crisomela del 718
– dei prati 2013
– di fiume 2109
– di terra 2054
– selvatico 2141
crespino dei campi 2172
cresta di gallo 2144, 2145
criceto 1034
criocera a dodici punti 640
– del frumento 686
– del giglio 688
– dell'asparago 639
criptocefalo del pino 642
crisantemi, afide verde dei 189, 214
–, anguillula dei 15
–, ruggine dei 1663
crisantemo, afide bruno del 301
– dei prati 2025
crisomela del crescione 718
– del salice 691
– dell'adonide 655
– dell'ontano 548
– della patata 687
crisomeli 625
crisopa 338
– perla 338
crittogama della vite 1572
crociere 1013
crocifere, alternariosi delle 1753
–, anguillula delle 24
–, batteriosi delle 1157
–, mal bianco delle 1466
–, mal secco delle 1398
–, marciume nero delle 1157
–, nebbia delle 1466
–, peronospora delle 1398
–, punteruolo delle silique delle 618

crocifere, pustole bianche delle 1383
–, ruggine bianca delle 1383
crosta della patata 1434
croste delle foglie 1531
– nere delle foglie del salice 1542
– nere delle foglie dell'acero 1541
cucuidi 643
cucurbitacee, avvizzimento delle 1114
–, colpo delle 1114
–, mal bianco delle 1466
–, mosaico delle 1256
–, nebbia delle 1466
–, peronospora delle 1428
cuore acquoso delle mele 2362
– cavo del tubero della patata 2344
– nero della patata 2325
– rosso 2279
curculionidi 647
cuscuta 1931
– d'America 1937
– del lino 1934

daino 1036
dalia, carbone della 1597
dalie, macchie anulari delle 1211
–, mosaico delle 1257
danni causati dalla grandine 2340
– da congelamento 2337
dartrosi della patata 1785
dasichira 387
datteri, cocciniglia dei 278
dattilo aggomitolato, batteriosi del 1109
decolorazione 2230
decorticamento da calore 2303
deficienza 2330
deflorazione e caduta dei frutti 2288
defogliazione 2227
– delle duglasie 1538
– primaverile del pioppo 1577
deformazione 2264
– delle infiorescenze 2328
deformità dei funghi mangerecci 1484
degenerazione del ribes 1207
dente canino 2040
– di leone 2091, 2180
deperimento 2226
dermatteri 102
dermeste dei cereali 779
dermestidi 648
desquamazione corticale 2204
diaspini 218
diaspis 218
dieback 2229
diplopodi 927
diradamento del grano 1515
disseccamento 2228
disseccamento apicale dei germogli dei pioppi 1577
distorsione 2231
ditischi 649
ditiscidi 649
dolichonyx oryzivorus 1004
dolomede 945
donnola 1060
dorifora delle patate 687
drepanotripide di Reuter 105
dulcamara 2169

earia insulana 394
echio 2046
edera, afide dell' 224
–, aspidioto dell' 182
– terrestre 2072
effimera 331
effimeridi 334
efippigere 76
elateridi 654
elaterio dei cereali 553
– lineato 553
– oscuro 554
elioscopia 2057
eliotripide emorroidale 107
ellebore bastardo 1957
elmintosporiosi dei cereali 1516
– del riso 1450
– dell'avena 1535
– dell'orzo 1537
elotide del cotone 425
– del granturco 425
– del pomodoro 425
– del tabacco 425
enazione 2237
endivia, marciume molle dell' 1129
endoxerosis 2345
epiale del luppolo 428
epialidi 427
epilobio a spighe 2048
epinastia 2238
equiseto dei boschi 2049
– invernale 2050
– palustre 2051
erba acetosa, afide dell' 226
– aglina 1959
– barbara 1995
– bellica 1978
– calenzola 2057
– cali 2152
– cicutaria 2053
– cipressina 2056
– codina 1973
– da cotone 2062
– da falegnami 1954
– da mamelle 2087

erba da starnuti 1955
– dei tintori 2070
– del cardinale 2043
– delle vipere 2046
– di San Giacopo 2157
– di San Simone 2101
– di Santa Barbara 1995
– fienarola 2126
– galletta 2090
– gerarda 1958
– giudaica 2171
– medica,avvizzimento batteriaceo dell' 1107
– medica, cecidomia dell' 810
– medica, maculature bianche dell' 2363
– medica, mal del gozzo dell' 1436
– medica, mosaico dell' 1277
– medica, peronospora dell' 1403
– medica, piralide dell' 454
– medica, ruggine dell' 1729
– medica, scopazzi dell' 1198
– medica, vaiolatura dell' 1532
– pesce 2154
– salamoia 2148
– storma 2181
– storna 2093
– strega 2105
– turchetta 2074
– uccellina 2158
erbaggivora 463
erinosi della vite 951
eriofide del nocciuolo 948
– del pero 949
– del ribes 950
– della vite 951
eriofidi 947
erisimo 2054, 2167
ermellino 1059
ernia dei cavoli 1423
erniaria 2074
esantema degli agrumi 2332
esca delle viti 1697
escrescenza 2269
esperidi 429
essudato 2241
– batterico 2201
"etching" del tabacco 1261
eumolpo della vite 547
evernia 1925
evonimo, cocciniglia bianca dell' 328
eziolamento 2240

faggio, afide del 289
–, agrilo del 552
–, cocciniglia del 215
–, mal dei cotiledoni del 1406
–, orcheste del 743
–, peronospora del 1406
fagiano di monte 1014
fagioli, antracnosi dei 1791
–, bruco dei 546
– di Lima, peronospora dei 1420
–, marciume delle radici dei 1812
–, mosca dei 856
fagiolo, avvizzimento batteriaceo del 1106
–, batteriosi del 1131, 1162
–, grassume del 1131
–, mosaico del 1284
–, mosaico giallo del 1181
–, nebbia batterica del 1162
–, tonchio del 546
–, tripide del 108
falangidi 958
falciatore 959
falena autunnale 371
– defogliatrice 430
– degli alberi da frutto 371
– del castagno 355
– dell'uva spina 341
– invernale 371
– tessitrice 431
falsa tignola del grano 526
famigliola 1579
fanello 992
farfalla bianca del pioppo e del
salice 519
– cul dorato 470
– cul ruggine 470
– dei fichi secchi 396
– dispari 493
– grigia della farina 398
– testa di morto 342
farfaro 2185
farferuggine 2009
farina, farfalla grigia della 398
farinacei, tignola dei 500
farinello 2018
fasciazione 1105, 2243
fava, ruggine della 1731
favagello 2140
fave, afide delle 223
–, bruco delle 595
–, macculatura delle 1763
–, pappice delle 595
–, pidocchio delle 223
–, tonchio delle 595
felce 2135
– aquilina 2135
felci, afide delle 245
–, anguillula delle 13
feltro erinico 2239
fenditura del cuore 2342
– di ritiro 2358
ferretti 654
fersa del gelso 1505

fiamma 1935
fichi, mal secco dei 1094
– secchi,farfalla dei 396
fico, batteriosi del 1094
–, ceroplaste del 197
–, cocciniglia del 197
–, ipoboro del 679
–, mosaico del 1213
–, ruggine del 1582
–, seccume dei rami di 1552
–, tigna del 1094
–, tignola del 514
ficomiceti 1405
fieno dei monti 2108
– tettaiolo 2005
fil di ferro 654
filago 2062
filante 1155
filliidi 86
fillobio allungato 721
fillobio del pero 722
fillomania 2275
filo 553
filodia 2274
filosità 2296
– della patata 1173
filossera della vite 329
fior del freddo 2035
– di cipresso 2118
– di grano 2026
fiordaliso 2018
fiore del vino 1766
fioretta del vino 1766
fiorone 1950
fitonomo del trifoglio 726
fitoptocecidi 947
fitoptosi 947
flagellosi 1
– delle euforbie 2
fleolo, carbone del 1748
fleotribo dell'olivo 720
fleotripide dell'olivo 111
flusso mucoso 2293
foglia arrotolata clorotica del pesco 2387
– arrotolata del ciliegio 2376
– arrotolata gialla del pesco 2392
– contorta 2307
– contorta del ciliegio 2384
– rasposa del ciliegio 2382
– smerlettata del ciliegio 1330
– ad ortica del luppolo 1197
foglie argentee 2292
– felciformi del pomodoro 1256
– perforate 2291
–, picchiettatura piumosa gialla
della 1234
– plumbee 2292
foglie smerlettate 2261
foliocellosi degli agrumi 2348
forasacchi dei tetti 2005
forasacco segalino 2004
forbisina 103
forfecchia 103
foridi 857
formazione anticipata dei tuberi 2353
– di foglie a ventaglio 2242
– di foglie filiformi 2289
formica argentina 900
– nera 902
– perdilegno 884
– radunasemi 906
– radunasemi del Texas 912
formicaleone 339
"formiche bianche" 92
fragola, afide della 199, 280
–, ingiallimento marginale delle foglie
della 1275
–, mal bianco della 1554
–, nebbia della 1554
–, scopazzi della 1310
fragole,acaro delle 969
–, antonomo delle 567
–, arricciamento delle 1263
–, galerucella delle 663
–, marciume delle 1406
–, vaiolatura rossa delle 1503
francolino di monte 1024
fringuello 1009
frosone 995
frumento, afide del 322
–, anguillula del 11
–, carbone del 1749
–, carie del 1703, 1705
–, cecidomia del 865
–, criocera del 686
–, fusariosi del 1805
–, golpe bianca del 1473
–, mosaico del 1221
–, nottua del 476
–, nottuella del 351
–, oidio del 1467
–, peronospora del 1433
–, rosetta del 1296
–, zabro del 791
frutta, punteruolo della 746
–, rinchite della 746
fruttiferi, necrosi dei rami dei 1111
fulgoridi 239
fumaggine 1444
– degli agrumi 1489
– dell'olivo 1439
fumara 2064
fumasterno 2064
funghi, batteriosi dei 1150

funghi mangerecci, deformità dei 1484
– mangerecci, mostruosità dei 1484
– secchi, tignola dei 525
fungo del legname 1629
– del salice 1605
– dell'esca 1603
– delle travature 1629
fuoco dei boschi 1943
– selvatico del tabacco 1149
fusariosi del frumento 1805
– del garofano 1808
– della patata 1816

galeruca nera 659
galerucella dei salici 660
– del viburno 664
– dell'olmo 665
– delle fragole 663
– delle ninfee 662
galinsoga 2066
galla 2247
galle fogliari dell'azalea 1598
– fogliari dell'ontano 1568
gallico delle rose 915
gallinaccia 2065
gallonata 461
gambo nero della patata 1117
garofani, cancro pedale dei 1808
–, malattia della rama dei 1808
–, tortrice dei 535
garofano, avvizzimento batteriaceo del 1122
–, carbone del 1457
–, fusariosi del 1808
–, mosca del 854
–, nero del 1457
–, ruggine del 1724
gazza 1018
gelsi, marciume radicale dei 1543
gelso, avvizzimento dei germogli del 1471
–, batteriosi del 1133
–, bruciatura del 1505
–, cocciniglia bianca del 185
–, fersa del 1505
–, lingua del 1650
–, macchia del 1505
–, moria dei piantoni del 1471
–, necrosi del 1133
–, seccume del 1505
gentiluomo del riso 1487
geofilo 928
geometra dei pini 367
– del ribes 341
geometridi 413
gerani, arricciamenti dei 1282
geranio, afide del 187
gerridi 133
gettone 1961
ghiandaia 1011
ghiande, balanino delle 581
–, punteruolo delle 581
ghingola 1966
– nebbia 1966
ghiro 1047
– quercino 1038
giacinti, marciume giallo dei 1159
–, morbo giallo dei 1159
giallume 2322
– del pesco 1199
– dell'amarena 1195
– dell'ananas 2364
– dell'astro 1194
– della barbabietola 1206
giglio, afide del 276
– bianco, tripide del 104
–, criocera del 688
– del Nilo 2047
–, mosaico del 1265
–, rosetta del 1238
ginestra pelosa 2069
ginestrella 2070
girasole, ruggine del 1669
girato del vino 1103
girinidi 666
gittaione 1961
giunco 2081, 2082, 2083
giusquiamo nero 2079
gladiolo, batteriosi del 1130
–, tripide del 117
goffer 1046
golpe bianca del frumento 1473
– della segala 1708
– nera del grano 1715
gommosi 2250
– bacillare 1116
– degli agrumi 1419
– dei limoni 1410
– della canna da zucchero 1167
gorgoglione degli aranci e limoni 325
gorgoglioni 159
gossiparia dell'omo 232
gracilaria delle azalee 415
gracilariidi 417
grafiosi dell'olmo 1445
gramaccia 1960
gramigna 1960, 2040
– maggiore 2040
graminacee acquatiche, carbone delle 1741
–, afide delle 314
–, carbone delle 1738
– pratensi, mal della clava delle 1465
–, vaiolatura nera delle 1519
graminee, imbrunimento delle foglie delle 1488

granchierella 1938
grande capricornio 615
– cuscuta americana 1940
– formica rossa dei boschi 892
– ortica 2188
– pavone di notte 505
– scolito degli alberi da frutta 651
– scolito dell'olmo 758
– sesia europea del pioppo 539
grano, calandra del 764
–, carbone del culmo e delle foglie del 1715
–, carbone puzzolente del 1703, 1705
–, cecidomia del 817
–, cefo del 887
–, cloropo del 802
– da uccelli 2120
– delle formiche 1960
– di Sardegna, malattia del 1807
–, diradamento del 1515
–, falsa tignola del 526
–, golpe nera del 1715
–, limotripide del 110
–, mal bianco degli steli di 1474
–, mal del piede del 1515
–, marciume radicale del 1516
–, micosi delle spighe del 1797
–, nottua del 351
–, punteruolo del 764
–, ruggine bruna del 1683
–, ruggine comune del 1668
–, ruggine striata del 1682
–, seccume delle foglie del 1488, 1905
–, tignola fasciata del 486
–, tripide bruno del 110
–, tripide del 110
–, vera tignola del 516
granturco, annerimento dei fasci vascolari del 1767
–, carbone del 1742
–, elotide del 425
–, marciume del 1469
–, nebbia del 1844
–, nottua gialla del 425
–, peronospora del 1433
–, ruggine del 1681
grappoli, tortrice dei 453
grassume del fagiolo 1131
– del vino 1155
gremignole 553
grigiume delle foglie delle viti 978
grillastro italiano 72
grillo canterino 79
– domestico 67
– indovino 82
grillotalpa 77
grongo 1938
guada selvatico 2070

iceria 285
icneumonidi 899
idrofilidi 671
ilatoma della rosa 877
ilesini 672
ilesino dell'olivo 673
ilobio dell'abete 675
ilotrupe baiulo 604
imbrunimento 2213
– delle foglie del pero, del cotogno e del nespolo 1803
– delle foglie delle graminee 1488
– delle foglie di abete 1491
– delle mele 1525
– delle spighe 1902
– e caduta delle foglie di abete 1490
impallidimento 2270
incespamento delle foglie della patata 1369
ingiallimento 2322
– delle nervature 2313
– marginale della foglia 2236
– marginale delle foglie della fragola 1275
ingrossamento 2304
insalata, marciume dell' 1388
insetti-fuscello 69
inverdimento 2248
ipoboro del fico 679
ipocnosi 1590
iponomeutidi 436
ippocastano, melolonta dell' 702
isopodi 983
isteridi 670

lamio bianco 2085
– purpureo 2086
lampiridi 684
lampo del castagno 1504
lampone, afide del 275
–, ruggine del 1639
–, vermi del 599
lamponi, antonomo dei 567
lampsano 2087
lappa bardana 1986
– minore 2197
larice, cancro del 1454
–, cherme del 150
–, seccume delle foglie del 1853
–, tripide del 119
larva bruna con macchie vellutate 495
– rossa del cotone 477
– spinosa del cotone 394
lasiocampidi 442
lasioderma 685
latifoglie, xileboro delle 788
latrea 1943

lattuga, afide della 274
– delle lepri 2173
–, marciume della 1850
–, marciume molle della 1129
–, mosaico della 1267
lauro rosso 2048
lebbra del susino 1567
– della barbabietola 1437
– delle olive 1831
lecaniini 247
lecanio del pesco 237
– liscio degli agrumi 212
legno di caucciù 2369
– di gomma 2369
legumi, cecidomia dei 813
leguminose, apione delle 573
–, coccinella delle 769
–, piralide delle 405
lenticchie, bruco delle 591, 596
–, peronospora delle 1404
lenticellosi 2334
lepidio selvatico 2093
lepisma 64
lepre bianca 1049
– comune 1048
lepri di bosco 1072
leptonecrosi 1208
– del caffè 3
lesioni da freddo 2337
libellule 335
licenidi 455
lichene fiorito 1929
licosidi 953
lictidi 694
licto 695
lida dei pini 873
– del pero 910
– dell'abete rosso 885
ligeidi 135
lignificazione 2320
– della passiflora 1281
ligustro, afide del 266
lillà, minatrice delle foglie di 544
–, peronospora dei 1421
–, tumori dei 1148
limacce 58
limaccina del pero 883
limantria dispari 493
limantriidi 458
limessilone delle navi 696
limnoria 984
limone, scabbia del 1461
–, tumori dei frutti del 1148
limoni, acariosi dei 962
–, antracnosi dei 1789
–, gommosi dei 1410
–, gorgoglione dei 325
limoni, pidocchio bianco dei 182
limotripide del grano 110
linaria 2096
lineolatura 2262
– necrotica 2266
lingua del gelso 1650
– di bue 1600
lino, altica del 692
–, antracnosi del 1792
–, avvizzimento delle piante di 1811
–, brusche del 1387
–, cancro del 1792
–, cuscuta del 1934
–, ruggine del 1625
– selvatico 2096
–, tripide del 122
litobi 929
litobio 930
lixo della barbabietola 690
locusta brizzolata 89
– crociata 75
– verdissima 85
locustone 89
locustoni 90
lofiro del pino 890
loglio 2098, 2099
lucciole 684
lucherino 993
lucivaga 517
lumache 53
lumacone maggiore 60
lupa delle fave 1946
luppolo, afide del 288
–, cecidomia del 809
–, epiale del 428
–, foglie ad ortica del 1197
–, malattia clorotica del 1233
–, mosaico del 1231
–, nebbia del 1554
–, oidio del 1554
–, peronospora del 1429

macchia anulare 2282
– del gelso 1505
– del midollo 2277
– di olio 2268
– fogliare 2260
macchie angolari del tabacco 1119
– anulari del tabacco 1178, 1180
– anulari delle dalie 1211
– asteroidi del pesco 1248
– bianche delle foglie del pero 1509
– brune della canna da zucchero 1773
– d'amaro 2324
– delle foglie del ciliegio 1502
– delle foglie del pomodoro 1901
– fogliari del cavolo 1753

macchie fogliari della canna da
zucchero 1486
– gialle dell'ananas 1237
– grigie dei cereali 2339
– nere del pomodoro 1781
– nere delle mele 1825
– ocellate della canna da zucchero 1838
– ocracee 1802
– reticolate dell'orzo 1537
– rosse delle foglie del pruno 1531
macchiettatura asteroide 2199
maculatura 2297
– a foglia di quercia 2267
– ad anello necrotica 1330
– amara delle mele 2324
– angolare del tabacco 1119
– anulare 2282
– anulare del ciliegio 1330
– anulare del pesco 1330
– bianca del susino 1174
– del banano 1848
– del cavolfiore 1127
– delle fave 1763
– delle foglie di rosa 1882
– delle olive 1831
– diffusa 2265
– ferruginea dei tuberi di patata 2346
– fogliare delle Filippine 1118
– fogliare di Wisconsin 1132
– lineare 2262
– lineare del ciliegio 1270
– lineare del mandorlo 2365
– lineare del pesco 1270
– lineare del susino 1270
– lineare necrotica del ciliegio 2380
– necrotica del pesco 2389
maculature bianche dell'erba medica 2363
maggiociondolo, cancro dei rami del 1452
maggiolino 704
– marmoreggiato 733
magnesiocarenza del tabacco 2355
mais, afide del 305
–, antracnosi fogliare del 1801
–, batteriosi del 1165
–, malattia della striscia del 1216, 1300
–, mosaicatura del 1217
–, piralide del 502
mal bianco 1467
– bianco degli steli di grano 1474
– bianco dei salici e pioppi 1573
– bianco del melo 1529
– bianco del nocciolo 1522
– bianco del pisello 1468
– bianco del ribes e dell'uva
spina 1499
– bianco del trifoglio 1468
– bianco dell'ontano 1497
mal bianco della fragola 1554
– bianco della medica 1468
– bianco della rosa e del pesco 1556
– bianco della vite 1544
– bianco delle composite 1466
– bianco delle crocifere 1466
– bianco delle cucurbitacee 1466
– dei cotiledoni del faggio 1406
– del colletto delle piantine forestali
1868
– del collo del riso 1450
– del cuore della barbabietola 1871
– del gozzo dei cavoli 1423
– del gozzo dell'erba medica 1436
– del nero del pomodoro 1415
– del piè delle patate 1117
– del piede 1871
– del piede dei cereali 1485, 1778
– del piede del grano 1515
– del piombo del pesco 1699
– del rotondo 1601
– del rotondo del pino maritimo 1539
– del secco della patata 1415
– dell'ananas 1915
– dell'esca 1697
– dell'inchiostro del castagno 1407
– della clava delle graminacee
pratensi 1465
– della corteccia del castagno 1464
– della corteccia della canna da
zucchero 1479
– della gomma dei rametti del pesco 1784
– della pietra delle pere 126
– della spiga del sandalo 1203
– della striscia della canna da zucchero
1218
– della tela dei rami delle conifere 1483
– dello sclerozio 1552
– dello sclerozio dei tralci 1762
– dello sclerozio del riso 1487
– dello sclerozio del trifoglio 1553
– dello spacco 1116
– dello spacco delle pesche 1556
– di cenere degli agrumi 1494
– di gomma 1419
– di Panama 1817
– nero 1116
– secco 1796
– secco dei fichi 1094
– secco dei papaveri 1397
– secco del noce 1160
– secco della barbabietola 1399
– secco delle crocifere 1398
– vinato 1616
malacosoma 460
malattia clorotica del luppolo 1233
– da batteri 2200

malattia da carenza 2331
– da dissodamento 2354
– del grano di Sardegna 1807
– del pennacchio 1311
– della palma dei datteri 1612
– della rama dei garofani 1808
– della striscia del mais 1216, 1300
– della striscia del riso 1323
– delle Figi della canna da zucchero 1227
– di Panama 1817
– di Pierce delle viti 1305
– di Sigatoka 1506
– di Wisconsin 1132
– non parassitaria 2349
– Pahala della canna da zucchero 2351
– X del pesco 1266
– X dell'ovest del pesco 2390
malformazione 2264
malve, ruggine delle 1672
mamestra del cavolo 462
mandorlo, afide del 267
–, calico del 1184
–, maculatura lineare del 2365
–, mosaico del 2365
manioca, mosaico della 1350
manna 1926
mantide religiosa 82
marciume acido degli agrumi 1864
– amaro degli acini 1852
– amaro degli agrumi 1864
– amaro delle mele 1475
– anulare 1146
– anulare del legno di pino 1712
– anulare delle patate dolci 1431
– apicale 2306
– apicale dei frutti del pomodoro 2326
– apicale delle banane 1829
– bianco 1607, 1611, 1644, 1645, 1647, 1648, 1652
– bianco degli acini 1793
– bianco del legno 1643
– bianco del legno di quercia 1605, 1697
– bianco della cipolla 1891
– bianco radicale 1579
– bruno 1608, 1646, 1847, 2214
– bruno della patata 1146
– degli steli 2299
– dei bulbi di cipolla 1786
– dei rametti degli agrumi 1552
– dei rizomi 1117
– dei tuberi di patata 1818
– del cuore 2252
– del cuore della barbabietola 2341
– del cuore delle mele e delle pere 1916
– del cuore delle palme 1418
– del fusto del pomodoro 1456
marciume del granturco 1469
– del piede 1588
– del pomodoro 1873
– dell'infiorescenza della canna da zucchero 1469
– dell'insalata 1388
– della gemma del cocco 1915
– della lattuga 1850
– delle cipolle 1760, 1761, 1764
– delle fragole 1406
– delle gemme 2215
– delle patate 1411
– delle piante erbacee 1552
– delle piantine dei semenzai 1430
– delle piantine di cavolo 1394
– delle radici dei fagioli 1812
– delle radici del cotone 1883
– delle radici del pisello 1813
– duro 2251
– giallo dei giacinti 1159
– giallo del legno 1636
– grigio dell'uva 1762
– molle 2294
– molle della lattuga e dell'endivia 1129
– nero 1446
– nero degli acini 1482
– nero dei frutti degli agrumi 1410
– nero del caffè 1587
– nero del cavolfiore 1753
– nero del ravanello 1386
– nero della frutta 1548
– nero delle crocifere 1157
– nero delle solanacee 1146
– radicale 1414, 2283
– radicale degli agrumi 1410
– radicale dei gelsi 1543
– radicale del grano 1516
– radicale del pisello 1385
– radicale del tabacco 1571
– radicale della vite 1544
– radicale delle querce 1545
– rosso 1700
– rosso del legno 1629, 1653
– rosso della canna da zucchero 1526
– secco 1392, 1621, 1655, 2233
– secco dei tuberi di patata 1806
– secco del navone 1874
– secco della bietola da zucchero 2341
– umido 2315
– zonale dei frutti del pomodoro 1419
marciumi molli 1117
margaritone di prato 2025
margarodi delle viti 261
margherita gialla 2026
– grande 2025
marmotta 1050
medica, cecidomia dei getti della 823

medica, cecidomia dei semi della 795
–, cecidomia delle foglie della 825
–, mal bianco della 1468
mela spina 2041
melanosi degli agrumi 1879
– delle viti americane 1894
melanzana, cancrena pedale della 1408
mele, carpocapsa delle 448
–, cuore acquoso delle 2362
–, imbrunimento delle 1525
–, macchie nere delle 1825
–, marciume amaro delle 1475
–, marciume del cuore delle 1916
–, muffa azzurra delle 1866
–, rugginosità ulcerosa delle 1343
–, suberosi interna delle 2327
–, tignola delle 359
–, verme delle 448
meli, minatrice bianca delle foglie dei 459
meligete della colza 699
meline, tentredine delle 897
melo, afide lanigero del 233
–, afide verde del 225
–, antonomo del 565
–, atrofia dei frutti del 2366
–, cancri del 1111
–, cancro dei rami del 1525
–, cancro del 1514
–, cecidomia delle foglie del 824
–, mal bianco del 1529
–, mosaico del 1274
–, mosaico lineare del 2368
–, nebbia del 1529
–, necrosi del 1111
–, pidocchio rosso del 233
–, plastomania del 2367
–, psilla del 295
–, ragna del 432
–, ragnetto rosso del 954
–, rosetta del 1172
–, ruggine delle foglie del 1615
–, scopazzi virosici del 2371
–, sesia del 521
–, spaccatura stellare del 2370
–, tetranico del 954
–, ticchiolature del 1463
–, tignola dei fiori del 360
–, tignola del 432
meloe 700
meloidi 701
melolonta 704
– dell'ippocastano 702
– di San Giovanni 741
melone, antracnosi del 1790
–, cercosporiosi del 1774
–, mosca del 820
melone, nebbia del 1790
membracidi 262
menta campestre 2104
–, ruggine della 1674
mercorella 2105
– lunga 2024
mercuriella 2105
merlo 1025
messi, carruga delle 556
–, nottuella delle 350
micocecidio 2245
micosi 2246
– corticale 1688
– delle spighe del grano e della segala 1797
mielofilo distruttore dei pini 583
migialsole 2097
migliarino 1965
miglio, carbone del 1693, 1711
miliare del castagno 1504
millefoglio 1954
millepiedi 927
minatrice bianca delle foglie dei meli 459
– del caffè 451
– della canna da zucchero 390
– della quercia 531
– delle foglie di lillà 544
– delle gemme 365
miosotide 2106
monaca 457
morbiglione 1460
morbo giallo dei giacinti 1159
– nero 1546
morfea 1489
morgellina ombrellata 2077
moria 1579
– degli olmi 1445
– dei piantoni del gelso 1471
– della bietola 1871
– delle piantine dei semenzai 1571
morso di gallina 2177
mosaicatura 2265
– del mais 1217
mosaico comune del tabacco 1293
– comune della patata 1259
– del bromo ungherese 1264
– del cavolfiore 1254
– del fagiolo 1284
– del fico 1213
– del frumento 1221
– del giglio 1265
– del luppolo 1231
– del mandorlo 2365
– del melo 1274
– del pesco 1283
– del pisello 1268, 1286
– del sedano 1298

mosaico del trifoglio bianco 1260
– dell'abutilon 1245
– dell'erba medica 1277
– della barbabietola 1250
– della canna da zucchero 1291
– della cipolla 1252
– della lattuga 1267
– della manioca 1350
– della rapa 1251
– della rosa 1289
– della soia 1361
– della violaciocca 1276
– delle cucurbitacee 1256
– delle dalie 1257
– giallo del fagiolo 1181
– giallo del tabacco 1294
– giallo della rapa 2396
– giallo della rosa 1348
– internervale 2257
– intervenale 2257
– leggero della patata 1259
– lineare del melo 2368
– nervale 2312
– rugoso del ciliegio 1212
– rugoso leggero del ciliegio 2378
– superleggero della patata 1292
– tipo aucuba della patata 1249
mosca degli asparagi 859
– dei bulbi 838
– dei faggioli 856
– dei narcisi 844
– dei pini 872
– dei sedani 851
– del cavolo 853
– del garofano 854
– del melone 820
– della pastinaca 860
– della rapa 855
– delle arance e delle pesche 799
– delle barbabietole 850
– delle ciliegie 863
– delle cipolle 852
– delle mele 864
– delle olive 821
– frit 848
moscerino del mosto 833
– del vino 833
– dell'aceto 833, 834, 835
– delle fermentazioni 833
moscone d'oro 617
mostruosità dei funghi mangerecci 1484
mozzaspighe 600
muffa azzurra degli agrumi 1867
– azzurra delle mele 1866
– bianca del riso 1469
– dei fiori e frutti 1547
– del trifoglio 1403
muffa della frutta 1548
– della neve 1442
– della veccia 1404
– delle albicocche 1549
– delle cipolle 1400, 1760, 1761, 1764
– delle radici 1579
– grigia dell'uva 1762
– grigia delle foglie 1762
– verde degli agrumi 1865
mummificazione dei giovani frutti del cotogno 1551
musacee, punta a pennacchio delle 1244
mutilla europea 908

nanismo 2234
– del pomodoro 1258
– del riso 1219
– del susino 1312
– della canna da zucchero 1228
– giallo 2321
narcisi, mosca dei 844
nardo sottile 2108
navoncella 483
navone, marciume secco del 1874
navonella 483
nebbia batterica del fagiolo 1162
– dei salici e pioppi 1573
– del biancospino 1530
– del ciliegio 1478
– del granturco 1844
– del luppolo e della fragola 1554
– del melo 1529
– del melone 1790
– del nocciolo 1522
– del noce 1480, 1849
– del pisello 1468, 1507, 1758
– del pomodoro 1901
– del ribes 1555
– dell'aglio 1656
– della bietola 1770
– della rosa e del pesco 1556
– delle composite 1466
– delle crocifere 1466
– delle cucurbitacee 1466
– delle foglie della canapa 1896
– delle patate 1755
– dello spinacio 1256
necrosi 2208
– apicale 2305
– corticale 2203, 2360
– dei rami dei fruttiferi 1111
– del colletto del pomodoro 1755
– del floema 1208, 2273
– del floema dell'olmo 1306
– del gelso 1133
– del legno degli alberi 1511
– del melo e del pero 1111

necrosi del tabacco 1269
– della cima 1255
– delle nervature 2309
– delle viti 1451
– pseudoreticolata 1249
nemato dell'abete rosso 913
nematocecidi 5
nepidi 139
nepticulidi 466
nero degli agrumi 1489
– dei cereali 1510
– del garofano 1457
– dell'olivo 1439
nerume dei nodi 1516
– pedale delle patate 1117
nespolo, imbrunimento delle foglie del 1803
neurotoma dei boschi 911
neurotteri 340
nigella 2111
ninfea, afide della 306
ninfee, galerucella delle 662
nitidulidi 706
nocciolaia 1015
nocciole, balanino delle 646
–, punteruolo delle 646
nocciolo, cerambice del 707
–, eriofide del 948
–, mal bianco del 1522
–, nebbia del 1522
noce, afide del 193
–, antracnosi del 1480, 1849
–, mal secco del 1160
–, nebbia del 1480, 1849
–, piccolo afide del 204
–, vaiolo del 1480, 1849
nodi doppi 2232
non ti scordar di me 2106
notodontidi 468
notonette 141
nottua degli orti 463
– dei seminati 350
– del cavolo 462
– del frumento 476
– del grano 351
– del pisello 464
– dell'acero 344
– della barbabietola 438
– della vite 538
– fidanzata 538
– gamma 363
– gialla del granturco 425
nottuella del frumento 351
– delle messi 350
nottuelle 467
nottuidi 467
occhi di pernice del legno di quercia 1696
occhio del diavolo 1956
– di pavone 1795
odonati 336
odotermitidi 91
oidio bruno dell'uva spina 1555
– del frumento 1467
– del luppolo 1554
– della rosa e del pesco 1556
– della vite 1572
– delle quercie 1497
olco lanoso 2076
– vellutato 2076
oleandro, batteriosi dell' 1145
–, cancro dell' 1145
–, rogna dell' 1145
–, tubercolosi dell' 1145
oleocellosi 2350
olive, lebbra dell' 1831
–, maculature delle 1831
–, mosca delle 821
olivo, bombacella dell' 238
–, cocciniglia grande nera dell' 311
–, cotonello dell' 238
–, fleotribo dell' 720
–, fleotripide dell' 111
–, fumaggine dell' 1439
–, ilesino dell' 673
–, nero dell' 1439
–, pidocchio nero dell' 111
–, psilla dell' 238
–, punteruolo dell' 720
–, rogna dell' 1144
–, struggi 673
–, tignola dell' 494
–, tubercolosi dell' 1144
–, vaiolo dell' 1795
olmi, afide degli 234
–, moria degli 1445
olmo, galerucella dell' 665
–, gossiparia dell' 232
–, grafiosi dell' 1445
–, grande scolito dell' 758
–, necrosi del floema dell' 1306
–, piccolo scolito dell' 652
–, pidocchio delle galle piriformi dell' 192, 318
ombrellifere, peronospora delle 1425
ondatra 1045
ontano, afide lanigero dell' 277
–, bozzacchioni degli amenti dell' 1559, 1569
–, crisomela dell' 548
–, galle fogliari dell' 1568
–, mal bianco dell' 1497
–, orcheste dell' 742

ontano, scopazzi dell' 1565
orcheste del faggio 743
– del pioppo 744
– dell'ontano 742
– della quercia 745
orecchio d'asino 2084
– di topo 2020, 2075
orgiia antica 469
orobanca 1946
– del trifoglio 1947
– della canapa, del tabacco e del pomodoro 1950
orobanche 1945
orologi della morte 557
orologio della morte 560, 785
ortica bianca 2085
– fetida 2086
– pungente 2189
– vivace 2188
orzo, altica dell' 725
–, anguillula dell' 27
–, batteriosi dell' 1166
–, carbone coperto dell' 1737
–, carbone dell' 1743
–, carbone nudo dell' 1744
– dei muri 2078
– dei ratti 2078
–, elmintosporiosi dell' 1537
–, macchie reticolate dell' 1537
–, ruggine bruna dell' 1670
–, striatura bruna delle foglie dell' 1536
oscine 848
ospite 2254
ostruzione 2300
otiorrinchi 713
otiorrinco del ligustico 714
– della vite 715

paleo 1960
palma dei datteri, malattia della 1612
palme, marciume del cuore delle 1418
palpicorni 671
pane, anobio del 767
panicastrella 2045, 2159
panico capellino 1965
–, carbone del 1735
– di risaia 2045
–, peronospora del 1432
– sanguigno 2115
papaveri, mal secco dei 1397
–, peronospora dei 1397
papavero dei campi 2116
– selvatico 1988
papilionidi 475
pappice delle fave 595
"paracrinkle" della patata 1246
pasmo 1900
passero domestico 1016
– mattugio 1017
passiflora, lignificazione della 1281
pastinaca, mosca della 860
patata, afide della 257
–, arricciamento fogliare della 1208
–, batteriosi della 1110
–, "bouquet" della 1373
–, calico della 1278
–, crisomela della 687
–, crosta della 1434
–, cuore cavo del tubero della 2344
–, cuore nero della 2325
–, dartrosi della 1785
–, filosità della 1173
–, fusariosi della 1816
–, gambo nero della 1117
–, incespamento delle foglie della 1369
–, maculatura ferruginea dei tuberi di 2346
–, mal del secco della 1415
–, marciume bruno della 1146
–, marciume dei tuberi di 1818
–, marciume secco dei tuberi di 1806
–, mosaico comune della 1259
–, mosaico leggero della 1259
–, mosaico superleggero della 1292
–, mosaico tipo aucuba della 1249
–, "paracrinkle" della 1246
–, peronospora della 1415
–, rogna della 1434
–, rogna verrucolosa dei tuberi di 1435
–, scabbia polverulenta della 1434
–, scopazzi della 1204
–, tigna argentata della 1912
–, tracheo-verticillosi della 1920
patate, afide dei getti delle 308
–, altica delle 735
–, anguillula delle 30
–, anguillulosi delle 20
– dolci, marciume anulare delle 1431
–, dorifora delle 687
–, mal del piè delle 1117
–, marciume delle 1411
–, nebbia delle 1755
–, nerume pedale delle 117
–, scabbia comune delle 1169
–, scabbia delle 1590
–, tignola delle 414
pavone di giorno 542
pazienza 2151
pedicolare 2033, 2117
peglio 2058
pellegrino 87
pelosella 2075
pemphigini 281
pensiero selvatico 2196

pentatomidi 142
peonie, ruggine delle 1594
pepe d'asino 2131
peperone, cancrena pedale del 1408
peplide 2058
peppola 1010
perdilegno 382
– bianco 545
– giallo 545
– rosso 382
pere, cimicetta delle 126
–, mal della pietra delle 126
–, marciume del cuore delle 1916
peri, psilla dei 298
–, tignola arrotolatrice delle foglie dei 515
perine, cecidomia delle 814
–, tentredine delle 893
peritelo 716
pero, afide sanguigno del 312
–, agrilo del 551
–, bolla nera delle foglie del 1561
–, brusone del 1576
–, cancri del 1111
–, cancro del 1514
–, cecidomia delle foglie del 828
–, cimice del 146
–, cocciniglia grigia del 231
–, eriofide del 949
–, fillobio del 722
–, imbrunimento delle foglie del 1803
–, lida del 910
–, limaccina del 883
–, macchie bianche delle foglie del 1509
–, necrosi del 1111
–, picchiettatura rossastra del 2393
–, pietrosità virosica del 1287
–, ruggine del 1614
–, saturnia del 505
–, sesia del 521
–, ticchiolatura del 1576
–, tingide del 146
–, tripide del 118
–, venature gialle del 2394
peronospora degli spinaci 1401
– dei fagioli di Lima 1420
– dei lillà 1421
– dei papaveri 1397
– del frumento e del granturco 1433
– del faggio 1406
– del luppolo 1429
– del panico 1432
– del tabacco 1402, 1416
– del trifoglio e dell'erba medica 1403
– della barbabietola 1399
– della canapa 1427
– della patata e del pomodoro 1415
peronospora della vite 1426
– delle cipolle 1400
– delle composite 1388
– delle crocifere 1398
– delle cucurbitacee 1428
– delle lenticchie e dei piselli 1404
– delle ombrellifere 1425
persicaria 2132
– anfibia 2127
– macchiata 2132
pesarone 2159
pesca nana 1200
– piccola, virosi della 1200
– verrucosa 1331
pesche, mal dello spacco delle 1556
pesciolino d'argento 64
pesco, afide del 178, 190
–, afide farinoso del 241
–, arrossamento del 1784
–, calico del 1184
–, cocciniglia del 237
–, foglia arrotolata clorotica del 2387
–, foglia arrotolata gialla del 2392
–, giallume del 1199
–, lecanio del 237
–, macchie asteroidi del 1248
–, maculatura anulare del 1330
–, maculatura lineare del 1270
–, maculatura necrotica del 2389
–, mal bianco del 1556
–, mal del piombo del 1699
–, mal della gomma dei rametti del 1784
–, malattia X del 1266
–, malattia X dell'ovest del 2390
–, mosaico del 1283
–, nebbia del 1556
–, oidio del 1556
–, rametti a salice piangente del 2391
–, reticolatura dorata del 2388
–, rosetta del 1313
–, sutura rossa del 1201
–, tortrice del 446
–, vaiolo del 1851
peste dei ciclamini 1571
petacciola 2124
petalodia 2272
petecchia 1460
pettine di Venere 2156
piantaggine lanceolata 2122
– lunga 2122
– maggiore 2123
piante da frutto, punteruolo delle gemme delle 747
– da frutto, ragno rosso delle 954
– erbacee, anguillula delle 21
picchiettatura ad anello del ciliegio 2383
– clorotica del ciliegio 1253

picchiettatura della Lambert 2375
– piumosa gialla delle foglie 1234
– rossastra del pero 2393
– rugginosa 1290
– rugginosa leggera del ciliegio 2379
– rugginosa necrotica del ciliegio 2381
picchio nero 1008
– rosso maggiore 1001
– rosso mezzano 1002
– rosso minore 1003
– verde 1019
picchiola 1460
piccola cetonia pelosa 656
– cuscuta 1935
– malva 2101
– ortica 2189
– tentredine delle susine 896
piccolo afide del noce 204
– capricornio 616
– pavone di notte 504
– scolito degli alberi da frutta 653
– scolito dell'olmo 652
pidocchi delle piante 159
pidocchio a virgola degli agrumi 252
– a virgola dei pioppi e degli alberi da frutto 254
– bianco dei limoni 182
– degli agrumi 279
– dei libri 99
– delle fave 223
– delle galle piriformi dell'olmo 192, 318
– di San José 303
– nero dell'olivo 111
– rosso 207
– rosso del melo 233
– sanguigno 233
piè d'asino 2185
– di gallo 2045
pie di leone 1967
pieridi 481
pietrosità virosica del pero 1287
pini, geometra dei 367
–, lida dei 873
–, mielofilo distruttore dei 583
–, mosca dei 872
pino, arrossamento e caduta delle foglie di 1492
–, bombice del 388
–, cherme lanigero del 291
–, criptocefalo del 642
– d'Aleppo, tumori del 1137
– di Weymouth, ruggine vescicolosa del 1595
–, lofiro del 890
–, marciume anulare del legno di 1712
– marittimo, mal del rotondo del 1539
–, processionaria del 523
pino, ruggine curvatrice dei rami di 1626
–, ruggine delle foglie del 1585
–, ruggine vescicolosa della scorza del 1594
–, tentredine del 890
–, tortrice delle galle di resina del 478
–, tortrice delle gemme apicali del 503
–, tortrice delle gemme del 366
– Weymouth, pissode del 729
pioppi, afide dei 282
–, dessiccamento apicale dei germogli dei 1577
–, mal bianco dei 1573
–, nebbia dei 1573
–, pidocchio a virgola dei 254
pioppo, bolla delle foglie del 1560
–, bozzacchioni degli amenti del 1566
– canadese, cancro del 1802
–, defogliazione primaverile del 1577
–, farfalla bianca del 519
–, grande sesia europea del 539
–, orcheste del 744
–, saperda maggiore del 748
–, saperda minore del 749
– tremolo, ruggine del 1626
pirale delle castagne 449
– delle prugne 445
piralide dei piselli 444
– del mais e della canapa 502
– del riso 507
– dell'abete 391
– dell'erba medica 454
– della vite 517
– delle leguminose 405
piralidi 499
piselli, avvizzimento dei 1138
–, peronospora dei 1404
–, piralide dei 444
–, tortrice dei 447
pisello, afide del 149
–, anguillula del 26
–, antracnosi del 1507, 1757, 1758
–, bruco del 594
–, mal bianco del 1468
–, marciume delle radici del 1813
–, marciume radicale del 1385
–, mosaico del 1268, 1286
–, nebbia del 1468, 1507, 1758
–, nottua del 464
–, ruggine del 1728
–, seccume del 1507, 1758
–, tripide del 109
pissode del pino Weymouth 729
– notato 728
pistillodia 2276
pittima 1938
pittimbrosa 2068
plastomania del melo 2367

platano, seccume delle foglie del 1481
plodia fasciata 486
poa annua 2125
podagraria 1958
polidesmide 931
poligono piperino 2131
– ritorto 2129
pomaria 448
pomodóro, avvizzimento batteriaceo del 1108
–, avvizzimento maculare del 1237
–, carie del 1873
–, elotide del 425
–, foglie felciformi del 1256
–, macchie delle foglie del 1901
–, macchie nere del 1781
–, mal del nero del 1415
–, marciume apicale dei frutti del 2326
–, marciume del 1873
–, marciume del fusto del 1456
–, marciume zonale dei frutti del 1419
–, nanismo del 1258
–, nebbia del 1901
–, necrosi del colletto del 1755
–, orobanca del 1950
–, peronospora del 1415
–, punta a pennacchio del 1242
–, seccume del 1901
–, ticchiolatura del 1781
porcellini di San Antonio 986
– di terra 981
porcellino di San Antonio 987
– di terra 982, 989, 990
porcospino 1042
porro, ruggine del 1677
portatore 2218
portesia simile 492
potentilla anserina 2133
pregadio 82
prezzemolo, ruggine del 1675
– selvatico 1959
processionaria del pino 523
– della quercia 524
prodenia litura 495
protozoosi 1
prugne del diavolo 1567
–, pirale delle 445
pseudo-rosetta dell'avena 1215
psilla dei peri 298
– del melo 295
– dell'olivo 238
psillidi 202
psocotteri 98
psoriasi dell'arancio 1205
pteride 2135
ptino ladro 738
pudibonda 387
pulce degli orti 130
pulci di terra 669
punta a pennacchio 2216
– a pennacchio del banano 1307
– a pennacchio del pomodoro 1242
– a pennacchio delle musacee 1244
– di sigaro delle banane 1913
– nera delle banane 1843
– riccia 2225
– riccia della bietola 1196
punteggiatura 2295
punteruoli 647
punteruolo dei cereali 740
– del grano 764
– del riso 765
– del trifoglio 726
– dell'olivo 720
– della barbabietola 690
– della frutta 746
– della medica 727
– delle castagne 645
– delle galle dei cavoli 620
– delle gemme delle piante da frutto 747
– delle ghiande 581
– delle nervature delle foglie delle rape 621
– delle nocciole 646
– delle silique delle crucifere 618
puntulatura 2295
– decolorata delle foglie 1285
pustole bianche delle crocifere 1383
putrefazione bianca 2316
– del cuore 2253
– rossa 2280

quercia, agrilo della 550
–, bombice della 441
–, marciume bianco del legno di 1605, 1697
–, minatrice della 531
–, occhio di pernide del legno di 1696
–, orcheste della 745
–, processionaria della 524
–, scolito della 753
quercie, altica delle 668
–, bolla delle foglie delle 1563
–, cerambice delle 615
–, corebo delle 634
–, marciume radicale delle 1545
–, oidio delle 1497
–, tortrice verde delle 536

rabbia del cece 1508
rachitismo 2302
– della vite 1299
radici, anguillule delle 22
rafanistro 2143
ragna del melo 432

ragna del susino 435
ragnetto giallo dei giardini 978
– giallo della vite e del tiglio 978
– rosso del melo 954
– rosso delle conifere 957
ragni 936
ragno acquaiuolo 939
– crociato 937
– delle cantine 973
– portacroce 937
– rosso della vite 978
– rosso delle piante da frutto 954
– rosso tessitore 978
rametti a salice piangente del pesco 2391
ranuncolo acre 2137
– bulboso 2139
– dei campi 2138
– di palude 2142
– scellerato 2142
rapa, mosaico della 1251
–, mosca della 855
rapaiola 484
rape, altica delle 623
–, atalia delle 879
–, ceutorrinco delle 618
–, punteruolo delle nervature delle foglie delle 621
–, tentredine delle 879
rasparella 2049
– d'inverno 2050
ratti 1065
"rattle" del tabacco 1317
ratto 1068
– delle chiaviche 1067
ravanello, marciume nero del 1386
ravastrello 2143
reduviidi 145
reggina dei prati 2187
resinosi 2281
restringimento della foglia 2258
reticolatura dorata del pesco 2388
– dorata del susino 2395
– dorata dell' albicocco 2372
ribes, afide del 166, 216
–, atavismo viroso del 1171
–, cecidomia del 815
–, degenerazione del 1207
–, eriofide del 950
–, geometra del 341
–, mal bianco del 1499
–, nebbia del 1555
–, ruggine del 1679
–, seccume dei rami del 1441
–, seccume delle foglie del 1533
–, sesia del 522
–, tentredine del 914
riccio 1043
riduzione di sviluppo 2249
rigonfiamento 2304
– dei germogli dei rami 2290
– dei germogli del cacao 1295
rinanto maggiore 2145
rinchite della frutta 746
risaie, coppetta delle 980
riscaldo 2356
– delle mele 2323
riso, brusone del 1884
–, calandra del 765
–, carbone del 1706
–, carbone verde del 1918
–, cercosporiosi del 1777
–, elmintosporiosi del 1450
–, gentiluomo del 1487
–, mal del collo del 1450
–, mal dello sclerozio del 1487
–, malattia della striscia del 1323
–, muffa bianca del 1469
–, nanismo del 1219
–, piralide del 507
–, punteruolo del 765
–, tignola del 380
–, verme rosso del 801
rizotrogo 741
robinia, scopazzi della 1202
rododendri, tingide dei 147
rododendro, ruggine del 1584
rogna 2287
– dei tuberi 1169
– del susino e del ciliegio 1528
– dell'avocado 1908
– dell'oleandro 1145
– dell'olivo 1144
– della patata 1434
– della vite 1152
– di muro 2056
– nera 1435
– verrucolosa dei tuberi di patata 1435
rombica selvatica 2149
rombice 2149
romice 2149
– comune 2150
– degli orti 2151
rosa, asteromicosi della 1458
–, avvizzimento della 1262
–, cocciniglia bianca della 186
–, ilatoma della 877
–, maculatura delle foglie di 1882
–, mal bianco della 1556
–, mosaico della 1289
–, mosaico giallo della 1348
–, nebbia della 1556
–, oidio della 1556
–, ticchiolatura delle foglie di 1458
–, tripide della 121

rosai, tentredine arrotolatrice delle foglie dei 882
–, tentredine dei getti dei 881
rose, afide delle 256
–, gallico delle 915
–, ruggine delle 1638
–, tentredine minatrice dei getti delle 876
rosetta 2284
– del frumento 1296
– del giglio 1238
– del melo 1172
– del pesco 1313
– dell'arachide 1247
rosolaccio 2116
rossore 2278
– delle foglie di vite 1534
– delle viti 978
rottura del colore 2211
roveto, cecidomia del 826
rovo, cecidomia del 845
–, ruggine del 1641
ruggine bianca delle composite 1384
– bianca delle crocifere 1383
– bruna 1132
– bruna del grano 1683
– bruna dell'orzo 1670
– comune del grano 1668
– coronata dell'avena 1664
– curvatrice dei rami di pino 1626
– degli agrumi 107
– degli strobi di abete 1686
– dei crisantemi 1663
– dei semprevivi 1596
– del bossolo 1661
– del caffè 1617
– del ciliegio 1662
– del fagiolo 1721
– del fico 1582
– del garofano 1724
– del girasole 1669
– del granturco 1681
– del lampone 1639
– del lino 1625
– del pero 1614
– del pioppo tremolo 1626
– del pisello 1728
– del porro 1677
– del prezzemolo 1675
– del ribes 1679
– del rododendro 1584
– del rovo 1641
– del sedano 1659
– del susino 1714
– del trifoglio 1730
– dell'abete rosso 1583
– dell'aglio 1656
– dell'asparago 1660
ruggine dell'erba medica 1729
– della barbabietola 1722
– della bocca di leone 1658
– della canna da zucchero 1671
– della fava 1731
– della menta 1674
– della viola 1684
– delle foglie del melo 1615
– delle foglie del pino 1585
– delle malve 1672
– delle peonie 1594
– delle rose 1638
– lineare 1668
– rossa del caffè 1924
– striata del grano 1682
– striata della segala 1666
– vescicolosa del pino di Weymouth 1595
– vescicolosa della scorza del pino 1594
– vescicolosa delle foglie dell'abete 1584
– vescicolosa delle foglie di abete bianco 1685
rugginosità ulcerosa delle mele 1343
rugosità 2285

saeppola 2052
saissezia emisferica 310
salcerella 2132
salice, afide del 327
–, crisomela del 691
–, croste nere delle foglie del 1542
–, farfalla bianca del 519
–, stilpnozia del 519
salici, cecidomia distruttrice dei 862
–, cerambici dei 577
–, galerucella dei 660
–, mal bianco dei 1573
–, nebbia dei 1573
saltarello 79
salvinia 2154
sambuco, afide del 176
sandalo, mal della spiga del 1203
sanofieno, cecidomia del 812
saperda maggiore del pioppo 748
– minore del pioppo 749
saraceno di Siberia 2059
sariga carnivora 1037
saturnia del pero 505
– minore 504
saturnidi 506
sbiancatura 2206
scabbia 2287
– comune delle patate 1169
– del limone e dell'arancio 1461
– delle patate 1590
– piatta 1169
– polverulenta della patata 1434

scabbia profonda 1169
– ricavata 1169
– rilevata 1169
– sporgente 1169
– superficiale 1169
scabiosa palustre 2176
scalogna 1950
scalogno, afide dello 304
scarabeidi 750
scarabeo del Colorado 687
– di maggio 704
– giapponese 734
scarafaggio 70
scardaccione 2030
schiarimento delle nervature 2311
sclerozio cornuto dei cereali 1449
scoiattolo 1069
scoliti 650, 751
scolitidi 751
scolito della betulla 756
– della quercia 753
scolopendra 932
scolorimento 2230
– dell'alburno 2286
scopazzi 2318
– del cacao 1624
– del ciliegio 1562
– dell'abete 1627
– dell'erba medica 1198
– dell'ontano 1565
– della betulla 1570
– della fragola 1310
– della patata 1204
– della robinia 1202
– virosici del melo 2371
scorpioni 967
scottatura 2303, 2357
screpolatura 2359
– a stella 2361
– centrale 2342
– dovuta al gelo 2336
– esterna 2333
scrivano della vite 547
scutigere 933
seccarola 1579
seccume circolare della scorza
dell'abete bianco 1878
– dei germogli dell'abete 1800
– dei rametti di acero 1893
– dei rami del ribes 1441
– dei rami di fico 1552
– del castagno 1464, 1504
– del gelso 1505
– del pisello 1507, 1758
– del pomodoro 1901
– della frutescenza dell'ananas 1409
– delle foglie del grano 1488, 1905
seccume delle foglie del larice 1853
– delle foglie del platano 1481
– delle foglie del ribes 1533
– delle foglie dell'abete bianco 1438
– delle foglie di avena 1535
sedani, mosca dei 851
sedano dei prati 2073
–, mosaico del 1298
–, ruggine del 1659
–, septoriosi delle foglie del 1895
–, ticchiolatura del 1895
segala, aborto della 1485
–, carbone del culmo della 1718
–, carie della 1708
– cornuta 1449
–, golpe della 1708
–, micosi delle spighe della 1797
–, ruggine striata della 1666
–, tarlo del gambo della 1718
segestria 968
semprevivi, ruggine dei 1596
sen 131
senape bianca 2001
– selvatica 2002
senapino 2002
senecione 2158
septoriosi delle foglie del sedano 1895
"sereh" della canna da zucchero 1314
sesembrio 2167
sesia apiforme 539
– culiciforme 520
– del pero e del melo 521
– del ribes 522
sesiidi 346
sfinge lineata 370
– testa di morto 342
sfingidi 518
sicomoro, afide del 227
sigaraio della betulla 598
– della vite 598
signorie selvatiche 2138
silfa opaca 759
silfidi 760
silvano 712
– surinamense 712
sinfito 2178
sirfi 866
sirfidi 866
sirice azzurro 917
– gigante 920
siricidi 918
soda 2152
soia, anguillula della 25
–, mosaico della 1361
solanacee, alternariosi delle 1754
–, marciume nero delle 1146
solano nero 2170

sorgo, brucciatura del 1089
—, carbone coperto del 1695
—, carbone del 1710
—, carbone della rachide del 1692
—, carbone polveroso del 1692
—, cecidomia del 816
spaccatura 1116, 2222
— stellare del melo 2370
— stellata 2298
sparagione 1945
spergola 2174
spermofili 1033
spezzamento dei culmi dei cereali 1485
spinaci, peronospora degli 1401
spinacio, nebbia dello 1256
— selvatico 1993, 2024
spogliatrice degli alberi da frutto 430
spondilio 2073
sputtachina 286
sputtachine 195
stafilini 766
stafilinidi 766
"stecchi" 69
stilpnozia del salice 519
stolbur 1193
stoppione 2030
stoppiorni 2019
storno 1022
stramonio 2041
striatura bruna delle foglie dell' orzo 1536
striature 2301
striscia variegata della canna da zucchero 1164
striscie 2301
— brune della canna da zucchero 1841
— clorotiche della canna da zucchero 1220
strozzalino 1934
struggi olivo 673
struggigrano 773
suberosi 2221
— interna delle mele 2327
succiamiele 1945
sughero, tignola del 525
sunn 131
surmolotto 1067
susine, piccola tentredine delle 896
—, tentredine gialla delle 894
susino, afide farinoso del 243
—, batteriosi del 1163
—, bozzacchioni del 1567
—, lebbra del 1567
—, maculatura bianca del 1174
—, maculatura lineare del 1270
—, nanismo del 1312
—, ragna del 435
—, rogna del 1528
susino, ruggine del 1714
sutura rossa del pesco 1201

tabacco, arricciamento fogliare del 1352
—, brucciatura del 1149
—, cancro batterico del 1118
—, cercosporiosi del 1776
—, elotide del 425
—, "etching" del 1261
—, fuoco selvatico del 1149
—, macchie angolari del 1119
—, macchie anulari del 1178, 1180
—, maculatura angolare del 1119
—, magnesiocarenza del 2355
—, marciume radicale del 1571
—, mosaico comune del 1293
—, mosaico giallo del 1294
—, necrosi del 1269
—, orobanca del 1950
—, peronospora del 1402, 1416
—, "rattle" del 1317
—, tacche bianche sulle foglie del 1096
—, tripide del 124
tacche fogliari del cavolfiore 1501
tagliabottoni 747
talpa 1073
tanaceto comune 2027
tanasia 2027
tarli 681
— degli alberi 751
— del legno 557
tarlo del gambo della segala 1718
tasca di resina 2352
tasso 1051
— americano 1074
tè, bolla del 1599
tegenaria 973
tenebrioide 773
tenebrione mugnaio 770
— oscuro 771
tenebrionidi 772
tentredine arrotolatrice delle foglie dei rosai 882
— dei getti dei rosai 881
— del ciliegio 883
— del pino 890
— del ribes 914
— dell'abete rosso 913
— delle meline 897
— delle perine 893
— delle rape 879
— gialla delle susine 894
— minatrice dei getti delle rose 876
tentredinidi 919
teredine 48, 62
termite a collo giallo 93

termite bianca 93
– lucifuga 95
termiti 92
termobia domestica 65
tessitori 1020
testacelle 63
tetranici 974
tetranico del melo 954
ticchiolatura del melo 1463
– del pero 1576
– del pomodoro 1781
– del sedano 1895
– delle ciliegie 1574
– delle foglie 1525
– delle foglie di rosa 1458
tiglio, afide del 235
–, ragnetto giallo del 978
tigna argentata della patata 1912
– del fico 1094
tignola a bruco verde della vite 453
– arrotolatrice delle foglie dei peri 515
– dei cavoli 488
– dei farinacei 500
– dei fiori del ciliegio 361
– dei fiori del melo 360
– dei funghi secchi e del sughero 525
– dei panni 528
– dei tapeti 537
– del cacao 397
– del fico 514
– del melo 432
– del riso 380
– dell'olivo 494
– dell'uva 375
– della barbabietola 479
– della carota 389
– della cipolla 343
– della vite 375
– delle carrube 465
– delle mele 359
– delle patate 414
– delle pellice 530
– fasciata del grano 486
– grigia delle provviste alimentari 398
– orientale 446
tignoletta dell'uva 453
tillandsia 1928
tillosi 2308
tineidi 527
tingide dei rododendri 147
– del pero 146
tingidi 148
tipula erbaiola 869
tipule 870
tisanotteri 125
tisanuri 66
titimalo ciparissio 2056
toccamano 2161
tonchio chinese 605
– del faggiolo 546
– della veccia 590
– delle fave 595
topo campagnuolo 1027
– comune 1068
– delle risaie 1063
– di chiavica 1067
– di fogna 1067
– muschiato 1045
– quercino 1038
– selvatico 1028
topolino delle case 1057
– delle risaie 1052
toporagno comune 1070
torcicollo 1012
tortrice dei coni 443, 450
– dei garofani 535
– dei germogli 532
– dei grappoli 453
– dei piselli 447
– del pesco 446
– della vite 517
– delle galle di resina del pino 478
– delle gemme 362
– delle gemme apicali del pino 503
– delle gemme del pino 366
– delle gemme dell'abete rosso 356
– minatrice delle foglie di abete bianco 401
– minatrice delle foglie di abete rosso 402
– verde delle quercie 536
tortricidi 533
tracheo-verticillosi 1921
– della patata 1920
tracheomicosi 1796
tribolio 776, 777
trifoglio, antracnosi del 1846
–, apione dei capolini del 571
– bianco, mosaico del 1260
–, cecidomia del 829
–, fitonomo del 726
–, mal bianco del 1468
–, mal dello sclerozio del 1553
–, orobanca del 1947
–, peronospora del 1403
–, punteruolo del 726
–, ruggine del 1730
–, vaiolatura del 1532
tripetidi 871
tripide bruno del grano 110
– degli agrumi 115
– del cacao 116
– del fagiolo 108
– del giglio bianco 104
– del gladiolo 117
– del grano 110

tripide del larice 119
– del lino 122
– del pero 118
– del pisello 109
– del tabacco 124
– della rosa 121
– della vite americana 105
– delle serre 107
tristeza degli agrumi 2385
tubercolosi dei cavoli 1423
– dell'oleandro 1145
– dell'olivo 1144
– della vite 1152
tuberi, formazione anticipata dei 2353
–, rogna dei 1169
tubero fusiforme 1173
tulipano, afide del 268
–, variegatura infettiva del 1297
tumori batterici 1142, 1152
– dei frutti del limone 1148
– dei lillà 1148
– del pino d'Aleppo 1137

ulmaria 2187
unghia cavallina 2185
urogallo 1023
ursone spinoso 1042
uva, marciume grigio dell' 1762
–, muffa grigia dell' 1762
– spina, afide dell' 255
– spina, falena dell' 341
– spina, mal bianco dell' 1499
– spina, oidio bruno della 1555
–, tignola dell' 375
–, tignoletta dell' 453

vaiolatura del caffè 1632
– del trifoglio e dell'erba medica 1532
– delle foglie della bietola 1770
– nera dei trifolii 1453
– nera delle graminacee 1519
– rossa delle fragole 1503
vaiolo del noce 1480, 1849
– del pesco 1851
– dell'olivo 1795
– della vite 1460
vanessa antiopa 540
– multicolore 471
– policlora 471
variegatura infettiva del tulipano 1297
veccia, muffa della 1404
– selvatica 2193, 2194, 2195
–, tonchio della 590
veglia 785
venatura gialle del pero 2394
ventaglina 1967
vera tignola del grano 516
verdaiola 536
verdone 994
verga d'oro 2171
verme bianco 704
– delle castagne 449
– delle foglie del cotone 352
– delle mele 448
– giacca di cuoio 869
– rosa del cotone 477
– rosso del riso 801
– rosso delle capsule 392
vermi del lampone 599
– gialli 654
– grigi 347
veronica morsodigallina 2190
– officinale 2191
vescicatori 701
vespa comune 923
– germanica 922
vespe 924
vespero 783
vilucchio 2130
– minore 2037
vilucchione 2038
vino, fiore del 1766
–, fioretta del 1766
–, girato del 1103
–, grassume del 1155
viola, ruggine della 1684
– tricolore 2196
violaciocca, mosaico della 1276
viole, carbone delle 1720
viperina 2046
virescenza 2248
virosi 2314
– della pesca piccola 1200
vischio 1952, 1953
– quercino 1944
vite, acariosi della 961
–, acaro della 961
–, acaro delle foglie della 951
–, altica della 667
–, antracnosi della 1460
–, apate della 762
–, carruga della 562
–, cecidomia della 818
–, cocciniglia bianca farinosa della 292
–, cocciniglia cotonosa della 292
–, cocciniglia della 300
–, crittogama della 1572
– di Giudea 2169
–, erinosi della 951
–, eriofide della 951
–, eumolpo della 547
–, filossera della 329
–, mal bianco della 1544
–, marciume radicale della 1544

vite, nottua della 538
–, oidio della 1572
–, otiorrinco della 715
–, peronospora della vite 1426
–, piralide della 517
–, rachitismo della 1299
–, ragnetto giallo della 978
–, ragno rosso della 978
–, rogna della 1152
–, rossore delle foglie di 1534
–, scrivano della 547
–, sigaraio della 598
–, tignola a bruco verde della 453
–, tignola della 375
–, tortrice della 517
–, tubercolosi della 1152
–, vaiolo della 1460
viti americane, melanosi delle 1894
–, arricciamento infettivo delle 1299
–, black-rot delle 1482
–, esca delle 1697
–, grigiume delle foglie delle 978
viti, malattia di Pierce delle 1305
–, margarodi delle 261
–, necrosi delle 1451
vitrescenza 2338

xileboro delle latifoglie e delle conifere 788
– disuguale 787
xiletino 685
xiloporosi degli agrumi 2386

zabro del frumento 791
– gobbo 791
zabrote brasiliano 789
zafferano bastardo 2035
zanzara comune 819
zanzarone degli orti 869
zeuzera 545
zigotteri 337
zizzania 2098, 2099
zucca, antracnosi della 1790

Aaskäfer 760
Absterben 2229
– der Pyramidpappeln 1577
abwärtssteigender Rosentriebbohrer 876
Abwerfen von Blüten und Früchten 2288
Abzehrung 2226
Acarinen 934
Ackerbohne, Mosaikkrankheit der 1268
Ackerbohnenrost 1731
Ackerdaun 2065
Ackerdistel 2030
Ackereulen 347
Ackerfussschwanz 1973
Ackergänsedistel 2172
Ackergauchheil 1978
Acker-Glockenblume 2010
Ackerhahnenfuss 2138
Ackerhellerkraut 2181
Ackerhohlzahn 2065
Acker-Hornkraut 2020
Ackerhundskamille 1980
Acker-Kohl 2003
Ackerkratzdistel 2030
Ackerlauch 1970
Ackerminze 2104
Ackerrettich 2143
Acker-Rittersporn 2043
Ackerröte 2161
Ackersaudistel 2172
Ackerschachtelhalm 2049
Ackerschnecke 51, 52
Ackerschottendotter 2054
Ackerschötterich 2054
Ackerschwarzkümmel 2111
Ackersenf 2002
Ackerskabiose 2084
Ackerspark 2174
Ackerspörgel 2174
Ackersteinsame 2097
Ackertäschelkraut 2181
Ackertaubnessel 2086
Ackervergissmeinnicht 2106
Ackerwicke, schmalblättrige 2193
Ackerwinde 2037
Acker-Witwenblume 2084
Acromania 2328
Adernaufhellung 2311
– der Birne 2394
Adernbänderung 2310
Adernbandmosaik 2310
Adernmosaik 2312
Adernnekrose 2309
Adernschwärze des Kohls 1157
Adernvergilbung 2313
Adlerfarn, echter 2135
afrikanische Blattkräuselkrankheit der Baumwolle 1351
– Sprossschwellung des Kakaobaumes 1295
ägyptische Baumwollraupe 495
ägyptischer Baumwollkapselwurm 394
Ahorn, Pechfleckenkrankheit des 1541
–, Schwarzfleckenkrankheit des 1541
Ahornrunzelschorf 1541
Ahornzierlaus 227
Ährenschimmel des Mohrenhirses 1805
Akarinose der Rebe 961
Akarose der Kartoffel 978
Akronekrose 2305
Albinismus 2198
Albinose der Süsskirsche 2373
Älchen 5
Älchengalle 5
Älchengallen 32
Älchenkrankheit 5
– der Chrysanthemen 15
Älchenkrätze der Kartoffel 20
Aleppokiefer, Bakterienknoten der 1137
Algenpilze 1405
Alloiophyllie der Anemone 1225
Alternaria-Blattfleckenkrankheit der Tomate 1755
Ameise, argentinische 900
Ameisenlöwe 339
amerikanische Blattkrankheit 1632
- Ernteameise 912
- Schabe 84
- Seide 1940
amerikanischen Platane, Anthracnose der 1481
amerikanischer Mehlzünsler 398
- Reismehlkäfer 777
- Stachelbeermehltau 1555
- Webebär 431
amerikanisches Weizenmosaik 1296
Ammer 1004
A-Mosaik der Kartoffel 1292
Ampfer, kleiner 2148
–, krauser 2149
–, stumpfblättriger 2150
Ampferblattlaus 226
Amsel 1025
Ananas, Herzfäule der 1409
–, Seitenfäule der 1237
Ananaskrankheit 1915
Ananas-Vergilbung 2364
Anemone, Alloiophyllie der 1225
Anemonenbrand 1716
Anguina-Älchen 9
Antherenbrand 1750
Anthracnose 1462, 1477, 1789, 1882
- der amerikanischen Platane 1481

Anthracnose der Kichererbse 1508
Äpfel, Bitterfäule der 1916
–, Hexenbesenkrankheit der 2371
–, Kleinfrüchtigkeit der 2366
–, Kragenfäule der 1406
–, Linienmosaik der 2368
–, Monilia-Blütenfäule der 1548
–, Rostpustelkrankheit der 1511
–, Schwarzfäule der 1548
–, Sternrissigkeit der 2370
–, Stippflecken der 2327
–, Stippigkeit der 2327
Apfelbaumgespinstmotte 432
Apfelbaumglasflügler 521
Apfelblätter, Froschaugenkrankheit der 1525
Apfelblatt-Gallmücke 824
Apfelblattlaus, grüne 225
Apfelblattmotte 515
Apfelblattsauger, Frühjahrs- 295
Apfelblütenmotte 360
Apfelblütenstecher 565
Apfelbohrer 545
Apfelfliege 864
Apfelfruchtstecher, purpurroter 746
Apfel-Gespinstmotte 432
Apfelknospenmotte 360
Apfelmarkschabe 365
Apfelmehltau 1529
Apfelmosaik 1274
Apfelmotte 359
Apfelrost 1615
Apfels, Russfleckenkrankheit des 1825
Apfelsägewespe 897
Apfelsauger 295
Apfelschorf 1463
Apfeltriebmotte 365
Apfelwanze 144
–, grüne 144
Apfelwickler 448
Apoplexie 1697
Aprikosenspinner 469
Aprilfliege 797
Arceuthobium-Mistel 1930
argentinische Ameise 900
Argiope-Spinne 938
Aroideen, Bakteriose der 1117
Artischokenschildkäfer 610
Artischokenspitzmäuschen 572
arzneiliche Pestwurz 2118
arzneilicher Beinwell 2178
Ascochyta-Fusskrankheit der Erbse 1758
asiatische Getreidewanze 131
Askäfer, grauhaariger 759
Asseln 983
Aster, infektiöse Vergilbung der 1194
Astflechte 1925
ästige Sommerwurz 1950
Ätzmosaik des Tabaks 1261
Auerhuhn 1023
aufgeblasenes Leimkraut 2162
aufsteigender Rosentriebbohrer 881
Augenfleckenkrankheit 1772
– des Zuckerrohrs 1838
Aukubagelbflecken der Kartoffel 1249
– des Tabaks 1294
Aukubamosaik der Kartoffel 1249
Ausrieseln 2210
Ausrufezeichen 411
Ausrufungszeichen 411
Aussenriss 2333
Austernpilz 1643
Austernschildlaus, gelbe 302
–, rote 231
Austernschildläuse 218
australische Wollschildlaus 285
Auswuchs 2269
Avocatoschorf 1908
Azaleen, Klumpenblätterkrankheit der 1598
Azaleenmotte 415

Bakanae-Krankheit der Reispflanze 1469
bakterielle Braunfäule der Kartoffel 1146
– Krankheit 2200
– Luzernewelke 1107
– Tomatenwelke 1108
– Welkekrankheit der Bohnen 1106
– Welkekrankheit der Nelken 1122
bakterieller Walnussbrand 1160
Bakterien-Blattfleckenkrankheit der Gurke 1126
Bakterienbrand der Gerste 1166
– der Walnuss 1160
Bakterienexsudat 2201
Bakteriengall 2202
Bakterienknoten der Aleppokiefer 1137
Bakterienkrankheit 2200
Bakterienkrebs der Zitrus 1158
Bakterienringfäule der Kartoffel 1110
Bakterienwelke der Tomaten 1108
Bakteriose 2200
– der Aroideen 1117
– der Feigenpflanzen 1094
– der Schwertlilien 1117
– des Maulbeerbaumes 1133
- des Weinstockes 1116
Bakteriose-Gummosis 1104
Bakteriozezidie 2202
Balkenbock 604
Banane, Bananenmosaik der 1309
–, Büschelgipfelkrankheit der 1307
–, Herzfäule der 1309
Bananen, "black tip" der 1843
–, "blood disease" der 1123

Bananen, "cigar end" der 1913
Bananenblattlaus 284
Bananenborkenkäfer 637
Bananenfleckenkrankheit 1506
Bananenmosaik und Herzfäule der Banane 1309
Bananenwelke 1817
Bandchlorose 1270
– der Süsskirsche 2380
Bandflechte 1925
Bandmosaik 1270
Bär, brauner 357
Barbenkraut, echter 1995
Bärenklau, gemeiner 2073
–, Wiesen- 2073
Bärenlauch 1971
Bärenspinner 358
Bartflechte, gemeine 1929
Bastkäfer 672
Baumbart 1929
Baumwollbakteriose 1161
Baumwolle, afrikanische Blattkräuselkrankheit der 1351
–, Kapselkäfer der 564
Baumwollkapselwurm 425
–, ägyptischer 394
Baumwollmotte 477
Baumwollraupe, ägyptische 495
Baumwollwelkekrankheit 1819
Baumwürzger, echter 2017
Beerenobstes, Blattfleckenkrankheit des 1533
Beifuss, gemeiner 1990
Beinwell, arzneilicher 2178
–, gemeiner 2178
bekreuzter Traubenwickler 453
Berberitzenlaus, gelbe 255
Bergerac-Ringfleckigkeit des Tabaks 1178
Bergfink 1010
Bermudagras 2040
Berostung, viröse 1343
Bertram-Schafgarbe 1955
Berufskraut, kanadisches 2052
Beta-Rüben, Blattfleckenkrankheit der 1770
–, Kräuselkrankheit der 1359
–, Kräuselschopf der 1196
–, Mosaikkrankheit der 1250
–, Vergilbungskrankheit der 1206
–, Wurzelbrand der 1871
Beutelgallenblattlaus, Ulmen- 234
Beutelratte 1037
Bienensaug 2085
Bienenschwärmer 539
Bilch 1047
Bildungsabweichung 2264
Bilsenkraut, gemeines 2079
–, schwarzes 2079
Bingelkraut 2105
Bingelkraut, einjähriges 2105
Binse, Faden- 2082
–, Flatter- 2081
–, Knäuel- 2083
Birkenglasflügler, kleiner 520
Birkenglasschwärmer 520
Birkenhexenbesen 1570
Birkensplintkäfer, grosser 756
Birkwild 1014
Birnbaumes, Gitterrost des 1614
Birnbaum-Netzwanze 146
Birnbaum-Prachtkäfer 551
Birnblatt-Gallmücke 828
Birnblattlaus, mehlige 312
Birnblattsauger 298
Birnblattwanze 146
Birnblattwespe, gesellige 910
Birne, Adernaufhellung der 2394
–, Rotfleckenkrankheit der 2393
–, Steinfrüchtigkeit der 1287
–, Weissfleckenkrankheit der 1509
Birneblasenkrankheit 1561
Birnenblattgallmilbe 949
Birnenblattpockenmilbe 949
Birnenblutlaus 234
Birnengespinstwespe 910
Birnengitterrost 1614
Birnengrünrüssler, breiter 722
Birnenpockenmilbe 949
Birnensägewespe 893
Birnenschorf 1576
Birnenthrips 118
Birnentriebwespe 901
Birngallmücke 814
Bisamratte 1045
Bitterfäule 1852
– der Äpfel 1475, 1916
Bittersüss 2169
Bittersüssnachtschatten 2169
Bitterwerden der Weine 1081
Blasenfuss, rotschwänziger 107
Blasenfüssler 125
Blasenkäfer 701
Blasenkrankheit 2209
– des Tees 1599
Blasenrostkrankheit der Strobe 1594
Blastomanie 2207
Blattbrand der Dahlie 1597
– der Dattelpalme 1612
Blattbräune 1803
– der Kirschbäume 1478
– der Walnuss 1480
Blattdurchlöcherung 2261
–, viröse 1330
Blätter, wandelnde 86
Blattfall 2227
Blattfallkrankheit 1426, 1787

Blattfäule des Kohls 1501
Blattfilzmilbe der Weinrebe 951
Blattfleck 2260
Blattfleckenkrankheit 1119, 1127, 1438, 1502, 1516, 1527, 1774, 1776, 1777, 1896, 1905
– der Beta-Rüben 1770
– der Edelkastanienbäume 1504
– der Erdbeere 1503
– der Johannisbeere 1533
– der Zucker- und Runkelrübe 1770
– des Beerenobstes 1533
– des Klees 1532
- des Salates und Endivie 1850
–, Wisconsin- 1132
Blattfleckennekrose des Pfirsichs 2389
Blattflöhe 202
Blattgallen 1105
Blattgallen-Ulmenblattlaus, glatte 192
Blatthornkäfer 750
Blattkäfer 625
–, kleiner gelber 660
Blattkrankheit, amerikanische 1632
Blattläuse, echte 159
Blattnager, schwarzrüsseliger 726
Blattrandchlorose 2235
Blattrandvergilbung 2236
– der Erdbeere 1275
Blattrollchlorose des Pfirsichs 2387
Blattrollkrankheit der Kartoffel 1208
– der Süsskirsche 2376
– des Pfirsichs 2392
Blattrollung 2259
Blattrüssler, gemeiner 721
Blattschekung der Süsskirsche 1253
Blattschorf der Gräser 1519
Blattspinnmilbe 978
Blatt-Tütenmotten 417
Blattwanzen, grüne 136
Blattwespen 919
blaue Ochsenzunge 2046
blauer Erlenblattkäfer 548
Blaufäule 1447, 1866, 1867
Bläulinge 455
Blausieb 545
Blaustreifen-Welke 1921
Bleichung 2206
Bleiglanz 1699
Blindwanzen 128
Blumenkohlkrankheit 13
Blumenkohlmosaik 1254
Blütenbrand 1111
Blütenendfäule der Tomate 2326
Blütenfall 2210
Blütenfarbenbrechung 2211
Bluthirse 2115
Blutlaus 233
Blutwurz 1979
Bockkäfer 614
Bogenamarant 1977
Bohne, Brennfleckenkrankheit der 1791
–, Fettfleckenkrankheit der 1131
–, Wurzeltrockenfäule der 1812
Bohnen, bakterielle Welkekrankheit der 1106
Bohnenbakteriose 1162
Bohnenblasenfuss 108
Bohnenblattlaus, schwarze 223
Bohnenfäule 1420
Bohnenfliege 856
Bohnenkäfer 595
–, chinesischer 605
Bohnenmosaik 1284
Bohnenrost 1721
Bohnenspinnmilbe 978
Bohrassel 984
Bohrfliegen 871
Bohrkäfer 557
Bohrkrebs 984
Bohrmuskel 48, 62
Bohrwurm 48, 62
Bombardierkäfer 588
Borkenkäfer 632, 681, 730, 751
Borstengras, gemeines 2108
Borstenschwänze 66
Botryosphaeria-Krebs 1441
Brachdistel 2043
Brachkäfer 741
Brand 2208
Brandfleck 2357
Brandmaus 1027
Brasilbohnenkäfer 789
Brauenelle 2134
Braunaugenkrankheit 1772
braune Napfschildlaus 310
– Nelkenfliege 854
brauner Bär 357
– Rübenaaskäfer 759
– Steinkriecher 930
Braunfärbung 2213
Braunfäule 1418, 2214
– der Kartoffel 1415
– der Tomate 1415
– des Holzes 1655
– im Stammfuss 1640
Braunfleckenkrankheit 1773
Braunfleckigkeit 2356
– der Champignon 1150
– der Gerste 1537
– der Tomate 1781
– des Hafers 1535
– des Weizens 1902
Braunrost der Gerste 1670
– des Roggens 1666

braunschwänziger Goldafter 470
Braunstichelkrankheit 1841
Breitbauchwanze 132
breiter Birnengrünrüssler 722
Breitmilbe 952
breitröhrige Kartoffelknollenlaus 308
Breitwegerich 2123
Brenner 565
–,schwarzer 1460
Brennessel, grosse 2188
–, kleine 2189
Brennesselblatt der Johannisbeere 1171
Brennfleckenkrankheit der Bohne 1791
– der Erbse 1507, 1757, 1758
– der Gurke 1790
Brombeerblatt-Gallmücke 826
Brombeerenbaummücke 845
Brombeerlaus, grosse 275
Brombeerrost 1641
Bronzefärbung 2212
Bronzenfleckenkrankheit 1237
Brotkäfer 767
–, gemeiner 773
Brotschabe 70
Bruckgras 2125
Brunelle, gemeine 2134
Brunnenkresse, Wald- 2109
Brusone-Krankheit 1884
Buchdrucker 683
Buchenblattbaumlaus 289
Buchenbock 616
Buchenkeimlingskrankheit 1406
Buchenkrebs 1514
Buchenspringrüssler 743
Buchen-Wollschildlaus 215
Buchenzierlaus 289
Bücherlaus 99
Bücherskorpion 944
Buchfink 1009
Buchsbaumblätterrost 1661
Buchsbaum-Gallmücke 847
Buchweizen, tatarischer 2059
Buckelfliegen 857
Buckelschorf 1169
Buckeltiefschorf 1169
Buckelzikaden 262
Buckelzirpen 262
Bucketkrankheit 1180
– der Kartoffel 1373
buckliger Getreidelaufkäfer 791
Bunchytop-Virose 1242
Buntblättrigkeit, infektiöse 1245
bunter Traubenwickler 453
Buntkäfer 628
Buntspecht, grosser 1001
–, kleiner 1003
Buntspecht, mittlerer 1002
Buntstreifigkeit der Tulpe 1297
buntwürfeliger Nagekäfer 785
Bürstenspinner, kleine 469
Buschbohne, Gelbmosaik der 1181
Büschelgipfelkrankheit 2216
– der Banane 1307
– des Manilahanfes 1244
Büschelkrankheit 2216
Büscheltriebkrankheit 1244, 1307

Caraganlaus 263
Chalottenlaus 304
Champignon, Braunfleckigkeit der 1150
Champignonsfäule 1484
chinesischer Bohnenkäfer 605
Chlorantie 2219
Chlorose 2220
–, infektiöse 2255
chlorotische Krankheit des Hopfens 1233
– Streifenkrankheit des Zuckerrohrs 1220
Chrysanthemen, Älchenkrankheit der 15
Chrysanthemenälchen 15
Chrysanthemenlaus 214
–, dunkle 301
Chrysanthemum-Rost 1663
Colletotrichum-Welke 1785

Dachs 1051
–, nordamerikanischer 1074
Dachtrespe 2005
Dahlie, Blattbrand der 1597
–, Mosaikkrankheit der 1257
–, Ringfleckigkeit der 1211
Dahlienmosaik 1257
Damwild 1036
Dattelmotte 396
Dattelpalme, Blattbrand der 1612
Dattelschildlaus 278
Deckelschildläuse 218
Deformierung 2264
deutsche Schabe 71
– Wespe 922
deutsches Fadenkraut 2062
– Schimmelkraut 2062
Diaspinen 218
Dickkopffalter 429
Dickkopffliegen 808
Dickkopfskraut 2158
Dickmaulrüssler 713
–, gefurchter 715
Diebskäfer, gemeiner 738
Diplodiafäule 1847
Distelfalter 501
Dolden-Spurre 2077
Dompfall 1021
Doppelknoten 2232

Dörrfleckenkrankheit des Hafers 2339
Dörrobstmotte 486
Dörrobstzünsler 397
Douglasienschütte, rostige 1538
Drahtwürmer 654
Drehblättrigkeit 2307
– der Süsskirsche 2384
Drehherzmücke 811
Dreispitzkäfer, gemeiner 776
dunkle Chrysanthemenlaus 301
Dürre 2319
Dürrfleckenkrankheit der Kartoffel 1755
Dürrfleckung 2291
Dürrwurz 2052
düsterer Humusschnellkäfer 554

Ebereschenmotte 359
echte Blattläuse 159
– Kamille 2103
– Mannaflechte 1926
– Motten 527
– Schlupfwespen 899
– Schuppenwurz 1943
– Tausendfüssler 927
– Weber 1020
– Welke der Nelken 1808
echter Adlerfarn 2135
– Barbenkraut 1995
– Baumwürzger 2017
– Ehrenpreis 2191
– Hausschwamm 1629
– Hundszahn 2040
– Mehltau der Reber 1572
– Schwimmfarn 2154
eckiger Blattflecken der Gurken 1126
Edelkastanienbäume, Blattfleckenkrankheit der 1504
Efeublattlaus 224
efeublättriger Ehrenpreis 2190
– Gundermann 2072
Egelschnecken 58
Ehrenpreis, echter 2191
–, efeublättriger 2190
Eibischspinnmilbe 978
Eicchornie 2047
Eiche, Wurzelpilz der 1648
Eicheblasenkrankheit 1563
Eichelbohrer 581
Eichelhäher 1011
Eichelrüssler 581
Eichelwickler 449
Eichenblattmuster 2267
Eichenbock, grosser 615
Eichenerdfloh 668
Eichenholz, weisspfeifiges 1697
Eichenmehltau 1497
Eichenminiermotte 531
Eichenmistel 1944
Eichenprachtkäfer, schmaler 550
–, zweibindiger 634
Eichen-Prozessionsspinner 524
Eichenspinner 441
Eichensplintkäfer 753
Eichenspringrüssler 745
Eichenwickler, grüner 536
Eichenwurzeltöter 1545
Eichhörnchen 1069
einbindiger Traubenwickler 375
einfache Farnblättrigkeit der Tomate 1256
einjähriges Bingelkraut 2105
Einschnürkrankheit 1868
Einschnürungskrankheit 1868
– der Tannenzweige 1878
Eintagsfliege, gemeine 331
Eintagsfliegen 334
Eisenfleckigkeit 2346
Elstern 1018
Enation 2237
Enationenmosaik der Erbse 1286
Endivie, Blattfleckenkrankheit der 1850
Endoxerosis 2345
Engerling 704
Entfärbung 2230
– des Splintes 2286
Entfärbungen 2270
Epinastie 2238
Erbse, Ascochyta-Fusskrankheit der 1758
–, Brennfleckenkrankheit der 1507, 1757, 1758
–, Enationenmosaik der 1286
–, falscher Mehltau der 1404
–, Stengel- und Wurzelfäule der 1813
–, Wurzelfäule der 1385
Erbsen, Stengelbrand der 1138
Erbsenälchen 26
Erbsenblasenfuss 109
Erbsenblattlaus, grüne 149
Erbseneule 464
Erbsengallmücke 813
Erbsenkäfer 594
Erbsenmehltau 1468
Erbsenmosaik 1268
Erbsenrost 1728
Erbsenspitzmäuschen 573
Erbsenwickler, mondfleckiger 444
–, olivenbrauner 447
–, rehfarbener 447
Erdbeer-Älchen 13
Erdbeerblattkäfer 663
Erdbeerblattlaus 280
Erdbeerblütenstecher 567
Erdbeere, Blattfleckenkrankheit der 1503
–, Blattrandvergilbung der 1275

Erdbeere, Hexenbesenkrankheit der 1310
–, Kräuselkrankheit der 1263
–, Phytophthora-Fruchtfäule der 1406
–, rote Wurzelfäule der 1414
Erdbeergelbrand 1275
Erdbeerkäfer 662
Erdbeerlaus, kleine 199
Erdbeermehltau 1554
Erdbeermilbe 969
Erdbeerspinnmilbe 969
Erderaupen 347
Erdeulen 347
Erdfloh, gestreifte 724
Erdflöhe 669
Erdkrebs 1579
Erdläufer 928
Erdmaus 1054
Erdnuss, Kräuselkrankheit der 1247
Erdrauch, gemeiner 2064
Erd-Termite 95
Erineum 2239
Erleblasenkrankheit 1568, 1569
Erlehexenbesen 1565
Erlenblattkäfer, blauer 548
Erlenkäfer 742
Erlenspringrüssler 742
Erlenzeisig 993
Ernteameise 906
–, amerikanische 912
Erntetermiten 91
Erreger 2271
Erstickungsschimmel 1465
Erve, viersamige 2195
Erzwespen 888
Esca-Krankheit 1697
Eschenbastkäfer, kleiner schwarzer 673
Eselsdistel 2113
Esparsetteblüten-Gallmücke 812
Essigälchen 4
Essigfliege 833
–, grosse 834, 835
Essigstich der Weine 1075
Esskastanie, Tintenkrankheit der 1407
Etiolement 2240
Etiolierung 2240
Eulen 467
europäische Gottesanbeterin 82
– Werre 77
europäisches Filzkraut 1938
Exanthema 2332
Exsudat 2241

Fächerblattbildung 2242
Fächerhornkäfer 750
Faden-Binse 2082
Fadenblättrigkeit 2289
Fadenkeimigkeit 2296
Fadenkraut, deutsches 2062
Fadenwicke 2195
Fallkäfer, Weinstock- 547
falscher Mehltau der Erbse 1404
– Mehltau der Gurken 1428
– Mehltau der Kreuzblüter 1398
– Mehltau der Luzerne 1402
– Mehltau der Zucker- und Runkelrüben 1399
– Mehltau der Zwiebel 1400
– Mehltau des Hanfes 1427
– Mehltau des Hopfens 1429
– Mehltau des Mangoldes 1399
– Mehltau des Mohns 1397
– Mehltau des Salates 1388
– Mehltau des Spinates 1401
– Mehltau des Tabaks 1402
– Mehltau des Weinstockes 1426
– Zunderschwamm 1605
Faltenwespen 924
Färbekamille 1983
Farbenbrechung 2211
Farbenginster 2070
Färber-Hundskamille 1983
Farnälchen 13
Farnblattlaus 245
Fasziation 2243
Fechtlinge 98
Federbuschsporenkrankheit 1797
Feige, Mosaik der 1213
Feigenblattmotte 514
Feigenborkenkäfer 679
Feigenpflanzen, Bakteriose der 1094
Feigenrost 1582
Feige-Schildlaus 197
Feigwurz 2140
Feinseide 1935
Feldgauchheil 1978
Feldgrille 79
Feldheuschrecke, italienische 72
Feldheuschrecken 81
Feldhorns, Zweigdürre des 1893
Feld-Humusschnellkäfer 553
Feldkamille 1980
Feldkratzdistel 2030
Feldkresse 2093
Feldmaikäfer 704
Feldmaus 1055
Feldminze 2104
Feldmohn 2116
Feldrittersporn 2043
Feldschnellkäfer 654
Feldsperk 2174
Feldsperling 1017
Feldsteinsame 2097
Fenichgras, seegrünes 2159
Fettfleckenkrankheit der Bohne 1131

Feuerbrand der Obstgehölze 1111
Feuermohn 2116
Feuerschwamm 1603
Fichtenblasenrost 1584
Fichtenblattwespe, kleine 913
Fichtenborkenkäfer 683
Fichtengallenlaus, gelbe 309
–, rote 150
Fichtengespinstblattwespe, gemeine 885
Fichten-Grossgallenlaus, gelbe 309
Fichtenkreuzschnabel 1013
Fichtennadelbräune und Schnütte 1490
Fichtennadelpilz, schwarze 1483
Fichtennadelrost 1583
Fichtennestwickler 402
Fichtenrindenpilz 1512
Fichtenritzenschorf 1490
Fichtenspinner 457
Fichtenwickler 356
Fichtenzapfenrost 1686
Fichtenzapfenwickler 450
Fichtenzapfenzünsler 391
Fidschi-Krankheit des Zuckerrohrs 1227
Filzklette 1987
Filzkraut, europäisches 1938
Fioringras 1963
Flachästigkeit 2244, 2367
flacher Schichtporling 1611
Flachsbrand 1387
Flachschorf 1169
Flachserdfloh 692
Flachses, Wurzelbrand des 1387
Flachsfliege 122
Flachsmüdigkeit 1811
Flachspest 1900
Flachsrost 1625
Flachsseide 1934
–, grosse 1938
Flachsstengelbrenner 1792
Flachswelke 1811
Flagellatenkrankheit 1
– der Wolfsmilchgewächse 2
Flatter-Binse 2081
Flechtgras 1931
Fleckenbildung 2297
Fleckenkrankheit 1450, 1763, 1848
– der Maulbeerblätter 1505
– des Maises 1217
Fleckenminiermotte 451
Flecken-Schierling 2036
Fleckung 2265, 2297
Fleischfleckenkrankheit der Zwetschenblätter 1531
Fliedermotte 544
Flieders, Zweig- und Knospenkrankheit des 1421
Fliederseuche 1148
Fliege, schwarze 107
Fliegen, weisse 153
Flockenblume, gemeine 2019
Flohknöterich 2132
Florida-Schildlaus 196
–, rote 205
Flughafer 1994
Franzosenkraut, kleinblütiges 2066
französische Kornmotte 516
Frauenflachs, gemeiner 2096
Frauenmantel, gemeiner 1967
Frenching 2348
Fritfliege 848
Froschaugenkrankheit der Apfelblätter 1525
Frostbrand 2335
Frostnachtspanner, kleiner 371
Frostplatten 2335
Frostriss 2336
Frostschäden 2337
Frostspanner, grosser 430
–, kleiner 371
Fruchtbrand 1111
Fruchtfliege, mexikanische 794
Fruchtfliegen 871
Fruchtverholzung 1193
Fruchtzapfendeformation 1559, 1566
Frühjahrs-Apfelblattsauger 295
Frühlings-Adonisröschen 1957
Frühlings-Teufelsauge 1957
Fuchs, grosser 471
Fusskrankheit 1474
– des Getreides 1485, 1515
– des Weizens 1805, 1807
Fussvermorschung, Triebfäule und 1590
Futteralmotten 378
Futterwanze 137

Galle 2247
Gallen 947
Gallenmilben 947
Gallmilben 947
Gallmücke, Apfelblatt- 824
–, Birnblatt- 828
–, Brombeerblatt- 826
–, Buchsbaum- 847
–, Esparsetteblüten- 812
–, Kohlschoten- 822
–, Luzerneblatt- 825
–, Luzerneblüten- 810
–, Luzernesamen- 795
–, Luzernespross- 823
–, Rebenblüten- 818
–, Stachelbeerblüten- 815
–, Weidenholz- 862
Gallmücken 798

Gallwespen 889
Gammaeule 363
Gängelkraut 2066
Gänseblümchen 1996
Gänsedistel, kohlartige 2173
Gänsefingerkraut 2133
Gänsefuss, gemeiner 2023
–, weisser 2023
Gänserich 2133
Garten-Wolfsmilch 2058
Gartenameise 902
Gartenhaarmücke 796
Gartenlachsspinne 945
Gartenlaubkäfer 723
Gartennelken, Schwärze der 1457
Gartenschläfer 1038
Gartenwegschnecke 46
Gauchheil, roter 1978
Gebirgshase 1049
gebräuchliche Ochsenzunge 1979
gebuchteter Prachtkäfer 551
gedeckter Gerstenbrand 1737
– Haferbrand 1739
– Haferflugbrand 1739
– Hirsebrand 1695
Gefässbakteriose 1114
Gefässbündel-Krankheit 1767
gefleckte Gewächshauslaus 276
gefleckter Kohltriebrüssler 621
– Schierling 2036
gefurchter Dickmaulrüssler 715
– Waldgärtner 583
Geissfuss, gemeiner 1958
gelbbraune Pflaumensägewespe 894
gelbe austernförmige Schildlaus 302
– Austernschildlaus 302
– Berberitzenlaus 255
– Fichtengallenlaus 309
– Fichten-Grossgallenlaus 309
– Kellerschnecke 59
– Stachelbeerblattwespe 914
– Teemilbe 952
– Weizengallmücke 817
– Weizenhalmfliege 802
gelber Hyazinthenrotz 1159
– Kiefernblattkäfer 642
– Weidenblattkäfer 691
Gelbfäule, Hyazinthen- 1159
Gelbfleckenkrankheit der Pelargonie 1282
Gelbfleckigkeit der Süsskirsche 1285
– des Spinats 1256
Gelbhalstermite 93
Gelbknospenmosaik des Pfirsichs 1234
gelbköpfiger Sauerwurm 453
Gelbmosaik der Buschbohne 1181
– der Rose 1348
– der Trespe 1264
Gelbmosaik der Wasserrübe 2396
Gelbrost des Weizens 1682
gelbstreifiger Pappelbock 749
Gelbstreifigkeit der Zwiebel 1252
Gelbsucht der Sommerastern 1194
Gelbzwergigkeit 2321
gemeine Bartflechte 1929
– Brunelle 2134
– Eintagsfliege 331
– Fichtengespinstblattwespe 885
– Flockenblume 2019
– Gleisse 1959
– Goldrute 2171
– Hundspersilie 1959
– Kiefernblattwespe 890
– Kiefernbuschhornblattwespe 890
– Klette 1986
– Kommaschildlaus 254
– Kratzdistel 2034
– Krebsdistel 2113
– Kugelassel 982
– Kuhblume 2180
– Mauerassel 987
– Melde 1993
– Napfschildlaus 236
– Ochsenzunge 1979
– Quecke 1960
– Rauke 2167
– Rollassel 982
– Schafgarbe 1954
– Spinnmilbe 978
– Spitzklette 2197
– Wespe 923
– Winterkresse 1995
– Wucherblume 2025
– Wurzelmilbe 966
gemeiner Bärenklau 2073
– Beifuss 1990
– Beinwell 2178
– Blattrüssler 721
– Brotkäfer 773
– Diebskäfer 738
– Dreispitzkäfer 776
– Erdrauch 2064
– Frauenflachs 2096
– Frauenmantel 1967
– Gänsefuss 2023
– Geissfuss 1958
– Giersch 1958
– Hase 1048
– Huflattich 2185
– Kiefernspanner 367
– Klappertopf 2145
– Knöterich 2132
– Kümmel 2016
– Löwenzahn 2180
– Natterkopf 2046

gemeiner Ohrwurm 103
– Rainfarn 2027
– Rainkohl 2087
– Reiherschnabel 2053
– Sinau 1967
– Stechapfel 2041
gemeines Bilsenkraut 2079
– Borstengras 2108
– Hirtentäschel 2012
– Kreuzkraut 2158
– Leinkraut 2096
– Rispengras 2125
– Salzkraut 2152
– Schöllkraut 2022
– Silfrohr 2121
Gemüseampfer 2151
Gemüseeule 463
Gemüselauch 1970
Gemüsewanze 130
Gerste, Bakterienbrand der 1166
–, Braunfleckigkeit der 1537
–, Braunrost der 1670
–, Streifenkrankheit der 1536
–, Zwergrost der 1670
Gerstenbrand, gedeckter 1737
Gerstenflugbrand 1744
Gerstenhartbrand 1737
Gerstenschwarzbrand 1743
Gerstenzwergrost 1670
gesellige Birnblattwespe 910
– Pfirsichblattwespe 911
Gespenstheuschrecken 69
Gespinstblattwespe, stahlblaue Kiefern-schonungs- 872
–, Steinobst- 911
Gespinstmotte, Apfel- 432
Gespinstmotten 436
gestreifte Kartoffellaus 257
– Walnusszierlaus 183
gestreifter Erdfloh 724
– Werkholzkäfer 560
Getreideblasenfuss 110
Getreideblattkäfer 638
Getreidebohrer 600
Getreideerdfloh 725
Getreideeule 351
Getreidegallmücke 846
Getreidehähnchen, rothalsiges 686
Getreidehalmwespe 887
Getreidekapuziner 740
Getreidelaubkäfer 556
Getreidelaufkäfer 791
–, buckliger 791
Getreidelaus 314, 322
Getreidemehltau 1432, 1433, 1467
Getreidemotte 516
Getreides, Fusskrankheit des 1485, 1515
Getreides, Halmbruchkrankheit des 1778
–, Schneeschimmel des 1442
–, Schwärze des 1510
–, Schwarzrost des 1668
Getreide-Schimmel 1467
Getreideschmalkäfer 712
Getreidewanze, asiatische 131
getüpfelter Tausendfuss 925
getupfter Schnurfüssler 925
Gewächshauslaus, gefleckte 276
Gewächshausschmierlaus 292
Gewächshausthrips 107
gewöhnliche Kartoffelschorf 1169
Gichtkörner 11
Gichtkrankheit des Weizens 11
Giersch 1958
–, gemeiner 1958
Gierschblattlaus 194
Gifthahnenfuss 2142
giftiger Wasserschierling 2029
Gilb-Fennich 2159
Gimpel 1021
Gitterrost des Birnbaumes 1614
Gitterwanzen 148
Gladiolen, Lackschorf der 1130
Gladiolethrips 117
glänzender Obstbaumsplintkäfer 651
Glanzkäfer 706
Glasflügler 346
Glasigkeit 2338
Glasigwerden 2362
Glasschwärmer 346
glatte Blattgallen-Ulmenblattlaus 192
gleichflügeliche Libellen 337
Gleisse, gemeine 1959
Glockenblume, Acker- 2010
–, kriechende 2010
Gloeosporiumfäule 1826, 1831
Glucken 442
Goldafter, braunschwänziger 470
Goldennetzfleckigkeit 2372, 2395
Goldennetzkrankheit des Pfirsichs 2388
Goldkäfer 617
Goldregenkrebs 1452
Goldrosenkäfer 617
Goldrute, gemeine 2171
Gopher 1046
Gossewurm 375
Gottesanbeterin, europäische 82
Grasmehltau 1467
Grasmotten 384
graue Nacktschnecke 51
grauer Knospenwickler 362
– Rüsselkäfer 716
graues Steinkraut 1997
Graufäule 1762
grauhaariger Askäfer 759

Grauschimmel der Weinrebe 1762
Grauschimmelfäule der Zwiebel 1760
Gravensteinerkrankheit 2367
Griffelfäule 2326
Grind 1169
– der Rebe 1152
grosse Brennessel 2188
– Brombeerlaus 275
– Essigfliege 834
– Flachsseide 1938
– Holzameise 884
– Kellerschnecke 60
– Kieferngespinstblattwespe 873
– Klette 1986
– Kohlfliege 855
– Kohlweissling 482
– Nacktschnecke 60
– Narzissenfliege 844
– Pestwurz 2118
– Pflaumenblattlaus 188
– Rosenblattlaus 256
– Wallwurzel 2178
– Wegschnecke 45, 60
– Weidenrindenlaus 327
– Winde 2038
– Wühlmaus 1029
grosser Birkensplintkäfer 756
– brauner Nadelholzrüssler 675
– brauner Rüsselkäfer 675
– Buntspecht 1001
– Eichenbock 615
– Frostspanner 430
– Fuchs 471
– Klappertopf 2145
– Kohltriebrüssler 619
– Obstbaumsplintkäfer 651
– Pappelbock 748
– Sauerampfer 2147
– Ulmensplintkäfer 758
– Wegerich 2123
grosses Wiener Nachtpfauenauge 505
– Wiesel 1059
Grosshamster 1034
Grünader 483
Grünblütigkeit 2219
Grünbrand des Reises 1918
grüne Apfelblattlaus 225
– Apfelwanze 144
– Blattwanzen 136
– Erbsenblattlaus 149
– Kaffeeschildlaus 213
– Pfirsichblattlaus 267
– Pfirsichlaus 267
– Reiswanze 140
grüner Eichenwickler 536
– Schildkäfer 612
– Schmalbauchkäfer 552
grüner Weidenbock 577
grünes Heupferd 85
– Perlenauge 338
Grünfäule 1865
Grünfink 994
Grünrüssler 722
Grünspecht 1019
Gummibildung 2250
Gummifluss 2250
– der Gurke 1780
– der Zitrus 1410, 1419
– des Weinstockes 1116
Gummiholzkrankheit 2369
Gummiholzvirose 2369
Gummosis 2250
– der Kirschbäume 1784
Gundelrebe 2072
Gundermann, efeublättriger 2072
Gurke, Bakterien-Blattfleckenkrankheit der 1126
–, Brennfleckenkrankheit der 1790
–, Gummifluss der 1780
–, Krätze der 1780
–, Sclerotiniafäule der 1552
–, Stengelfäule der 1552
Gurkelmehltau 1466
Gurkelmosaik 1256
Gurken, eckiger Blattflecken der 1126
–, falscher Mehltau der 1428
Gurkenblattlaus 200
guter Heinrich 2024

Haarwurzel-Krankheit der Obstgehölze 1142
Habischkraut 2075
Haferälchen 27
Haferbrand, gedeckter 1739
Haferflugbrand 1732
–, gedeckter 1739
Haferlaus 307
Hafernematode 27
Hafers, Braunfleckigheit des 1535
–, Dörrfleckenkrankheit des 2339
–, Pseudorosettenkrankheit des 1215
–, Stockkrankheit des 21
Hagelschäden 2340
Hahnenfuss, kriechender 2141
–, scharfer 2137
Hainschnecke 49, 50
Hallimasch 1579
Halmbruchkrankheit des Getreides 1778
Halmerdfloh 622
Halmfliege 802
Halmwespen 886
Hamster 1034
Hanfblattlaus 287
Hanferdfloh 736
Hanfes, falscher Mehltau des 1427

Hanfeseide 1938
Hänfling 992
Hanftod 1950
Hanfwürger 1950
Hartfäule 2251
– der Kartoffel 1755
Harzfluss 2281
Harzgalle 2352
Harzgallenwickler, Kiefern- 478
Harzsticken 1579
Harztasche 2352
Hase, gemeiner 1048
Haselbock 707
Haselnussbohrer 646
Haselnussgallmilbe 948
Haselnuss-Knospengallmilbe 948
Haselwild 1024
Hausbock 604
Hausgrille 67
Hausmaus 1057
Hausmütterchen 538
Hausratte 1068
Hausschabe 71
Hausschwamm, echter 1629
Haussperling 1016
Hausstechmücke 819
Hautbräune 2323
Heckenprachtkäfer 549
Hederich 2143
Heerwurm 374, 437, 438, 439
Heidemoorkrankheit 2354
Herbstlöwenzahn 2091
Herbstzeitlose 2035
Hermelin 1059
Herz- und Trockenfäule der Rüben 2341
Herzfäule 2252
– der Ananas 1409
– der Kokospalme 1084
– der Zuckerrüben 1871
Herzkresse 2014
Herzriss 2342
Herzwurm 462
Hessenfliege 846
Heterodera-Älchen 22
Heumotte 397
Heupferd 85
–, grünes 85
Heuwurm 375
Hexenbesen 2318
– der Kirschbäume 1562
Hexenbesenkrankheit der Äpfel 2371
– der Erdbeere 1310
– der Kartoffel 1204
– der Luzerne 1198
– der Robinie 1202
– der Weisstanne 1627
– des Kakaostrauches 1624
Hexenringe 1623
Hexenzwirn 1931
Himbeerabbau 1207
Himbeerblütenstecher 567
Himbeerkäfer 599
Himbeerrost 1639
Hintertäschel, gemeines 2012
Hirschkäfer 693
Hirsebrand 1089, 1693
–, gedeckter 1695
Hirsezünsler 502
Hirtentäschelkraut 2012
Hohlherzigkeit 2344
Hohlnadelwickler 402
Hohlrüssler 633
Hohltaube 996
Holunderblattlaus 176
Holzameise, grosse 884
Holzbohrer 381
–, ungleicher 787
Holzborkenkäfer, ungleicher 787
Holzkäfer 585
Holzläuse 98
Holzmehlkäfer 694
Holzwespen 918
Holzwürmer 557
Honiggras, wolliges 2076
Hopfenblattlaus 288
Hopfenerdfloh 736
Hopfengallmücke 809
Hopfenmehltau 1554
Hopfenmosaik 1231
Hopfens, chlorotische Krankheit des 1233
–, falscher Mehltau des 1429
–, Nesselkrankheit des 1197
Hopfenspinner 428
Hopfenwanze 126
Hornisse 921
Hornissenglasschwärmer 539
Hornissschwärmer 539
Huflattich, gemeiner 2185
Hühnerhirsche 2045
Humusschnellkäfer, düsterer 554
–, Feld- 553
Hundertfüssler 926
Hundskamille, Färber- 1983
–, stinkende 1981
Hundslauch 1972
Hundspersilie, gemeine 1959
Hundszahn, echter 2040
Hyazinthen, Ringelkrankheit der 21
Hyazinthen-Gelbfäule 1159
Hyazinthenrotz, gelber 1159
Hyazinthenzwiebel, schwarzer Rotz der 1546

Ichneumonen 899
Igel 1043

Iliau 1479
infektiöse Buntblättrigkeit 1245
– Chlorose 2255
– Degeneration der Weinrebe 1299
– Vergilbung der Aster 1194
Internodienverkürzung 2256
Iris-Mosaik 1265
italienische Feldheuschrecke 72

Jakobs-Kreuzkraut 2157
Japankäfer 734
Johannisbeerblasenlaus 216
Johannisbeere, Blattfleckenkrankheit der 1533
–, Brennesselblatt der 1171
–, viröse Atavismus der schwarzen 1171
Johannisbeergallmilbe 950
Johannisbeerglasflügler 522
Johannisbeer-Knospengallmilbe 950
Johannisbeerrost 1679
Johannisbrotmotte 465
Junikäfer 741

Kaffeebaumes, Phloemnekrose des 3
–, Siebröhrenkrankheit des 3
Kaffeeblattkrankheit 1617
Kaffeebohnenkäfer 576
Kaffeebohrer, ostafrikanischer weisser 568
Kaffeemotte 451
Kaffeerost 1617
Kaffees, "red rust" des 1924
Kaffeeschildlaus, grüne 213
kahles Bruchkraut 2074
Kahmigwerden der Weine 1766
Kakaobaumes, afrikanische Sprossschwellung des 1295
Kakaokrebs 1418
Kakaomotte 397
Kakaostrauches, Hexenbesenkrankheit des 1624
Kakaothrips 116
Kakerlak 84
kalifornische Schildlaus 303
Kaliko des Mandelbaumes 1184
–, Pfirsich- 1184
Kaliko-Krankheit der Kartoffel 1278
Kalkchlorose 2347
Kamille, echte 2103
–, römische 1982
Kammschienen-Wurzelfliege 856
kanadisches Berufskraut 2052
Kanarienglanzgras 2120
Kaninchen 1062
Kapselkäfer der Baumwolle 564
Kapselwurm, roter 477
Kapuzinerkäfer 585
Karnickel 1062
Kartoffel, Akarose der 978
–, Älchenkrätze der 20
–, A-Mosaik der 1292
–, Aukubagelbflecken der 1249
–, Aukubamosaik der 1249
–, bakterielle Braunfäule der 1146
–, Bakterienringfäule der 1110
–, Blattrollkrankheit der 1208
–, Braunfäule der 1415
–, Bucketkrankheit der 1373
–, Dürrfleckenkrankheit der 1755
–, Hartfäule der 1755
–, Hexenbesenkrankheit der 1204
–, Kaliko-Krankheit der 1278
–, Knollenwelke der 1785
–, Kraut- und Knollenfäule der 1415
–, leichtes Mosaik der 1259
–, Nematodenfäule der 20
–, Paracrinkle-Mosaik der 1246
–, Pilzringfäule der 1920
–, Pulverschorf der 1434
–, Rollmosaik der 1369
–, Rotfäule der 1411
–, Schalennekrose der 2360
–, Schleimkrankheit der 1146
–, Schorf der 1169
–, Schwammschorf der 1434
–, Schwarzbeinigkeit und Knollennassfäule der 1117
–, Schwarzherzigkeit der 2325
–, Stengenbuntkrankheit der 1317
–, Strichelkrankheit der 1255
–, Trockenfäule der 1806, 1818
–, Weisshosigkeit der 1590
–, Welkekrankheit der 1816
–, Wurmfäule der 20
–, Y-Mosaik der 1255
Kartoffelälchen 30
Kartoffelerdfloh 735
Kartoffelkäfer 687
Kartoffelknollenlaus, breitröhrige 308
Kartoffelkrebs 1435
Kartoffellaus, gestreifte 257
Kartoffelmotte 414
Kartoffelnematode 30
Kartoffelschorf 1169
–, gewöhnlicher 1169
Kartoffelwanze 127
Käsepappel 2101
Kastanienbohrer 645
Kastanien-Rindenkrebs 1464
Kastanienwickler 449
Kaulbrand 11
Keimlingsfäule 1406
Keimpflanzen, Umfallen der 1430
–, Wurzelbrand der 1430
Kellerassel 989, 990

Kellerasseln 986
Kellerlaus 308
Kellerschnecke, gelbe 59
–, grosse 60
–, kleine graue 52
Kellerspinne 968
Kerbel, Krankheit der 1425
Kernbeisser 995
Kernbrand 1695
Kernfäule 2253
Kernobstes, Monilia-Spitzendürre des 1549
Kernriss 2342
Kernschäle 2329
– der Kiefer 1712
Khaprakäfer 779
Kichererbse, Anthracnose der 1508
Kiefer, Kernschäle der 1712
–, Ringschäle der 1712
Kiefernbaumschwamm 1712
Kiefernblattwespe, gemeine 890
Kiefernborkenkäfer, zwölfzähniger 682
Kiefernbuschhornblattwespe, gemeine 890
Kieferndreher 1626
Kieferndrehrost 1626
Kieferngespinstblattwespe, grosse 873
Kiefern-Harzgallenwickler 478
Kiefernholzwespe 917
Kiefernjungholzrüssler 728
Kiefernknospentriebwickler 503
Kiefernknospenwickler 366
Kiefernnadelblasenrost 1585
Kiefernrindenblasenrost 1594
Kiefernritzenschorf 1492
Kiefernrüsselkäfer, kleiner 728
Kiefernrüssler, starkrüsseliger 729
Kiefernspanner, gemeiner 367
Kiefernspinner 388
Kieferntriebwickler 503
Kienzopfes 1594
Kirschbäume, Blattbräune der 1478
–, Gummosis der 1784
–, Hexenbesen der 1562
Kirschblattwespe 883
–, schwarze 883
Kirschblütenmotte 361
Kirsche, Pfeffingerkrankheit der 2382
Kirschenblattlaus 270
Kirschenhexenbesen 1562
Kirschenlaus, schwarze 270
Kirschenrost 1662
Kirschenschorf 1574
Kirschfliege 863
Kirschfruchtfliege 863
Kirschkernbeisser 995
Kladomanie 2207
Klappertopf, gemeiner 2145
–, grosser 2145
Klappertopf, kleiner 2144
Klatschmohn 2116
Klatschnelke 2162
Klebkraut 2067
Kleeblattgallmücke 829
Kleeblattnager 726
Kleekrebs 1553
Kleemüdigkeit 21
Kleerost 1730
Klees, Blattfleckenkrankheit des 1532
–, Schwarzwerden des 1453
–, Stengelbrenner des 1846
Kleeseide 1935
Kleespitzmäuschen 571
Kleewürger 1947
Kleidermotte 528
kleinblütiges Franzosenkraut 2066
kleine Brennessel 2189
– Erdbeerlaus 199
– Fichtenblattwespe 913
– graue Kellerschnecke 52
– Kohlfliege 853
– Malve 2101
– Narzissenfliege 838
– Nessel 2189
– Pflaumenlaus 189
– Sommerwurz 1947
– Stachelbeertrieblaus 166
– Waldmaus 1028
– Walnusslaus 204
– weisse Rosenschildlaus 186
kleiner Ampfer 2148
– Birkenglasflügler 520
– Buntspecht 1003
– Bürstenspinner 469
– Frostnachtspanner 371
– Frostspanner 371
– gelber Blattkäfer 660
– Holzbohrer 788
– Kiefernrüsselkäfer 728
– Klappertopf 2144
– Kohltriebrüssler 621
– Kohlweissling 484
– Obstbaumsplintkäfer 653
– Pappelbock 749
– Rosenkäfer 723
– Sauerampfer 2148
– schwarzer Eschenbastkäfer 673
– Ulmensplintkäfer 652
kleines Wiesel 1060
Kleinfrüchtigkeit der Äpfel 2366
– der Süsskirsche 2377
– des Pfirsichs 1200
kleinste Rosenblattwespe 882
Kleinzikaden 246
Kleinzirpeen 246
Kleisterälchen 4

Klette 1987
–, gemeine 1986
–, grosse 1986
Klettenlabkraut 2067
kletterndes Labkraut 2067
Klopfkäfer 559, 560
Klumpenblätterkrankheit der Azaleen 1598
Knäuel-Binse 2083
Knaulgrasbakteriose 1109
Knaulgrases, Schleimbakteriose des 1109
Knöllchenälchen 32
Knöllchennematode 32
Knöllchensucht 2353
Knollenhahnenfuss 2139
Knollenwelke der Kartoffel 1785
Knospenbrand 1800
Knospenfäule 2215
– der Kokospalme 1084
Knospengallmilbe, Haselnuss- 948
–, Johannisbeer- 950
Knospenkrankheit des Flieders 1421
Knospenwickler, grauer 362
–, roter 532
Knotenameise 906
Knöterich, gemeiner 2132
–, ortswechselnder 2127
–, tatarischer 2059
–, Waner- 2127
–, Wasserpfeffer- 2131
–, windenderartiger 2130
Kohl, Acker- 2003
kohlartige Gänsedistel 2173
Kohlblattlaus 191
–, mehlige 191
Kohleule 462
Kohlfliege, grosse 855
–, kleine 853
Kohlgallenrüssler 620
Kohlgallmücke 822
Kohlgänsedistel 2173
Kohlhernie 1423
Kohlkratzdistel 2032
Kohllauch 1970
Kohlmotte 488
Kohl-Mottenschildlaus 151
Kohlringflecken 1190
Kohlrübe, Kräuselmosaikkrankheit der 1360
–, Mosaik der 1251
Kohlrübenblattwespe 879
Kohls, Adernschwarze des 1157
–, Blattfäule des 1501
–, Krebskrankheit des 1874
–, Schwarzepilz des 1753
–, Schwarzringfleckigkeit des 1190
–, Wurzelbrand des 1394
Kohlschabe 488
Kohlschnake 869
Kohlschoten-Gallmücke 822
Kohlschotenmücke 822
Kohlschotenrüssler 618
Kohltriebrüssler, gefleckter 621
–, grosser 619
–, kleiner 621
Kohlwanze 130, 138
Kohlweissling, grosser 482
–, kleiner 484
Kokosnussälchen 12
Kokospalme, Herzfäule der 1084
–, Knospenfäule der 1084
Kokospalmenschildlaus 180
Kolbenhirse, Straubbrand der 1735
Kolbenhirsebrand 1735
Kolbenpilz der Gräser 1465
Kolbenwasserkäfer 671
Kommalaus, Zitrus- 252
Kommaschildlaus, gemeine 254
Kopfbrand der Mohrenhirse 1694
– des Maises 1694
Kopfkrankheit der Kohlgewächse 1423
– der Zucker- und Runkelrüben 31
Korkbildung 2221
Korkmotte 525
Korkwurm 636
Kornblume 2018
Körnerassel 990
Kornkäfer 764
Kornminze 2104
Kornmotte 526
–, französische 516
Kornrade 1961
Kornwurm, weisser 526
Kragenfäule der Äpfel 1406
Krankheit der Obstgehölze, Haarwurzel- 1142
– der Petersilie, Kerbel und Möhren 1425
Kratzdistel, gemeine 2034
Krätze 1169
– der Gurke 1780
Kräuselgallmücke 811
Kräuselkrankheit der Beta-Rüben 1359
– der Erdbeere 1263
– der Erdnuss 1247
– der Pelargonie 1282
– der Rebe 961
– desManioks 1350
– des Pfirsichs 1564
– des Tabaks 1352
Kräuselmilbe 962
– der Weinrebe 961
Kräuselmosaikkrankheit der Kohlrübe 1360
Kräuselschopf 2225
– der Beta-Rüben 1196
Kräuselung, leichte 2223
–, schwere 2224

krauser Ampfer 2149
Kraut- und Knollenfäule der Kartoffel 1415
Krebs 2217
–, schwarzer 1528
Krebsdistel, gemeine 2113
Krebse an Oleander 1145
Krebskrankheit des Kohls 1874
Kresse, stengelumfassende 2014
–, türkische 2014
–, wilde 2109
Kreuzblüter, falscher Mehltau der 1398
–, weisser Rost der 1383
Kreuzblütlerälchen 24
Kreuzdornblattlaus 160, 171
Kreuzkraut, gemeines 2158
–, Jakobs- 2157
Kreuzlabkraut 2068
Kreuzspinne 937
kriechende Glockenblume 2010
– Quecke 1960
kriechender Hahnenfuss 2141
Kronenrost 1664
Krongallen 1152
Krülloten 1624
krummzähniger Tannenborkenkäfer 732
Küchenschabe 70
Kuckuck 519
Kugelassel, gemeine 982
Kuhblume, gemeine 2180
Kümmelmotte 389
Kümmelpfeifer 389
Kümmerwuchs 2234
Kupferstecher 731
Kurvenmuster, Linien- und 2262
–, nekrotisierende Linien- und 2266
Kurzflügler 766
Kurzflüglerkäfer 766

Labkraut, kletterndes 2067
lackartiger Schottedotter 2054
Lackschorf der Gladiolen 1130
Lagerhaferschäden 1805, 1807
Lagern 2263
Lagerschorf 1463
Lambertschekung der Süsskirsche 2375
Landasseln 986
Langbrand der Mohrenhirse 1710
– der Nagehirse 1711
Langwanzen 135
Lanternenträger 239
lanzettlicher Wegerich 2122
Lappenrüssler 714
Lärchenblasenfuss 119
Lärchenkrankheit 1454
Lärchenkrebs 1454
Lärchenschwamm 1608
Lastträger 469
Laubheuschrecken 90
Laubhölzenmehltau 1522
Laubwurm 517
Lauchmotte 343
Lauchrost 1677
Laufkäfer 609
Leberpilz 1600
Leberschwamm 1600
leichte Kräuselung 2223
leichtes Mosaik der Kartoffel 1259
Leimkraut, aufgeblasenes 2162
Leinkraut, gemeines 2096
Leinloch 2098
Leinrost 1625
Leinseide 1934
Leuchtkäfer 684
Levkojenmosaik 1276
Libellen 336
–, gleichflügeliche 337
–, ungleichflügeliche 335
Liebäugel 1979
Liebstöcklrüssler 714
Ligniera-Fäule 1392
Ligusterblattlaus 266
Lilie, Rosettenkrankheit der 1238
–, Rosettenmosaik der 1238
Lilienhähnchen 688
Lindengallenlaus 277
Lindenspinnmilbe 978
Lindenzierlaus 235
Lindwerden der Weine 1155
Linien- und Kurvenmuster 2262
–, nekrotisierende 2266
Linienmosaik der Äpfel 2368
Linsenkäfer 591, 596
Linsenwicke 2195
Lochkrankheit 1330
Löffelkrankheit 1598
Löwenmaulrost 1658
Löwezahn, gemeiner 2180
Lupinen, Wurzelbräune der 1571
Luzerne, falscher Mehltau der 1403
–, Hexenbesenkrankheit der 1198
–, Stockkrankheit der 21
Luzerneblatt-Gallmücke 825
Luzerneblattnager 727
Luzerneblüten-Gallmücke 810
Luzernegalle 1436
Luzernemarienkäfer 769
Luzernemosaik 1277
Luzernerost 1729
Luzernesamen-Gallmücke 795
Luzernespross-Gallmücke 823
Luzernewelke, bakterielle 1107

Mädesüss 2187
Magnesiummangel 2355

Maikäfer 704
Maisbakteriose 1165
Maisbeulenbrand 1742
Maisblattlaus 305
Maisbrand 1742, 1844
Maises, Fleckenkrankheit des 1217
–, Kopfbrand des 1694
–, Streifenmosaik des 1300
–, Strichelkrankheit des 1216
–, Trockenfäule des 1801
Maisrost 1681
Maiszünsler 502
Maiwürmer 700
Malacosoma-Eulen 460
Malvaceen, Rost der 1672
Malve, kleine 2101
Malvenrost 1672
Mandelbaumes, Kaliko des 1184
–, Ring- und Bandmosaik des 2365
Mandelschildlaus 185
Mangel 2330
Mangelkrankheit 2331
Mangoldes, falscher Mehltau des 1399
Manilahanfes, Büschelgipfelkrankheit des 1244
Manioks, Kräuselkrankheit des 1350
Mannaflechte, echte 1926
Margaretenblume 2025
Marienkäfer 630
Marienkäferchen 630
Markfleck 2277
Markriss 2342
Markushaarmücke 797
marokkanische Wanderheuschrecke 75
Marssonina-Blattfleckenkrankheit 1849
Marssonina-Krankheit der Walnuss 1849
Märzenfliege 797
Massliebchen 1996
Mauerassel 987
Mauertrespe 2005
Mauke der Rebe 1152
Maulbeerbaumbrand 1471
Maulbeerbäume, Wurzelkrankheit der 1543
Maulbeerbaumes, Bakteriose des 1133
Maulbeerblätter, Fleckenkrankheit der 1505
Maulbeerschildlaus 185
Maulwurf 1073
Maulwurfsgrille 77
Mäusedarm 2177
Mäusegerste 2078
Meerrettichblattkäfer 718
Meerrettichs, weisser Rost des 1383
mehlige Birnblattlaus 312
– Kohlblattlaus 191
– Pfirsichblattlaus 241
mehlige Pflaumenblattlaus 243
– Pflaumenlaus 243
Mehlkäfer 770
Mehlkrankheit der Zwiebel 1891
Mehlmilbe 935, 979
Mehlmotte 398
Mehltauschimmel des Mohns 1397
Mehlwurm 770, 771
Mehlzünsler 500
Melanose des Weins 1894
Melde, gemeine 1993
Meria-Nadelschütte 1853
mexikanische Fruchtfliege 794
Mietenlaus 268
Milax-Schnecken 61
Milben 934
Milchglanz 1699, 2292
Minierfliegen 793
Miniermotte, Obstbaum- 459
Missbildung 2264
Mistel 1952, 1953
Mittelmeerfruchtfliege 799
Mittelmeerschildlaus, rote 207
mittlerer Buntspecht 1002
– Wegerich 2124
Mohns, falscher Mehltau des 1397
–, Mehltauschimmel des 1397
Möhre, wilde 2042
Möhren, Krankheit der 1425
Möhrenbrand 1754
Möhrenfliege 860
Mohrenhirse, Langbrand der 1710
Mohrenhirse, Kopfbrand der 1694
Möhrenschabe 389
Mollmaus 1029
mondfleckiger Erbsenwickler 444
Monilia-Blütenfäule der Äpfel 1548
Moniliafruchtfäule 1547
Monilia-Spitzendürre des Kernobstes 1549
Mooskopfkäfer 578
Morfea-Krankheit 1489
Mosaik der Feige 1213
– der Wasserrübe und Kohlrübe 1251
Mosaikkrankheit der Ackerbohne 1268
– der Beta-Rüben 1250
– der Dahlie 1257
– der Sojabohne 1361
– der Trockenspeisebohne 1284
– der Tulpe 1297
– des Tabaks 1293
Moschusbock 577
Motten, echte 527
Mottenläuse 153
Mottenschildlaus, Kohl- 151
Mottenschildläuse 153
Mückenlarve, rote 801
Müller 733

Murmeltier 1050
Mutterkorn 1449
Mykozezidie 2245

Nachtpfauenauge 506
–, grosses Wiener 505
Nachtschatten, schwarzer 2170
Nacktschnecke, graue 51
–, grosse 60
Nadelbäume, Rotfäule der 1601
–, Stockfäule der 1601
Nadelholzrüssler, grosser brauner 675
Nadelholzspinnmilbe 957
Nadelschütte 1492
Nagehirse, Langbrand der 1711
Nagekäfer 557
–, buntwürfeliger 785
Napfläuse 247
Napfschildlaus, braune 310
–, gemeine 236
–, wollige 300
–, Zwetschgen- 236
Narrenkrankheit der Zwetschge 1567
Narzissenfliege, grosse 844
Narzissenfliege, kleine 838
Natterkopf, gemeiner 2046
Nebelkrähe 998
nebliger Schildkäfer 611
Nectria-Krebs 1514
Nekrose der Weinrebe 1451
Nekrosis-Krankheit des Tabaks 1269
nekrotische Ringfleckenkrankheit 1330
– Ringfleckigkeit der Sauerkirsche 1330
– Rostschekung der Süsskirsche 2381
nekrotisierende Linien- und Kurvenmuster 2266
Nelken, bakterielle Welkekrankheit der 1122
–, echte Welke der 1808
Nelkenfliege, braune 854
Nelkengras 1966
Nelkenhafer 1966
Nelkenrost 1724
Nelkenschwindsucht 1808
Nelkenwickler 535
Nematoden 5
Nematodenfäule der Kartoffel 20
Nervenbänderung 2310
Nervenaufhellung 2311
Nessel, kleine 2189
–, zweihäusige 2188
Nesselkrankheit des Hopfens 1197
Netzflügler 340
Netzwanze, Birnbaum- 146
Neunkraft 2118
nichtparasitäre Krankheit 2349
Nomadacris-Schrecke 83
Nonne 457
nordamerikanischer Dachs 1074
Nussbohrer 644
Nusshäher 1015
Nussrüssler 644, 646

Obstbäume, Wurzelkropf der 1152
Obstbäumegrünrüssler 721
Obstbaumkrebs 1514
Obstbaum-Miniermotte 459
Obstbaumspinnmilbe 954
Obstbaumsplintkäfer, glänzender 651
–, grosser 651
–, kleiner 653
–, runzeliger 653
Obstfliege 833
Obstgehölze, Feuerbrand der 1111
–, Haarwurzel-Krankheit der 1142
Obstmade 448
Obstspitzmäuschen 574
Ochsenzunge, blaue 2046
–, gebräuchliche 1979
–, gemeine 1979
Ofenfischen 65
Ohrenhöhler 103
Ohrläppchenkrankheit 1598
Ohrwurm, gemeine 103
Ohrwürmer 102
Okuliermade 868
Ölbaumblattsauger 238
Ölbaumborkenkäfer 720
Ölbaumes, Tuberkelkrankheit des 1144
Oleander, Krebse an 1145
Oleander-Schildlaus 182
Oleocellosis 2350
Ölfleck 2268
Öligwerden der Weine 1155
olivenbrauner Erbsenwickler 447
Olivenfliege 821
Olivenmotte 494
Olivenschildlaus 311
Oliventhrips 111
Ölkäfer 700
Orangenschildlaus, rote 158
orientalische Schabe 70
– Zackenschote 2007
ortswechselnder Knöterich 2127
ostafrikanischer weisser Kaffeebohrer 568
Osterluzei 1989

Päde 1960
Pahala-Krankheit des Zuckerrohrs 2351
Panamakrankheit 1817
Papierwespen 924
Pappelblasenkrankheit 1560
Pappelblattläuse 281
Pappelbock, gelbstreifiger 749

Pappelbock, grosser 748
–, kleiner 749
Pappelspinner 519
Pappelspringrüssler 744
Paracrinkle-Mosaik der Kartoffel 1246
Parasolameise 880
Parkettkäfer 695
Pasmokrankheit 1900
Passionsfrucht, Verholzung der 1281
–, Verholzungskrankheit der 1281
Pechfleckenkrankheit des Ahorns 1541
Pelargonie, Gelbfleckenkrankheit der 1282
–, Kräuselkrankheit der 1282
Pelargonienlaus 187
Pelzmotte 530
Perlenauge, grünes 338
Peronospora-Krankheit der Reben 1426
Pestwurz, arzneiliche 2118
–, grosse 2118
Petaloidie 2272
Petersilie, Krankheit der 1425
Petersilierost 1675
Pfahlwurm 62
Pfauenaugenkrankheit 1795
Pfefferkraut, stengelumfassendes 2014
Pfefferminzrost 1674
Pfeffingerkrankheit der Kirsche 2382
Pfeileule 344
Pfeilkresse 2014
Pfennigkraut 2181
Pferdebohnenkäfer 595
Pfirsichblattlaus 178
–, grüne 267
–, mehlige 241
–, schwarze 190
Pfirsichblattwespe, gesellige 911
Pfirsich-Kaliko 1184
Pfirsichlaus, grüne 267
Pfirsichmosaik 1283
Pfirsichmotte 354
Pfirsichs, Blattfleckennekrose des 2389
–, Blattrollchlorose des 2387
–, Blattrollkrankheit des 2392
–, Gelbknospenmosaik des 1234
–, Goldennetzkrankheit des 2388
–, Kleinfruchtigkeit des 1200
–, Kräuselkrankheit des 1564
–, progressive Zwergwüchsigkeit des 1311
–, Rosettenkrankheit des 1313
–, Rotfleckigkeit des 1201
–, Sternfleckenkrankheit des 1248
–, Vergilbungskrankheit des 1199
–, Warzenkrankheit des 1331
–, Weidenzweigigkeit des 2391
–, westliche X-Krankheit des 2390
–, X-Krankheit des 1266
Pfirsichschildlaus 237
Pfirsichschorf 1851
Pfirsichtriebbohrer 446
Pfirsichwickler 446
Pflasterkäfer 701
Pflaume, Weissfleckigkeit der 1174
–, Zwergkrankheit der 1312
Pflaumenblätter, Rotfleckenkrankheit der 1531
Pflaumenblattlaus, mehlige 243
Pflaumengespinstmotte 435
Pflaumenlaus, kleine 189
–, mehlige 243
Pflaumenmade 445
Pflaumenmosaik 1270
Pflaumenrost 1714
Pflaumensägewespe, gelbbraune 894
Pflaumenwickler 445
Pharaoameise 907
Philippinenblattfleckenkrankheit 1118
Phloemnekrose 2273
– der Ulme 1306
– des Kaffeebaumes 3
Phyllodie 2274
Phyllomania 2275
Phytophthora-Fruchtfäule der Erdbeere 1406
Piercesche Krankheit der Weinrebe 1305
Pilzgalle 2245
Pilzkrankheit 2246
pilzliche Krankheit 2246
Pilzringfäule der Kartoffel 1920
Pinien-Prozessionsspinner 523
Pistilloidie 2276
Pochkäfer 557
Pockenkrankheit 951
pokkahboeng 1469
Polsterschimmel 1548
Porling, rauchgrauer 1645
–, schuppiger 1652
–, violetter 1644
Prachtkäfer 597
–, Birnbaum- 551
–, gebuchteter 551
–, zweibindiger 634
Präriehund 1035
progressive Zwergwüchsigkeit des Pfirsichs 1311
Proliferationsvirose 2371
Prozessionsspinner, Eichen- 524
–, Pinien- 523
Pseudorosettenkrankheit des Hafers 1215
Psorosis-Krankheit 1205
Pulverschorf der Kartoffel 1434
Puppenräuber 606
purpurrote Taubnessel 2086
purpurroter Apfelfruchtstecher 746
Pyramidpappeln, Absterben der 1577

Pythium-Wurzelfäule 1431

Quecke, gemeine 1960
–, kriechende 1960
Queckeneule 476
Quendelfilzkraut 1935
Quendelseide 1935
Quitte, Sclerotienkrankheit der 1551
Quittenmonilia 1551

Rabenkrähe 999
Radekrankheit des Weizens 11
Rainfarn, gemeiner 2027
Rainfarnblattkäfer 659
Rainkohl, gemeiner 2087
Rapsblattkäfer, roter 655
Rapserdfloh 737
Rapsglanzkäfer 699
Rapskräuselkrankheit 1360
Rapsrüssler 618
Rapsstengelrüssler 619
Rapsverborgenrüssler 618
Rasen-Schmiele 1965
Raspweissling 483
Ratten 1065
Raubwanzen 145
rauchgrauer Porling 1645
Räude 1169
Rauhblättrigkeit der Süsskirsche 2382
rauhe Wicke 2194
Rauhmosaik 1292
Rauhschaligkeit 1343
Rauke, gemeine 2167
Rauschbrand 1534
Rebe, Akarinose der 961
–, echter Mehltau der 1572
–, Grind der 1152
–, Kräuselkrankheit der 961
–, Mauke der 1152
–, Peronospora-Krankheit der 1426
Rebenblattgallmilbe 951
Rebenblüten-Gallmücke 818
Rebendreher 762
Rebenmehltau 1572
Rebenpockenmilbe 951
Rebenschildlaus, wollige 300
Rebenstecher 598
Rebhuhnholz 1696
Reblaus 329
rehfarbener Erbsenwickler 447
Rehwild 1031
Reiherschnabel, gemeiner 2053
Reisbohrer 507
Reises, Grünbrand des 1918
–, Schwarzbrand des 1706
–, Stengelfäule des 1487
–, Streifenkrankheit des 1323
Reises, Zwergkrankheit des 1219
Reishalmbohrer 507
Reisigkrankheit 1299
Reiskäfer 765
Reismehlkäfer 776
–, amerikanischer 777
Reismotte 380
Reispflanze, Bakanae-Krankheit der 1469
Reisrüssler 765
Reisstengelbohrer 507
Reiswanze, grüne 140
Rennfliegen 857
Resinosis 2281
Rettichfliege 855
Rettichschwärze 1386
Rhabarber-Erdfloh 623
Rhododendronwanze 147
Riesenholzwespe 920
Riesenschnaken 870
Rillenkrankheit 2367
Rindenbrand 2203
– und Vergilbungsbakteriose der Blätter von Steinobst 1134
Rindenerkrankung 1345
Rindenfäule 2335
Rindenkäfer 643
Rindenläuse 98
Rindenschuppigkeit, viröse 1205
Rindentod 1802
Ring- und Bandmosaik 1270
– des Mandelbaumes 2365
Ringelblume, wilde 2008
Ringelfuss 519
Ringelkrankheit der Hyazinthen 21
Ringelspinner 461
Ringeltaube 997
Ringfleck 2282
Ringfleckenkrankheit 1486
– der Süsskirsche 2383
–, nekrotische 1330
Ringfleckenmosaik, Tabak- 1180
Ringfleckigkeit der Dahlie 1211
– der Sauerkirsche, nekrotische 1330
– des Pfirsichs 1330
– des Tabaks, Bergerac- 1178
Ringseuche 1539
Ringschäle 2329
– der Kiefer 1712
Rippenbräune 1255
Rispengras, gemeines 2125
–, Wiesen- 2126
Rispenhirsebrand 1693
Riss 2359
Rissigkeit 2222
Ritter 475
Robinie, Hexenbesenkrankheit der 1202
Roggen, Weissährigkeit bei 1485

Roggenhalmbrecher 1485
Roggens, Braunrost des 1666
–, Schneeschimmel des 1442
–, Stockkrankheit des 21
Roggensteinbrand 1708
Roggenstengelbrand 1718
Roggentrespe 2004
Rollassel, gemeine 982
Rollasseln 981
Rollmosaik der Kartoffel 1369
römische Kamille 1982
Rosaschimmel 1916
Rose, Gelbmosaik der 1348
Rosen-Asteroma 1458
Rosenblattlaus, grosse 256
Rosenblattwespe, kleinste 882
Rosenbürsthornwespe 877
Rosengallwespe 915
Rosenkäfer, kleiner 723
Rosenmehltau 1556
Rosenmosaik 1289
Rosenrost 1638
Rosenschildlaus, kleine weisse 186
Rosenschimmel 1556
Rosenthrips 121
Rosentriebbohrer, abwärtssteigender 876
–, aufsteigender 881
Rosenweiss 1556
Rosenwelke 1262
Rosette 2284
Rosettenkrankheit 1172
– der Lilie 1238
– des Pfirsichs 1313
– des Weizens 1221
Rosettenmosaik 1221
– der Lilie 1238
Rosskastanienbohrer 545
Rosskastanienkäfer 702
Rosskastanienspanner 355
Rost der Runkel- und Zuckerrüben 1722
– der Malvaceen 1672
– der Violaceen 1684
–, weisser 1096
Rostfleckenkrankheit 1290
rostige Douglasienschütte 1538
Rostpustelkrankheit der Äpfel 1511
rote austernförmige Schildlaus 231
– Austernschildlaus 231
– Fichtengallenlaus 150
– Florida-Schildlaus 205
– kalifornische Schildlaus 158
– Mittelmeerschildlaus 207
– Mückenlarve 801
– Orangenschildlaus 158
– Spinnen 974
– Stachelbeermilbe 941
– Waldameise 892
rote Weizengallmücke 865
– Wurzelfäule der Erdbeere 1414
– Zuckmückenlarve 801
Rötelmaus 1044
roter Brenner des Weinstockes 1534
– Gauchheil 1978
– Kapselwurm 477
– Kern 2279
– Knospenwickler 532
– Rapsblattkäfer 655
Rotfärbung 2278
Rotfäule 1526, 1700, 2280
– der Kartoffel 1411
– der Nadelbäume 1601
Rotfleckenkrankheit der Birne 2393
– der Pflaumenblätter 1531
Rotfleckigkeit des Pfirsichs 1201
rothalsiges Getreidehähnchen 686
Rot-Rotz 1526
Rotschekung der Süsskirsche 1290
Rotschwanz 387
rotschwänziger Blasenfuss 107
Rotstreifigkeit 1629
Rotwanzen 129
Rotwild 1032
Rübegalle 1437
Rüben, Herz- und Trockenfäule der 2341
Rübenaaskäfer, brauner 759
Rübenälchen 31
Rübenblattwanze 143
Rübenblattwespe 879
Rübenfliege 850
Rübenflohkäfer 624
Rübenlaus, schwarze 223
Rübenmotte 479
Rübenmüdigkeit 31
Rübennematode 31
Rübenrost 1722
Rübenschwarzfäule 1104
Rübenwanze 143
Rübenweissling 484
Rübenwurm 31
Rübenzünsler 454
Rübsaatweissling 483
Rückenschwimmer 141
Ruhrkraut, deutsches 2062
Runkelfliege 850
Runkelrübe, Blattfleckenkrankheit der 1770
Runkelrüben, falscher Mehltau der 1399
–, Kopfkrankheit der 31
–, Rost der 1722
–, Schleimbakteriose der 1104
Runkelrübenblattwespe 879
Runzelblättrigkeit 1212
runzeliger Obstbaumsplintkäfer 653
Runzelschorf 1542
Rüsselkäfer 647

Rüsselkäfer, grauer 716
–, grosser brauner 675
–, schwarzer 713
–, Weisspunkt- 728
Russfleckenkrankheit des Apfels 1825
russisches Winterweizenmosaik 1221
Russtau 1439, 1444, 1494
Rüsternblasenlaus 192
Rüsterstaude 2187

Saatkrähe 1000
Saatschnellkäfer 553
Saatwucherblume 2026
Sackmotten 378
Sackträgermotten 378
Sägewespen 919
Salatbakteriose 1129
Salates, Blattfleckenkrankheit des 1850
–, falscher Mehltau des 1388
Salateule 463
Salatlaus 274
Salatmosaik 1267
Salatwurzellaus 282
Salzkraut, gemeines 2152
Samenkäfer 589
Sämlings-Mehltau 1588
Samtfleckenkrankheit der Tomate 1781
Sandelholzes, Spitzenkrankheit des 1203
Sandginster 2069
Sandlaufkäfer 626
Sandmohn 1988
San-José-Schildlaus 303
Sattelschrecken 76
Saudistel 2172
Sauerampfer, grosser 2147
–, kleiner 2148
Sauerfäule 1864
Sauerkirsche, nekrotische Ringfleckigkeit der 1330
–, viröse Vergilbung der 1195
Sauerwerden der Weine 1075
Sauerwurm 375
–, gelbköpfiger 453
Schabe, amerikanische 84
–, deutsche 71
–, orientalische 70
Schachtkohl 2077
Schafgarbe, Bertram- 1955
–, gemeine 1954
Schalenflecken der Zwiebel 1786
Schalennekrose der Kartoffel 2360
Scharbockskraut 2140
scharfer Hahnenfuss 2137
Schattenkäfer 772
Schaumzikade 286
Schaumzikaden 195
Schermaus 1029
Schichtporling, flacher 1611
Schierling, Flecken- 2036
–, gefleckter 2036
Schiffsbohrwurm 62
Schiffswerftkäfer 696
Schildkäfer 613
–, grüner 612
–, nebliger 611
Schildlaus, Feige- 197
–, Florida- 196
–, gelbe austernförmige 302
–, kalifornische 303
–, Oleander- 182
–, rote austernförmige 231
–, rote Florida- 205
–, rote kalifornische 158
–, San-José- 303
–, Zitrus- 198, 212
Schildläuse 211
–, schildtragende 218
Schildwanzen 142
Schimmelkraut, deutsches 2062
Schlangenminiermotte 459
Schlauchpilze 1440
Schlaugenknöterich 2129
Schlehenspinner 469
Schleiermotte 488
Schleimbakteriose der Runkelrüben 1104
– des Knaulgrases 1109
Schleimfluss 2293
schleimiger Schnüppling 1636
Schleimkrankheit der Kartoffel 1146
Schleusenmotte 525
Schlupfwespen, echte 899
Schmalbauch 721
Schmalbauchkäfer 549
–, grüner 552
schmalblättrige Ackerwicke 2193
schmalblättriges Weidenröschen 2048
Schmalblättrigkeit 1312, 2258
schmaler Eichenprachtkäfer 550
Schmierbrand 1703, 1705
Schmierlaus, Zitrus- 292
Schnaken 870
Schnakenschwärmer 522
Schnecken 53
Schneckenkleerost 1729
Schneeballblattkäfer 664
Schneehase 1049
Schneeschimmel des Getreides 1442
– des Roggens 1442
–, schwarzer 1483
Schnellkäfer 654
Schnüppling, schleimiger 1636
Schnurfüssler, getupfter 925
Schöllkraut, gemeines 2022
Schorf 2287

Schorf der Kartoffel 1169
Schottedotter, lackartiger 2054
Schrotschusskrankheit 1784
Schuppenwurz 1943
–, echte 1943
schuppiger Porling 1652
Schuppigkeit 2204
schwache Rostfleckung der Süsskirsche 2379
schwaches Rauhmosaik der Süsskirsche 2378
Schwammschorf der Kartoffel 1434
Schwammspinner 493
Schwan 492
Schwärmer 518
Schwarzaderigkeit 1157
Schwarzbeinigkeit und Knollennassfäule der Kartoffel 1117
Schwarzblättrigkeit 1632
Schwarzbrand des Reises 1706
Schwarzdrossel 1025
schwarze Bohnenblattlaus 223
Schwärze der Gartennelken 1457
– des Getreides 1510
schwarze Fliege 107
– Kirschblattwespe 883
– Kirschenlaus 270
– Pfirsichblattlaus 190
– Pflaumensägewespe 896
– Rübenlaus 223
Schwarzepilz des Kohls 1753
schwarzer Brenner 1460
– Fichtennadelpilz 1483
– Krebs 1528
– Nachtschatten 2170
– Rotz der Hyazinthenzwiebel 1546
– Rüsselkäfer 713
– Schneeschimmel 1483
– Zweigkrebs der Süsskirsche 2374
schwarzes Bilsenkraut 2079
Schwarzfärbung 2205
Schwarzfäule 1446
– der Äpfel 1548
– der Tomate 1873
– der Trauben 1482
– des Zuckerrohrs 1915
Schwarzfleckenkrankheit des Ahorns 1541
Schwarzfleckigkeit der Weizenblätter 1488
schwarzgraue Wegameise 902
Schwarzherzigkeit der Kartoffel 2325
Schwarzkäfer 772
Schwarzkümmel, wilder 2111
Schwarzringfleckigkeit des Kohls 1190
Schwarzrost des Getreides 1668
schwarzrüsseliger Blattnager 726
Schwarzspecht 1008
Schwartztäfelchen 279
Schwarztrockenfäule 1157
Schwarzwerden des Klees 1453
Schwarzwurzel 2178
–, weisser Rost der 1384
Schwebefliegen 866
Schwefelporling 1653
Schweinerübe 2176
Schwellung 2304
schwere Kräuselung 2224
Schwertlilien, Bakteriose der 1117
Schwertliliethrips 104
Schwimmfarn, echter 2154
Schwimmkäfer 649
Schwindriss 2358
Schwirrfliegen 866
Schwund 2302
Sclerotienkrankheit der Quitte 1551
Sclerotiniafäule der Gurke 1552
Sclerotiniakrankheit 1552
seegrünes Fennichgras 2159
Seide 1931
–, amerikanische 1940
Seitenfäule der Ananas 1237
Sellerieblattfleckenkrankheit 1895
Selleriefliege 851
Sellerieminierfliege 851
Sellerienmosaik 1298
Sellerierost 1659
Sempervirum-Rost 1596
Senf, weisser 2001
–, wilder 2002
Septoria-Blattfleckenkrankheit der Tomate 1901
– des Selleries 1895
Sereh-Krankheit des Zuckerrohrs 1314
Setzlingkrankheit des Tabaks 1416
Siebenschläfer 1047
Siebröhrenkrankheit des Kaffeebaumes 3
Sigatoka 1506
Silberdrahtkrankheit 1587
Silberfischchen 64
Silberfleckenkrankheit 1912
Silberglanz 1699
Silbergrind 1912
Silberkraut 2133
Silfrohr, gemeines 2121
Sinau, gemeiner 1967
Singzikaden 210
Skarabäen 750
Skorpione 967
Sojabohne, Mosaikkrankheit der 1361
Sojabohnenälchen 25
Sojabohnenmosaik 1361
Sommerastern, Gelbsucht der 1194
Sommer-Teufelsauge 1956
Sommerwurz 1945, 1946
–, ästige 1950

Sommerwurz, kleine 1947
Sonnenblumenrost 1669
Sonnenbrand 2303, 2343
Sonnenwende-Wolfsmilch 2057
Sonnwendkäfer 741
Sonderling 469
Sorghogallmücke 816
Spalt 2359
Spaltblättling 1688
spanische Fliege 697
spanischen Pfeffer, Wurzelbrand der 1408
Spanner 413
Spargelbeerenkäfer 640
Spargelfliege 859
Spargelhähnchen 639
–, zwölfpunktiertes 640
Spargelkäfer, zwölfgepunkteter 640
Spargelrost 1660
Spatz 1016
Speckkäfer 648
Speisebohnenkäfer 546
Spinats, falscher Mehltau des 1401
–, Gelbfleckigkeit des 1256
Spinatschimmel 1401
Spindelbaumschildlaus 328
Spindelknollenkrankheit 1173
Spinnen 936
–, rote 974
Spinnenameise 908
Spinnenasseln 933
Spinnmilbe, gemeine 978
Spinnmilben 974
Spitzenfäule 1167, 2326
Spitzenkrankheit des Sandelholzes 1203
Spitzennekrose 2305
Spitzklette, gemeine 2197
Spitzwegerich 2122
Splintkäfer 650, 694, 695
Spörgel 2174
Sprenkelmosaik 1181
Sprenkelung 2295
Springläuse 202
Springwurm 517
Springwurmwickler 517
Stabheuschrecken 69
Stachelbeerblattwespe, gelbe 914
Stachelbeerblüten-Gallmücke 815
Stachelbeermehltau 1499
–, amerikanischer 1555
Stachelbeermilbe, rote 941
Stachelbeerspanner 341
Stachelbeerspinnmilbe 941
Stachelbeertrieblaus, kleine 166
Stachelschwein 1042
stahlblaue Kiefernschonungs-Gespinstblattwespe 872
Stammfäule 1653
Stammrindlaus 228
Star 1022
starkrüsseliger Kiefernrüssler 729
Staubbrand der Gräser 1734
– der Kolbenhirse 1735
– der Mohrenhirse 1692
Staublaus 99
Staubläuse 98
Stauchung 2234
Stechapfel, gemeiner 2041
Steinbrand 1703, 1705
Steinfrüchtigkeit der Birne 1287
Steinkraut, graues 1997
Steinkriecher, brauner 930
Steinläufer 929
Steinobst, Rindenbrand und Vergilbungsbakteriose der Blätter von 1134
Steinobstbakteriose 1163
Steinobst-Gespinstblattwespe 911
Steinobstgespinstwespe 911
Stemmrotfäule 1526
Stengel- und Wurzelfäule der Erbse 1813
Stengelälchen 21
Stengelbrand der Erbsen 1138
– der Gräser 1738
Stengelbrenner des Klees 1846
Stengelbuntkrankheit der Kartoffel 1317
Stengelbuntmosaik 1317
Stengelfäule 2299
– der Gurke 1552
– des Reises 1487
Stengelspitzenbohrer 394
Stengelspitzenfäule 2306
– des Zuckerrohrs 1469
stengelumfassende Kresse 2014
stengelumfassendes Pfefferkraut 2014
Stephanoderes hampei 768
Sternfleckenkrankheit des Pfirsichs 1248
Sternfleckung 2199
Sternrissigkeit 2298
– der Äpfel 2370
Stiefmütterchen 2196
Stielendfäule der Zitrus 1879
Stielfäule 1762
Stinkbrand 1703, 1705
stinkende Hundskamille 1981
Stippflecken der Äpfel 2327
Stippigfleckigkeit 2324
Stippigkeit der Äpfel 2327
Stockälchen 21
Stockfäule der Nadelbäume 1601
Stockkrankheit der Luzerne 21
– des Hafers 21
– des Roggens 21
Stolburkrankheit 1193
– der Tomate 1193
Strahlenriss 2361

Straussgras, weisses 1963
Straussgrasälchen 10
Streckfuss 387
Streifelung 2301
Streifen- und Kräuselkrankheit 1317
Streifenbrand der Gräser 1748
– des Wasserschwadens 1741
– des Weizens 1715
Streifenkrankheit der Gerste 1536
– des Reises 1323
Streifenmosaik des Maises 1300
Streifenrost 1668
Strichelkrankheit der Kartoffel 1255
– des Maises 1216
– des Zuckerrohrs 1218
Strichelnekrose 2301
Strichelung 2301
Strobenrindenlaus 291
stumpfblättriger Ampfer 2150
Stutzkäfer 670
südamerikanische Wanderheuschrecke 88
Sudankapselwurm 392
Sumpfdistel 2033
Sumpfdotterblume 2009
Sumpfgarbe 1955
Sumpfkratzdistel 2033
Sumpfläusekraut 2117
Sumpfpflanzenlaus 306
Sumpfschachtelhalm 2051
Sumpfziest 2176
Süsskirsche, Albinose der 2373
–, Bandchlorose der 2380
–, Blattrollkrankheit der 2376
–, Blattschekung der 1253
–, Drehblättrigkeit der 2384
–, Gelbfleckigkeit der 1285
–, Kleinfrüchtigkeit der 2377
–, Lambertschekung der 2375
–, nekrotische Rostschekung der 2381
–, Rauhblättrigkeit der 2382
–, Ringfleckenkrankheit der 2383
–, Rotschekung der 1290
–, schwache Rostfleckung der 2379
–, schwaches Rauhmosaik der 2378
–, schwarzer Zweigkrebs der 2374

Tabak, Wildfeuer von 1149
Tabakätzstrichel 1261
Tabakblasenfuss 124
Tabakkäfer 685
Tabakmosaik 1293
Tabakringflecken 1180
Tabak-Ringfleckenmosaik 1180
Tabaks, Ätzmosaik des 1261
–, Aukubagelbflecken des 1294
–, Bergerac-Ringfleckigkeit des 1178
–, falscher Mehltau des 1402
Tabaks, Kräuselkrankheit des 1352
–, Mosaikkrankheit des 1293
–, Nekrosis-Krankheit des 1269
–, Setzlingkrankheit des 1416
Tabakthrips 124
Tabakwürger 1950
Tagpfauenauge 542
Tannenborkenkäfer, krummzähniger 732
Tannenhäher 1015
Tannenknospenlaus 228
Tannenknospenwickler 401
Tannenzweige, Einschnürungskrankheit der 1878
Tapetenmotte 537
Taschenkrankheit der Zwetschge 1567
Taschenratte 1046
tatarischer Buchweizen 2059
– Knöterich 2059
Taubenkropf 2162
Taubnessel, purpurrote 2086
–, weisse 2085
Taufliege 833
Taumelkäfer 666
Taumelloch 2099
Täuschungvirose 1311
Tausendfuss, getüpfelter 925
Tausendfüssler 927
Tausendkorn 2074
Teemilbe, gelbe 952
Tees, Blasenkrankheit des 1599
Teppichkäfer 569
Termite, Erd- 95
Termiten 92
Testacelliden 63
Teufelsauge, Frühlings- 1957
–, Sommer- 1956
Teufelshaar 1931
Teufelszwirn 1931
Thyllenbildung 2308
Tiefadrigkeit 2285
Tiefschorf 1169
Tillandsie 1928
Tintenkrankheit der Esskastanie 1407
Tomate, Alternaria-Blattfleckenkrankheit der 1755
–, Blütenendfäule der 2326
–, Braunfleckigkeit der 1781
–, einfache Farnblättrigkeit der 1256
–, Samtfleckenkrankheit der 1781
–, Schwarzfäule der 1873
–, Septoria-Blattfleckenkrankheit der 1901
–, Stolbur-Krankheit der 1193
–, viröse Stauche der 1258
Tomaten, Bakterienwelke der 1108
Tomatenfruchtfäule 2326
Tomatenkrebskrankheit 1456
Tomatenstengelfäule 1456

Tomatenwelke, bakterielle 1108
Totenkopf 342
Totenuhr 559, 560
Totenwürme 557
Traube, Schwarzfäule der 1482
Traubenkirschenlaus 307
Traubenseide 1937
Traubenwickler 375
–, bekreuzter 453
–, bunter 451
–, einbindiger 375
Trauermantel 540
Trespe, Gelbmosaik der 1264
Trespenbrand 1734
Triebfäule und Fussvermorschung 1590
Triebschwellung 2290
Triebsucht 2207
–, viröse 2371
Tristeza-Krankheit der Orangen 2385
Trockenfäule 2233
– der Kartoffel 1806, 1818
– des Maises 1801
Tropfenkrankheit 1150
tropische Melonfliege 820
Trotzkopf 559
Tuberkelkrankheit des Ölbaumes 1144
Tulpe, Buntstreifigkeit der 1297
–, Mosaikkrankheit der 1297
Tulpenlaus 268
Tulpenzwiebellaus 330
Tüpfelung 2295
Tüpfelwucherungen 2334
Türkische Kresse 2014
Tütenmotten, Blatt- 417

Ufer-Winde 2038
Ulme, Phloem-Nekrose der 1306
Ulmen-Beutelgallenblattlaus 234
Ulmenblattkäfer 665
Ulmenblattlaus 318
Ulmenblattrollenblattlaus 318
Ulmenkrankheit 1445
Ulmensplintkäfer, grosser 758
–, kleiner 652
Ulmensterben 1445
Ulmen-Wollschildlaus 232
Umfallen der Keimpflanzen 1430
Umfallkrankheit 1406, 1874
Umschlagen der Weine 1103
ungleicher Holzbohrer 787
– Holzborkenkäfer 787
ungleichflügeliche Libellen 335
Urbarmachungkrankheit 2354

Veilchenrost 1684
Veilchenschwielenbrand 1720
Venuskamm 2156
Verbänderung 1105, 2243
Verdorrung 2319
Verdrehung 2231
Verfall 2226
Vergilbung 2322
– der Aster, infektiöse 1194
– der Sauerkirsche, viröse 1195
Vergilbungskrankheit der Beta-Rüben 1206
– der Wasserrübe 2396
– des Pfirsichs 1199
Vergrünung 2248
Verholzung 2320
– der Passionsfrucht 1281
Verholzungskrankheit der Passionsfrucht 1281
Verkrümmung 2231
Verlaubung 2275
Verrieseln 2210
Verstopfung 2300
Verstrockung 2228
Verwelken 2317
Verzwergung 2234
viersamige Erve 2195
Violaceen, Rost der 1684
violetter Porling 1644
– Wurzeltöter 1616
Vireszens 2248
viröse Berostung 1343
– Blattdurchlöcherung 1330
– Rindenschuppigkeit 1205
– Stauche der Tomate 1258
– Triebsucht 2371
– Vergilbung der Sauerkirsche 1195
– Verzwergung des Zuckerrohrs 1228
viröser Atavismus der schwarzen Johannisbeere 1171
– Verfall bei Zitrus 2385
Viruskrankheit 2314
Vogelknöterich 2128
Vogelmiere 2177

Wacholderdrossel 1026
Wachstumshemmung 2249
Waldameise, rote 892
Wald-Brunnenkresse 2109
Waldgärtner, gefurchter 583
Waldkaninchen 1072
Waldkerbel 2021
Waldmaikäfer 702
Waldmaus 1028
Waldspitzmaus 1070
Wald-Weidenröschen 2048
Walker 733
Wallwurzel, grosse 2178
Walnuss, Bakterienbrand der 1160
–, Blattbräune der 1480
–, Marssonina-Krankheit der 1849
Walnussbrand, bakterielle 1160

Walnusslaus, kleine 204
Walnusszierlaus, getreifte 193
wandelnde Blätter 86
Wanderheuschrecke 80, 87
–, marokkanische 75
–, südamerikanische 88
Wanderratte 1067
Waner-Knöterich 2127
Warzenkrankheit des Pfirsichs 1331
Warzenweisser 89
Wasserhyazinthe 2047
Wasserjungfern 336
Wasserläufer 133
Wasserpfeffer 2131
Wasserpfeffer-Knöterich 2131
Wasserratte 1029, 1063
Wasserrübe, Gelbmosaik der 2396
–, Mosaik der 1251
–, Vergilbungskrankheit der 2396
Wasserrübenmosaik 1251
Wasserschierling, giftiger 2029
Wasserschwadens, Streifenbrand des 1741
Wasserskorpione 139
Wasserspinne 939
Wattefäule 2315
Weber, echte 1020
Weberbär, amerikanischer 431
Weberknecht 959
Weberknechte 958
Webervögel 1020
Wegameise 902
–, schwarzgraue 902
Wegdistel 2034
Wegerich, grosser 2123
–, lanzettlicher 2122
–, mittlerer 2124
Wegewarte 2028
Wegschnecke, grosse 45, 60
Weichfäule 2294
Weichflügler 607
Weichkäfer 607
Weidenbock, grüner 577
Weidenbohrer 382
Weidenholz-Gallmücke 862
Weidenmehltau 1573
Weidenrindenlaus, grosse 327
Weidenröschen, schmalblättriges 2048
–, Wald- 2048
Weidenspinner 519
Weidenspringrüssler 744
Weidenzweigigkeit des Pfirsichs 2391
Weinbergschnecke 57
Weinbergslauch 1972
Weine, Bitterwerden der 1081
–, Essigstich der 1075
–, Kahmigwerden der 1766
–, Lindwerden der 1155
Weine, Öligwerden der 1155
–, Sauerwerden der 1075
–, Umschlagen der 1103
–, Zähwerden der 1155
Weinerdfloh 667
Weinfliege 833
Weinrebe, Blattfilzmilbe der 951
–, Grauschimmel der 1762
–, infektiöse Degeneration der 1299
–, Kräuselmilbe der 961
–, Nekrose der 1451
–, Piercesche Krankheit der 1305
Weinrebenmosaik 1299
Weins, Melanose des 1894
Weinstockes, Bakteriose des 1116
–, falscher Mehltau des 1426
–, Gummifluss des 1116
–, roter Brenner des 1534
Weinstock-Fallkäfer 547
Weinstockfäule 1544
Weinstockwanze 134
Weintrauben, Weissfäule der 1793
Weissährigkeit 1515
– bei Roggen 1485
Weissdornmehltau 1530
weisse Fliegen 153
– Taubnessel 2085
weisser Bärenspinner 431
– Gänsefuss 2023
– Kornwurm 526
– Rost 1096
– Rost der Kreuzblüter 1383
– Rost der Schwarzwurzel 1384
– Rost des Meerrettichs 1383
– Senf 2001
weisses Straussgras 1963
Weissfäule 1603, 1605, 1607, 1610, 1644, 1645, 1647, 1650, 1652, 1806, 2316
– der Weintrauben 1793
Weissfleckenkrankheit der Birne 1509
– der Erdbeerblätter 1503
Weissfleckigkeit 2363
– der Pflaume 1174
Weisshosigkeit der Kartoffel 1590
Weisskleemosaik 1260
Weisslinge 481
weisspfeifiges Eichenholz 1697
Weisspunkt-Rüsselkäfer 728
Weisstanne, Hexenbesenkrankheit der 1627
Weisstannenritzenschorf 1491
Weisstannensäulenrost 1685
Weisstannenstammlaus 228
Weisstannentrieblaus 264
Weizenälchen 11
Weizenblätter, Schwarzfleckigkeit der 1488
Weizenbraunrost 1683
Weizenflugbrand 1744, 1749

Weizengallmücke, gelbe 817
–, rote 865
Weizenhalmfliege, gelbe 802
Weizenhalmtöter 1515
Weizenmosaik, amerikanisches 1296
Weizens, Braunfleckigkeit des 1902
–, Fusskrankheit des 1805, 1807
–, Gelbrost des 1682
–, Gichtkrankheit des 11
–, Radekrankheit des 11
–, Rosettenkrankheit des 1221
–, Streifenbrand des 1715
–, Zwergbrand des 1704
Weizenschorf 1473
Weizensteinbrand 1703, 1705
Welke 2317
Welkekrankheit der Bohnen, bakterielle 1106
– der Kartoffel 1816
Wendehals 1012
Werkholzkäfer 557
–, gestreifter 560
Werre, europäische 77
Wespe, deutsche 922
–, gemeine 923
Wespen 924
westliche X-Krankheit des Pfirsichs 2390
Weymouthskiefernblasenrost 1595
Wicke, rauhe 2194
Wickenwickler 444
Wickler 533
Widderbock 629
Wienblasenfuss 105
Wiesel, grosses 1059
–, kleines 1060
Wiesenälchen 33
Wiesen-Bärenklau 2073
Wiesen-Bocksbart 2183
Wiesenflockenblume 2019
Wiesenfuchsschwanz 1974
Wiesenkerbel 1984, 2021
Wiesenknöterich 2129
Wiesenkohl 2032
Wiesenkönigin 2187
Wiesen-Kümmel 2016
Wiesennematode 33
Wiesenpippau 2039
Wiesenplatterbse 2090
Wiesen-Rispengras 2126
Wiesen-Schaumkraut 2013
Wiesenschnake 869
Wiesenwanze 127
Wiesenwucherblume 2025
Wiesenzünsler 454
wilde Kresse 2109
– Möhre 2042
– Ringelblume 2008
wilde Zichorie 2028
wilder Schwarzkümmel 2111
– Senf 2002
Wildfeuer von Tabak 1149
Winde, grosse 2038
–, Ufer- 2038
–, Zaun- 2038
windenderartiger Knöterich 2130
Windenderknöterich 2130
Windhafer 1994
Winkelspinne 973
Winterkresse, gemeine 1995
Wintersaateule 350
Winterschachtelhalm 2050
Winterspanner 371
Winterweizenmosaik, russisches 1221
Wirt 2254
Wisconsin-Blattfleckenkrankheit 1132
Witwenblume, Acker- 2084
Wolfsmilch, Garten- 2058
–, Sonnenwende- 2057
–, Zypressen- 2056
Wolfsmilchgewächse, Flagellatenkrankheit der 2
Wolfspinnen 953
Wollafter 404
wollige Napfschildlaus 300
– Rebenschildlaus 300
wolliges Honiggras 2076
Wollschildlaus, australische 285
–, Buchen- 215
–, Ulmen- 232
Wollspinner 458
Wucherblume, gemeine 2025
Wühlmaus, grosse 1029
Wühlmäuse 1053
Wühlratte 1029
Würger 1945
Wurmfäule der Kartoffel 20
Wurmkrankheit der Zwiebel 21
Wurzelälchen 32
Wurzelbohrer 427
Wurzelbrand der Beta-Rüben 1871
– der Keimpflanzen 1430
– des Flachses 1387
– des Kohls 1394
– des spanischen Pfeffers 1408
Wurzelbräune der Lupinen 1571
Wurzelfäule 1883, 2283
– der Erbse 1385
Wurzelfliege, Kammschienen- 856
Wurzelkrankheit der Maulbeerbäume 1543
Wurzelkropf der Obstbäume 1152
Wurzelmilbe, gemeine 966
Wurzelpilz der Eiche 1648
Wurzelschimmel 1544
Wurzelstockfäule 1807

Wurzeltöter, violetter 1616
Wurzeltöterkrankheit 1590
Wurzeltrockenfäule der Bohne 1812
Wüstenheuschrecke 87

X-Krankheit des Pfirsichs 1266
Xyloporosis 2386

Y-Mosaik der Kartoffel 1255
Ypsiloneule 363

Zackenschote, orientalische 2007
Zahnspinner 468
Zähwerden der Weine 1155
Zaunblättling 1621
Zaun-Winde 2038
Zehrwespen 888
Zezidie 2247
Zichorie, wilde 2028
Zieseln 1033
Zigarrenmacher 598
Zigarrenwickler 598
Zinnkraut 2051
Zitrus, Bakterienkrebs der 1158
–, Gummifluss der 1410, 1419
–, Stielendfäule der 1879
–, viröser Verfall bei 2385
Zitrusblasenfuss 115
Zitrus-Kommalaus 252
Zitrus-Laus 325
Zitrus-Schildlaus 198, 212
Zitrus-Schmierlaus 292
Zitrusschorf 1461
Zitterwicke 2194
Zottelwickenkäfer 590
Zuckergast 64
Zuckerrohrbrand 1746
Zuckerrohrmosaik 1291
Zuckerrohrrost 1671
Zuckerrohrs, Augenfleckenkrankheit des 1838
–, chlorotische Streifenkrankheit des 1220
–, Fidschi-Krankheit des 1227
–, "Mottled stripe" des 1164
–, Pahala-Krankheit des 2351
–, "Red stripe" des 1143
–, Schwarzfäule des 1915
–, Sereh-Krankheit des 1314
–, Stengelspitzenfäule des 1469
–, Strichelkrankheit des 1218
–, viröse Verzwergung des 1228
Zuckerrohrsbakteriose 1156
Zuckerrohrschmierlaus 293
Zuckerrohrwelke 1768
Zuckerrübe, Blattfleckenkrankheit der 1770
–, falscher Mehltau der 1399
Zuckerrüben, Herzfäule der 1871
–, Kopfkrankheit der 31
–, Rost der 1722
Zuckerrübenmosaik 1250
Zuckmücken 800
Zuckmückenlarve, rote 801
Zunderschwamm 1603
–, falscher 1605
Zünsler 499
zweibindiger Eichenprachtkäfer 634
– Prachtkäfer 634
Zweig- und Knospenkrankheit des Flieders 1421
Zweigabplattung 2244
Zweigabstecher 747
Zweigdürre des Feldhorns 1893
Zweigstecher 747
Zweigtuberkulose 1137
zweihäusige Nessel 2188
Zwergbrand des Weizens 1704
Zwergkrankheit der Pflaume 1312
– des Reises 1219
Zwergmaus 1052
Zwergmotten 466
Zwergrost der Gerste 1670
Zwergsteinbrand 1704
Zwergzikaden 246
Zwetschenblätter, Fleischfleckenkrankheit der 1531
Zwetschenrost 1714
Zwetschge, Narrenkrankheit der 1567
–, Taschenkrankheit der 1567
Zwetschgen-Napfschildlaus 236
Zwiebel, falscher Mehltau der 1400
–, Grauschimmelfäule der 1760
–, Mehlkrankheit der 1891
–, Schalenflecken der 1786
–, Wurmkrankheit der 21
Zwiebelbrand 1717
Zwiebelfäule 1761, 1764
Zwiebelfliege 852
Zwiebellaus 304
Zwiebelmondfliege 838
Zwiebelmotte 343
Zwiebelrost 1656, 1677
Zwiebelrotz 1252
zwischennerviges Mosaik 2256
Zwischenträger 2218
zwölfgepunkteter Spargelkäfer 640
zwölfpunktiertes Spargelhähnchen 640
zwölfzähniger Kiefernborkenkäfer 682
Zypressen-Wolfsmilch 2056
Zypressenzapfenwickler 443